Android APP
应用程序开发
完全学习教程

［美］埃尔维·杰伊·弗朗西斯基（Hervé J. Franceschi） 著
高翔 译

中国青年出版社

ORIGINAL ENGLISH LANGUAGE EDITION PUBLISHED BY
Jones & Bartlett Learning, LLC, 5 Wall Street, Burlington, MA 01803 USA.
Android App Development, Hervé J. Franceschi, © 2018 JONES & BARTLETT LEARNING, LLC. ALL RIGHTS RESERVED.

律师声明

北京市中友律师事务所李苗苗律师代表中国青年出版社郑重声明：本书由Jones & Bartlett Learning授权中国青年出版社独家出版发行。未经版权所有人和中国青年出版社书面许可，任何组织机构、个人不得以任何形式擅自复制、改编或传播本书全部或部分内容。凡有侵权行为，必须承担法律责任。中国青年出版社将配合版权执法机关大力打击盗印、盗版等任何形式的侵权行为。敬请广大读者协助举报，对经查实的侵权案件给予举报人重奖。

侵权举报电话

全国"扫黄打非"工作小组办公室　　中国青年出版社
010-65233456　65212870　　　　010-50856028
http://www.shdf.gov.cn　　　　　　E-mail: editor@cypmedia.com

版权登记号：01-2018-6243

图书在版编目（CIP）数据

Android APP应用程序开发完全学习教程 /（美）埃尔维・杰伊・弗朗西斯基著；高翔译. 一北京：中国青年出版社，2019.10
书名原文：Android app development
ISBN 978-7-5153-5633-4

I.①A… II.①埃… ②高… III.①移动终端－应用程序－程序设计－教材 IV.①TN929.53

中国版本图书馆CIP数据核字（2019）第113896号

Android APP应用程序开发完全学习教程

（美）埃尔维・杰伊・弗朗西斯基　著
高翔　译

出版发行：	中国青年出版社	
地　　址：	北京市东四十二条21号	
邮政编码：	100708	
电　　话：	（010）50856188 / 50856189	
传　　真：	（010）50856111	
企　　划：	北京中青雄狮数码传媒科技有限公司	
责任编辑：	张　军	
策划编辑：	张　鹏	
封面设计：	彭　涛	
印　　刷：	湖南天闻新华印务有限公司	
开　　本：	787×1092　1/16	
印　　张：	32.5	
版　　次：	2019年10月北京第1版	
印　　次：	2019年10月第1次印刷	
书　　号：	ISBN 978-7-5153-5633-4	
定　　价：	89.90元（附赠独家秘料,含本书实例源代码、PPT课件、学习大纲等）	

本书如有印装质量等问题，请与本社联系
电话: (010) 50856188 / 50856189
读者来信: reader@cypmedia.com
投稿邮箱: author@cypmedia.com
如有其他问题请访问我们的网站: http://www.cypmedia.com

PREFACE 前言

本书的编写目的及受众

本书涵盖了Android开发的核心主题：XML资源、包括样式、XML定义的GUI、程序定义的GUI、事件驱动编程、activity生命周期，以及如何管理多个activity、activity之间的转换、持久性数据（包括SQLite）、如何管理方向、片段，如何制作与适用各种设备的应用程序，如何在一个应用程序中调用其他应用程序等。书中收录了各种"有趣"的主题，如触摸、滑动、图形、声音和游戏编程。同时本书还介绍了更多专业主题：地图、语音识别，以及如何制作内容应用程序，包括远程数据检索和XML解析，及使用GPS和定位服务，如何制作小部件、在应用程序内添加广告和加密等。

最好在学习Java课程之后再学习本书内容。如果在学习Android课程之前接触过事件处理程序，学习本书内容会更加轻松，但这不是必需的，因为本书中也完整地讲解了GUI编程和事件处理。

内容范围及讲解方法

本书内容讲解采用了以下方法：每章使用一款应用程序来阐述所介绍的概念。该应用程序通常使用Model View Controller（模型视图控制器）架构，以渐进的方式逐步构建，从版本0开始，然后是版本1，依次类推。我们逐步完成应用程序的不同版本，根据介绍概念的主题的需要为应用程序添加功能。因此，教师可以根据教学需要管理每个应用程序。教师可以选择下载Model（模型）并作简要解释，而不需要详细介绍，因为Model类使用简单的Java代码，不需要太多解释。我们还尝试使用简单但实用的应用程序作为实例，这样便于学生理解和应用。如果教师不想讲解章节中的某些主题，则可以仅讲解该应用程序的早期版本。此外，本书的许多章节彼此独立，不必严格按照本书中介绍的顺序进行教学。

教学方法

在本书的每个章节中，同时也是在每个应用程序中，教师可以有选择地讲解部分主题，以调整教学的深度和进度。Model通常使用的是基本Java类，并且与Android无关，教师可以下载Model进行简要讲解，这样就能让教学更专注于View（视图）和Controller（控制器）内容，其中包括Android的相关主题。每章都包含屏幕截图、实例和表格等内容，以阐释相关的概念和展示应用程序的当前状态。Software Engineering（软件工程）和Common Errors（常见错误）体系强调了一些软件工程技巧和常见错误。每章末尾都提供了章节内容摘要，以及练习题、问题和项目，以测试学生的学习效果。每章中安排了多项选择题、编写代码练习和编写应用程序练习。

> **软件工程：** 在定义EditText时，为android：inputType选择合适的值，以匹配我们期望用户输入的数据。

- Model：TipCalculator类
- View：activity_main.xml
- Controller：MainActivity类

> **常见错误：** 在向应用程序添加activity时，需要在Android Manifest.xml文件中添加一个activity element。否则，在尝试执行该activity时，应用程序将崩溃。

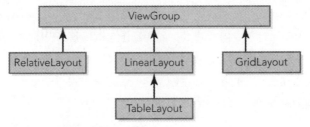

图2.2　部分布局管理器类

表2.6　TextView的android：textSize和android：hint XML属性

XML属性	方法	说明
android：textSize	void setTextSize（int unit，float size）	设置文本的大小
android：hint	void setHint（int resource）	设置要显示的提示文本

每章概述

前九章介绍了Android应用开发的基本概念。最后七章介绍了更具体的主题。

附录中介绍了正文章节中涉及到的几个概念：检索设备的尺寸，包括状态栏和操作栏的高度；动态调整TextView的字体大小；使用AsyncTask在后台执行任务（从远程位置中检索数据）；使用Google Play服务等。这样的章节分配能使大部分章节内容相对独立，有利于教师在教学时挑选需要的章节进行教学。

第1章、第2章、第3章和第4章介绍了很多基本概念，因此我们建议教师尽量按顺序介绍这些章节。第2章详细介绍了XML资源的概念，包括字符串、颜色和样式，以及事件驱动编程，这些概念在本书中会反复用到。在第3章中，我们以编程方式构建GUI，在第5章、第7章和第13章中同样会用到这样的方法。因此，最好在学习后面章节前先讲解第3章内容。第4章是本书中第一次涉及多个activity的内容，第5章、第10章、第12章和第13章也涉及到多个activity。因此，第4章也应在介绍后续章节前进行讲解。第8章（图形、动画和声音）会用到第7章（触摸和手势）中的一些内容，因此这两章需要按顺序进行教学。

以下是每章所涉及主题的摘要：

CHAPTER 1：Android基础知识，第一个应用程序：HelloAndroid

在本章中，将了解如何使用Android Studio开发环境，包括如何使用模拟器、如何在设备上运行应用程序、如何使用调试器输出到Logcat。还将查看与应用程序关联的各种资源，如AndroidManifest.xml文件，各种xml文件用于定义字符串、颜色、尺寸以及GUI。

CHAPTER 2：模型视图控制器、GUI组件和事件

在本章中，讲解了模型视图控制器架构，并使用MVC制作第一个应用程序——一个小费计算器。我们使用RelativeLayout和TextViews、EditTexts以及Button定义GUI。还介绍了如何将应用程序使用的各种样式与应用程序的内容分开（类似于Web设计中的CSS）。最后介绍了事件处理：点击按钮和键盘输入。

CHAPTER 3：GUI、布局管理器编程

在本章中，继续使用MVC架构，讲解了如何定义GUI并以编程方式为tic-tac-toe应用程序设置事件处理。将介绍如何使用内部类、布局参数和警报对话框。

CHAPTER 4：多个activity，在activity之间传递数据，转换，持久性数据

在本章中，将介绍如何在应用程序中添加多个activity，以及如何在activity之间传递数据。我们将探索activity的life-cycle（生命周期）方法，特别是在具有多个activity的应用程序环境中如何应用life-cycle方法。我们演示了如何在两个activity之间设置动画过渡，还深入探讨了RelativeLayout类以及TableLayout类。最后，我们展示了如何处理持久性数据。在本章，我们使用贷款应用程序作为示例，来展示所讲解的概念：第一屏中显示贷款数据，包括每月付款；第二屏中用户可以编辑贷款参数（金额、利率和年数）。

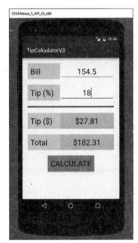

CHAPTER 5：菜单和SQLite

在本章中，将展示如何在应用程序中添加菜单以及如何使用SQLite处理持久性数据。我们以

编程方式生成GUI时采用了ScrollView。本章应用程序示例是一个糖果店管理器，用户能够添加、更新和删除糖果，以及使用Toast类敲响收银机。

CHAPTER 6：设备方向管理

在本章中，将展示如何检测设备方向的变化，并探索各种编码GUI的方法，以便应用程序在垂直和水平方向上工作。其中，我们动态检索设备的尺寸，以便相应地调整GUI组件的大小和位置。本章没有安排实用的应用程序实例，只是探索了通过改变方向来管理GUI的各种方法。

CHAPTER 7：触摸与滑动

在本章中，将首先展示如何检测和处理触摸或滑动事件。随后，我们还展示如何检测和处理手势，包括单击、双击事件。我们使用触摸和手势处理来构建一款益智游戏应用程序——用户可以通过触摸和移动拼图进行游戏。拼图颜色是随机生成的，当用户完成拼图时会给予反馈。

CHAPTER 8：图形、动画、声音和游戏

在本章中，将探索如何创建自定义视图，如何绘制形状和位图，如何通过在屏幕上设置动画对象来创建游戏，如何处理事件和制作声音。我们使用Timer和TimerTask类来创建游戏循环，并以定义的频率更新游戏状态。在这个捕捉鸭子应用程序中，使用四个png框架制作鸭子从屏幕右侧飞过的动画。用户可以通过触摸移动来控制位于屏幕左下方的加农炮。该加农炮是一幅自定义绘制的形状。双击加农炮即可发射炮弹，程序会检测炮弹与鸭子的碰撞。如果鸭子被射击到，会播放声音，即停止鸭子动画，鸭子会垂直落下。

CHAPTER 9：片段

在本章中，将介绍在activity中使用片段的各种方法，在两个片段之间通信的方法以及如何使片段可重复使用。本章应用程序实例是一款刽子手游戏，其中的片段包括游戏的状态、游戏的数据统计、剩余的次数以及一些不可见的片段。

CHAPTER 10：使用库及其API：语音识别和地图

在本章中，将使用Google地图activity模板显示带注释的地图，并使用语音识别来更改地图。我们还将介绍如何使用Google Play服务。在本章应用程序实例中，用户可以说出城市名称来显示以该城市（伦敦、巴黎、罗马或华盛顿特区）为中心的地图，然后通过说north（北）、south（南）、west（西）或east（东）来移动地图。

CHAPTER 11：使用GPS和定位服务

在本章中，将介绍如何使用Google Play服务，以及如何在应用程序中使用设备的GPS。本章应用程序用于管理到达目的地剩余的距离和需要的时间，这款应用程序既能自动更新数据，也能由事件处理更新数据。

CHAPTER 12：在一款应用程序中调用其他应用程序：拍照、调为灰度模式和发送邮件

在本章中，将介绍如何在一款应用程序中调用其他应用程序（如相机应用程序），如何在外部存储中存储文件，以及如何在应用程序中使用电子邮件应用程序。我们还将探索搜索栏（滑块）的使用方法。本章应用程序实例将打开一个相机应用程序，在用户拍照时，可以使用三个滑块使图片变为灰度模式。在Model中，将讲解如何访问Bitmap的每个像素，包括读取和写入。在完成图像灰度化处理之后，用户可以向朋友发送电子邮件，并自动将灰度图片添加为邮件附件。

CHAPTER 13：XML和内容型应用程序

在本章中，使用SAX解析器解析本地和远程XML文档，将展示如何使用AsyncTask类在应用程序的后台执行任务，在ListView中显示结果并在应用程序内打开Web浏览器。本章应用程序实例是一款内容应用程序，它从远程URL（http://blogs.jblearning.com/computer-science/feed/）检索数据，将其XML内容解析为项目的ArrayList，并在ListView中显示这些项目。当用户点击其中一个项目时，会打开浏览器定位到与该项目对应的URL。

CHAPTER 14：制作Android小部件

在本章中，将介绍制作小部件的步骤：首先制作一个非常简单的小部件，然后使其动态化，从远程网站检索温度数据，最后实现用户自定义小部件功能。我们将从硬编码城市和温度数据开始，为小部件设置样式，然后添加从设备检索到的日期和时间动态数据，使用户能够通过点击来更新小部件数据。接下来，我们将使用AsyncTask类从远程网站检索温度数据。数据以JSON字符串形式编码，因此我们从JSON字符串（温度）访问需要的数据，并将其显示在小部件中。最后，我们通过允许用户设置城市和州来实现自定义小部件的功能。

CHAPTER 15：在应用程序中添加广告

在本章中，将Google广告放置在一个简单的应用程序中，并讲解AdView类的life-cycle方法。我们还将介绍如何创建可绘制资源并将其与按钮结合使用。在本章秒表应用程序中，我们将创建

三个可绘制资源（stop.xml、reset.xml和start.xml），用作应用程序的按钮。我们会在屏幕底部显示横幅广告，并展示如何检索虚拟远程Google广告以测试应用，以及如何使用实时Google广告。非Google注册开发人员同样可以请求Google提供的虚拟广告。

CHAPTER 16：安全和加密

在本章中，将讲解对称和非对称加密，以及如何使用加密算法（AES）和非对称加密算法（RSA）。本章没有具体的应用程序实例，本章主要目的是介绍各种加密方案和算法，以及如何使用与加密相关的Java库的类和方法。

如果学生完整学习了这16章内容，将制作完成如下应用程序：

Hello Android（CHAPTER 1）

Tip Calculator（CHAPTER 2）

TicTacToe（CHAPTER 3）

Mortgage Calculator（CHAPTER 4）

Candy Store Manager（CHAPTER 5）

Puzzle Game（CHAPTER 7）

Duck Hunting Game（CHAPTER 8）

Hangman Game（CHAPTER 9）

Map Display Using Speech Input（CHAPTER 10）

Travel App Using the GPS（CHAPTER 11）

Photo Graying（CHAPTER 12）

Content App（CHAPTER 13）

Temperature Widget（CHAPTER 14）

StopWatch with Advertising（CHAPTER 15）

附录

附录中包含以下内容：

▶ 如何动态检索操作栏和状态栏高度（包含一个小应用程序）：如果我们打算以编程方式编

写GUI并使应用程序适合各种设备,这一点非常重要。
- 如何动态调整TextView内部字体大小,以使其完美地适合一行显示(包含一个小应用程序):在需要显示长度可能变化很大的动态数据时,这一点很重要。
- 如何使用Google Play服务:这对于涉及Google地图、GPS、广告和其他服务的应用程序来说非常重要。
- 如何使用AsyncTask类(包含一个小应用程序):这对于从远程位置检索数据的应用程序来说非常重要。

教师和学生可用资源

教师和学生可从go.jblearning.com/FranceschiAndroid下载资源。其中包括:
- 获取最新版本的Android Studio
- 所有应用的源代码
- 每章末尾的选择题和编写代码题的答案
- PowerPoint格式的幻灯片
- 期中和期末测试参考试题库,其中包含测试所用的小应用程序

联系作者

如果在本书中发现错误,请通过hjfranceschi@loyola.edu与作者联系。勘误表将发布在go.jblearning.com/FranceschiAndroid的Jones & Bartlett页面中。

致谢

我们要感谢很多合作伙伴、同事和家人对本书的贡献。

首先,我们要感谢出版商Jones & Bartlett Learning,特别是策划编辑Laura Pagluica、助理编辑Taylor Ferracane、项目经理Bharathi Sanjeev和助理产品编辑Rebekah Linga。

其次,对审稿人表示感谢:

Timothy E. Roden,博士(计算机科学副教授/德克萨斯州拉马尔大学)

Jeremy Blum,DSc(计算机科学副教授/宾夕法尼亚州立大学,哈里斯堡)

Jamie Pinchot,DSc(计算机与信息系统副教授/罗伯特莫里斯大学)

Allan M. Hart,博士(助理教授/计算机信息科学/明尼苏达州立大学曼凯托分校)

Marwan Shaban,博士(客座教授/中佛罗里达大学)

Georgia Brown,MS(计算机科学系/北伊利诺伊大学)

Roy Kravitz(波特兰州立大学)

Sonia M. Arteaga,博士(哈特内尔学院)

Shane Schartz,博士(MIS,信息学助理教授/海斯堡州立大学)

最后,感谢我的家人,我的妻子Kristin、我的女儿Héléna和我的儿子Louis的支持,他们提供了很好的反馈和建议。

CONTENTS 目录

前言 · 3

CHAPTER 1　Android基础知识，第一个应用程序：HelloAndroid　　13
1.1　智能手机及其操作系统 · 14
  1.1.1　智能手机 · 14
  1.1.2　Android手机 · 14
  1.1.3　App和Google Play · 14
1.2　Android应用开发环境 · 14
1.3　第一个应用程序：HelloAndroid · 15
  1.3.1　框架应用 · 15
  1.3.2　GUI预览 · 17
  1.3.3　XML文件：activity_main.xml、colors.xml、styles.xml、strings.xml、dimens.xml · · 18
  1.3.4　MainActivity类 · 22
1.4　在模拟器中运行App · 23
1.5　使用Logcat调试App · 26
1.6　调试器的使用 · 28
1.7　在实际设备上测试App · 29
1.8　App Manifest和Gradle构建系统 · 30
  1.8.1　AndroidManifest.xml文件：App图标与面向安卓的设备 · 30
  1.8.2　Gradle构建系统 · 33

CHAPTER 2　模型视图控制器、GUI组件和事件　　37
2.1　模型视图控制器（MVC）框架 · 38
2.2　模型 · 38
2.3　GUI组件 · 40
2.4　RelativeLayout、TextView、EditText和Button: Tip Calculator应用程序，
   版本0 · 41
2.5　GUI组件和多XML属性：Tip Calculator应用程序，版本1 · 47
2.6　风格和主题：Tip Calculator应用程序，版本2 · 54
2.7　事件和简单事件处理：编写控制器，Tip Calculator应用程序，版本3 · · · · · · · · · · · · · · · 59
2.8　多事件处理：Tip Calculator应用程序，版本4 · 63

CHAPTER 3　GUI、布局管理器编程　　72
3.1　MVC框架 · 73
3.2　模型 · 73
3.3　以编程方式创建GUI，TicTacToe应用程序，版本0 · 75
3.4　事件处理：TicTacToe应用程序，版本1 · 79
3.5　整合模型以支持游戏玩法：TicTacToe应用程序，版本2 · 81
3.6　内部类 · 83
3.7　布局参数：TicTacToe应用程序，版本3 · 85
3.8　提醒对话框：TicTacToe应用程序，版本4 · 89
3.9　拆分视图和控制器：TicTacToe应用程序，版本5 · 93

CHAPTER 4　多个Activity，在Activity之间传递数据，转换，持久性数据　　102
4.1　模型：Mortgage类 · 103
4.2　使用TableLayout作为GUI前端：Mortgage Calculator应用程序，版本0 · · · · · · · · · · · 105
4.3　使用RelativeLayout作为第二屏幕GUI · 109

4.4	连接两个activity：Mortgage Calculator应用程序，版本1	113
4.5	activity的生命周期	116
4.6	多个activity之间共享数据：Mortgage Calculator应用程序，版本2	120
4.7	activity之间的转换：Mortgage Calculator应用程序，版本3	124
4.8	处理持久性数据：Mortgage Calculator应用程序，版本4	128

CHAPTER 5　菜单和SQLite　138

5.1	菜单和菜单项：Candy Store应用程序，版本0	139
5.2	图标：Candy Store应用程序，版本1	143
5.3	SQLite：创建数据库、表和插入数据，Candy Store应用程序，版本2	149
5.4	删除数据：Candy Store应用程序，版本3	156
5.5	更新数据：Candy Store应用程序，版本4	160
5.6	运行收银机：Candy Store应用程序，版本5	164

CHAPTER 6　设备方向管理　173

6.1	Configuration类	174
6.2	捕获设备旋转事件	177
6.3	策略1：为每个方向设置一个Layout XML文件	179
6.4	策略2：为两个方向应用一个layout XML文件，用代码修改布局	182
6.5	策略3：完全用代码管理布局和方向	185

CHAPTER 7　触摸与滑动　195

7.1	检测触摸事件	196
7.2	处理滑动事件：移动TextView	200
7.3	模型	202
7.4	视图：设置GUI，Puzzle应用程序，版本0	204
7.5	移动拼图，Puzzle应用程序，版本1	207
7.6	解决难题，Puzzle应用程序，版本2	212
7.7	手势、点击检测和处理	217
7.8	检测双击，Puzzle应用程序，版本3	222
7.9	独立的应用程序设备，Puzzle应用程序，版本4	225

CHAPTER 8　图形、动画、声音和游戏　232

8.1	图形	233
8.2	制作自定义视图，绘图，Duck Hunting应用程序，版本0	236
8.3	模型	240
8.4	动画对象：飞鸭，Duck Hunting应用程序，版本1	245
8.5	处理触摸事件：移动大炮和射击，Duck Hunting应用程序，版本2	250
8.6	播放声音：射击、碰撞检测，Duck Hunting应用程序，版本3	254

CHAPTER 9　片段　264

9.1	模型	265
9.2	片段	267
9.3	使用布局XML文件为activity定义和添加片段，猜字游戏应用程序，版本0	268
9.4	添加GUI组件、样式、字符串和颜色，猜字游戏应用程序，版本1	272
9.5	使用布局XML文件定义片段并通过代码将片段添加到activity，猜字游戏应用程序，版本2	276
9.6	通过代码定义activity并为其添加一个片段，猜字游戏应用程序，版本3	281
9.7	片段与其activity之间的通信：启用Play，猜字游戏应用程序，版本4	284
9.8	使用隐形片段，猜字游戏应用程序，版本5	286
9.9	使片段可重用，猜字游戏应用程序，版本6	288
9.10	改进GUI：直接处理键盘输入，猜字游戏应用程序，版本7	291

CHAPTER 10　使用库及其API：语音识别和地图　300

10.1	语音识别	301
10.2	语音识别A部分，应用程序版本0	303
10.3	使用谷歌地图活动模板，应用程序版本1	306
10.4	在地图中添加注释，应用程序版本2	313

10.5	模型	315
10.6	基于语音输入显示地图，应用程序版本3	317
10.7	控制语音输入，应用程序版本4	324
10.8	语音识别B部分，使用语音移动地图一次，应用程序版本5	327
10.9	语音识别C部分，连续使用语音移动地图，应用程序版本6	333

CHAPTER 11　使用GPS和定位服务　338

11.1	访问Google Play服务，GPS应用程序，版本0	339
11.2	使用GPS检索我们的位置，GPS应用程序，版本1	343
11.3	到达目的地的距离和时间的模型	348
11.4	到达目的地的距离和时间，GPS应用程序，版本2	349
11.5	更新到达目的地的距离和时间，GPS应用程序，版本3	354

CHAPTER 12　在一款应用程序中使用其他应用程序：拍照、调为灰度模式和发送邮件　361

12.1	调用相机应用程序并拍摄照片，照片应用程序，版本0	362
12.2	模型：将照片调为灰度模式，照片应用程序，版本1	367
12.3	使用SeekBars定义灰度阴影，照片应用程序，版本2	372
12.4	改进用户界面，照片应用程序，版本3	378
12.5	存储图片，照片应用程序，版本4	382
12.6	使用电子邮件应用程序：将灰度图片发送给朋友，照片应用程序，版本5	389

CHAPTER 13　XML和内容型应用程序　396

13.1	解析XML、DOM和SAX解析器，Web Content应用程序，版本0	397
13.2	将XML解析为列表，Web Content应用程序，版本1	403
13.3	解析远程XML文档，Web Content应用程序，版本2	406
13.4	Web Content应用程序在ListView中显示结果，版本3	410
13.5	在应用程序内部打开Web浏览器，Web Content应用程序，版本4	413

CHAPTER 14　制作Android小部件　420

14.1	制作小部件的操作步骤：温度小部件，版本0	421
14.2	设置小部件样式：温度小部件，版本1	427
14.3	更新小部件的数据：温度小部件，版本2	429
14.4	通过单击更新小部件的数据：温度小部件，版本3	431
14.5	检索远程源中的温度数据：温度小部件，版本4	433
14.6	使用Activity自定义小部件：温度小部件，版本5	443
14.7	在锁屏屏幕上托管小部件：温度小部件，版本6	449

CHAPTER 15　在应用程序中添加广告　456

15.1	视图：Stopwatch应用程序，版本0	457
15.2	控制器：运行Stopwatch应用程序，版本1	460
15.3	改进Stopwatch应用程序，版本2	462
15.4	植入广告Stopwatch应用程序，版本3	465
15.5	把广告嵌入碎片中：Stopwatch应用程序，版本4	471
15.6	AdView生命周期的管理：Stopwatch应用程序，版本5	474

CHAPTER 16　安全和加密　479

16.1	对称和非对称加密	480
16.2	对称加密：模型（AES），Encryption应用程序，版本0	481
16.3	对称加密：添加视图，Encryption应用程序，版本1	485
16.4	非对称加密：将RSA添加到模型，Encryption应用程序，版本2	489
16.5	对称和非对称加密：修改视图，Encryption应用程序，版本3	492

附录 A	动态检索状态栏和操作栏的高度	**499**
附录 B	动态设置TextView的字体大小	**503**
附录 C	下载、安装Google Play服务和使用地图	**507**
附录 D	AsyncTask类	**513**

CHAPTER 1

Android基础知识，第一个应用程序：HelloAndroid

本章目录

内容简介

1.1 智能手机及其操作系统
  1.1.1 智能手机
  1.1.2 Android手机
  1.1.3 App和Google Play

1.2 Android应用开发环境

1.3 第一个应用程序：HelloAndroid
  1.3.1 框架应用
  1.3.2 GUI预览
  1.3.3 XML文件：activity_main.xml、colors.xml、styles.xml、strings.xml、dimens.xml
  1.3.4 MainActivity类

1.4 在模拟器中运行App

1.5 使用Logcat调试App

1.6 调试器的使用

1.7 在实际设备上测试App

1.8 App Manifest和Gradle构建系统
  1.8.1 AndroidManifest.xml文件：App图标与面向安卓的设备
  1.8.2 Gradle构建系统

本章小结
练习、问题和项目

内容简介

如今智能手机日益普及，App的应用也越来越广泛。我们可以使用App查阅邮件、查看天气、玩游戏、统计数据、翻译、学习等，也会使用诸如Facebook、Twitter、CNN类的网站或社交媒体App。在本章中，将学习如何开发我们的第一个Android应用程序。

1.1 智能手机及其操作系统

1.1.1 智能手机

智能手机，类似于缩小版的便捷电脑，具有独立的操作系统和独立的运行空间。程序员可以编写在智能手机上使用的应用程序，即App。智能手机具有标准电脑的典型组成部分：CPU、内存、存储器、操作系统，同时还拥有照相机、加速计及GPS等设备。

最著名的两个操作系统是谷歌的Android操作系统和苹果的iOS系统。其他流行的智能手机操作系统有BlackBerry、Windows和Symbian。目前，全球智能手机销量已超过10亿部，并且智能手机在全球手机销量中所占的比例还在不断上升。

1.1.2 Android手机

Android手机或平板电脑的型号有100多种，它们采用不同的CPU、屏幕分辨率和内存，开发人员很难在所有设备上测试开发的App。由于Android手机或平板电脑有所不同，这就要求App用户界面各种组件的尺寸也要不同。此外，在复杂的游戏中，运行速度非常重要，在为Android市场开发App时，App应用程序在老旧的Android设备上的运行效果与在新设备上运行效果会有很大差别，这一点要牢记。

1.1.3 App和Google Play

Android App是通过Google Play（https://play.google.com）发布的，Google Play不仅仅是应用程序，其前身是Android Market，一个在线应用商店，类似于苹果的App Store。您需要花费25美元注册成为开发人员，才能在谷歌上发布App。

谷歌目前有超过100万个App，其中绝大多数是免费的，涵盖娱乐（游戏）、个性化、工具、书籍等各类App，这些都是可以免费下载的。众所周知，Android操作系统是开源的，任何人都可以很容易地将App从一个Android设备复制到另一个设备上，几乎不受知识产权保护。

1.2 Android 应用开发环境

在这里推荐几个Android应用的典型开发环境：
- Java Development Kit（JDK）
- Android Studio
- Android Standard Development Kit（Android SDK）

并非必须使用Android Studio才能开发Android App，我们可以从命令行运行代码，或者使用其他集成的开发环境，比如Eclipse。但是，Android Studio是谷歌的官方开发环境，不久的将来很可能会成为行业标准，因此，本书中我们使用Android Studio开发。

首先，要建立完整的Android App开发环境，我们需要：

▶ 下载并安装最新的Java SDK（如果还没有安装过）。

下载地址：http://www.oracle.com/technetwork/java/javase/downloads/index.html

▶ 下载并安装Android Studio，包括IDE、SDK工具和模拟器。

下载地址：http://developer.Android.com/SDK/index.html

1.3 第一个应用程序：HelloAndroid

创建第一个Android应用程序。

1.3.1 框架应用

启动Android Studio。第一次运行Android Studio时，会自动进行版本检测，如果需要更新的话，会要求我们下载组件。完成后单击Finish，如图1.1所示，进入欢迎界面，如图1.2所示。

界面左侧显示最近的项目列表；开发App之前，要通过单击Start a new Android Studio project来建立一个新项目，弹出如图1.3所示的对话框，输入项目名称（HelloAndroid）和域名（jblearning.com。若没有域名，可选择任何名称）；另外两个字段（包名和项目位置）将自动生成。如有需要，可以对该字段进行编辑。需要注意的是，包名是反向的域名，开发人员通常会将包与域名反向命名来确保它的唯一性。完成后单击Next。

图1.4所示的对话框用于指定该项目的最小SDK，这点很重要。例如，如果要加入广告，需要比默认更高等级的API。指定的SDK等级越接近，App的使用用户越多。对于本例App，我们保持默认的SDK，然后单击Next。

在图1.5所示的对话框中，选择需要的模板，模板中使用了一些预定义的用户界面功能创建框架代码。通常，模板提供的用户界面与本地应用程序类似。对于本例App，我们选择Empty Activity模板——创建一个最小的框架代码。

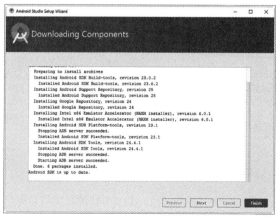

图1.1　组件加载界面

图1.2　欢迎界面

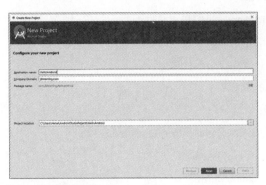

图1.3 新项目对话框

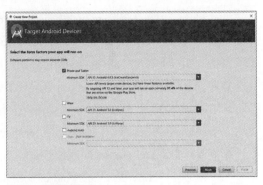

图1.4 指定最小SDK

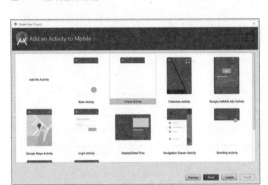

图1.5 添加模板

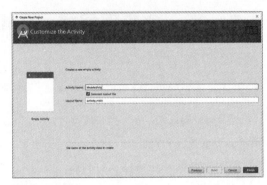

图1.6 定义类

单击Next，进入**图1.6**所示的界面，我们为第一个类和布局文件命名。对于第一个App，我们保留类的默认名称MainActivity和布局文件名称Activity_main。单击Finish之后，项目即创建完成。

同时也将自动创建项目目录结构和许多源文件，我们可以在Android Studio开发界面的左侧列表中看到这些文件，如**图1.7**所示。

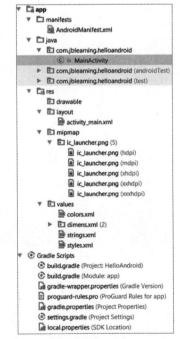

图1.7 IDE中的app目录结构

程序会自动生成许多目录和文件。

- manifests目录中包含的AndroidManifest.xml文件是自动生成的可编辑文件。该文件指定了应用程序使用的类、文件系统、internet、设备的硬件等资源，当用户下载一个应用程序时，这个文件会告诉用户该应用程序使用的资源（例如写入设备的文件系统）。

- java目录中包含Java源文件。随着应用程序变得越来越复杂，可以添加更多的Java源文件。

- res（res代表"resources"）目录中包含实用文件（定义字符串、菜单、布局、颜色、风格）和图像、声音等资源。id为这些资源在一个文件名为R.Java文件里自动生成的命名参数。R.Java不能被修改。

- res目录中的drawable项包含图像和jpegs、pngs、gifs、define gradients文件等，也可以根据需要进行添加。

- res目录中的pipmap目录包含App图标，可以根据需要将图标添加到这个目录。

- 在res目录内，layout中包含用于定义界面布局的XML文件。activity_main.xml文件是自动生成的界面布局文件。我们可以通过编辑这个文件来定义App的图形用户界面（GUI）。
- 在res目录内，values目录中包含定义各种资源的XML文件，如颜色（在Colors.xml文件中）、维度（在Dimens.xml文件中）、样式（在Styles.xml文件中）或字符串（在Strings.xml文件中）。我们可以通过编辑这些文件来定义更多的颜色、维度、样式或字符串资源。
- Sradle Scripts目录中包含用于构建App应用程序的脚本。

在本章中，我们将详细介绍以下文件：AndroidManifest.xml、MainActivity.java、dimens.xml、strings.xml、styles.xml、colors.xml和activity_main.xml，并为应用App添加一个图标。

1.3.2 GUI预览

Android Studio的一个优势是它可以在不运行App的情况下预览屏幕。需要选择布局文件才能显示预览。选择activity_main.xml，双击文件名。在菜单中，选择view（视图）、tool windows（工具窗口）、preview（预览），App的预览就会在界面右侧显示，如图1.8所示。通过这种方式，我们可以编辑GUI，并在不运行App的情况下进行预览；可以从菜单中选择竖屏和横屏预览，如图1.9、图1.10所示；还可以通过App Theme下拉列表选择不同的主题，如图1.11所示，通过设备下拉列表选择多个设备来进行预览，如图1.12所示。

图1.8 应用程序在环境中的预览　　图1.9 选择预览方向　　图1.10 应用程序的横屏预览

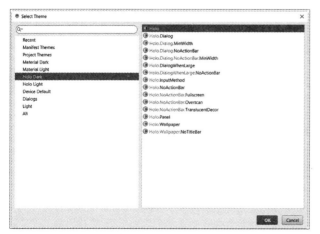
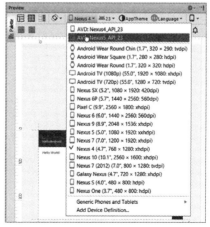

图1.11 选择预览的主题（选择Holo Dark后）　　图1.12 选择预览的设备

1.3.3 XML文件:activity_main.xml、colors.xml、styles.xml、strings.xml、dimens.xml

App的GUI是在activity_main.xml文件中定义的,还可以通过代码进行设置。

通过单击res,然后单击layout,再双击activity_main.xml,打开activity_main.xml文件。单击面板底部的Text tab来查看实际的XML代码。

activity_main.xml文件见**例1.1**,它是一个**可扩展标记语言(XML)**文件。Android开发环境广泛使用XML,特别是用于定义App不同屏幕的用户界面,以及定义各种资源,如字符串、维度、菜单、样式、形状或渐变。

```
1   <?xml version="1.0" encoding="utf-8"?>
2   <RelativeLayout
3       xmlns:android="http://schemas.android.com/apk/res/android"
4       xmlns:tools="http://schemas.android.com/tools"
5       android:layout_width="match_parent"
6       android:layout_height="match_parent"
7       android:paddingBottom="@dimen/activity_vertical_margin"
8       android:paddingLeft="@dimen/activity_horizontal_margin"
9       android:paddingRight="@dimen/activity_horizontal_margin"
10      android:paddingTop="@dimen/activity_vertical_margin"
11      tools:context="com.jblearning.helloandroid.MainActivity">
12
13      <TextView
14          android:layout_width="wrap_content"
15          android:layout_height="wrap_content"
16          android:text="Hello World!"/>
17  </RelativeLayout>
```

例1.1 activity_main.xml文件

我们可能之前已经了解了**超文本标记语言(HTML)**及其语句。HTML是web浏览器使用的语言,具有一组固定的标记和属性。XML使用与HTML基本相同的语句,但可以创建自己的标记和属性。

我们可以在http://www.w3.org/XML/找到完整的XML文档。

接下来,我们将介绍XML的主要特征。XML文档由元素组成,每个元素可以有0或更多的属性/值对。元素可以被嵌套。元素可以有内容也可以没有内容。非空元素以开始标记开始,以结束标记结束。开始标记和结束标记之间的文本称为元素内容。

虽然实际的规范有点复杂,但我们将使用以下简化语句来定义非空XML元素:

```
<tagName attribute1="value1" attribute2="value2" ... >
Element Content
</tagName>
```

这里展示两个示例:

```
<price>46.00</price>
<app language="Java" version="7.0">Hello Android</app>
```

如果元素没有内容,那么可以使用空元素标记,语句如下:

```
<tagName attribute1="value1" attribute2="value2" ... />
```

这里展示两个示例：

```
<website name="twitter"/>
<app language="Java" version="7.0"/>
```

标签命名的规则：只使用以字母或下划线开头、后面跟着0或更多字母、下划线或数字的标记名称。标记命名的官方规范比前面的规范更加复杂，我们可以在http://www.w3.org/XML/Core/#版本中找到。

使用以下语句注释：

```
<!-- Write a comment here -->
```

文件activity_main.xml定义了GUI的外观。RelativeLayout元素定义了不同的图形元素之间的位置显示关系，或父类图形容器。

在activity_main.xml文件中，元素RelativeLayout包括android:layout_width和android:layout_height属性，两者都有值match_parent（第5~6行）。这意味着RelativeLayout元素将与其父元素（本例中的屏幕）一样大。其中还包含了android:paddingBottom、android:paddingLeft、android:paddingRight和android:paddingTop（第7~10行）属性。android:paddingBottom元素的值为@ dimen/activity_vertical_margin（第7行），这意味着屏幕左侧会有一些填充等于名为activity_vertical_margin（在本例中为16px）的dimen元素的值在dimens.xml文件，位于res目录的values目录中。

如果在文件resource_types.xml中定义了constant_name的常量，我们通常可以使用@ resource_type/constant_name语句来访问该常量的值。

在第13~16行定义了嵌套在RelativeLayout中的TextView元素；TextView是TextView类的实例，它封装了一个标签，这个TextView是一个空元素，因此没有内容。它有三个成对的属性/值：

▶ 属性android: layout_width和android: layout_height，值wrap_content（第14行和第15行）。
   这表示TextView的宽度和高度与TextView的内容大小相适应。通过wraps封装其内容。

▶ 属性android: text定义TextView中显示的字符串的值为：Hello World!。

activity_horizonal_margin和activity_vertical_margin的值在dimens.xml文件（第3~4行）中两个dimen元素中定义，如例1.2所示，它们的值为16px。后缀dp表示密度像素，该值与设备无关。如果要求我们的App在每个屏幕尺寸使用不同的值，则可以在dimens .xml文件中定义多个值，为每个屏幕定义一个尺寸。

在dimens.xml文件中定义dimen资源的语句如下：

```
       <dimen name="dimenName">valueOfDimension</dimen>

1      <resources>
2        <!-- Default screen margins, per the Android Design guidelines. -->
3        <dimen name="activity_horizontal_margin">16dp</dimen>
4        <dimen name="activity_vertical_margin">16dp</dimen>
5      </resources>
```

例1.2　dimens .xml文件

尝试修改dimens.xml，如**例1.3**所示。更新后预览，如**图1.13**所示。

```
1  <resources>
2    <!-- Default screen margins, per the Android Design guidelines. -->
3    <dimen name="activity_horizontal_margin">50dp</dimen>
4    <dimen name="activity_vertical_margin">100dp</dimen>
5  </resources>
```

例1.3 修改后的dimes.xml文件

类似的，在strings.xml文件（**例1.4**）的第2行定义String的值为HelloAndroid字符串（见**图1.13**中应用程序的标题），strings.xml位于res目录的values下。我们可以在Java文件中创建String常量，建议尽可能在strings.xml文件中存储String常量。如果以后想修改一个或几个String的值，那么编辑该文件比编辑Java代码更容易。

在strings.xml文件中，定义String资源的语句如下：

`<string name="`**`stringName`**`">valueOfString</string>`

```
1  <resources>
2      <string name="app_name">HelloAndroid</string>
3  </resources>
```

例1.4 strings.xml文件

尝试修改strings.xml，如**例1.5**所示。更新后进行预览，如**图1.14**所示。String app_name用于AndroidManifest.xml文件，在1.7节中将对此进行详细讲解。

图1.13 更新dimens.xml文件后在环境中预览

图1.14 更新strings.xml文件后在环境中预览

```
1  <resources>
2      <string name="app_name">My First App</string>
3  </resources>
```

例1.5 修改后的strings.xml文件

位于res目录的values下的文件styles.xml定义了App中使用的各种样式。**例1.6**显示其自动生成的内容。

在styles.xml文件中，可以通过使用以下语句添加一个item元素来修改样式：

`<item name=`**`"styleAttribute"`**`>valueOfItem</item>`

```
1   <resources>
2
3       <!-- Base application theme. -->
4       <style name="AppTheme" parent="Theme.AppCompat.Light.DarkActionBar">
5           <!-- Customize your theme here. -->
6           <item name="colorPrimary">@color/colorPrimary</item>
7           <item name="colorPrimaryDark">@color/colorPrimaryDark</item>
8           <item name="colorAccent">@color/colorAccent</item>
9       </style>
10
11  </resources>
```

例1.6 styles.xml文件

在TextView中，指定文本大小的样式属性名称是Android:textSize。如**例1.7**所示，在第6行将默认文本大小更改为40。更新后进行预览，如**图1.15**所示。

```
1   <resources>
2
3       <!-- Base application theme. -->
4       <style name="AppTheme" parent="Theme.AppCompat.Light.DarkActionBar">
5           <!-- Customize your theme here. -->
6           <item name="android:textSize">40sp</item>
7           <item name="colorPrimary">@color/colorPrimary</item>
8           <item name="colorPrimaryDark">@color/colorPrimaryDark</item>
9           <item name="colorAccent">@color/colorAccent</item>
10      </style>
11
12  </resources>
```

例1.7 修改后的styes.xml文件

需要注意的是，styles.xml中样式由三个颜色常量组成，使用@color/color_name语句定义。这些常量在colors.xml文件中定义，也位于res目录的values下，内容是自动生成的，如**例1.8**所示。在colors.xml文件中，定义颜色资源的语句如下：

`<color name=`**`"colorName"`**`>valueOfColor</color>`

```
1   <?xml version="1.0" encoding="utf-8"?>
2   <resources>
3       <color name="colorPrimary">#3F51B5</color>
4       <color name="colorPrimaryDark">#303F9F</color>
5       <color name="colorAccent">#FF4081</color>
6   </resources>
```

例1.8 colors.xml文件

颜色值使用以下语句定义#RRGGBB：其中R、G和B分别是表示红色、绿色和蓝色的十六进制数字。

如果我们把colorPrimary的值修改为#FF0000，则更新后预览效果如**图1.16**所示。

图1.15　更新styles.xml文件后在环境中预览　　图1.16　更新colors.xml文件后在环境中预览

1.3.4　MainActivity类

此应用程序的入口点是MainActivity类，它的名称由Main和Activity组成，位于java目录下的com.jblearning.helloandroid包，如**例1.9**所示。

```
1   package com.jblearning.helloandroid;
2
3   import android.support.v7.app.AppCompatActivity;
4   import android.os.Bundle;
5
6   public class MainActivity exte nds AppCompatActivity {
7
8     @Override
9     protected void onCreate( Bundle savedInstanceState ) {
10      super.onCreate( savedInstanceState );
11      setContentView( R.layout.activity_main );
12    }
13  }
```

例1.9　MainActivity类

Android App的源代码使用Java语言。第1行是包声明，创建这个项目时，我们设置Android Studio将代码放在com.jblearning.helloandroid包中。在第3~4行导入该类中使用的类。在第6行导入AppCompatActivity，这是MainActivity的子类。AppCompatActivity（间接地）继承了Activity类，并在activity屏幕上方添加了一个操作栏（**图1.16**的标题部分），其中显示App标题。

Activity是提供和控制用户可以与之交互的屏幕的组件。一个应用App可以包含多个Activity组件，能够相互传递数据。Activity组件是在堆栈上进行管理的（后进先出的数据结构）。要创建一个Activity，与在自动生成的MainActivity的框架代码中所做的一样，要对Activity或它的一个子类进行子类化。当Activity组件开始、停止、恢复或被破坏时，系统会自动调用Activity类的一些方法。

当activity开始运行时，将自动调用onCreate方法（第8行~12行）。如果需要的话，我们应该重写这个方法，在该方法中创建Activity组件。在第10行，通过AppCompatActivity调用从Activity继承的onCreate方法。在第11行，我们通过调用SetContentView方法定义App的layout，如**表1.1**所示。layout是在Activity_main.xml文件中定义的。SetContentView方法的参数是一个整数，它表示定义屏幕布局的布局资源的ID。资源ID可以在app/build/generated/source/r/debug/com/jblearning/helloandroid目录下的R.java文件中找到。R类包含许多内部类，如anim、attr、bool、color、dimen、drawable、id、integer、layout、menu、string、style、styleable。每个内部类都是public（公共的）和static（静态的），包含一个或多个int常量。每个int常量都可以通过以下语句访问：

```
R.className.constantName
```

表1.1　Activity类的setContentView方法

方法	说明
void setContentView(View view)	设置Activity的内容为view
void setContentView(int layoutResID)	使用ID为layoutResID的资源设置Activity的内容

activity_main常量是一种布局资源，表示activity_main.xml文件的id，该常量在R类中的layout类中定义。因此，可以通过R.layout.activity_main来引用。使用表示布局XML文件的整数参数调用setContentView，在本例中R.layout.activity_main称为**膨胀XML**。

1.4　在模拟器中运行 App

Android Studio中包含一个模拟器，以便我们在设备上测试之前在环境中运行和测试App。首先在模拟器中运行App。为了让模拟器工作，我们需要做以下三件事：

- 在BIOS菜单中启用virtualization extension虚拟化扩展（如果已禁用。需要注意，默认情况下是可以启用的）。启动计算机时，需要中断启动过程，访问系统的BIOS菜单，并启用virtualization虚拟化功能。如果计算机不支持虚拟化，则模拟器不会正常工作。
- 根据需要下载、安装并运行Intel硬件加速执行管理器（HAXM）。下载android studio之后，该管理器可能已经安装在我们的电脑上了，不过可能还需要进行更新。文件名应该为intelhaxm-android.exe。
- 关闭并重新启动Android Studio。

目前，大多数计算机都支持虚拟化功能。

模拟器在**Android虚拟设备（AVD）**中运行。我们可以用AVD管理器**创建AVD**。若要打开AVD管理器，则选择Window（窗口）、AVD Manager（AVD管理器）或单击AVD Manager图标，如**图1.17**所示。此时将打开AVD管理器，如**图1.18**所示。单击+Create Virtual Device...按钮，创建一个新的AVD。此时出现一个新的面板，如**图1.19**所示，

图1.17　AVD Manager（AVD管理器）图标

在预制AVD列表中进行选择。从列表中选择一个选项并单击Next按钮之后，将显示一个新的面板，如图1.20所示。选择需要的版本，然后单击Next按钮。此时将显示AVD的特征，如图1.21所示。我们可以根据需要编辑其特征，如果想在运行时更改AVD的分辨率（以及模拟器的大小），可以编辑Scale属性。单击Finish按钮之后，新的AVD就已添加完成，如图1.22所示。

图1.18 首次打开AVD Manager

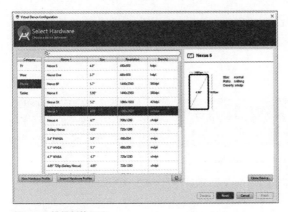

图1.19 选择新的AVD

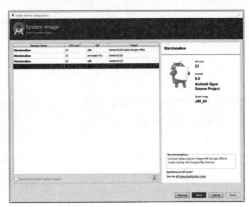

图1.20 选择AVD后

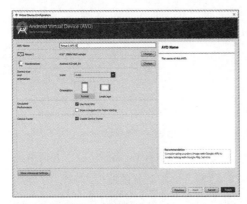

图1.21 设置所选AVD的属性

图1.22 AVD Manager中显示了更新后的AVD列表

若要运行App，则单击图标栏中的Run（运行）图标，如图1.23所示。

弹出一个对话框，如图1.24所示，我们从列表中选择要使用的AVD，然后单击OK按钮。我们还可以通过单击Create New Emulator（创建新模拟器）按钮来访问AVD Manager。需要注意的是，如果模拟器已经在运行，或者实际的设备已经连接到计算机，将显示在连接设备下的面板中。几分钟后，App在模拟器中运行。为了节省时间，我们建议只要Android Studio打开，就把模拟器打开。

图1.23 单击Run图标

■ **软件工程：** 在开发期间保持模拟器处于打开状态，以节省时间。

1.4 在模拟器中运行App

图1.25显示了在模拟器中运行的App。默认情况下，模拟器是垂直运行的，也称为**竖向**。它的右边有一个工具栏，能够控制它的一些特性。特别是我们可以使用如**图1.26**所示的工具旋转模拟器，还可以按下Ctrl+F11组合键将模拟器旋转到水平方向或**横向方向**，如**图1.27**所示（注意，截图中没有展示工具栏）。按下Ctrl+F12组合键可使模拟器回到垂直方向。可以通过点击顶部白色部分的框架并拖动来移动模拟器。**表1.2**中总结了模拟器相关的有用信息。

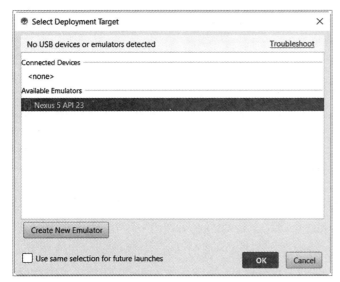

图1.24　单击Run图标后打开的Select Deployment Target对话框

图1.25　在模拟器中运行HelloAndroid应用程序

图1.26　包含Rotate（旋转）
工具的模拟器的工具栏

图1.27　在模拟器中横向运行HelloAndroid应用程序

表1.2　实用的模拟器相关信息	
在BIOS中打开虚拟化功能（如有需要）	启用模拟器
安装并运行HAXM（如有需要）	启用模拟器
Ctrl+F11以及Ctrl+F12	旋转模拟器
工具栏	控制模拟器的功能

Android Studio有一个有趣的新功能是**即时运行**。使用即时运行，可以修改App的一些选定组件，例如strings.xml文件，点击Run图标，模拟器会自动更新app。默认情况下即时运行为启用状态。如果要禁用它，可以选择File（文件）、Settings（设置），然后在对话框的Build, Execution, Deployment目录中选择Instant Run（即时运行），再在右侧修改参数，如图1.28所示。如果不想使用即时运行功能，可以取消勾选该复选框，同时勾选Restart activity on code changes（代码更改时重新启动activity）复选框。

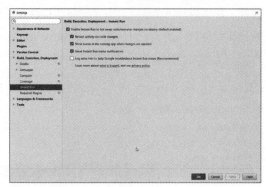

图1.28　在面板中设置即时运行功能

1.5　使用 Logcat 调试 App

像普通Java程序一样，我们可以将输出发送到控制台，这对于调试非常有用。为了做到这一点，使用表1.3所示的Log类的static方法之一。Log类是android.util包的一部分。这在开发时是非常有用的，可以在测试App时向我们提供有关各种对象和变量的反馈。如果单击Logcat选项卡，日志语句的输出将显示在底部面板（单击屏幕底部的android选项卡以打开面板），如图1.29所示。如果没有显示Logcat选项卡，则应该首先在调试模式下运行该App，以使其显示出来。要在调试模式下运行应用程序，单击**Debug**按钮（带有Bug图标的按钮，位于Run按钮的右边），如图1.23所示。在App的最终版本中，日志语句应该注释出来。

表1.3　Log类的方法

方法	说明
static int d(String tag, String msg)	此方法发送调试消息；tag标识日志消息的来源，可以用来过滤Logcat中的消息
static int e(String tag, String msg)	此方法发送错误消息
static int i(String tag, String msg)	此方法发送信息消息
static int v(String tag, String msg)	此方法发送详细消息
static int w(String tag, String msg)	此方法发送警告消息

图1.29　底部面板——选择了Logcat选项卡和MainActivity过滤器

这些方法的主要区别在于它们输出的长度。从长到短的顺序是：v、d、i、w、e。

Logcat内部可能有很多输出。我们可以使用过滤器来过滤Logcat的输出，这样只显示我们从App中选择的输出。若要设置过滤器，单击位于左下方面板右上角的下拉列表。选择Edit Filter Configuration（编辑过滤器配置），如图1.30所示。在图1.31所

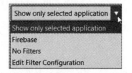

图1.30　打开Logcat过滤器对话框

示的对话框中，为过滤器添加一个标记。我们选择MainActivity:这种方式，确定这个输出是由MainActivity类中的一些代码生成的。当使用Log类的方法输出数据时，将使用MainActivity作为这些方法的第一个参数（标记）。反过来，当运行App时，如果我们选择名为MainActivity的过滤器，如图1.32所示，我们只会看到标有MainActivity的输出。

图1.31　设置Logcat过滤器

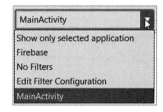

图1.32　选择MainActivity过滤器

例1.10中展示了更新后的MainActivity类，包含一个反馈输出语句。Log类是在第5行导入的。我们在第8行声明一个名为MA的常量来存储String MainActivity。第14行的输出语句使用MA作为标记，并输出资源R.layout.activity_main的值。

```
1   package com.jblearning.helloandroid;
2
3   import android.support.v7.app.AppCompatActivity;
4   import android.os.Bundle;
5   import android.util.Log;
6
7   public class MainActivity extends AppCompatActivity {
8     public static String MA = "MainActivity";
9
10    @Override
11    protected void onCreate( Bundle savedInstanceState ) {
12      super.onCreate( savedInstanceState );
13      setContentView( R.layout.activity_main );
14      Log.w( MA, "View resource: " + R.layout.activity_main );
15    }
16  }
```

例1.10　修改后的MainActivity类，HelloAndroid应用程序，版本1

在运行App时，将看到输出语句的结果。如图1.29所示，选择Logcat选项卡（左上角），选择MainActivity过滤器（右上角）。我们可以验证资源R.layout.Activity_Main（2130968601）的id是否与R.java文件（十六进制数0x7f040019）中找到的值相匹配。

与编程一样，可能会出现编译器错误、运行时错误和逻辑错误。默认情况下，Android Studio在我们输入时编译代码。用短红线标记编译器错误，在代码的右边缘用短橙色线标记警告，还会在错误所在位置显示红色波浪线。例如，如果我们忘记在第14行末尾输入分号，Android Studio将会显示错误，如图1.33所示。如果我们将光标移动到右边的红色波浪线上，会看到一个或多个建议来帮助我们纠正错误。在这种情况下，我们看到：

```
';' expected
```

```
public class MainActivity extends AppCompatActivity {
  public static String MA = "MainActivity";

  @Override
  protected void onCreate( Bundle savedInstanceState ) {
    super.onCreate( savedInstanceState );
    setContentView( R.layout.activity_main );
    Log.w( MA, "View resource: " + R.layout.activity_main )
  }
}
```

图1.33　Android Studio标注的编译程序错误

Android Studio中包含了很多可以改善程序员体验的特性，通过自动生成代码来节省时间，并防止出现错误。以下是其中的一些特性。

- 当输入双引号时，它会通过自动添加另一个引号来关闭它。此外，如果我们自己关闭它，则会自动删除额外的双引号。
- 如果使用一个尚未导入的类，将为其加下划线，并建议通过按下Alt+Enter组合键导入该类，从而节省一些时间。
- 如果先输入一个对象引用，然后输入一个点，它会以列表形式提示我们可以调用的对象类的方法，并在输入时更新和限制列表。

■ **软件工程：** 使用过滤器来最小化Logcat内部的输出。

1.6　调试器的使用

除了Logcat之外，Android Studio还包括传统的调试工具，比如设置断点、检查变量或表达式的值、逐行执行代码、检查对象内存分配、获取截图和视频。在本节中，我们将学习如何设置断点并检查变量的值。

若要设置断点，则单击语句的左边，此时会出现一个橙色的实心圆。在**图1.34**中，我们设置了两个断点。

```
    @Override
    protected void onCreate( Bundle savedInstanceState ) {
      super.onCreate( savedInstanceState );
      setContentView( R.layout.activity_main );
      Log.w( MA, "View resource: " + R.layout.activity_main );

      int count = 0;
      for( int i = 0; i < 3; i++ )
        count++;
    }
```

图1.34　代码中的断点

要在调试模式下运行App，单击工具栏中的debug图标，如图1.23所示。App即开始运行，并在第一个断点处停止。在屏幕底部的面板中选择debugger选项卡，可以看到调试信息和工具。在Frames选项卡下，可看到当前正在执行的代码的位置。在Variables选项卡下，我们可以检查各种变量的值，例如MA，具有值MainActivity。单击面板左上角的绿色Resume（恢复）图标可恢复运行App，如图1.35所示。

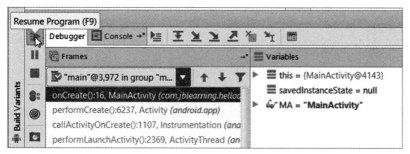

图1.35 在第一个断点处停止

当恢复运行时，APP将在断点处停止，并重复几次，App中的各种变量的值将显示在Variables选项卡中。图1.36显示了count和i在此处的值都为2。

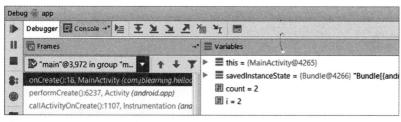

图1.36 代码中的断点

如果Variables选项卡中显示了太多的变量，而我们只想查看其中的几种，则可以在Watches选项卡的右下角面板中创建一个变量列表。单击+符号可向列表中添加变量，单击-符号可从列表中删除一个变量。图1.37显示了将变量添加到观察变量列表后的count值。

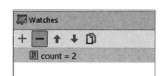

图1.37 管理变量列表以便于查看

1.7 在实际设备上测试 App

为了在Android设备上测试应用程序，我们需要执行以下操作：
▶ 下载Android设备的驱动程序。
▶ 将Android设备连接到我们的计算机上。

Android设备的驱动程序可以从设备制造商的网站中下载。例如，对于三星的Android设备，该网站是http：//www.samsung.com/us/support/download#。

完成下载之后，Android Studio将检测连接的设备，并在底部面板的左上角显示其名称及其API级别（假设底部面板已打开，即选择了Android选项卡），如图1.38所示。我们使用三星Galaxy Tab 2 7.0平板电脑。

单击Run或Debug按钮后，弹出对话框，如图1.39所示。设备已出现在我们可以运行的设备或模拟器的列表中。选择设备并单击OK按钮。几秒钟后，应用程序在设备上运行（并被安装）。在实际设备上测试应用程序比使用模拟器测试更容易、更快。图1.40显示了在平板电脑中运行的应用程序。如果有输出语句，我们仍然可以在Logcat中看到输出。

图1.38 设备名称和API级别

图1.39 选择设备对话框

图1.40 在平板电脑上运行HelloAndroid应用程序

1.8　App Manifest 和 Gradle 构建系统

1.8.1　AndroidManifest.xml文件：App图标与面向安卓的设备

AndroidManifest.xml文件位于Manifest目录中，用于指定App使用资源，如Activity组件、文件系统、Internet和硬件资源等。用户在Google Play上下载应用之前，会收到用户通知。**例1.11**

```
 1  <?xml version="1.0" encoding="utf-8"?>
 2  <manifest package="com.jblearning.helloandroid"
 3          xmlns:android="http://schemas.android.com/apk/res/android">
 4
 5    <application
 6        android:allowBackup="true"
 7        android:icon="@mipmap/ic_launcher"
 8        android:label="@string/app_name"
 9        android:supportsRtl="true"
10        android:theme="@style/AppTheme">
11      <activity android:name=".MainActivity">
12        <intent-filter>
13          <action android:name="android.intent.action.MAIN"/>
14
15          <category android:name="android.intent.category.LAUNCHER"/>
16        </intent-filter>
17      </activity>
18    </application>
19
20  </manifest>
```

例1.11　AndroidManifest.xml文件

中展示了AndroidManifest.xml的自动生成版本。除此之外，还定义了图标（第7行）和App标签或标题（第8行）。标签内的文本是app_name String，在strings.xml文件中有定义。

我们要为App提供一个启动图标，这是App在主界面或App界面的视觉表现。移动设备的启动图标为48×48dp，不同的设备可能会有不同的屏幕密度，因此，我们可以提供多个启动图标，以适用不同的密度。如果我们只提供一个图标，那么Android Studio将会统一使用这个图标，并在必要时扩展它的密度。表1.4显示了使用该规则的可能维度的示例。如果打算发布App，应该提供一个512×512启动图标，以在Google Play中显示。我们可以在https://www.google.com/design/specl/style/icons.html中了解更多信息。图1.41显示了我们添加一个名为hi.png且尺寸为48×48的文件后的mipmap目录。

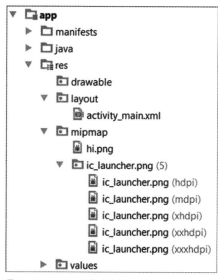

图1.41　mipmap目录中的hi.png文件

表1.4　启动器图标比率和可能的尺寸

Density	Medium	High	X-High	XX-High	XXX-High
Scaling ratio	2	3	4	6	8
Dots per inch	160 dpi	240 dpi	320 dpi	480 dpi	640 dpi
Dimensions	48 × 48 px	72 × 72 px	96 × 96 px	144 × 144 px	192 × 192 px

将App的启动图标设置为hi.png，使用String @mipmap/hi分配给AndroidManifest.xml文件中application元素的android:icon属性。@mipmap/hi表达式定义名称为hi的mipmap目录（res目录）中的资源（注意，不包含扩展名）。例1.11的第7行变为：

```
android:icon="@mipmap/hi"
```

我们需要担心的一件事是，有些用户会使用垂直（纵向）方向的App，而有些用户会使用水平（横向）方向的App。App的默认行为是在用户旋转设备时旋转屏幕，因此，当前的App在两个方向上工作。图1.42显示了在平板电脑中横向运行的App。随着App变得越来越复杂，这将成为一个重要的问题。在本书的后面，我们将讨论管理方向的替代方案和策略。有时我们希望App固定为一个方向运行，例如垂直方向，因此当用户旋转设备时不希望应用程序旋转。在activity元素中，我们可以添加android:screenOrientation属性，并指定它的值为portrait或landscape。例如，如果希望App只在垂直方向上运行，添加如下代码：

```
android:screenOrientation="portrait"
```

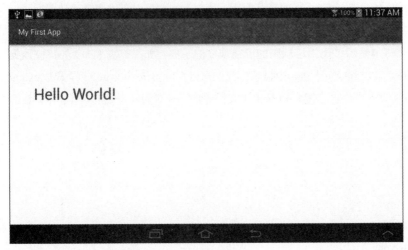

图1.42　在平板电脑中横向运行的HelloAndroid应用程序

需要注意的是，我们可以根据每个activity组件来控制App的行为。在这个App中，只有一个activity，但也可以有多个activity。例1.12展示了更新后的AndroidManifest.xml文件。在设备上运行App，当我们旋转设备时屏幕不会旋转，它会保持垂直方向。图1.43显示了模拟器中的App的图标（在本机App中间）。

```xml
 1  <?xml version="1.0" encoding="utf-8"?>
 2  <manifest package="com.jblearning.helloandroid"
 3          xmlns:android="http://schemas.android.com/apk/res/android">
 4
 5    <application
 6        android:allowBackup="true"
 7        android:icon="@mipmap/hi"
 8        android:label="@string/app_name"
 9        android:supportsRtl="true"
10        android:theme="@style/AppTheme">
11      <activity android:name=".MainActivity"
12              android:screenOrientation="portrait">
13        <intent-filter>
14          <action android:name="android.intent.action.MAIN"/>
15
16          <category android:name="android.intent.category.LAUNCHER"/>
17        </intent-filter>
18      </activity>
19    </application>
20
21  </manifest>
```

例1.12　修改后的AndroidManifest.xml文件

图1.43 模拟器屏幕中显示了应用程序图标

1.8.2 Gradle 构建系统

Android App包（APK）是分类运行在Android操作系统上的App的文件格式。文件扩展名是.apk。为了创建APK文件，要将项目编译，并将项目的各个部分打包到APK文件中。截至本书编写完成时，APK文件仍然可以在projectName/app/build/outputs/apk目录中找到。

APK文件是使用gradle构建系统构建的，它集成在Android Studio环境中。当我们启动应用程序App时，会自动创建gradle构建脚本。我们可以修改构建脚本来制作需要自定义构建的App，例如：

- 自定义构建过程。
- 使用项目的资源为App创建多个APK，每个APK具有不同的功能。例如，可以为不同的受众制作不同的版本（付费与免费、消费者与公司）。

本章小结

- Android Studio是Android应用的官方开发环境。
- 除了JDK之外，还可以使用Android SDK进行开发。
- Android Studio是免费的，可以从谷歌下载。
- Android开发通过使用XML文件来定义图形用户界面（GUI）、字符串、样式、维度等。
- 在values目录下res目录中存储App资源，如activity_main.xml和strings.xml、styles.xml、colors.xml和dimens.xml。
- Layout和GUI可以在XML文件中定义。默认文件为activity_main.xml。

- Strings可以在strings.xml文件中定义。
- Styles可以在styles.xml文件中定义。
- Dimentions可以在diments.xml文件中定义。
- Colors可以在colors.xml文件中定义。
- R.java类是自动生成的,为各种App资源存储id。
- Android Studio包含一个预览模式,可以显示用于布局XMI的GUI。
- Activity是提供用户可以与之交互的屏幕的组件。
- 一个App可以由多个Activity组成,可能会相互传递数据。
- 这些Activity组件是在堆栈上进行管理的(后进先出数据结构)。
- 创建一个activity,集成了Activity类或它的现有子类。
- activity开始时,将自动调用(入口点)Activity类的onCreate方法。
- 通过调用setContentView方法指定View。
- 一个App包含一个Manifest,通过AndroidManifest.xml文件定义App的使用资源。
- 模拟器能够模拟App在不同的设备上运行。
- 我们可以在模拟器或设备上测试App。
- 即时运行功能使我们能够修改App的各个组件,并且无需在模拟器中重启运行。
- 当应用程序准备完毕可以安装时,需要将App打包进以.apk为后缀名的文件中,被称为App的安装包。
- Gradle是Android App的构建系统。

练习、问题和项目

多项选择练习

1. AVD代表以下哪项?
   - Android Validator
   - Android Virtual Device
   - Android Valid Device
   - Android Viral device

2. XML代表以下哪项?
   - eXtended Mega Language
   - eXtended Multi Language
   - eXtensible Markup Language
   - eXtensible Mega Language

3. 为以下 XML代码段标记出有效或无效。
   - `<a>hello</a>`
   - `</b>Hello<b>`
   - `<c digit="6"></c>`
   - `<d>He there</e>`
   - `<f letter='Z"/>`
   - `<1 digit="8">one</1>`
   - `<g digit1="1" digit2="2"></g>`
   - `<h><i name="Chris"></i></h>`
   - `<j><k name="Jane"></j>`
   - `<l><m name="Mary"></l></m>`

4. 以下XML代码段在strings.xml中定义的字符串的名称是什么？

   `<string name="abc">Hello</string>`

   - string
   - name
   - abc
   - Hello

5. 以下XML代码段在string .xml中定义的字符串的值是什么？

   `<string name="abc">Hello</string>`

   - string
   - name
   - abc
   - Hello

6. 在activity_main.xml中由以下XML代码段定义的TextView小部件中显示的文本是什么？

   ```
   <TextView
       android:layout_width="match_parent"
       android:layout_height="wrap_content"
       android:text="@string/hi" />
   ```

   - @string/hi
   - hi
   - the value of the String named hi as defined in strings.xml
   - android:text

7. 在下列包中找到AppCompatActivity类。
   - android.app.Activity
   - android.app

- android.Activity
- android.support.v7.app

8. AppCompatActivity类是Activity类的子类说法是否正确？
   - 正确
   - 错误

编写代码

9. 在activity_main.xml中XML代码段的下面添加一行XML代码，使文本字段中显示的文本为string book的值（假设string book是在strings .xml定义的）。

```
<TextView
    android:layout_width="fill_parent"
    android:layout_height="wrap_content"

 />
```

10. 在onCreate方法中，填写代码，以便在activity_main.xml中定义layout和GUI。

```
public void onCreate( Bundle savedInstanceState ){
    super.onCreate(savedInstanceState);
    // 代码从这里开始


}
```

编写一款应用程序

11. 编写一个能够显示"I like Android"的App。
12. 编写一个只能在横屏方向运行的App，在屏幕左上角显示"This is fun!"，其左边或顶部都没有余量。

CHAPTER 2

模型视图控制器、GUI组件和事件

本章目录

内容简介

- **2.1** 模型视图控制器（MVC）框架
- **2.2** 模型
- **2.3** GUI组件
- **2.4** RelativeLayout、TextView、EditText和Button: Tip Calculator应用程序，版本0
- **2.5** GUI组件和多XML属性：Tip Calculator应用程序，版本1
- **2.6** 风格和主题：Tip Calculator应用程序，版本2
- **2.7** 事件和简单事件处理：编写控制器，Tip Calculator应用程序，版本3
- **2.8** 多事件处理：Tip Calculator应用程序，版本4

本章小结

练习、问题和项目

内容简介

一款好的应用程序能够提供实用的功能，且易于使用。其用户界面由各种GUI组件组成，可实现用户交互，支持用户输入，例如单击按钮、从键盘输入数据、从列表中选择项目以及滚动滑轮等。这些用户交互称为**事件**。当事件发生时，应用程序会及时处理并更新，称为**处理事件**。在本章中，我们将了解各种GUI组件及其相关事件，以及如何设计组件的外观和风格，如何处理这些事件，还将学习如何更好地使用布局管理器。

2.1 模型视图控制器（MVC）框架

在第1章中，我们创建了第一个应用程序，包括以下两个部分：
- 定义GUI的activity_main.xml：称为应用程序**View（视图）**。
- MainActivity类，用于显示GUI（Activity类管理GUI），通常称为应用程序**Controller（控制器）**。

我们的第一个应用程序只显示一个标签，没有任何功能，这里将功能称为**Model（模型）**。

将模型、视图和控制器这三个部件分开，使应用程序更容易被设计、编码、维护和修改。在应用程序中，有的部件可以被重复使用（如模型），可用来制作另一个应用程序。

在本章中，我们使用MVC框架制作一个简单的Tip Calculator（小费计算器）应用程序，需要编写以下三个重要文件：
- TipCalculator.java：TipCalculator类封装了Tip Calculator的功能，为应用程序的Model层；
- activity_main.xml：此文件定义应用程序的View层；
- MainActivity.java：此类为应用程序的Controller层。

Tip Calculator的功能是什么？我们将模型维持在最小配置，以便更多地关注视图和控制器。该最小模型配置包括账单、小费百分比以及计算小费和账单总额的两种方法。视图与模型相对应，包含四个GUI组件来显示模型中指定的数据。

Controller（控制器）是View（视图）和Model（模型）之间的中间层。例如，当用户在视图中输入数据时，控制器要求模型执行一些计算，更改小费百分比，然后相应地更新视图。通常控制器负责从视图读取数据，控制用户输入，并向模型发送数据。

一般来说，当有持续不断的数据时，可以使用MVC存储架构来进行存储和检索数据。

Model通常采用简单的Java代码，不包含任何与GUI相关代码。

2.2 模型

新建一个Android Studio项，命名为TipCalculatorV0，然后选择Empty Activity template。

该模型封装了Tip Calculator功能，它独立于平台，可编码，可复用，还可用于构建桌面应用程序，甚至是互联网站点。

对于这个应用程序，模型很简单，只包含一个封装了Tip Calculator的类，即TipCalculator类，是一个Java常规类，可在Android开发环境之外编写，对其进行测试后代入项目中。我们选择将类放在Java目录下的com.jblearning.tipcalculatorv0包（目录）中。选择该目录，然后选择File→

New→Java Class，填写该类名，单击OK按钮，出现类框架。**表2.1**展示了TipCalculator类的API。

示例2.1中展示了class（类）代码。一般来说，不需要掌握Android编程，也能编写出TipCalculator类和Model（模型）代码。另外，我们可以使用一个简单的Java程序来测试Model（模型），该程序将测试类的所有方法，章节习题中会涉及到这一内容。在本示例中，我们只用了一个类，但是一般来说，Model（模型）中可能会包含很多个类，并可以放置在自己的目录中。这个应用程序中最有用的方法是构造函数（第7~10行），以及tipAmount（第30~32行）和totalAmount（第34~36行）方法。

表2.1　TipCalculator类的API

构造函数	
TipCalculator	TipCalculator（float newTip，float newBill） 构造一个TipCalculator对象

方法	
返回值	方法名称和参数列表
float	getTip()
float	getBill()
void	setTip(float)
void	setBill(float)
float	tipAmount()
float	totalAmount()

```
1   package com.jblearning.tipcalculatorv0;
2
3   public class TipCalculator {
4       private float tip;
5       private float bill;
6
7       public TipCalculator( float newTip, float newBill ) {
8           setTip( newTip );
9           setBill( newBill );
10      }
11
12      public float getTip( ) {
13          return tip;
14      }
15
16      public float getBill( ) {
17          return bill;
18      }
19
20      public void setTip( float newTip ) {
21          if( newTip > 0 )
22              tip = newTip;
23      }
24
25      public void setBill( float newBill ) {
26          if( newBill > 0 )
```

```
27                bill = newBill;
28        }
29
30    public float tipAmount( ) {
31        return bill * tip;
32    }
33
34    public float totalAmount( ) {
35        return bill + tipAmount( );
36    }
37 }
```

例2.1　TipCalculator类

2.3　GUI 组件

现在，我们将注意力放在Android开发环境上，设计GUI的视图和功能。

在本章中，使用activity_main.xml文件来创建和定义界面上的GUI组件。还可以完全通过代码来定义和操控GUI组件，我们将在本书的后面进行此操作。

GUI组件是具有图形表示的对象，它们也被称为**小部件**。术语小部件对于Android用户来说还有另一个意思，即它指的是一个显示在Android的主屏或锁屏上的迷你应用，通常显示应用程序最相关的信息。GUI组件有以下功能：

▶ 显示信息；

▶ 采集数据；

▶ 允许用户交互并触发对方法的调用。

Android提供了一组用于封装各种GUI组件的类，如**表2.2**所示。

许多GUI组件功能共享，并相互继承。**图2.1**给出了一些继承关系的总结。

View表示GUI组件的基本构建模块；View类位于android.view包中，占据了界面的矩形区域，可绘制，可响应事件。View是GUI组件（如按钮、复选框和列表）的超类。ViewGroup是布局类的超类，也在android.view包中。布局是不可见的容器，包含了其他View或ViewGroup。ImageView、TextView、Button、EditText、CompoundButton、AutoCompleteTextView、Checkbox、RadioButton、Switch和ToggleButton均位于android.widget包中。KeyboardView位于android.inputmethodservice包中，如图2.1所示。

表2.2　GUI组件及其类

GUI组件类型	类	说明
View（视图）	View	屏幕上的可绘制矩形区域，可以响应事件
Keyboard（键盘）	KeyboardView	呈现键盘
Label（标签）	TextView	显示文本
Text（文本）字段	EditText	可编辑的文本字段，用户可以在其中输入数据
Button（按钮）	Button	可按下和单击的按钮
Radio button（单选按钮）	RadioButton	双状态按钮，可由用户选中。在组中使用时，选中单选按钮会自动取消选中组中的其他单选按钮

GUI组件类型	类	说明
Checkbox（复选框）	CheckBox	双状态按钮，可由用户选中或取消选中
Two-state toggle button（双状态切换按钮）	ToggleButton	可在两个选项之间进行选择
Two-state toggle button（双状态切换按钮）	Switch	类似于ToggleButton，用户也可以在两种状态之间滑动

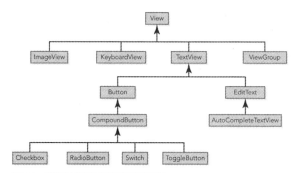

图2.1　所选GUI组件的继承层次结构

2.4　RelativeLayout、TextView、EditText 和 Button: Tip Calculator 应用程序，版本 0

在这个应用程序的版本0中，我们布局了四个没有任何功能的GUI组件：两个显示账单和小费百分比标签的TextView，以及两个EditText，用户可在其中输入账单和小费比率。本版本中，我们只关心如何将小部件放在屏幕上，不处理任何用户数据，甚至不计算或显示小费的金额和总额。

为方便起见，我们可在AndroidManifest.xml文件中设定，该应用程序只能竖屏工作。通过将值portrait分配给**例2.2**中第13行的activity标签的android:screenOrientation属性来实现。

可通过编辑Activitymain.xml文件来定义用户接口。如果GUI是静态的，且不会随着用户交互而改变，则文件Activitymain.xml是定义它的最好方式。如果GUI是动态的，且随着应用程序的运行而发生变化，那么可以通过代码来创建和定义用户界面。例如，如果应用程序从文件中检索链接并以列表形式显示出来，而我们事先并不知道将检索多少链接，以及需要显示多少链接。一般来说，无论我们通过activity_main.xml文件中的XML属性和值做什么，都可以以编程方式来实现。

在编辑应用程序的Actuviy.Maun.xml文件之前，我们先来了解一下在创建项目时生成的框架。TextView元素具有以下两个属性值：

```
android:layout_width="match_parent"
android:layout_height="wrap_content"
```

```
1   <?xml version="1.0" encoding="utf-8"?>
2   <manifest package="com.jblearning.tipcalculatorv0"
3            xmlns:android="http://schemas.android.com/apk/res/android">
4
5     <application
6       android:allowBackup="true"
7       android:icon="@mipmap/ic_launcher"
8       android:label="@string/app_name"
9       android:supportsRtl="true"
```

```
10        android:theme="@style/AppTheme">
11      <activity
12        android:name=".MainActivity"
13        android:screenOrientation="portrait">
14        <intent-filter>
15          <action android:name="android.intent.action.MAIN"/>
16
17          <category android:name="android.intent.category.LAUNCHER"/>
18        </intent-filter>
19      </activity>
20    </application>
21
22  </manifest>
```

例2.2　AndroidManifest.xml 文件

　　Android:layout_width和android:layout_height是可以使用常规View属性指定的特殊属性，由View的父级解析。它们属于静态类ViewGroup.LayoutParams，其中Views用于告诉父级想要如何布局。ViewGroup.LayoutParams是嵌套在ViewGroup类中的静态类。

　　ViewGroup.LayoutParams类可以设定View相对于其父级的宽度和高度。通过android:layout_width和android:layout_height的XML属性来指定View的宽度和高度，包括绝对值以及View的父级。该类包含了MATCH_PARENT和WRAP_CONTENT两个常量，如**表2.3**所示。

　　指定android:layout_width和android:layout_height XML属性值为match_parent或wrap_content。match_parent值对应的ViewGroup.LayoutParams类的常量为MATCH_PARENT（值为-1），表示该视图除去填充部分后应该和它的父级一样大。wrap_content值对应的ViewGroup.LayoutParams类的常量为WRAP_CONTENT（值为-2），表示视图的尺寸足够大，大到足以包含其内容和填充。

　　如果查看activity_main.xml中TextView的框架代码，我们就会发现视图的宽度和高度与内容的宽度和高度已经进行了维度化。

表2.3　ViewGroup.LayoutParams的XML属性和常量

属性名称	说明
android:layout_width	设置View的宽度
android:layout_height	设置View的高度
常数	值
MATCH_PARENT	-1
WRAP_CONTENT	-2

　　我们还可以使用绝对坐标标注视图。如果我们想要指定绝对尺寸，可以使用以下几种单位：px（像素）、dp（与密度无关的像素）、sp（基于首选字体大小的缩放像素）、in（英寸）、mm（毫米）。

　　例如：

```
android:layout_width="200dp"
android:layout_height="50dp"
```

2.4 RelativeLayout、TextView、EditText和Button: Tip Calculator应用程序, 版本0

一个应用程序最终将在许多不同的设备上运行，这些设备的屏幕尺寸并不相同。因此，我们建议使用相对定位而不是绝对定位。如果选择使用绝对尺寸，建议使用dp单位，因为它们与应用程序安装设备的屏幕密度无关。

此外，每个GUI元素都必须具有android:layout_width和android:layout_height属性，缺少其中一个都将导致运行时异常，应用程序会停止运行并报错如下：

Unfortunately, AppName has stopped

> **常见错误**：未指定android:layout_width和android:layout_height属性，将会导致运行时异常。

如图2.1所示，EditText和Button是TextView的子类，TextView是View的子类。因此，这三个类除了拥有自己的属性外，都继承了View的属性。**表2.4**显示了一些XML视图属性，以及相应的方法与描述。可在http://www.developer.android.com/reference/android/view/View.html看到完整的列表。

Android Development Kit (ADK) 提供了布局管理器类，用于在应用程序界面上布局GUI组件，它们是ViewGroup的子类，如**图2.2**所示。

表2.4　View的XML属性和方法

属性名称	相关方法	说明
android:id	setId（int）	设置View的id，然后可以使用其id通过代码检索View
android:minHeight	setMinimumHeight（int）	定义View的最小高度
android:minWidth	setMinimumWidth（int）	定义View的最小宽度

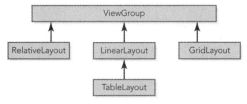

图2.2　选定的布局管理器类

创建空项目时，activity_main.xml中使用的默认布局管理器是RelativeLayout，这是一个相对布局控件。布局管理器类有一个公共静态的内部类，一般命名为LayoutParams，包含了可定位组件的XML属性。如果类名是C，那么我们将该内部类称为C.LayoutParams。RelativeLayout类有一个名为LayoutParams的公共静态内部类（使用RelativeLayout.LayoutParams引用），它包含许多XML属性，能够相对于彼此排列组件，例如在View下面，或者在另一个View的右边。为了引用另一个View，我们可以给该View提供一个id，并使用该id来引用它。我们也可以在父视图上定位一个视图，这种情况下并不需要引用父视图的id。如**表2.5**中列出了一些属性。列出的前八种属性（android:layout_alignLeft到android:layout_toRightOf）值为View的id。列出的最后四个属性值为真或假。

必须给View提供一个id，才能给id赋值。

Android框架通过android:id的XML属性为View提供了一个整数id，这样就可以通过id来引用、检索它。id必须是资源引用，使用@ +语法设置，如下所示：

```
android:id="@+id/idValue"
```

表2.5　RelativeLayout.LayoutParams的有用XML属性

XML属性	说明
android:layout_alignLeft	视图的左边缘与值视图的左边缘匹配
android:layout_alignRight	视图的右边缘与值视图的右边缘匹配
android:layout_alignBottom	视图的下边缘与值视图的下边缘匹配
android:layout_alignTop	视图的上边缘与值视图的上边缘匹配
android:layout_above	View位于值视图上方
android:ayout_below	View位于值视图下方
android:layout_toLeftOf	View位于值视图左侧
android:layout_toRightOf	View位于值视图右侧
android:layout_alignParentLeft	如果为true，则视图的左边缘与其父边缘匹配
android:layout_alignParentRight	如果为true，则视图的右边缘与其父边缘匹配
android:layout_alignParentBottom	如果为true，则视图的下边缘与其父边缘匹配
android:layout_alignParentTop	如果为true，则视图的上边缘与其父边缘匹配

例2.3中展示了版本0应用程序中的activity_main.xml文件。与应用程序应用框架相比，添加了两个EditText（第21~30行和第42~51行）以及另一个TextView元素（第32~40行）。使用两个TextView元素作为标签来描述两个EditText，希望用户在其中输入一些数据。账单的TextView和EditText要显示在同一水平线上，小费的TextView和EditText将显示在下面的行上。我们不希望每个视图都占据整个屏幕的宽度或高度，因此四个视图都要对android:layout_width和android:layout_height属性使用wrap_content值（第15~16行、第23~24行、第34~35行、第44~45行）。指定使用字体大小为28（第18、28、39、49行）。

```
1   <?xml version="1.0" encoding="utf-8"?>
2   <RelativeLayout
3       xmlns:android="http://schemas.android.com/apk/res/android"
4       xmlns:tools="http://schemas.android.com/tools"
5       android:layout_width="match_parent"
6       android:layout_height="match_parent"
7       android:paddingBottom="@dimen/activity_vertical_margin"
8       android:paddingLeft="@dimen/activity_horizontal_margin"
9       android:paddingRight="@dimen/activity_horizontal_margin"
10      android:paddingTop="@dimen/activity_vertical_margin"
11      tools:context="com.jblearning.tipcalculatorv0.MainActivity">
12
13  <TextView
14          android:id="@+id/label_bill"
15          android:layout_width="wrap_content"
16          android:layout_height="wrap_content"
17          android:minWidth="120dp"
18          android:textSize="28sp"
```

2.4 RelativeLayout、TextView、EditText和Button: Tip Calculator应用程序, 版本0

```
19              android:text="@string/label_bill"/>
20
21      <EditText
22              android:id="@+id/amount_bill"
23              android:layout_width="wrap_content"
24              android:layout_height="wrap_content"
25              android:layout_toRightOf="@+id/label_bill"
26              android:layout_alignBottom="@+id/label_bill"
27              android:layout_alignParentRight="true"
28              android:textSize="28sp"
29              android:hint="@string/amount_bill_hint"
30              android:inputType="numberDecimal" />
31
32      <TextView
33              android:id="@+id/label_tip_percent"
34              android:layout_width="wrap_content"
35              android:layout_height="wrap_content"
36              android:layout_below="@+id/label_bill"
37              android:layout_alignLeft="@+id/label_bill"
38              android:layout_alignRight="@+id/label_bill"
39              android:textSize="28sp"
40              android:text="@string/label_tip_percent"/>
41
42      <EditText
43              android:id="@+id/amount_tip_percent"
44              android:layout_width="wrap_content"
45              android:layout_height="wrap_content"
46              android:layout_toRightOf="@+id/label_tip_percent"
47              android:layout_alignBottom="@+id/label_tip_percent"
48              android:layout_alignRight="@id/amount_bill"
49              android:textSize="28sp"
50              android:hint="@string/amount_tip_percent_hint"
51              android:inputType="number" />
52
53      </RelativeLayout>
```

例2.3 版本0 Tip Calculator的activity_main.xml文件

我们给所有元素提供一个id（第14、22、33、43行）以便于引用。使用第一个TextView来存储账单标签，作为屏幕左上角的锚点元素。在第17行，设置了它的最小宽度为120px；选择该值，以便将放置在账单标签下面的所有标签的文本都容易匹配。

在第25行，指定用户输入账单的第一个EditText位于账单标签的右侧。在第26行，指定其底边与账单标签的底边位于同一水平线上。在第27行，指定其右边缘与其父边缘对齐，以便将它延伸到屏幕的右边缘。

在第36行，指定小费的标签低于账单标签，其id为label_bill。在第37行和38行，指定其左、右边与账单标签对齐。

在第46行，指定用户输入账单的第一个EditText位于账单标签的右侧。在第47行，指定其底边与账单标签的底边位于同一水平线上。在第48行，指定其右边与其上方的EditText的右边对齐，id为amount_bill。

第29行和第50行的两个EditText都分配有提示值，两个提示值是在strings.xml文件中定义的。**表2.6**显示了TextVie中android:textSize和android:hint的XML属性，以及相应的方法与说明。EditText是TextView的子类，所以EditText继承了这两个属性。默认的字体很小，我们将TextViews和EditTexts的字体大小设置为28。使用sp单位，确保字体大小与屏幕密度无关。字体的大小直接影响TextView的大小。如果设置较大的字体，组件可能与小型设备的屏幕不匹配。在这个应用程序中，无需担心此问题。我们将在本书后面学习如何解决该问题。

表2.6 TextView的android:textSize和android:hint XML属性

XML属性	方法	说明
android:textSize	void setTextSize（int unit，float size）	设置文本的大小
android:hint	void setHint（int resource）	设置要显示的提示文本

两个EditText元素都包含了android:inputType（第30、51行）属性，该属性继承自TextView，用来定义该字段的数据类型。**表2.7**列出了一些可选值。若希望用户只为账单输入数字和点字符，可为第一个EditText元素（第30行）选择numberDecimal类型。当应用程序运行时，只能输入数字或点字符（最多一个点字符）。若希望用户只为小费输入数字，可为第二个EditText元素选择number（第51行）类型。如果使用textPassword修改第30行或51行并再次运行应用程序，可以看到用户输入的每个字符都是隐藏的，且以小圆圈形式显示。

表2.7 TextView的androidinputType XML属性的可选值

属性值	说明
text	纯文本
textPassword	文本隐藏，最后一个字符显示很短的时间
number	仅限数字值
numberDecimal	数值和一个可选的小数点
phone	用于输入电话号码
datetime	用于输入日期和时间
date	用于输入日期
time	用于输入时间

■ **软件工程**：在定义EditText时，为android:inputType选择合适的值，以匹配期望用户输入的数据。

■ **软件工程**：使用的id是唯一的。

■ **常见错误**：activity_main.xml文件中使用的每个String都要在strings.xml文件中定义，否则可能会报错。

例**2.4**中展示了strings.xml文件。

```
1  <resources>
2      <string name="app_name">TipCalculatorV0</string>
```

```
3
4        <string name="label_bill">Bill</string>
5        <string name="label_tip_percent">Tip (%)</string>
6
7        <string name="amount_bill_hint">Enter bill</string>
8        <string name="amount_tip_percent_hint">Enter tip</string>
9    </resources>
```

例2.4　strings.xml文件，Tip Calculator应用程序，版本0

图2.3显示了Android Studio环境中的当前GUI。可以看到两个TextView和EditText，包括两个提示：屏幕顶部没有足够的空间来正确显示Enter Bill。我们在版本1中修复了这个问题，添加了更多GUI元素，并改善了外观。

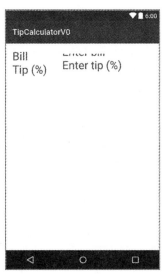

图2.3　Android Studio环境中显示的版本0 Tip Calculator应用程序

2.5　GUI 组件和多 XML 属性：Tip Calculator 应用程序，版本 1

在版本1中我们要完成GUI的设计，添加两个标签和两个TextView来显示小费和总金额，还要设计一个Button按钮。在版本2中，当用户单击Button按钮时，要及时更新小费和总金额。还要添加颜色，在EditTexts中居中文本，在各种元素周围添加边距并进行填充。

表2.8显示了更多的XML视图属性，以及相应的方法及其描述。可能不是每个XML属性与方法的一对一映射，反之亦然。例如，单个方法（如setPadding）用于设置多个属性的值（paddingBottom、paddingLeft、paddingRight、paddingTop）。填充属性涉及GUI组件内部、组件边界与其内容之间的额外间距。如果想在GUI组件之间添加额外的空间（在外部），可以使用ViewGroup.MarginLayoutParams类的margin属性，如**表2.9**所示。

可在**例2.3**中的第一个TextView中添加一些填充和边距，如下面的代码所示：

```
<TextView
  android:id="@+id/label_bill"
  android:layout_width="wrap_content"
  android:layout_height="wrap_content"
  android:layout_marginTop="70dp"
  android:layout_marginLeft="50dp"
  android:padding="10dp"
  android:minWidth="120dp"
```

```
android:textSize="28sp"
android:text="@string/label_bill"/>
```

表2.8 更多XML属性和View方法

属性名称	相关方法	说明
android:background	setBackgroundColor（int）	设置View的透明度和背景颜色
android:background	setBackgroundResource（int）	设置可绘制资源以用作View的背景
android:alpha	setAlpha（float）	设置View的透明度值
android:paddingBottom	setPadding（int，int，int，int）	设置View底边缘的填充（以像素为单位）
android:paddingLeft	setPadding（int，int，int，int）	设置View左边缘的填充（以像素为单位）
android:paddingRight	setPadding（int，int，int，int）	设置View右边缘的填充（以像素为单位）
android:paddingTop	setPadding（int，int，int，int）	设置View上边缘的填充（以像素为单位）

表2.9 ViewGroup.MarginLayoutParams的选定XML属性和方法

属性名称	相关方法	说明
android:layout_marginBottom	setMargins（int，int，int，int）	在此视图的底部设置额外的空间
android:layout_marginLeft	setMargins（int，int，int，int）	在此视图的左侧设置额外的空间
android:layout_marginRight	setMargins（int，int，int，int）	在此视图的右侧设置额外的空间
android:layout_marginTop	setMargins（int，int，int，int）	在此视图的顶部设置额外的空间

图2.4中展示了生成的填充和边距。Bill标签的顶端距离屏幕顶端70像素（因为账单标签上方没有GUI组件）。左边距屏幕左边50像素（因为Bill标签左侧没有GUI组件）。文本Bill周围有10个像素的可用空间。

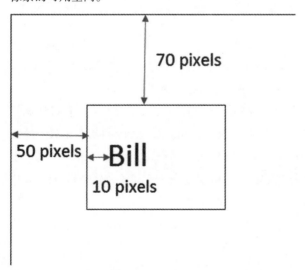

图2.4 TextView中的边距和填充内容

我们还可以设置TextView的更多文本属性，如颜色、样式或对齐方式。**表2.10**显示了TextView中android:textColor、android:textStyle和android:gravity的XML属性。android:gravity属性与TextView中文本的对齐有关，默认为左对齐。

2.5 GUI组件和多XML属性：Tip Calculator应用程序，版本1

表2.10 TextView的XML属性

XML属性	方法	说明
android:textColor	setTextColor（int）	文本颜色
android:textStyle	setTypeface（Typeface）	文本的样式（粗体、斜体、常规）
android:gravity	setGravity（int）	此TextView中的文本对齐方式

表2.11显示了TextView（或继承自TextView的任何GUI组件）的android:textColor XML属性值的格式。这同样适用于View的android:background XML属性。一般来说，对于View的XML属性通常有以下三种策略来设置其值：

- 直接指定值
- 引用资源
- 引用主题属性

我们将在本章后面讨论主题的应用。本节中，我们将讨论前两种策略。

表2.11 与android:textColor或android:background一起使用的颜色的可能格式

描述	格式	说明
6位颜色值	"#rrggbb"	r、g、b是十六进制数字，表示颜色中的红色、绿色和蓝色的数量
透明度和6位颜色值	"#aarrggbb"	a是表示透明度值的十六进制数字（0表示透明，f表示不透明）
3位颜色值	"#rgb"	r、g和b重复
透明度和3位颜色值	"#argb"	a、r、g和b重复
引用资源	"@[+][package:]type: name"	[]表示可选字段
引用主题属性	"? [package:][type:]name"	

若要将文本指定为黄色（例如全红、全绿、无蓝色），我们可以通过四种不同的方式直接给android:textColor属性赋值：

```
android:textColor="#FFFF00"
android:textColor="#FFFFFF00"
android:textColor="#FF0"
android:textColor="#FFF0"
```

如果颜色字符串中只有3或4个字符，那么将对每个字符进行复制，以获得等效的6或8个字符的颜色字符串。如果只有6个字符，前两个字符指定红色的数量，中间两个字符指定绿色的数量，最后两个字符指定蓝色的数量。如果有8个字符，前两个字符指定颜色的不透明度，最后6个字符指定红色、绿色和蓝色的数量。FF表示完全不透明，00表示完全透明。若未指定不透明度（如果有3或6个字符），则默认为完全不透明。

"FFFFFF00"中前两个F表示不透明的颜色；00表示完全透明的颜色。在"FFF0"中，第一个F表示不透明的颜色；0表示完全透明的颜色。

另一种指定颜色的方法是使用表单的资源：

```
"@[+][package:]type:name"
```

我们可以像strings.xml文件那样将字符串资源外部化,还可以将其他资源外部化,例如布尔型变量、颜色、维度(使用标签名dimen)、id、整数、整数数组(使用标签名integerarray)和类型化数组(使用标签名称array)。

在语法表达式中括号[]表示字段是可选的。

为了使用这种语法,我们将一些颜色外部化到一个文件中,命名为colors.xml。文件名不重要,但最好选择有意义的文件名;该文件应该有.xml扩展名,并且必须位于项目的res/values/目录中,以便Android框架能够找到它。虽然不使用.xml扩展名不会阻止应用程序的运行,但仍建议使用.xml扩展来实现这些文件。

如果将colors.xml放在错误的目录中,例如在res/layout/目录中,将显示编译错误。

表2.12显示了res目录中支持的目录及其描述。

要在名为colors.xml的新创建的资源文件中指定由名为lightGreen的字符串定义的颜色,编写代码如下:

```
android:textColor="@color/lightGreen"
```

在colors.xml文件中,我们添加以下代码(**例2.5**的第8行)以定义lightGreen:

```
<color name="lightGreen">#40F0</color>
```

表2.12 res目录中支持的目录列表

目录	目录内容说明
animator	定义属性动画的XML文件
anim	定义补间动画的XML文件
color	定义状态列表的颜色XML文件(例如,可用于为按钮的不同状态指定不同的颜色)
drawable	位图文件或定义可绘制资源的XML文件(在此处为应用程序放置可绘制资源)
mipmap	定义可绘制资源的位图文件或XML文件(在此处放置应用程序的图标)
layout	定义GUI布局的XML文件
menu	定义菜单的XML文件
raw	以原始格式保存的文件
values	XML文件定义字符串、整数、颜色和其他简单值
xml	可以通过调用Resources.getXML(resourceIdNumber)在运行时读取的XML文件

Color是资源类型,lightGreen是它的名称。文件colors.xml为推荐名,也可以选择其他名称作为文件名,甚至可以有多个定义颜色的文件。但必须使用resources元素(**例2.5**的第2行)作为color的父元素,否则将收到"invalid start tag"报错信息。

```
1  <?xml version="1.0" encoding="utf-8"?>
2  <resources>
3      <color name="colorPrimary">#3F51B5</color>
4      <color name="colorPrimaryDark">#303F9F</color>
```

2.5 GUI组件和多XML属性：Tip Calculator应用程序，版本1

```
 5      <color name="colorAccent">#FF4081</color>
 6
 7      <color name="lightGray">#DDDDDDDD</color>
 8      <color name="lightGreen">#40F0</color>
 9      <color name="darkGreen">#F0F0</color>
10      <color name="darkBlue">#F00F</color>
11  </resources>
```

例2.5 colors.xml文件

如果删除resources的开始和结束标记，将收到一条XML文档格式不正确的报错信息。当尝试编译或运行我们的应用程序应用时，XML文档中的任何错误都将中止构建。

编译时，colors.xml中resources元素的每个子节点都将被转换为应用程序资源对象，resources有四个子元素，都是color元素。每个元素都可通过其名称被其他文件引用，例如lightGreen。

> **常见错误：** 如果我们为资源创建XML文件，就必须使用resources元素作为父元素，也必须把这个XML文件放在项目的res/values/目录下。

例2.6显示了更新的activity_main.xml文件，删除了**例2.3**中的第7行到第10行（指定应用GUI周围的填充），因为我们重新定义了各种GUI元素的边距，不再需要默认填充。

```
 1  <?xml version="1.0" encoding="utf-8"?>
 2  <RelativeLayout
 3      xmlns:android="http://schemas.android.com/apk/res/android"
 4      xmlns:tools="http://schemas.android.com/tools"
 5      android:layout_width="match_parent"
 6      android:layout_height="match_parent"
 7      tools:context="com.jblearning.tipcalculatorv1.MainActivity">
 8
 9  <TextView
10      android:id="@+id/label_bill"
11      android:layout_width="wrap_content"
12      android:layout_height="wrap_content"
13      android:layout_marginTop="20dp"
14      android:layout_marginLeft="20dp"
15      android:padding="10dp"
16      android:minWidth="120dp"
17      android:textSize="28sp"
18      android:background="@color/lightGray"
19      android:text="@string/label_bill"/>
20
21  <EditText
22      android:id="@+id/amount_bill"
23      android:layout_width="wrap_content"
24      android:layout_height="wrap_content"
25      android:padding="10dp"
26      android:layout_marginRight="20dp"
27      android:layout_toRightOf="@+id/label_bill"
28      android:layout_alignBottom="@+id/label_bill"
29      android:layout_alignParentRight="true"
30      android:textSize="28sp"
31      android:gravity="center"
```

```xml
32          android:textColor="@color/darkBlue"
33          android:hint="@string/amount_bill_hint"
34          android:inputType="numberDecimal" />
35
36 <TextView
37         android:id="@+id/label_tip_percent"
38         android:layout_width="wrap_content"
39         android:layout_height="wrap_content"
40         android:padding="10dp"
41         android:layout_marginTop="20dp"
42         android:layout_below="@+id/label_bill"
43         android:layout_alignLeft="@+id/label_bill"
44         android:layout_alignRight="@+id/label_bill"
45         android:textSize="28sp"
46         android:background="@color/lightGray"
47         android:text="@string/label_tip_percent"/>
48
49 <EditText
50         android:id="@+id/amount_tip_percent"
51         android:layout_width="wrap_content"
52         android:layout_height="wrap_content"
53         android:padding="10dp"
54         android:layout_toRightOf="@+id/label_tip_percent"
55         android:layout_alignBottom="@+id/label_tip_percent"
56         android:layout_alignRight="@id/amount_bill"
57         android:textSize="28sp"
58         android:gravity="center"
59         android:textColor="@color/darkBlue"
60         android:hint="@string/amount_tip_percent_hint"
61         android:inputType="number" />
62
63 <!-- red line -->
64 <View
65         android:id="@+id/red_line"
66         android:layout_below="@+id/label_tip_percent"
67         android:layout_marginTop="20dp"
68         android:layout_height="5dip"
69         android:layout_width="match_parent"
70         android:layout_alignLeft="@id/label_bill"
71         android:layout_alignRight="@id/amount_bill"
72         android:background="#FF00" />
73
74 <TextView
75         android:id="@+id/label_tip"
76         android:layout_width="wrap_content"
77         android:layout_height="wrap_content"
78         android:layout_marginTop="20dp"
79         android:padding="10dp"
80         android:layout_below="@id/red_line"
81         android:layout_alignLeft="@+id/label_bill"
82     android:layout_alignRight="@+id/label_bill"
83         android:textSize="28sp"
84         android:background="@color/lightGray"
85         android:text="@string/label_tip" />
86
87 <TextView
88         android:id="@+id/amount_tip"
```

```xml
89          android:layout_width="wrap_content"
90          android:layout_height="wrap_content"
91          android:padding="10dp"
92          android:layout_toRightOf="@+id/label_tip"
93          android:layout_alignBottom="@+id/label_tip"
94          android:layout_alignRight="@id/amount_bill"
95          android:background="@color/lightGreen"
96          android:gravity="center"
97          android:textSize="28sp" />
98
99      <TextView
100         android:id="@+id/label_total"
101         android:layout_width="wrap_content"
102         android:layout_height="wrap_content"
103         android:layout_marginTop="20dp"
104         android:padding="10dp"
105         android:layout_below="@id/label_tip"
106         android:layout_alignLeft="@+id/label_bill"
107         android:layout_alignRight="@+id/label_bill"
108         android:textSize="28sp"
109         android:background="@color/lightGray"
110         android:text="@string/label_total" />
111
112     <TextView
113         android:id="@+id/amount_total"
114         android:layout_width="wrap_content"
115         android:layout_height="wrap_content"
116         android:padding="10dp"
117         android:layout_toRightOf="@+id/label_total"
118         android:layout_alignBottom="@+id/label_total"
119         android:layout_alignRight="@id/amount_bill"
120         android:background="@color/lightGreen"
121         android:gravity="center"
122         android:textSize="28sp" />
123
123     <Button
125         android:layout_width="wrap_content"
126         android:layout_height="wrap_content"
127         android:layout_marginTop="20dp"
128         android:padding="10dp"
129         android:layout_centerHorizontal="true"
130         android:layout_below="@+id/amount_total"
131         android:textSize="28sp"
132         android:background="@color/darkGreen"
133         android:text="@string/button_calculate" />
134
135 </RelativeLayout>
```

例2.6 activity_main.xml文件，Tip Calculator应用程序，版本1

用红色的线（第63~72行）将输入的相关元素从计算出来的相关元素中分离出来。红线是一个View元素（第64行），其高度为5个像素（第68行）。使用相同的定位属性来定位与自身和现有的4个元素相关的5个新元素：android:layout_below、android:layout_alignLeft、android:layout_alignRight和android:layout_toRightOf。将屏幕左边的4个Textview和红线对齐，指定它们都与bill标签对齐（第43、70、81、106行）。使用android:layout_marginTop属性（第41、67、78、103、

127行)指定20个像素为元素之间的恒定垂直间距。

向所有TextView、EditText和Button元素(第15、25、40、53、79、91、104、116、128行)添加相同数量的填充(10像素)。在第13~15行为bill标签添加边距和填充,即我们的锚元素。

左边4个TextView(第18、46、84、109行)的背景设置为浅灰色。在第95行和120行,将计算出的Tip和Total的背景设置为浅绿色。在第32行和59行,为两个EditText元素设置了文本颜色为深蓝色。4个TextView采用默认的左对齐方式。将右边的两个EditText和两个TextView对齐(第31、58、96、121行)。如图2.5所示,在键入时Android Studio会显示建议的可能值。

在第129行,将按钮水平居中。用户点击时该按钮不会响应;我们将在版本3中实现该功能。

例2.7显示了更新后的strings.xml文件。

图2.6显示了Android Studio环境中的GUI,可看到各种组件的大小、颜色、字体大小和字体样式等。

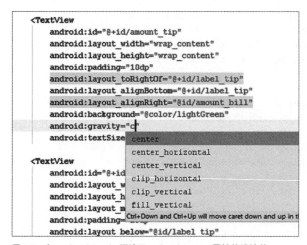

图2.5 在Android Studio环境下android:gravity属性的建议值

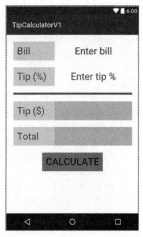

图2.6 Android Studio环境下的Tip Calculator应用程序GUI,版本1

```
1   <resources>
2       <string name="app_name">TipCalculatorV1</string>
3
4       <string name="label_bill">Bill</string>
5       <string name="label_tip_percent">Tip (%)</string>
6       <string name="label_tip">Tip ($)</string>
7       <string name="label_total">Total</string>
8
9       <string name="amount_bill_hint">Enter bill</string>
10      <string name="amount_tip_percent_hint">Enter tip %</string>
11
12      <string name="button_calculate">CALCULATE</string>
13  </resources>
```

例2.7 strings.xml 文件,Tip Calculator应用程序,版本1

2.6 风格和主题:Tip Calculator 应用程序,版本 2

在版本1中,许多GUI组件具有相同的属性值。例如,activity_main.xml文件中的所有9个元素，都具有android:layout_width和android:layout_height属性，都有一个wrap_content值。Android Development Kit（ADK）允许我们将资源中的样式外部化，以便重复使用各种元素的通用样式。

样式的概念类似于HTML页面中的CSS（层叠样式表）概念。样式是一组属性（XML属性），用于指定视图或窗口的外观。样式可以指定宽度、高度、填充、背景颜色、文本颜色、文本大小等。我们可以使用样式为一个或多个视图指定XML属性值。使用样式可以将视图的外观和内容分开。

在res/values目录下名为styles.xml的文件中定义样式。可定义多个样式，每个样式都包含XML属性值列表；每个样式都有一个名称，可以通过名称来引用样式。

定义样式的语法如下：

```
<style name="nameOfStyle" [parent="styleThisStyleInheritsFrom"]>
  <item name="attributeName">attributeValue</item>
  ...
</style>
```

样式可从其他样式中继承。继承是使用parent属性定义的，是可选的。父样式可以是本地Android风格，也可以是用户自定义样式。

通过这种方式定义样式，可构建一个继承层次结构，不仅几个GUI元素可以使用相同的样式，而且样式可以通过继承复用另一个样式的属性。样式也可以重写它继承的属性值。我们定义了6种样式，如图2.7所示。对两个EditTexts使用InputStyle：它继承自CenteredTextStyle，而CenteredTextStyle本身继承自TextStyle，后者又继承自Android Standard Development Kit（Android SDK）的现有样式Textappearance。因此，EditTexts中的文本居中，大小为28，并且为深蓝色。需要注意的是，从Textappearance继承的默认文本颜色为黑色，但会被覆盖。两个EditTexts将根据其内容进行调整。

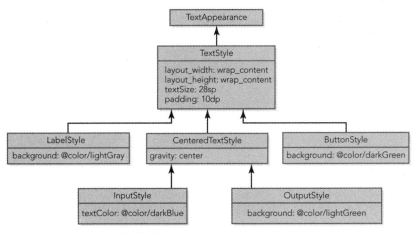

图2.7　styles.xml中定义的样式继承层次结构

例2.8显示了styles.xml文件。第11~16行定义了TextStyle；使用语法parent ="@ android:style/nameOfParentStyle"从Android的本地样式Text应用程序earance继承。需要注意的是，每个元素的内容（例如wrap_content或28sp）都不需要使用双引号。

■ **常见错误：** 定义样式时，在指定XML属性值时不要使用双引号。

```xml
1   <resources>
2
3       <!-- Base application theme. -->
4       <style name="AppTheme" parent="Theme.AppCompat.Light.DarkActionBar">
5           <!-- Customize your theme here. -->
6           <item name="colorPrimary">@color/colorPrimary</item>
7           <item name="colorPrimaryDark">@color/colorPrimaryDark</item>
8           <item name="colorAccent">@color/colorAccent</item>
9       </style>
10
11      <style name="TextStyle" parent="@android:style/TextAppearance">
12          <item name="android:layout_width">wrap_content</item>
13          <item name="android:layout_height">wrap_content</item>
14          <item name="android:textSize">28sp</item>
15          <item name="android:padding">10dp</item>
16      </style>
17
18      <style name="LabelStyle" parent="TextStyle">
19          <item name="android:background">@color/lightGray</item>
20      </style>
21
22      <style name="CenteredTextStyle" parent="TextStyle">
23          <item name="android:gravity">center</item>
24      </style>
25
26      <style name="InputStyle" parent="CenteredTextStyle">
27          <item name="android:textColor">@color/darkBlue</item>
28      </style>
29
30      <style name="OutputStyle" parent="CenteredTextStyle">
31          <item name="android:background">@color/lightGreen</item>
32      </style>
33
34      <style name="ButtonStyle" parent="TextStyle">
35          <item name="android:background">@color/darkGreen</item>
36      </style>
37  </resources>
```

例2.8　styles.xml文件

第18~20行，LabelStyle使用语法parent ="nameOfParentStyle"从自己的TextStyle继承。第12~15行，它继承了在TextStyle中定义的4个属性值：android:layout_width、android:layout_height、android:textSize和android:padding。colors.xml文件的第19行定义android:background属性为浅灰色。因此，任何使用LabelStyle设置样式的元素都将具有浅灰色背景，其文本周围有10个像素的填充，大小为28。该元素的大小根据其中的文本进行设置。

在第22~24行，CenteredTextStyle也继承自TextStyle，文本居中。在第26~28行，InputStyle继承自CenteredTextStyle，指定文本颜色为colors.xml中定义深蓝色。在第30~32行，OutputStyle继承自CenteredTextStyle，指定背景颜色为colors.xml中定义的浅绿色。在第34~36行，ButtonStyle继承自TextStyle，指定背景颜色为colors.xml中定义的深绿色。

XML样式文件不仅可以集中定义样式，还使代码更有条理，更易于维护和修改。通常我们希望为相同类型的GUI组件设置相同的样式主题。如果所有的TextView组件都设置为红色，那么若将它们改为紫色，只需在某个位置更改一行代码即可。在许多应用中都可复用样式。此外，创建和编辑样式文件所需的专业知识与编写Java代码所需的专业知识不同。如果应用程序很复杂并由一组开发人员开发，则可将工作分开并根据各自的专业知识在团队成员之间进行分配，这样会轻松很多。

■ **软件工程：** 最好将各种样式的GUI组件外部化为单独的文件。

在**例2.9**中，我们使用styles.xml中定义的样式设置activity_main.xml中的GUI元素的样式。结果显示与版本1中的GUI相同。设置GUI组件的样式的语法如下：

style=**"@style/nameOfStyle"**

若把style替换成android:style将导致编译错误。

■ **常见错误：** 使用样式时，不要在style属性前面加android:，否则会导致编译错误。

```xml
1   <?xml version="1.0" encoding="utf-8"?>
2   <RelativeLayout
3       xmlns:android="http://schemas.android.com/apk/res/android"
4       xmlns:tools="http://schemas.android.com/tools"
5       android:layout_width="match_parent"
6       android:layout_height="match_parent"
7       tools:context="com.jblearning.tipcalculatorv2.MainActivity">
8
9   <TextView
10          android:id="@+id/label_bill"
11          style="@style/LabelStyle"
12          android:layout_marginTop="20dp"
13          android:layout_marginLeft="20dp"
14          android:minWidth="120dp"
15          android:text="@string/label_bill"/>
16
17  <EditText
18          android:id="@+id/amount_bill"
19          style="@style/InputStyle"
20          android:layout_marginRight="20dp"
21          android:layout_toRightOf="@+id/label_bill"
22          android:layout_alignBottom="@+id/label_bill"
23          android:layout_alignParentRight="true"
24          android:hint="@string/amount_bill_hint"
25          android:inputType="numberDecimal" />
26
27  <TextView
28          android:id="@+id/label_tip_percent"
29          style="@style/LabelStyle"
30          android:layout_marginTop="20dp"
31          android:layout_below="@+id/label_bill"
32          android:layout_alignLeft="@+id/label_bill"
33          android:layout_alignRight="@+id/label_bill"
34          android:text="@string/label_tip_percent"/>
35
```

```xml
36  <EditText
37          android:id="@+id/amount_tip_percent"
38          style="@style/InputStyle"
39          android:layout_toRightOf="@+id/label_tip_percent"
40          android:layout_alignBottom="@+id/label_tip_percent"
41          android:layout_alignRight="@id/amount_bill"
42          android:hint="@string/amount_tip_percent_hint"
43          android:inputType="number" />
44
45  <!-- red line -->
46  <View
47          android:id="@+id/red_line"
48          android:layout_below="@+id/label_tip_percent"
49          android:layout_marginTop="20dp"
50          android:layout_height="5dip"
51          android:layout_width="match_parent"
52          android:layout_alignLeft="@id/label_bill"
53          android:layout_alignRight="@id/amount_bill"
54          android:background="#FF00" />
55
56  <TextView
57          android:id="@+id/label_tip"
58          style="@style/LabelStyle"
59          android:layout_marginTop="20dp"
60          android:layout_below="@id/red_line"
61          android:layout_alignLeft="@+id/label_bill"
62          android:layout_alignRight="@+id/label_bill"
63          android:text="@string/label_tip" />
64
65  <TextView
66          android:id="@+id/amount_tip"
67          style="@style/OutputStyle"
68          android:layout_toRightOf="@+id/label_tip"
69          android:layout_alignBottom="@+id/label_tip"
70          android:layout_alignRight="@id/amount_bill" />
71
72  <TextView
73          android:id="@+id/label_total"
74          style="@style/LabelStyle"
75          android:layout_marginTop="20dp"
76          android:layout_below="@id/label_tip"
77          android:layout_alignLeft="@+id/label_bill"
78          android:layout_alignRight="@+id/label_bill"
79          android:text="@string/label_total" />
80
81  <TextView
82          android:id="@+id/amount_total"
83          style="@style/OutputStyle"
84          android:layout_toRightOf="@+id/label_total"
85          android:layout_alignBottom="@+id/label_total"
86          android:layout_alignRight="@id/amount_bill" />
87
88  <Button
89          style="@style/ButtonStyle"
90          android:layout_marginTop="20dp"
91          android:layout_centerHorizontal="true"
92          android:layout_below="@+id/amount_total"
```

```
93                    android:text="@string/button_calculate" />
94
95      </RelativeLayout>
```

例2.9　activity_main.xml 文件，Tip Calculator应用程序，版本2

在第11行、29行、58行和74行，用LabelStyle设置屏幕左侧的4个TextView元素。在第19行和第38行，用InputStyle设置两个EditText元素的样式。在第67行和83行，用OutputStyle设置两个输出TextView元素的样式。第89行用ButtonStyle设置Button元素的样式。

修改styles.xml文件，例如将LabelStyle的android:background属性从浅灰色改为另一种颜色，再次运行应用程序时修改即会生效。

样式通常应用于一个或多个屏幕，我们可以通过使用样式给整个应用程序提供一个活动或主题，使屏幕中的视图或者该应用的所有屏幕具有相同的外观。

若要将样式应用于整个应用程序，则向AndroidManifest.xml文件中的application元素添加android:theme属性，使用语法如下：

`android:theme="@style/nameOfStyle"`

AndroidManifest.xml框架已包含上述语法使用AppTheme样式，并且AppTheme也已在styles.xml框架中声明。我们可以在文件styles.xml中编辑AppTheme，使用styles.xml中的样式，并更改例2.2的第10行，如下所示：

`android:theme="@style/LabelStyle"`

将样式应用于给定活动，向AndroidManifest.xml文件中的activity元素添加android:theme属性，使用以下语句：

`android:theme="@style/nameOfStyle"`

例如，在例2.2的第12行和第13行之间插入一行，如下所示：

`android:theme="@style/OutputStyle"`

当前的应用程序中只有一个活动，但在更复杂的应用程序中可能有许多活动，因此AndroidManifest.xml文件中可能有许多活动元素，且每个都可有独立的主题。

现在有了一个模型和一个视图，我们可以编辑应用程序的控制器了，当用户为Bill或Tip（%）输入新的金额并点击Calculate按钮时，应用程序就可以计算并显示金额数了。

2.7　事件和简单事件处理：编写控制器，Tip Calculator 应用程序，版本 3

单击按钮称为**事件**。在事件发生后执行某些代码（例如更新文本字段的值）称为**处理事件**。在GUI编程中，有许多类型的事件：单击按钮、选中复选框、从列表中选择项目、按键、点击屏幕、滚动屏幕等。

在activity_main.xml文件中，我们将方法名称分配给View的android:onClick属性，即当用户单击View时将调用该方法。语法如下：

```
android:onClick="methodName"
```

该方法应位于控制View的Activity类中,在本例中是MainActivity。Button类继承自View,可在activity_main.xml文件的Button元素中使用android:onClick XML属性。如果在用户点击Button时,要执行名为calculate方法,编写如下语句:

```
android:onClick="calculate"
```

例2.10中展示了部分更新后的activity_main.xml文件。

```
87
88      <Button
89          style="@style/ButtonStyle"
90          android:layout_marginTop="20dp"
91          android:layout_centerHorizontal="true"
92          android:layout_below="@+id/amount_total"
93          android:text="@string/button_calculate"
94          android:onClick="calculate"/>
95
96  </RelativeLayout>
```

例2.10 activity_main.xml文件中的Button元素

编写方法应与内容相对应,类似于Activity类。若不对该方法进行编码,那么用户单击该按钮时,应用程序将崩溃。它必须具有以下标头:

public void methodName(View v)

在方法内部,View参数v是对发起事件的View的引用。

因此,在MainActivity类中,我们需要对calculate方法进行编码,它具有以下标头:

public void calculate(View v)

该方法中,需要访问EditText元素以检索用户输入的数据和一些TextView元素以相应地更新它们。

如果View被赋予id,可以通过Activity类的findViewById方法(由AppCompatActivity类继承)获得对该View的引用,如**表2.13**所述,使用以下方法调用:

findViewById(R.id.**idValue**)

表2.13　Activity和TextView类的有用方法

类	方法
Activity View findViewById(int id)	查找并返回由onCreate方法中XML中的id属性标识的View(例如,activity_main.xml)
TextView CharSequence getText()	返回TextView小部件中显示的文本
TextView void setText(CharSequence text)	设置要在TextView小部件中显示的文本

现在已经定义了activity_main.xml文件,下面编写MainActivity类,如**例2.11**所示,还有它的新方法calculate。

2.7 事件和简单事件处理：编写控制器，Tip Calculator应用程序，版本3

```java
1    package com.jblearning.tipcalculatorv3;
2
3    import android.support.v7.app.AppCompatActivity;
4    import android.os.Bundle;
5    import android.util.Log;
6    import android.view.View;
7    import android.widget.EditText;
8    import android.widget.TextView;
9    import java.text.NumberFormat;
10
11   public class MainActivity extends AppCompatActivity {
12       private TipCalculator tipCalc;
13       public NumberFormat money = NumberFormat.getCurrencyInstance( );
14
15       protected void onCreate( Bundle savedInstanceState ) {
16           super.onCreate( savedInstanceState );
17           tipCalc = new TipCalculator( 0.17f, 100.0f );
18           setContentView( R.layout.activity_main );
19       }
20
21       /** Called when the user clicks on the Calculate button */
22       public void calculate( View v ) {
23           Log.w("MainActivity", "v = " + v );
24           EditText billEditText =
25               ( EditText ) findViewById( R.id.amount_bill );
26           EditText tipEditText =
27               ( EditText ) findViewById( R.id.amount_tip_percent );
28           String billString = billEditText.getText( ).toString( );
29           String tipString = tipEditText.getText( ).toString( );
30
31           TextView tipTextView =
32               ( TextView ) findViewById( R.id.amount_tip );
33           TextView totalTextView =
34               ( TextView ) findViewById( R.id.amount_total );
35           try {
36               // 转换billString和tipString为浮点数
37               float billAmount = Float.parseFloat( billString );
38               int tipPercent = Integer.parseInt( tipString );
39               // 更新Model
40               tipCalc.setBill( billAmount );
41               tipCalc.setTip( .01f * tipPercent );
42               // 要求Model计算小费和总金额
43               float tip = tipCalc.tipAmount( );
44               float total = tipCalc.totalAmount( );
45               // 更新View格式化小费和总金额
46               tipTextView.setText( money.format( tip ) );
47               totalTextView.setText( money.format( total ) );
48           } catch( NumberFormatException nfe ) {
49               // 弹出警告信息
50           }
51       }
52   }
```

例2.11 mainactive类，小费计算器应用程序，版本3

calculate方法需要检索两个EditText组件中输入的金额，计算相应的Tip（小费）和total（总额），并相应地更新两个输出TextView。

在第12行，声明了一个TipCalculator变量tipCalc。通过这个变量，可以调用TipCalculator类的任何方法来执行各种计算。第6~8行，导入View、TextView和EditText类。View在android.view包中；TextView和EditText位于android.widget包中。导入它们，将在calculater方法中被使用（第21~51行）。调用calculate时，View参数是对发起事件的View的引用，在本例中是按钮。第23行输出它仅是用于反馈。尝试在没有View参数的情况下编写calculate方法，代码会被编译，但当运行应用程序并单击Calculate按钮时，会发生运行异常。

在第24~27行，通过从Activity类继承的方法findViewById来检索对两个EditText组件对象引用，传递ID值，R.id.amount_bill和R.id.amount_tip_percent。findViewById方法返回一个View，我们将其返回值类型转换为EditText。

在第28~29行，通过由EditText类继承的TextView类的getText方法（**表2.13**）检索用户在两个EditText中输入的数据，并将这两个值分配给billString和tipString字符串。GetText返回一个CharSequence，对CharSequence'stoString方法进行额外的方法调用，将从EditText检索到的每个值都转换为字符串。

通过Float和Integer类的parseFloat和parseInt静态方法将这两个字符串转换为float和int类型，以便使用。虽然未检查由parseFloat和parseInt方法（第37行和第38行）会引发的异常，但最好使用try和catch块以防止检索到的数据不是有效数字时出现的运行异常。第39~41行，更新模型：调用setBill和setTip来设置tipCalc的Bill和Tip。在第42~44行，要求Model调用tipAmount和totalAmount来计算小费和总金额。在第45~47行，更新View：用表2.13中的setText方法将格式化的tip和total放在TextViews中。通过这种方式，Controller（MainActivity类）从View中采集键入的数据以更新Model，并从Model中检索更新的数据以更新View。

不要进入catch块（第48~50行），实际上文件activity_main.xml中指定两个EditText的numberDecimal和number输入类型保证了bill和tip（%）的值为有效的浮点数和有效的整数。android:inputType的numberDecimal值仅允许用户输入数字和最多一个浮点。android:inputType的number值仅允许用户输入数字。最好捕获潜在的错误并验证数据，即使相信它们并不会发生，这种做法被称为**防御性编程**。在catch块（第49行）内，将弹出警告信息，通知用户输入正确的数据。

■ **常见错误：**若在用户单击按钮时使用android:onClick属性指定要调用的方法，则该方法必须是public、void，并且只接受一个View参数；否则，当用户在对应用程序进行单击按钮操作时，将出现运行异常。

■ **软件工程：**输出语句在开发过程中很有用，但应该在应用程序的最终版本中删除或注释出来。

在Logcat中，我们可以看到一些与此类似的输出：

```
v = android.support.v7.widget.AppCompatButton{fe17b58VFED..C ..... P
.... 280,1063-799,1235}
```

这表示View参数确实是一个Button（唯一一个，由用户单击的按钮；AppCompatButton是一个扩展Button并支持旧版本功能的类）；fe17b58是表示其内存地址的十六进制数字。

图2.8显示了用户在bill的EditText中输入154.50后在模拟器中运行的应用程序，以及在tip

（%）的EditText中输入18并单击calculate按钮。当屏幕上至少有一个
EditText时，默认软键盘处于打开状态。

有人认为这么简单的应用程序不需要完整的模型TipCalculator类，
但再简单的应用程序也最好使用MVC架构，也要有一个单独的模型。
在其生命周期中，应用程序可以具有很多版本且复杂性增加，每个版本
都需要新的功能和特征，这些特征和功能可以轻松添加到模型中并在控
制器中使用。比如，我们希望将来为应用程序升级并增加访客数量，并
计算每位访客的tip和total账单金额。还可以使用两位小数来格式化tip
的金额和total总账单金额。可能也有兴趣构建具有相同功能但不同GUI
的不同版本的应用程序。而我们只需要更新View和Controller，而不是
Model。

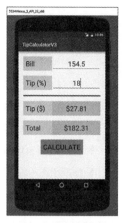

图2.8　在模拟器中运行的Tip Calculator应用程序版本3

2.8　多事件处理：Tip Calculator 应用程序，版本 4

我们的应用程序现在有了一些基本功能，但是还需要实现用户更改数据时（用户在键盘上输
入数据的时候）即时更新tip和total，哪怕用户没有单击calculate按钮，也应该能自动更新数据。
我们甚至可以不需要calculate按钮，为了实现这一点，必须编辑View（删除activity_main.xml文
件中的Button元素）并更改Controller（处理两个EditTexts文本中的更改）；模型中不需要进行任
何更改。**例2.12**显示了更新后activity_main.xml文件的结尾。可以看到，其中不再包含Button元
素。由于不再使用Button，我们可以删除strings.xml中的button_calculate String、styles.xml中的按
钮样式和colors.xml中的深绿色元素。

```
80
81      <TextView
82          android:id="@+id/amount_total"
83          style="@style/OutputStyle"
84          android:layout_toRightOf="@+id/label_total"
85          android:layout_alignBottom="@+id/label_total"
86          android:layout_alignRight="@id/amount_bill" />
87
88  </RelativeLayout>
```

例2.12　Active_main.xml文件，Tip Calculator应用程序，版本4

我们已经了解到单击按钮是一个事件。在EditText组件内键入或者按键，也是一个事件。
Android框架为开发人员提供了一些可以在事件发生或GUI组件内部发生变化时提醒的工具。

通常，要捕获和处理事件，我们需要按顺序执行以下操作：

1. 编写事件处理程序（扩展侦听器接口的类）。
2. 实例化该类的对象。
3. 在一个或多个GUI组件上注册该对象。

典型的事件处理程序实现了一个侦听器接口，这意味着它需要覆盖该接口的所有抽象方法。

嵌套在View类中的静态OnKeyListener接口包含方法onKey，该方法是在将键事件发送给View时
调用。但是，软键盘中的按键通常不会触发对该方法的调用。我们想让应用程序尽可能地通用，

且同样适用于具有硬键盘或软键盘的移动设备。因此，我们不在该应用程序使用OnKeyListener接口。

来自android.text包的TextWatcher接口提供了三种方法，当GUI组件中的文本（TextView或TextView的子类的对象，如EditText）发生更改时，将调用这三种方法，假设TextWatcher对象已在TextView。表2.14显示了这些方法。与其他界面一样，三种方法都是抽象的。

为了向TextWatcher通知TextView中文本的更改，需要执行以下操作：

▶ 对实现TextWatcher接口的类（也称为**处理程序**）进行编码

▶ 声明并实例化该类的对象

▶ 在TextView上注册该对象（在该应用程序中为两个EditText）

表2.14　TextWatcher接口的方法

方法	何时被调用
void afterTextChanged（Editable e）	e中的某个地方，文本已更改
void beforeTextChanged（CharSequence cs, int start, int count, int after）	在cs中，从start开始count字符将被替换为after字符
void onTextChanged（CharSequence cs, int start, int before, int count）	在cs中，从start开始count字符将被替换为before字符

在处理程序类中，我们只对afterTextChanged方法感兴趣，并不关心有多少字符在文本中的位置已经改变，只关心文本中的某些内容变化。实现另外两个方法，beforeTextChanged和onTextChanged，作为do nothing的方法。由于需要访问两个EditText和两个TextView，我们选择将处理程序类实现为MainActivity的私有内部类。在编写处理程序时，如果有需要，也可将它作为单独的公共类实现。

例2.13显示了MainActivity类的完整代码。我们对整个类的设计做了重要的调整，为两个EditText添加了实例变量（第14~15行）。这不是必需的，但是如果需要在各个地方访问它们（当我们注册处理程序和处理文本更改时），直接引用GUI组件会非常方便。这比每次我们想要访问它们时使用findViewById方法更容易。在第23~24行将其实例化。

在第57~69行编码处理程序类。afterTextChanged方法（第58~60行）调用calculate方法（第31~55行），这与之前的calculate方法非常相似。需要注意的是，我们删除了它的View参数。

在第26行，声明并实例化一个TextChangeHandler对象tch。在第27行、28行，使用两个EditText、billEditText和tipEditText注册tch。因此，每当用户更改bill或tip（%）时，自动调用afterTextChanged；触发calculate调用，更新模型，相应地更新视图。

■ **常见错误：** 确保处理程序类的所有方法都已编码。如果有一个或多个抽象方法未实现接口，则会出现编译错误。

```
1   package com.jblearning.tipcalculatorv4;
2
3   import android.os.Bundle;
4   import android.support.v7.app.AppCompatActivity;
```

2.8 多事件处理：Tip Calculator应用程序，版本4

```java
5   import android.text.Editable;
6   import android.text.TextWatcher;
7   import android.widget.EditText;
8   import android.widget.TextView;
9   import java.text.NumberFormat;
10
11  public class MainActivity extends AppCompatActivity {
12      private TipCalculator tipCalc;
13      public NumberFormat money = NumberFormat.getCurrencyInstance( );
14      private EditText billEditText;
15      private EditText tipEditText;
16
17      @Override
18      protected void onCreate( Bundle savedInstanceState ) {
19          super.onCreate( savedInstanceState );
20          tipCalc = new TipCalculator( 0.17f, 100.0f );
21          setContentView( R.layout.activity_main );
22
23          billEditText = ( EditText ) findViewById( R.id.amount_bill );
24          tipEditText = ( EditText ) findViewById( R.id.amount_tip_percent );
25
26          TextChangeHandler tch = new TextChangeHandler( );
27          billEditText.addTextChangedListener( tch );
28          tipEditText.addTextChangedListener( tch );
29      }
30
31      public void calculate( ) {
32          String billString = billEditText.getText( ).toString( );
33          String tipString = tipEditText.getText( ).toString( );
34
35          TextView tipTextView =
36              ( TextView ) findViewById( R.id.amount_tip );
37          TextView totalTextView =
38              (TextView) findViewById( R.id.amount_total );
39          try {
40              // 转换billString和tipString为浮点数
41              float billAmount = Float.parseFloat( billString );
42              int tipPercent = Integer.parseInt( tipString );
43              // 更新Model
44              tipCalc.setBill( billAmount );
45              tipCalc.setTip( .01f * tipPercent );
46              // 要求Model计算小费和总金额
47              float tip = tipCalc.tipAmount( );
48              float total = tipCalc.totalAmount( );
49              // 更新View格式化小费和总金额
50              tipTextView.setText( money.format( tip ) );
51              totalTextView.setText( money.format( total ) );
52          } catch( NumberFormatException nfe ) {
53              // 弹出警告信息
54          }
55      }
56
57      private class TextChangeHandler implements TextWatcher {
58          public void afterTextChanged( Editable e ) {
59              calculate( );
60          }
61
```

```
62          public void beforeTextChanged( CharSequence s, int start,
63             int count, int after ) {
64          }
65
66          public void onTextChanged( CharSequence s, int start,
67             int before, int after ) {
68          }
69       }
70    }
```

例2.13　MainActivity类，Tip Calculator应用程序，版本4

在运行应用程序时，当两个EditText组件中的任何一个处于焦点状态（除非其中一个EditText为空，这种情况下，在catch块内执行，且组件没有更新）按下任意键后，更新tip量。图2.9显示了用户输入124.59作为bill值并开始输入tip(%)后运行的应用程序。用户输入2后，将更新tip和total。

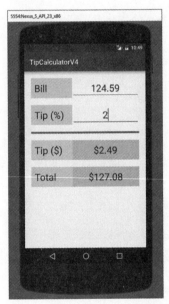

图2.9　在三星Galaxy Tab 2 7.0中运行的Tip Calculator应用程序，版本4

为处理程序编写单独的类，实例化该类的对象并在一个或多个GUI组件上注册该对象，如我们在例2.13中所做的那样（分别为第57~69行、第26行和第27~28行），一些开发人员喜欢使用匿名对象，编写如下代码：

```
tipEditText.addTextChangedListener( new TextWatcher( ) {
   // 覆盖 afterTextChanged、beforeTextChanged 和 onTextChanged
} );
```

虽然该代码最初看起来更紧凑，但它的可读性较低且不可复用，特别是当我们需要有多个处理程序对象或者需要在处理程序上注册几个GUI组件时。

如果查看此应用程序的完整代码，我们可以看到Model-View-Controller体系结构的优势以及由此产生的代码组织，如下所示：

▶ Model：TipCalculator类

- View：activity_main.xml
- Controller：MainActivity类

随着我们开发的应用程序变得越来越复杂，Model-View-Controller架构的优势将更加明显。

本章小结

- 应用程序的合理设计包括使用Model-View-Controller架构。
- Model是一组封装应用程序功能的类。
- View是图形用户界面（GUI）。
- Controller是Model和View之间的中间层：它从View中获取数据，更新Model，要求Model执行一些计算，并相应地更新View。
- Android框架提供了各种用于构建GUI的组件，例如标签、按钮、文本、复选框、单选按钮和列表等。
- 可以使用activity_main.xml文件来设置GUI，包括设置事件。
- 可以定义样式并将它们应用于视图。
- 可以将样式作为主题应用于整个应用程序。
- RelativeLayout能够根据其他GUI组件的位置定位GUI组件。
- 可以为View分配一个id，以便通过id与Activity类中的findViewById方法进行检索。还可以使用RelativeLayout在布局XML文件中引用id的组件，这是非常实用的方法。
- 事件驱动编程包括使用交互式组件和事件处理程序，用于响应用户与这些组件交互所生成的事件。
- 如果要处理单击View的操作，可以将方法的名称分配给XML布局文件中该View的android:onClick属性。然后，应该将该方法编码为接受相应Activity类中的View参数的void方法。
- 通常，为了响应用户与组件的交互，我们需要编写处理程序类，实例化该类的对象，并在一个或多个组件上注册该对象。
- 事件处理程序类实现一个侦听器接口，需要覆盖它们的所有抽象方法。
- 事件处理程序可以实现为私有内部类，这使该类的方法可以直接访问其外部类的实例变量。事件处理程序也可以使用匿名对象实现，也可以作为单独的公共类实现。
- 要侦听TextView中文本更改，可以从android.text包中实现TextWatcher接口。

练习、问题和项目

多项选择练习

1. MVC 代表以下哪项？
   - Model View Code
   - Made View Controller
   - Model Visual Controller
   - Model View Controller

2. GUI 组件可用于（检查所有应用）什么？
   - 向用户显示数据
   - 让用户与应用程序互动
   - 让用户输入数据

3. 布局管理器类的名称是什么？
   - LinearLayout
   - AbsoluteLayout
   - RelativeLayout
   - PositionLayout

4. View 类在下面哪个包中？
   - javax.swing
   - android.widget
   - java.util
   - android.view

5. 允许指定样式继承自另一个样式的样式属性的名称是什么？
   - superclass
   - Inherits
   - Parent
   - baseStyle

6. 以下哪项可以指定文本颜色的item属性名称（假设item元素嵌套在style元素中）？
   - Android:color
   - Android:text
   - Android:colorText
   - Android:textColor

7. 能为整个应用程序或活动指定主题的属性名是哪项？
   - android:style

- android:theme
- android:@style
- android:@theme

8. 已使用颜色XML元素在文件colors.xml中定义了名为myColor的颜色。在activity_main.xml文件中，如何指定EditText元素的背景颜色为myColor颜色？
    - android:background="@color/myColor"
    - android:background="@myColor"
    - android:background="color/myColor"
    - android:backgroundColor="@color/myColor"

9. 允许用户单击Button时调用方法的Button属性是什么？
    - android:onPress
    - android:onButton
    - android:onClick
    - android:click

10. 可以用什么类来检测TextView文本中是否有变化？
    - TextChanger
    - TextWatcher
    - ViewWatcher
    - KeyListener

编写代码

完成下面11~15的问题

```
<TextView
    android:layout_width="wrap_content"
    android:layout_height="wrap_content"
/>
```

11. 添加一行XML，使显示的文本是名为book的字符串的值（在strings.xml中定义）。
12. 添加一行XML，使TextView的背景颜色为红色。
13. 添加一行XML，使文本在TextView中居中显示。
14. 添加一行XML，使TextView在包含该TextView元素的View中垂直居中。
15. 添加一行XML，让TextView使用styles.xml中名为myStyle的样式（使用XML元素样式）。
16. 在colors.xml中，编写代码以定义名为myColor的颜色为绿色。
17. 在styles.xml中，定义一个名为myStyle的样式，使paddingBottom为10dp，并且背景颜色为红色。
18. 在MainActivity.java中，编写代码以检索并分配给TextView对象，引用一个在activity_main.xml中定义且其id为look的TextView元素。

19. 编写一个名为MyWatcher的类，该类扩展了TextWatcher接口并声明了对象，如下所示：

    MyWatcher mw = new MyWatcher();

编写一个语句在名为myEditText的EditText对象上注册该对象。

编写一款应用程序

20. 修改本章中的应用程序，允许用户输入访客数量并计算每位客人的tip和total。
21. 编写加法应用程序，其中含有三个标签和一个按钮，前两个标签填充两个随机生成的1~10之间的整数。当用户单击该按钮时，将添加两个整数，结果显示在第三个标签中。三个标签采用相同的样式设置。该按钮具有红色背景和蓝色文本。所有四个组件应垂直居中。添加模型。
22. 编写加法应用程序，有两个文本字段、一个标签和一个按钮。用户可以在文本字段中输入两个整数。当用户单击按钮时，将添加两个整数，并在标签中显示结果。设置两个文本字段的样式为相同样式。标签和按钮使用相同的样式设置，但不同于其他组件。每种样式至少应有四个属性。所有四个组件应垂直居中。添加模型。
23. 编写交通灯模拟应用程序，显示标签和按钮。标签代表交通信号灯的当前颜色，可以是红色、绿色或黄色。当用户点击按钮时，标签会循环到下一个颜色并模拟运行红绿灯。可查看View类的文档，以了解如何以编程方式更改View的颜色。这两个组件应垂直居中。添加模型。
24. 编写应用程序，让用户使用RGB颜色模型创建颜色。显示三个文本字段和一个标签。三个文本字段中输入包含0~255之间的整数，如果值为负，将其转换为0；如果大于255，将其转换为255。文本字段的值表示标签中背景颜色的红色、绿色和蓝色的量。当用户修改任何文本字段中的数字时，应更新标签的背景颜色。可查看View类的文档，了解如何以编程方式更改View的颜色。三个文本字段应具有相同的样式，且至少具有四个属性。所有四个组件应垂直居中。添加模型。
25. 编写应用程序，检查两个密码是否匹配。有两个文本字段，一个标签及一个按钮。用户可以在文本字段中输入两个密码，这些密码应该这样设置：当用户点击按钮时，将比较两个密码是否相同，且标签中会显示THANK YOU（如果密码匹配）或PASSWORDS MUST MATCH（如果密码不匹配）。文本字段和标签应具有独立的样式，每个样式至少有四个属性。所有四个组件应垂直居中。添加模型。
26. 编写评估电子邮件是否有效的应用程序，该应用程序包括编辑文本字段、标签和按钮。用户可以在编辑文本字段中输入他或她的电子邮件。当用户单击该按钮时，应用程序会检查输入的电子邮件是否包含@字符。如果是，则标签显示VALID，否则显示INVALID。文本字段和标签应该有独立的样式，每个样式至少有四个属性。文本字段和标签应位于同一水平线上，按钮应位于它们下方并居中。添加模型。
27. 编写一个评估密码强度的应用程序，包含一个文本字段和一个标签，用户可输入密码。当用户键入密码时,标签显示WEAK或STRONG。简单起见,我们将弱密码定义为八个字符或更少的字符串;强密码定义为九个字符或更多字符的字符串。文本字段和标签应该有自己独立的样式,每个样式至少有四个属性。这两个组件应垂直居中。添加模型。

28. 编写一个应用程序,要求用户输入最小强度级别的密码,包含一个文本字段和一个标签。当用户输入密码时,标签显示VALID或INVALID。我们将有效密码定义为包含八个字符或更多字符的字符串,并且至少包含一个大写字母、一个小写字母和一个数字。文本字段和标签应该有自己独立的样式,每个样式至少有四个属性。这两个组件应垂直居中。显示VALID或INVALID的标签应该在用户键入时更新。添加模型。

29. 写一个跟踪用餐卡路里的应用程序,向用户呈现几种食物的选择,为每种食物选择分配一些卡路里。在用户输入每种食物的份数之后,更新卡路里的总数。文本字段和标签应该有自己独立的样式,每个样式至少有四个属性。添加模型。

30. 编写一个应用程序,记录锻炼期间燃烧的卡路里。向用户呈现锻炼选择,为每次锻炼分配一些卡路里。在用户输入每个锻炼的数字之后,更新燃烧的卡路里总数。文本字段和标签应该有自己独立的样式,每个样式至少有四个属性。添加模型。

CHAPTER 3

GUI、布局管理器编程

本章目录

内容简介

3.1　MVC框架

3.2　模型

3.3　以编程方式创建GUI，TicTacToe应用程序，版本0

3.4　事件处理：TicTacToe应用程序，版本1

3.5　整合模型以支持游戏玩法：TicTacToe应用程序，版本2

3.6　内部类

3.7　布局参数：TicTacToe应用程序，版本3

3.8　提醒对话框：TicTacToe应用程序，版本4

3.9　拆分视图和控制器：TicTacToe应用程序，版本5

本章小结

练习、问题和项目

内容简介

有时候我们需要动态显示按钮（或其他组件）的数量——每次运行应用程序时，内容都会变化。它从外部源（例如Facebook或Twitter等网站）获取数据（事先并不知道能检索到多少数据），显示数据，并使用户能够与之交互。也有可能这个应用程序非常适用于特定的数据结构，例如Tic-Tac-Toe游戏中的3×3二维数组。我们使用九个按钮来实现该游戏的GUI部分，在activity_main.xml文件中定义九个按钮，通过代码会更容易实现按钮的3×3二维数组。

本章中，我们构建了Tic-Tac-Toe的应用程序，创建GUI并以编程方式处理事件。保留自动生成的activity_main.xml文件，并通过代码实现所有操作。

3.1 MVC 框架

虽然是通过代码而不是在activity_main.xml文件中定义View，但我们仍然使用Model-View-Controller架构。为了定义视图，首先需要了解其中的内容，而这取决于TicTacToe游戏的定义和规则；该部分封装在模型中。首先，我们要定义模型。

3.2 模型

该模型由TicTacToe类组成，该类封装了TicTacToe游戏的功能。同样的，模型独立于任何可视化界面。该应用程序中，它可以玩游戏和执行游戏规则。该类的API如**表3.1**所示。

表3.1 TicTacToe类的API

实例变量	
private int [] []game	3×3二维数组代表棋盘
private int turn	1=玩家1开始玩；2=玩家2开始玩
构造函数	
TicTacToe ( )	构造一个TicTacToe对象，通过将turn设置为1来清除棋盘并准备进行游戏
公共方法	
int play (int row, int column)	如果play是合法的，并且单元格未被占用，则开始游戏并返回旧的turn值
boolean canStillPlay ( )	如果还有至少一个单元格未被占用，则返回true；否则返回false
int whoWon ( )	如果玩家i赢了，则返回i，如果没有人赢，则返回0
boolean gameOver ( )	如果游戏结束则返回true，否则返回false
void resetGame ( )	清除棋盘并将turn设置为1

例3.1给出了类代码。在将二维阵列游戏实例化为3×3阵列之后，TicTacToe构造函数（第8~11行）在第10行调用resetGame。使用单独的resetGame方法可以让我们在玩背对背游戏时重用相同的对象。resetGame（第80~85行）通过将游戏中的所有单元格设置为0来清除棋盘；也可设置为1，以便玩家1启动。

首先检查Play方法（第13~26行）是否合法（第15~16行）。如果不是，则返回0（第25行）。

如果是，会在第17行更新游戏，第18~21行转弯，然后返回currentTurn的值（第22行），第14行保存转向的旧值。

whoWon方法（第28~39行）检查玩家是否赢得了游戏并返回玩家号码（结果为真）；否则返回0。使用三种protected方法分解该逻辑：checkRows（第41~47行）、checkColumns（第49~55行）和checkDiagonals（第57~65行）。该类的客户端不能访问这些方法，因此声明它们为protected。

如果游戏结束，isGameOver方法（第76~78行）将返回true（有人赢了或没有人可以玩）；否则返回false。

```java
package com.jblearning.tictactoev0;

public class TicTacToe {
    public static final int SIDE = 3;
    private int turn;
    private int [][] game;

    public TicTacToe( ) {
        game = new int[SIDE][SIDE];
        resetGame( );
    }

    public int play( int row, int col ) {
        int currentTurn = turn;
        if( row >= 0 && col >= 0 && row < SIDE && col < SIDE
                && game[row][col] == 0 ) {
            game[row][col] = turn;
            if( turn == 1 )
                turn = 2;
            else
                turn = 1;
            return currentTurn;
        }
        else
            return 0;
    }

    public int whoWon( ) {
        int rows = checkRows( );
        if ( rows > 0 )
            return rows;
        int columns = checkColumns( );
        if( columns > 0 )
            return columns;
        int diagonals = checkDiagonals( );
        if( diagonals > 0 )
            return diagonals;
        return 0;
    }

    protected int checkRows( ) {
        for( int row = 0; row < SIDE; row++ )
            if ( game[row][0] != 0 && game[row][0] == game[row][1]
                    && game[row][1] == game[row][2] )
```

```
45              return game[row][0];
46          return 0;
47      }
48
49      protected int checkColumns( ) {
50          for( int col = 0; col < SIDE; col++ )
51              if ( game[0][col] != 0 && game[0][col] == game[1][col]
52                   && game[1][col] == game[2][col] )
53                  return game[0][col];
54          return 0;
55      }
56
57      protected int checkDiagonals( ) {
58          if ( game[0][0] != 0 && game[0][0] == game[1][1]
59               && game[1][1] == game[2][2] )
60              return game[0][0];
61          if ( game[0][2] != 0 && game[0][2] == game[1][1]
62               && game[1][1] == game[2][0] )
63              return game[2][0];
64          return 0;
65      }
66
67      public boolean canNotPlay( ) {
68          boolean result = true;
69          for( int row = 0; row < SIDE; row++)
70              for( int col = 0; col < SIDE; col++ )
71                  if ( game[row][col] == 0 )
72                      result = false;
73          return result;
74      }
75
76      public boolean isGameOver( ) {
77          return canNotPlay( ) || ( whoWon( ) > 0 );
78      }
79
80      public void resetGame( ) {
81          for (int row = 0; row < SIDE; row++)
82              for( int col = 0; col < SIDE; col++ )
83                  game[row][col] = 0;
84          turn = 1;
85      }
86  }
```

例3.1 TicTacToe类

3.3 以编程方式创建 GUI，TicTacToe 应用程序，版本 0

在TicTacToe应用程序的版本0中，使用empty activity template并仅设置GUI。使用3×3的二维按钮阵列，以镜像Model中TicTacToe类的3×3二维数组game。为简单起见，我们首先将View放在Activity类中，因此View和Controller属于同一个类。本章后面会将View与Controller分开，放在两个不同的类中。

Android框架提供了布局类，以帮助我们设计窗口内容。创建项目时在activity_main.xml中自动使用了默认布局RelativeLayout类。这些布局类是抽象类ViewGroup的子类，它本身是View的子类。ViewGroup是特殊的视图，可以包含其他视图，称为子视图。

表3.2显示了一些布局类及其相关描述。**图3.1**显示了这些类的层次结构。

使用GridLayout在3×3网格中显示九个按钮。

众所周知，Android手机和平板电脑有很多类型，而且屏幕大小各不相同。因此，不要硬编码小部件的尺寸和坐标，因为用户界面可能在某些Android设备上看起来不错，但在其他设备上就很差。简单起见，我们假设用户只能在设备竖屏时玩，假设设备的宽度小于其高度。

表3.2　ViewGroup和选定的子类

类	说明
ViewGroup	包含其他视图的视图
LinearLayout	一种布局，用于将其子项排列在单一方向（水平或垂直）
GridLayout	将子项放在矩形网格中的布局
FrameLayout	一种布局，用于阻挡屏幕区域以显示单个项目
RelativeLayout	一种布局，其中GUI组件的位置可以相互关联或与其父级相关联
TableLayout	一种布局，用于按行和列排列子项
TableRow	一种水平排列其子项的布局。TableRow应始终用作TableLayout的子级

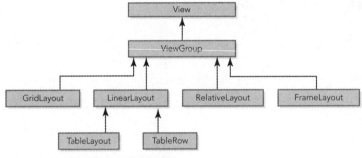

图3.1　layout（布局类）的继承层次结构

我们可以通过代码动态检索当前正在运行应用程序的设备屏幕的宽度和高度。无论设备的品牌和型号如何，都可以通过该信息调整GUI组件的大小，使其适合设备的屏幕。在设置View时，需要执行以下步骤：

- ▶ 检索屏幕的宽度
- ▶ 使用3行和3列定义并实例化GridLayout
- ▶ 实例化3×3按钮数组
- ▶ 将9个按钮添加到布局中
- ▶ 将GridLayout设置为此activity管理视图的布局管理器

在**例3.2**中，buildGuiByCode方法（第19~42行）实现了上述内容。

```
1   package com.jblearning.tictactoev0;
2
3   import android.graphics.Point;
```

3.3 以编程方式创建GUI，TicTacToe应用程序，版本0

```java
4   import android.os.Bundle;
5   import android.support.v7.app.AppCompatActivity;
6   import android.widget.Button;
7   import android.widget.GridLayout;
8
9   public class MainActivity extends AppCompatActivity {
10      private Button [][] buttons;
11
12      @Override
13      protected void onCreate( Bundle savedInstanceState ) {
14          super.onCreate( savedInstanceState );
15          // setContentView( R.layout.activity_main );
16          buildGuiByCode( );
17      }
18
19      public void buildGuiByCode( ) {
20          // 检索屏幕的宽度
21          Point size = new Point( );
22          getWindowManager( ).getDefaultDisplay( ).getSize( size );
23          int w = size.x / TicTacToe.SIDE;
24
25          // 将布局管理器创建为GridLayout
26          GridLayout gridLayout = new GridLayout( this );
27          gridLayout.setColumnCount( TicTacToe.SIDE );
28          gridLayout.setRowCount( TicTacToe.SIDE );
29
30          // 创建按钮并将它们添加到布局中
31          buttons = new Button[TicTacToe.SIDE][TicTacToe.SIDE];
32          for( int row = 0; row < TicTacToe.SIDE; row++ ) {
33              for( int col = 0; col < TicTacToe.SIDE; col++ ) {
34                  buttons[row][col] = new Button( this );
35                  gridLayout.addView( buttons[row][col], w, w );
36              }
37          }
38
39          // 将Activity视图设置为gridLayout
40          setContentView( gridLayout );
41      }
42  }
```

例3.2 MainActivity类，TicTacToe应用程序，版本0

在第10行，声明实例变量按钮，为按钮的二维数组。Button类在第6行导入。

在第20~23行，检索屏幕的宽度。在第21行，声明Point变量size。第3行导入的Point类有两个公共实例变量x和y。

在第22行，链接三个方法调用，依次调用getWindowManager、getDefaultDisplay和getSize。GetWindowManager来自Activity类，返回一个封装当前窗口的WindowManager对象。通过它调用WindowManager接口的getDefaultDisplay方法，返回一个Display对象，该对象封装当前显示，并可以提供有关其大小和密度的信息。通过它调用Display类的getSize方法，getSize是一个void方法，以Point对象引用作为参数。当执行该方法时，会修改Point参数对象，并将显示的宽度和高度指定为x和y实例变量。在第23行，检索屏幕的宽度（size.x）并将其三分之一分配给变量w。**表3.3**总结了检索当前设备屏幕大小所涉及的资源。

表3.3 检索屏幕宽度所涉及的资源

类或接口	包	方法和字段
Activity	android.app	WindowManager getWindowManager()
WindowManager	android.view	显示getDefaultDisplay()
Display	android.view	void getSize(Point)
Point	android.graphics	x和y公共实例变量

在第25~28行，定义并实例化GridLayout对象gridLayout。

GridLayout类属于android.widget包；在第7行导入它。在第26行，实例化一个GridLayout对象，将参数this传递给GridLayout构造函数，如**表3.4**所示，GridLayout构造函数采用Context参数。Context是一个封装有关应用程序环境的全局信息接口。如**图3.2**所示，Activity类间接地从Context类继承，因此，Activity对象"是一个"Context对象，这可以用作表示应用程序环境的Context对象。在第27~28行，将GridLayout的列数和行数设置为3。

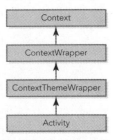

图3.2 显示Activity和Context的继承层次结构

表3.4 GridLayout构造函数和方法

构造函数	
GridLayout（Context context）	在由context定义的app环境中构造GridLayout
公共方法	
setRowCount（int rows）	将网格中的行数设置为rows
setColumnCount（int cols）	将网格中的列数设置为cols
addView（View child，int w，int h）	从ViewGroup继承的方法，使用宽度w和高度h将child添加到此ViewGroup

通过循环数组按钮创建按钮，并将其添加到第30~37行的布局中。我们首先将第31行的按钮实例化为3×3二维按钮数组。第32~37行的双循环实例化每个Button并将其添加到gridLayout。第34行调用的Button构造函数采用代表应用程序环境的Context参数。再次传递，代表当前的Context，作为参数。在使用GUI组件调用方法或将其添加到View之前实例化GUI组件非常重要。否则，运行时将出现NullPointerException，应用程序将停止。在第35行，通过addView方法将当前按钮添加到布局中，并将其宽度和高度指定为w。GridLayout类从ViewGroup继承了addView方法。

最后，在第40行，我们通过从Activity类调用setContentView方法，将此activity管理的视图的内容设置为gridLayout。请记住，GridLayout继承自ViewGroup，后者继承自View。因此，gridLayout"是一个"视图。

buildGuiByCode方法在onCreate方法内的第16行调用，当应用程序启动时自动调用。

■ **常见错误：** 必须在使用之前实例化GUI组件。特别要注意的是，添加尚未实例化到View的GUI组件将导致NullPointerException。

为简单起见，我们只允许应用程序在竖屏方向工作。在AndroidManifest.xml文件中，将值portrait分配给activity标记的android:screenOrientation属性。

在模拟器中运行的应用程序如**图3.3**所示。

至此，我们编写了应用程序的两个重要组件：模型（TicTacToe类）和视图（MainActivity类的buildGuiByCode方法）。接下来，开始构建控制器。

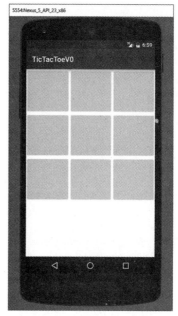

图3.3 正在运行的TicTacToe应用程序，版本0

3.4 事件处理：TicTacToe 应用程序，版本 1

在版本1中，我们添加了代码以捕获任何按钮上的单击，识别单击了哪个按钮，并将X放在单击的按钮内。我们并不关心玩游戏或执行游戏规则，这些将在版本2中讲解。

为了捕获和处理事件，我们需要：

1. 编写事件处理程序（扩展侦听器接口的类）
2. 实例化该类的对象
3. 在一个或多个GUI组件上注册该对象侦听器

例3.3显示了更新后的MainActivity类，实现了上述功能。

```
1    package com.jblearning.tictactoev1;
2
3    import android.graphics.Point;
4    import android.os.Bundle;
5    import android.support.v7.app.AppCompatActivity;
6    import android.util.Log;
7    import android.view.View;
8    import android.widget.Button;
9    import android.widget.GridLayout;
10
11   public class MainActivity extends AppCompatActivity {
12     private Button [][] buttons;
13
14     @Override
15     protected void onCreate( Bundle savedInstanceState ) {
16       super.onCreate( savedInstanceState );
17       // setContentView( R.layout.activity_main );
18       buildGuiByCode( );
19     }
```

```java
20
21     public void buildGuiByCode( ) {
22       // 检索屏幕的宽度
23       Point size = new Point( );
24       getWindowManager( ).getDefaultDisplay( ).getSize( size );
25       int w = size.x / TicTacToe.SIDE;
26
27       // 将布局管理器创建为GridLayout
28       GridLayout gridLayout = new GridLayout( this );
29       gridLayout.setColumnCount( TicTacToe.SIDE );
30       gridLayout.setRowCount( TicTacToe.SIDE );
31
32       // 创建按钮并将它们添加到布局中
33       buttons = new Button[TicTacToe.SIDE] [TicTacToe.SIDE];
34       ButtonHandler bh = new ButtonHandler( );
35       for( int row = 0; row < TicTacToe.SIDE; row++ ) {
36         for( int col = 0; col < TicTacToe.SIDE; col++ ) {
37           buttons[row][col] = new Button( this );
38           buttons[row][col].setTextSize( ( int ) ( w * .2 ) );
39           buttons[row][col].setOnClickListener( bh );
40           gridLayout.addView( buttons[row][col], w, w );
41         }
42       }
43
44       // 将Activity视图设置为gridLayout
45       setContentView( gridLayout );
46     }
47
48     public void update( int row, int col ) {
49       Log.w( "MainActivity", "Inside update: " + row + ", " + col );
50       buttons[row][col].setText( "X" );
51     }
52
53     private class ButtonHandler implements View.OnClickListener {
54       public void onClick( View v ) {
55         Log.w( "MainActivity", "Inside onClick, v = " + v );
56         for( int row = 0; row < TicTacToe.SIDE; row ++ )
57           for( int column = 0; column < TicTacToe.SIDE; column++ )
58             if( v == buttons[row][column] )
59               update( row, column );
60       }
61     }
62   }
```

例3.3 MainActivity类，TicTacToe应用程序，版本1

要捕获的事件类型决定了要实现的侦听器接口。View.OnClickListener是侦听器接口，实现它以捕获和处理View上的click事件。它是在View类中定义的，导入View类（第7行）会自动导入View.OnClickListener。表3.5中列出了该接口的唯一抽象方法onClick。在第53~61行，我们的事件处理程序类ButtonHandler实现OnClickListener并重写onClick.ButtonHandler。实现为私有类的ButtonHandler。在第55行，添加一个输出语句，该语句提供有关onClick方法的View参数的反馈。在第56~59行，遍历数组按钮，识别被单击的按钮的行和列值。然后调用update方法，在第59行传递这些行和列值。

在第48~51行，对update方法进行编码，此版本中不多。它会在单击按钮的行和列上输出一些反馈（用于调试），并在其中写入X值，这将在版本2中更改。

在第34行，声明并实例化ButtonHandler对象，在遍历数组时，将其注册到按钮的每个元素（第39行）上。在第38行，设置了每个按钮的文本大小，使其相对于每个按钮的大小，再相对于屏幕确定大小。通过这种方式，尽可能地使我们的应用程序与设备无关。在尽可能多的、不同屏幕大小的设备上测试应用程序是非常重要的。

表3.5　View.OnClickListener接口

public abstract void onClick (View v)	单击View时调用，参数v是对该视图的引用

■ **常见错误：** 当重写接口的abstract方法时，标头必须与侦听器接口方法的标头相同（去掉关键字abstract）。否则abstract方法将不会被重写，这会导致编译错误。

用户在三个按钮上连续单击后的应用程序，如图3.4所示。图3.5显示了Logcat的部分输出，出自第55行和49行的输出语句，显示的是用户先点击右上角的按钮，然后点击中间行的左侧按钮，再点击底行中间的按钮。图3.5还显示了onClick的三个View（本例中为Buttons）参数的不同的内存地址。

现在我们有了一个非常简单的控制器，它由onCreate和update方法以及MainActivity类的ButtonHandler私有类组成。需要注意的是，在该应用程序中，视图和控制器属于同一个类。在本章的后面，我们将它们放在单独的类中，以使代码更具有重用性。下一步完成对控制器的编码以进行游戏。

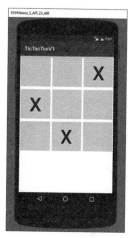

图3.4　在模拟器上运行的TicTacToe应用程序，版本1

```
Inside onClick, v = android.widget.Button{dd7bc45 VFED..C.. ...P....
720,0-1080,360}
Inside update: 0, 2
Inside onClick, v = android.widget.Button{2965f9a VFED..C.. ...P....
0,360-360,720}
Inside update: 1, 0
Inside onClick, v = android.widget.Button{643d0cb VFED..C.. ...P....
360,720-720,1080}
Inside update: 2, 1
```

图3.5　Logcat的部分输出

3.5　整合模型以支持游戏玩法：TicTacToe 应用程序，版本 2

假设两个用户将在同一台设备上共同玩一款游戏。启用游戏玩法并不仅仅意味着在每个回合的按钮网格上放置X或O，还意味着执行规则，比如不允许某人在网格上的同一位置玩两次，检查玩家是否获胜，即游戏是否结束。我们的模型，TicTacToe类，提供了这种功能。为了启用play，添加一个TicTacToe对象作为Activity类的实例变量，并在需要时调用TicTacToe类的方法。play方法发生在update方法内，我们必须对其进行修改。还要检查游戏是否结束，这种情况下禁用所有按钮。

例3.4显示了更新后的MainActivity类。在第11行声明了一个TicTacToe对象，tttGame；在第17行对它进行了实例化。

在upadate方法（第48~56行）中，我们首先在第49行用tttGame调用TicTacToe类的play方法。如果游戏是合法的，它返回玩家编号（1或2），如果游戏不合法，则返回0。如果游戏合法且玩家是玩家1，我们在按钮内写X（第51行）。如果游戏合法且玩家是玩家2，我们在按钮内写入O（第53行）。如果不合法，就不做任务处理。

当游戏结束时，需要禁用所有按钮。在第58-62行，enableButtons方法启用所有按钮，如果其参数enabled，则为true。如果为false，则禁用所有按钮。我们可以通过使用参数true调用Button类的setEnabled方法来启用或禁用Button以启用Button，使用false来禁用Button。第54行，测试游戏是否结束，如果结束，则禁用所有按钮（第55行）。

在版本3中，我们将添加一个状态标签，提供有关游戏当前状态的一些反馈。

图3.6显示了在模拟器中运行的应用程序界面。玩家1刚刚获胜，按钮被禁用了。

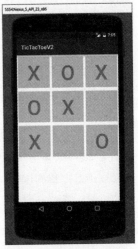

图3.6 在模拟器上运行的Tic-TacTie应用程序，版本2——玩家1刚获胜时的界面

```java
1   package com.jblearning.tictactoev2;
2
3   import android.graphics.Point;
4   import android.os.Bundle;
5   import android.support.v7.app.AppCompatActivity;
6   import android.view.View;
7   import android.widget.Button;
8   import android.widget.GridLayout;
9
10  public class MainActivity extends AppCompatActivity {
11    private TicTacToe tttGame;
12    private Button [][] buttons;
13
14    @Override
15    protected void onCreate( Bundle savedInstanceState ) {
16      super.onCreate( savedInstanceState );
17      tttGame = new TicTacToe( );
18      buildGuiByCode( );
19    }
20
21    public void buildGuiByCode( ) {
22      // 检索屏幕的宽度
23      Point size = new Point( );
24      getWindowManager( ).getDefaultDisplay( ).getSize( size );
25      int w = size.x / TicTacToe.SIDE;
```

```java
26
27    // 将布局管理器创建为GridLayout
28       GridLayout gridLayout = new GridLayout( this );
29       gridLayout.setColumnCount( TicTacToe.SIDE );
30       gridLayout.setRowCount( TicTacToe.SIDE );
31
32       // 创建按钮并将它们添加到布局中
33       buttons = new Button[TicTacToe.SIDE][TicTacToe.SIDE];
34       ButtonHandler bh = new ButtonHandler( );
35       for( int row = 0; row < TicTacToe.SIDE; row++ ) {
36         for( int col = 0; col < TicTacToe.SIDE; col++ ) {
37           buttons[row][col] = new Button( this );
38           buttons[row][col].setTextSize( ( int ) ( w * .2 ) );
39           buttons[row][col].setOnClickListener( bh );
40           gridLayout.addView( buttons[row][col], w, w );
41         }
42       }
43
44       // 将Activity视图设置为gridLayout
45       setContentView( gridLayout );
46     }
47
48     public void update( int row, int col ) {
49       int play = tttGame.play( row, col );
50       if( play == 1 )
51         buttons[row][col].setText( "X" );
52       else if( play == 2 )
53         buttons[row][col].setText( "O" );
54       if( tttGame.isGameOver( ) ) // game over, disable buttons
55         enableButtons( false );
56     }
57
58     public void enableButtons( boolean enabled ) {
59       for( int row = 0; row < TicTacToe.SIDE; row++ )
60         for( int col = 0; col < TicTacToe.SIDE; col++ )
61           buttons[row][col].setEnabled( enabled );
62     }
63
64     private class ButtonHandler implements View.OnClickListener {
65       public void onClick( View v ) {
66         for( int row = 0; row < TicTacToe.SIDE; row ++ )
67           for( int column = 0; column < TicTacToe.SIDE; column++ )
68             if( v == buttons[row][column] )
69               update( row, column );
70       }
71     }
72   }
```

例3.4　MainActivity类，TicTacToe应用程序，版本2

3.6　内部类

很多Android GUI类都是内部类或内部接口。例如，OnClick-Listener是View类的内部接口。layout manager类具有内部类，用于指定视图子元素在其父布局中的位置。**表3.6**给出了其中的一些。类名中使用的点符号表示一个类是另一个类的内部类。例如，GridLayout.LayoutParams表示

LayoutParams是GridLayout的内部类。

LayoutParams类都是public（公共的）、static（静态的）内部类。

表3.6　LayoutParams类

类	说明
ViewGroup.LayoutParams	LayoutParams类的基类
GridLayout.LayoutParams	与GridLayout的子项关联的布局信息
LinearLayout.LayoutParams	与LinearLayout的子项关联的布局信息
TableLayout.LayoutParams	与TableLayout的子项关联的布局信息
RelativeLayout.LayoutParams	与RelativeLayout的子项关联的布局信息

例3.5是一个非常简单的示例，说明如何在另一个类中定义public（公共的）、static（静态的）、inner（内部）类B。在第2行，类标题将B定义为public和static。它有一个构造函数（第5~7行）和一个toString方法（第9~11行）。为了方便起见，引用A.B类作为A的内部类，与B类区别开。

```
1   public class A {
2     public static class B {
3       private int number;
4
5       public B( int newNumber ) {
6         number = newNumber;
7       }
8
9       public String toString( ) {
10        return "number: " + number;
11      }
12    }
13  }
```

例3.5　B类是A类的内部类，且为公共的、静态的

例3.6展示了一个非常简单的例子：如何在另一个类Test中使用B类。若要引用内部类，需要使用下面的语句：

OuterClassName.InnerClassName

在第3行，通过此语法来声明和实例化b，即A.B类型的对象引用。

```
1   public class Test {
2     public static void main( String [] args ) {
3       A.B b = new A.B( 20 );
4       System.out.println( b );
5     }
6   }
```

例3.6　使用B类，B是另一个类中A类的公共静态内部类

例3.6的输出结果是：

number: 20

如果B被声明为私有类，我们只能在A类中使用B，无法在A之外使用。

如果B未声明为静态，则无法使用语法A.B。

如果C（A类的内部类）被声明为public但不是static，我们可以声明并实例化C类的对象引用，如下所示（本例中使用默认构造函数）：

```
A a = new A( );
A.C c = a.new C( );
```

3.7 布局参数：TicTacToe 应用程序，版本 3

我们希望在屏幕底部显示游戏的当前状态，以使版本2得到改进，如**图3.9**所示。

反馈消息取决于游戏的状态。让TicTacToe类（我们的模型）定义消息是有原因的。**例3.7**显示了TicTacToe类的result方法（第87~94行）。它返回一个反映游戏状态的字符串。

```
86
87      public String result( ) {
88          if( whoWon( ) > 0 )
89              return "Player " + whoWon( ) + " won";
90          else if( canNotPlay( ) )
91              return "Tie Game";
92          else
93              return "PLAY !!";
94      }
95  }
```

例3.7 TicTacToe类的结果方法

版本2中使用的GridLayout适用于TicTacToe或任何需要GUI组件的二维网格的View的布局。有时我们希望能够灵活地组合网格的几个单元格并放置单个组件。GridLayout类使我们能够跨多个行或列或两者跨越小部件，以实现更加个性化的外观。

版本3中，我们使用具有四行和三列的GridLayout。将按钮放在前三行中，在第四行放置一个TextView横跨三列显示游戏状态。

通过ViewGroup.LayoutParams类可以指定View子项在其父布局中的定位方式。GridLayout.LayoutParams继承自ViewGroup。LayoutParams类，在将GUI组件添加到GridLayout之前，可以通过它来设置GUI组件的布局参数。

GridLayout.LayoutParams对象由两个组件定义，即rowSpec和columnSpec，两者都是GridLayout.Spec类型。Spec被定义为GridLayout的公共静态内部类。通过GridLayout.Spec来引用它。rowSpec定义垂直跨度，从行索引开始并指定行数；columnSpec定义水平跨度，从列索引开始并指定列数。通过定义rowSpec和columnSpec，在网格中定义一个矩形区域，可以在其中放置一个View。

我们通过GridLayout.Spec类的静态spec方法来创建和定义GridLayout.Spec对象，该对象定义了span。一旦定义了两个GridLayout.Spec对象，可以通过它们来定义GridLayout.LayoutParams对象。**表3.7**列出了这些方法。

表3.7 GridLayout和GridLayout.LayoutParams类的方法

GridLayout类的方法

public static GridLayout.Spec spec（int start，int size）返回一个GridLayout.Spec对象，其中start是起始索引，size是大小。
public static GridLayout.Spec spec（int start，int size，GridLayout.Alignment alignment）返回一个GridLayout.Spec对象，其中start是起始索引，size是大小
Alignment值为alignment，其常见值包括GridLayout.TOP、GridLayout、BOTTOM、GridLayout.LEFT、GridLayout.RIGHT、GridLayout.CENTER

GridLayout.LayoutParams类的构造函数

GridLayout.LayoutParams（Spec rowSpec，Spec columnSpec）使用rowSpec和columnSpec构造LayoutParams对象

图3.7显示了4×6网格的单元格。阴影区域可以定义如下：

垂直跨度从索引1开始，大小为2；

水平跨度从索引2开始，大小为4。

我们可以为阴影区域定义GridLayout.LayoutParams对象，代码如下：

```
// 垂直跨度
GridLayout.Spec rowSpec = GridLayout.spec(1,2);
// 水平跨度
GridLayout.Spec columnSpec = GridLayout.spec(2,4);
GridLayout.LayoutParams lp
 = new GridLayout.LayoutParams(rowSpec, columnSpec);
```

需要注意的是，如果包含以下import语句，就要使用Spec而不是GridLayout.Spec：

```
import android.widget.GridLayout.Spec;
```

另外添加：

```
import android.widget.GridLayout;
```

图3.8中展示了一个4×3网格的单元格，就像应用程序中的单元格一样。阴影区域可以定义如下：

垂直跨度从索引3开始，大小为1；

水平跨度从索引0开始，大小为3。

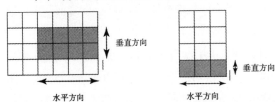

图3.7 一块4×6的网格区域，垂直方向上从1开始，大小为2；水平方向上从2开始，大小为4

图3.8 一块4×3的网格区域，垂直方向上从3开始，大小为1；水平方向上从0开始，大小为3

我们为阴影区域定义GridLayout.LayoutParams对象，如下所示：

```
GridLayout.Spec rowSpec = GridLayout.spec(3,1);
GridLayout.Spec columnSpec = GridLayout.spec(0,3);
GridLayout.LayoutParams lp
 = new GridLayout.LayoutParams(rowSpec, columnSpec);
```

3.7 布局参数：TicTacToe应用程序，版本3

在第48~53行，使用类似于**例3.8**中的代码来定义status的布局参数。在第54行，通过调用setLayoutParams来设置它们。在第34行，将GridLayout的行数设置为4，这样可以将status放置于第4行。在第57~58行，设置status的高度和宽度，使其完全填满由其布局参数定义的网格区域。需要注意，可以将组件的高度和宽度设置为与其布局参数不同。然后，可以使用带有三个参数的spec方法来设置组件相对于其定义的布局参数的对齐方式。表3.7显示了spec方法的第三个参数的可能值。

在第59~62行，将文本置于status中心，将其背景颜色设置为绿色，设置文本字体大小，并分别根据tttGame的状态设置文本内容。

在第77行和79行，向upadate方法添加代码，以便在游戏结束时更改状态的颜色和文本。

```
1    package com.jblearning.tictactoev3;
2
3    import android.graphics.Color;
4    import android.graphics.Point;
5    import android.os.Bundle;
6    import android.support.v7.app.AppCompatActivity;
7    import android.view.Gravity;
8    import android.view.View;
9    import android.widget.Button;
10   import android.widget.GridLayout;
11   import android.widget.TextView;
12
13   public class MainActivity extends AppCompatActivity {
14     private TicTacToe tttGame;
15     private Button [][] buttons;
16     private TextView status;
17
18     @Override
19     protected void onCreate( Bundle savedInstanceState ) {
20       super.onCreate( savedInstanceState );
21       tttGame = new TicTacToe( );
22       buildGuiByCode( );
23     }
24
25     public void buildGuiByCode( ) {
26       // 检查屏幕的宽度
27       Point size = new Point( );
28       getWindowManager( ).getDefaultDisplay( ).getSize( size );
29       int w = size.x / TicTacToe.SIDE;
30
31       // 将布局管理器创建为GridLayout
32       GridLayout gridLayout = new GridLayout( this );
33       gridLayout.setColumnCount( TicTacToe.SIDE );
34       gridLayout.setRowCount( TicTacToe.SIDE + 1 );
35
36       // 创建按钮并将它们添加到布局中
37       buttons = new Button[TicTacToe.SIDE][TicTacToe.SIDE];
38       ButtonHandler bh = new ButtonHandler( );
39       for( int row = 0; row < TicTacToe.SIDE; row++ ) {
40         for( int col = 0; col < TicTacToe.SIDE; col++ ) {
41           buttons[row][col] = new Button( this );
42           buttons[row][col].setTextSize( ( int ) ( w * .2 ) );
```

```java
43              buttons[row][col].setOnClickListener( bh );
44              gridLayout.addView( buttons[row][col], w, w );
45          }
46      }
47
48      // 设置gridLayout第四行的布局参数
49      status = new TextView( this );
50      GridLayout.Spec rowSpec = GridLayout.spec( TicTacToe.SIDE, 1 );
51      GridLayout.Spec columnSpec = GridLayout.spec( 0, TicTacToe.SIDE );
52      GridLayout.LayoutParams lpStatus
53              = new GridLayout.LayoutParams( rowSpec, columnSpec );
54      status.setLayoutParams( lpStatus );
55
56      // 设置status的特征
57      status.setWidth( TicTacToe.SIDE * w );
58      status.setHeight( w );
59      status.setGravity( Gravity.CENTER );
60      status.setBackgroundColor( Color.GREEN );
61      status.setTextSize( ( int ) ( w * .15 ) );
62      status.setText( tttGame.result( ) );
63
64      gridLayout.addView( status );
65
66      // 设置此activity的View（视图）为gridLayout
67      setContentView( gridLayout );
68  }
69
70  public void update( int row, int col ) {
71      int play = tttGame.play( row, col );
72      if( play == 1 )
73          buttons[row][col].setText( "X" );
74      else if( play == 2)
75          buttons[row][col].setText( "O" );
76      if( tttGame.isGameOver( ) ) {
77          status.setBackgroundColor( Color.RED );
78          enableButtons( false );
79          status.setText( tttGame.result( ) );
80      }
81  }
82
83  public void enableButtons( boolean enabled ) {
84      for( int row = 0; row < TicTacToe.SIDE; row++ )
85          for( int col = 0; col < TicTacToe.SIDE; col++ )
86              buttons[row][col].setEnabled( enabled );
87  }
88
89  private class ButtonHandler implements View.OnClickListener {
90      public void onClick( View v ) {
91          for( int row = 0; row < TicTacToe.SIDE; row ++ )
92              for( int column = 0; column < TicTacToe.SIDE; column++ )
93                  if( v == buttons[row][column] )
94                      update( row, column );
95      }
96  }
97 }
```

例3.8　MainActivity类，TicTacToe应用程序，版本3

图3.9中展示了在模拟器中运行的应用程序，屏幕底部显示了游戏状态。

图3.9 在模拟器上运行的 TicTacToe 应用程序，版本3

3.8 提醒对话框：TicTacToe 应用程序，版本 4

在版本4中，允许玩家结束当前游戏后玩另一个游戏。当游戏结束时，需要弹出对话框询问用户是否要重玩或退出。如果选择是，可以再次进入游戏。如果选择否，则退出activity（本例中指应用程序，因为只有一个activity）。

AlertDialog.Builder类是android.app包的一部分，提供弹出对话框功能。它为用户提供了多种选择并可获取用户的选择。AlertDialog.Builder类型的对话框最多可包含三个按钮：否定按钮、中性按钮和肯定按钮。在这个应用程序中，我们只使用其中两个：肯定按钮和否定按钮。通常，这两个按钮对应于来自用户选择的是或否答案。表3.8显示了AlertDialog.Builder构造函数和该类的其他方法。

表3.8 AlertDialog.Builder类的构造函数和方法
AlertDialog.Builder类的构造函数
public AlertDialog.Builder（Context context）为context参数构造一个AlertDialog.Builder对话框对象
AlertDialog.Builder类的方法
public AlertDialog.Builder setMessage（CharSequence message）设置要显示给message的消息，返回此AlertDialog.Builder对象，如果需要，该对象允许调用链接
public AlertDialog.Builder setTitle（CharSequence title）将警告框的标题设置为标题，返回此AlertDialog.Builder对象，如果需要，它允许方法调用链接
public AlertDialog.Builder setPositiveButton（CharSequence text, DialogInterface.OnClickListener listener）设置当用户单击肯定按钮时调用的侦听器，将肯定按钮的文本设置为text
public AlertDialog.Builder setNegativeButton（CharSequence text, DialogInterface.OnClickListener listener）设置当用户单击否定按钮时调用的侦听器，将否定按钮的文本设置为text
public AlertDialog.Builder setNeutralButton（CharSequence text, DialogInterface.OnClickListener listener）设置当用户单击中性按钮时调用的侦听器，将中性按钮的文本设置为text
public AlertDialog show（）创建并返回AlertDialog对话框，并显示该对话框

例3.9显示了更新后的MainActivity类。在方法showNewGameDialog（第98~106行）中，声明并实例化alert（第99行），这是一个AlertDialog.Builder对象，将this传递给当前的MainActivity对象。MainActivity继承自Activity，而Activity继承自Context，因此this"是一个"Context对象。在第105行，调用show方法显示对话框。如果不调用，则不显示对话框，但会显示一个没有按钮的对话框，可以与用户进行交互，从而生成一个带有标题和无法关闭的消息的对话框。在这个应用程序中，需要询问用户是否想要玩另一个游戏，所以只包含肯定按钮和否定按钮。

通过调用AlertDialog.Builder的setPositiveButton、setNegativeButton和setNeutralButton方法，可以添加中性、肯定和否定按钮。这三种方法分别有两个参数。第一个是CharSequence或int资源id，表示要在按钮内显示的String。第二个是DialogInterface.OnClickListener类型的对象，是一个接口。

因此，要实现DialogInterface.OnClickListener接口，声明和实例化该类型的对象，并将其作为这三种方法的第二个参数传递。将它实现为私有类，以便访问MainActivity类的实例变量和方法，特别是对象tttGame以及将Buttons和TextView重置为其原始状态的方法。私有类PlayDialog（第117~128行）实现了DialogInterface.OnClickListener。

```
1   package com.jblearning.tictactoev4;
2
3   import android.app.DialogInterface;
4   import android.graphics.Color;
5   import android.graphics.Point;
6   import android.os.Bundle;
7   import android.support.v7.app.AlertDialog;
8   import android.support.v7.app.AppCompatActivity;
9   import android.view.Gravity;
10  import android.view.View;
11  import android.widget.Button;
12  import android.widget.GridLayout;
13  import android.widget.TextView;
14
15  public class MainActivity extends AppCompatActivity {
16    private TicTacToe tttGame;
17    private Button [][] buttons;
18    private TextView status;
19
20    @Override
21    protected void onCreate( Bundle savedInstanceState ) {
22      super.onCreate( savedInstanceState );
23      tttGame = new TicTacToe( );
24      buildGuiByCode( );
25    }
26
27    public void buildGuiByCode( ) {
28      // 获取屏幕的宽度
29      Point size = new Point( );
30      getWindowManager( ).getDefaultDisplay( ).getSize( size );
31      int w = size.x / TicTacToe.SIDE;
32
33      // 将布局管理器创建为GridLayout
34      GridLayout gridLayout = new GridLayout( this );
```

```
35        gridLayout.setColumnCount( TicTacToe.SIDE );
36        gridLayout.setRowCount( TicTacToe.SIDE + 1 );
37
38        // 创建按钮并添加至布局管理器
39        buttons = new Button[TicTacToe.SIDE][TicTacToe.SIDE];
40        ButtonHandler bh = new ButtonHandler( );
41        for( int row = 0; row < TicTacToe.SIDE; row++ ) {
42          for( int col = 0; col < TicTacToe.SIDE; col++ ) {
43            buttons[row][col] = new Button( this );
44            buttons[row][col].setTextSize( ( int ) ( w * .2 ) );
45            buttons[row][col].setOnClickListener( bh );
46            gridLayout.addView( buttons[row][col], w, w );
47          }
48        }
49
50        // 设置布局管理器第4行的布局参数
51        status = new TextView( this );
52        GridLayout.Spec rowSpec = GridLayout.spec( TicTacToe.SIDE, 1 );
53        GridLayout.Spec columnSpec = GridLayout.spec( 0, TicTacToe.SIDE );
54        GridLayout.LayoutParams lpStatus
55                = new GridLayout.LayoutParams( rowSpec, columnSpec );
56        status.setLayoutParams( lpStatus );
57
58        // 设置status属性
59        status.setWidth( TicTacToe.SIDE * w );
60        status.setHeight( w );
61        status.setGravity( Gravity.CENTER );
62        status.setBackgroundColor( Color.GREEN );
63        status.setTextSize( ( int ) ( w * .15 ) );
64        status.setText( tttGame.result( ) );
65
66        gridLayout.addView( status );
67
68        // 设置Activity的View（视图）为gridLayout
69        setContentView( gridLayout );
70      }
71
72      public void update( int row, int col ) {
73        int play = tttGame.play( row, col );
74        if( play == 1 )
75          buttons[row][col].setText( "X" );
76        else if( play == 2 )
77          buttons[row][col].setText( "O" );
78        if( tttGame.isGameOver( ) ) {
79          status.setBackgroundColor( Color.RED );
80          enableButtons( false );
81          status.setText( tttGame.result( ) );
82          showNewGameDialog( );      // 用于再次播放
83        }
84      }
85
86      public void enableButtons( boolean enabled ) {
87        for( int row = 0; row < TicTacToe.SIDE; row++ )
88          for( int col = 0; col < TicTacToe.SIDE; col++ )
89            buttons[row][col].setEnabled( enabled );
90      }
91
```

```
 92   public void resetButtons( ) {
 93     for( int row = 0; row < TicTacToe.SIDE; row++ )
 94       for( int col = 0; col < TicTacToe.SIDE; col++ )
 95         buttons[row][col].setText( "" );
 96   }
 97
 98   public void showNewGameDialog( ) {
 99     AlertDialog.Builder alert = new AlertDialog.Builder( this );
100     alert.setTitle( "This is fun" );
101     alert.setMessage( "Play again?" );
102     PlayDialog playAgain = new PlayDialog( );
103     alert.setPositiveButton( "YES", playAgain );
104     alert.setNegativeButton( "NO", playAgain );
105     alert.show( );
106   }
107
108   private class ButtonHandler implements View.OnClickListener {
109     public void onClick( View v ) {
110       for( int row = 0; row < TicTacToe.SIDE; row ++ )
111         for( int column = 0; column < TicTacToe.SIDE; column++ )
112           if( v == buttons[row][column] )
113             update( row, column );
114     }
115   }
116
117   private class PlayDialog implements DialogInterface.OnClickListener {
118     public void onClick( DialogInterface dialog, int id ) {
119       if( id == -1 ) /* YES button */ {
120         tttGame.resetGame( );
121         enableButtons( true );
122         resetButtons( );
123         status.setBackgroundColor( Color.GREEN );
124         status.setText( tttGame.result( ) );
125       } else if( id == -2 )  // 没有按钮
126         MainActivity.this.finish( );
127     }
128   }
129 }
```

例3.9 MainActivity类，TicTacToe 应用程序，版本4

DialogInterface.OnClickListener接口包含一个抽象方法onClick，在第118~127行覆盖它。onClick方法的第二个参数id，类型为int，包含用户单击的按钮的相关信息。如果为-1，则表示用户单击肯定按钮；如果是-2，则表示用户单击否定按钮。

在第119行，测试id的值是否为-1。如果是，通过使用tttGame（第120行）调用resetGame将tttGame的实例变量重置为其起始值，启用第121行的按钮，清除第122行的任何文本，并更新第123~124行的status背景颜色和文本。在第86~90行和第92~96行编码的enableButtons和resetButtons方法分别启用或禁用九个按钮并将其文本内容重置为空字符串。如果id的值是-2，则通过在第126行调用finish方法来退出activity。注意表达式this.finish()会导致错误，这将引用当前的PlayDialog对象，因为当前仍处于该类中。由于需要使用MainActivity类的当前对象调用finish方法，所以使用MainActivity.this来访问。

图**3.10**显示了游戏结束时的应用程序，status反映了玩家1赢了，并询问用户是否再次玩游戏。

图3.10 在模拟器上运行的TicTacToe 应用程序，版本4，在游戏结束后弹出提醒对话框

■ **常见错误：** 在私有类中，关键字this指的是私有类的当前对象，而不是包含私有类的公共类的当前对象。为了从内部类B内部访问类A的当前对象，不要使用它，而是使用A.this。

3.9 拆分视图和控制器：TicTacToe 应用程序，版本 5

第5版中，我们拆分了View和Controller。通过这种方式，我们之后可以重复使用View。Controller是View和Model之间的"中间人"，因此我们保持View独立于Model。

在View中，除了创建View的代码外，还提供以下方法：

▶ 更新视图。
▶ 从视图中获取用户输入。

这类似于Model类，提供了检索其状态并更新它的方法。

在Controller中，除了Model中的实例变量外，还在View中添加了一个实例变量。有了它，可以通过调用View的各种方法来更新它并从中获取用户输入。

按钮数组和TextView状态位于View中。更新视图即更新按钮和TextView状态。为此，我们提供以下方法：

▶ 设置特定按钮文本的方法
▶ 设置TextView状态文本的方法
▶ 设置TextView状态背景颜色的方法
▶ 将所有按钮的文本重置为空String的方法（在开始新游戏时需要）
▶ 启用或禁用所有按钮的方法（在开始新游戏时也需要）

该视图中，用户输入数据的方式是单击其中一个按钮。通常，事件处理在Controller中执行。因此，我们必须提供一种方法来检查某个按钮是否被单击了。

例**3.10**显示了ButtonGridAndTextView类，即版本5应用程序的View。在版本4中，View是一个GridLayout，因此ButtonGridAndTextView类扩展了GridLayout（第10行），因此它"是一个"GridLayout。我们有三个实例变量（第11~13行）：

▶ buttons，按钮的二维数组

- status,一个TextView
- side,一个int,按钮中的行数和列数

```java
1   package com.jblearning.tictactoev5;
2
3   import android.content.Context;
4   import android.graphics.Color;
5   import android.view.Gravity;
6   import android.widget.Button;
7   import android.widget.GridLayout;
8   import android.widget.TextView;
9
10  public class ButtonGridAndTextView extends GridLayout {
11    private int side;
12    private Button [][] buttons;
13    private TextView status;
14
15    public ButtonGridAndTextView( Context context, int width,
16                    int newSide, View.OnClickListener listener ) {
17      super( context );
18      side = newSide;
19      // 设置GridLayout行与列的#
20      setColumnCount( side );
21      setRowCount( side + 1 );
22
23      // 创建按钮并添加至GridLayout
24      buttons = new Button[side][side];
25      for( int row = 0; row < side; row++ ) {
26        for( int col = 0; col < side; col++ ) {
27          buttons[row][col] = new Button( context );
28          buttons[row][col].setTextSize( ( int ) ( width * .2 ) );
29          buttons[row][col].setOnClickListener( listener );
30          addView( buttons[row][col], width, width );
31        }
32      }
33
34      // 设置gridLayout第4行的布局参数
35      status = new TextView( context );
36      GridLayout.Spec rowSpec = GridLayout.spec( side, 1 );
37      GridLayout.Spec columnSpec = GridLayout.spec( 0, side );
38      GridLayout.LayoutParams lpStatus
39              = new GridLayout.LayoutParams( rowSpec, columnSpec );
40      status.setLayoutParams( lpStatus );
41
42      // 设置status属性
43      status.setWidth( side * width );
44      status.setHeight( width );
45      status.setGravity( Gravity.CENTER );
46      status.setBackgroundColor( Color.GREEN );
47      status.setTextSize( ( int ) ( width / .15 ) );
48
49      addView( status );
50    }
51
52    public void setStatusText( String text ) {
53      status.setText( text );
```

```
54      }
55
56      public void setStatusBackgroundColor( int color ) {
57        status.setBackgroundColor( color );
58      }
59
60      public void setButtonText( int row, int column, String text ) {
61        buttons[row][column].setText( text );
62      }
63
64      public boolean isButton( Button b, int row, int column ) {
65        return ( b == buttons[row][column] );
66      }
67
68      public void resetButtons( ) {
69        for( int row = 0; row < side; row++ )
70          for( int col = 0; col < side; col++ )
71            buttons[row][col].setText( "" );
72      }
73
74      public void enableButtons( boolean enabled ) {
75        for( int row = 0; row < side; row++ )
76          for( int col = 0; col < side; col++ )
77            buttons[row][col].setEnabled( enabled );
78      }
79
```

例3.10　ButtonGridAndTextView 类，TicTacToe应用程序，版本5

需要保持View独立于模型，所以不使用TicTacToe类的SIDE常量来确定按钮中的行数和列数。用side实例变量存储该值。构造函数包含一个参数newSide，把它赋值给side（第15~16行和18行）。当从Controller创建View时，可以访问Model，传递TicTacToe类的SIDE常量，以便将其分配给side。ButtonGridAndTextView构造函数包含三个参数：Context、int和View.OnClickListener。需要Context参数来实例化View的窗口小部件（Buttons和TextView）。由于Activity类继承自Context，因此Activity"是一个"Context。从Controller创建ButtonGridAndTextView时，可以传递给Context参数。将Context参数传递给第27行和35行的Button和TextView构造函数。int参数表示View的宽度。通过将宽度作为参数，让Activity客户端确定View的尺寸。将newSide参数赋给第18行的side。最后，通过View.OnClickListener参数设置事件处理。想要处理Controller中的事件，但按钮位于View中，因此需要在View中设置事件处理（第29行）。运用测试newSide和width是否为正，可以使构造函数代码更加健壮。

在第30行和49行，将每个Button和TextView添加到此ButtonGridAndTextView中。

setStatusText、setStatusBackgroundColor、setButtonText、resetButtons和enableButtons方法为View（Controller）的客户端提供了更新View的能力。isButton方法（第64~66行）使View的客户端（Controller）能够将Button与按行和列标识的数组按钮进行比较。在Controller中，我们将调用该方法来标识单击Button的行和列。

例3.11显示了更新后的MainActivity类。第14行声明并在第24行实例化ButtonGridAndTextView实例变量tttView。在onClick方法（第40~58行）中，首先要确定在第43行单击了哪个按钮，在第46行和48行，调用setButtonText方法确定轮到谁玩，更新视图。如果游戏结束（第49

行),将通过第50行和52行调用setStatusBackgroundColor和setStatusText方法来相应地更新视图。在第51行,禁用按钮。

```java
1   package com.jblearning.tictactoev5;
2
3   import android.app.DialogInterface;
4   import android.graphics.Color;
5   import android.graphics.Point;
6   import android.os.Bundle;
7   import android.support.v7.app.AlertDialog;
8   import android.support.v7.app.AppCompatActivity;
9   import android.view.View;
10  import android.widget.Button;
11
12  public class MainActivity extends AppCompatActivity {
13    private TicTacToe tttGame;
14    private ButtonGridAndTextView tttView;
15
16    @Override
17    protected void onCreate( Bundle savedInstanceState ) {
18      super.onCreate( savedInstanceState );
19      tttGame = new TicTacToe( );
20      Point size = new Point( );
21      getWindowManager().getDefaultDisplay( ).getSize( size );
22      int w = size.x / TicTacToe.SIDE;
23      ButtonHandler bh = new ButtonHandler( );
24      tttView = new ButtonGridAndTextView( this, w, TicTacToe.SIDE, bh );
25      tttView.setStatusText( tttGame.result( ) );
26      setContentView( tttView );
27    }
28
29    public void showNewGameDialog( ) {
30      AlertDialog.Builder alert = new AlertDialog.Builder( this );
31      alert.setTitle( "This is fun" );
32      alert.setMessage( "Play again?" );
33      PlayDialog playAgain = new PlayDialog( );
34      alert.setPositiveButton( "YES", playAgain );
35      alert.setNegativeButton( "NO", playAgain );
36      alert.show( );
37    }
38
39    private class ButtonHandler implements View.OnClickListener {
40      public void onClick( View v ) {
41        for( int row = 0; row < TicTacToe.SIDE; row++ ) {
42          for( int column = 0; column < TicTacToe.SIDE; column++ ) {
43            if( tttView.isButton( ( Button ) v, row, column ) ) {
44              int play = tttGame.play( row, column );
45              if( play == 1 )
46                tttView.setButtonText( row, column, "X" );
47              else if( play == 2 )
48                tttView.setButtonText( row, column, "O" );
49              if( tttGame.isGameOver( ) ) {
50                tttView.setStatusBackgroundColor( Color.RED );
51                tttView.enableButtons( false );
52                tttView.setStatusText( tttGame.result( ) );
53                showNewGameDialog( );   // offer to play again
```

```
54              }
55            }
56          }
57        }
58      }
59    }
60
61    private class PlayDialog implements DialogInterface.OnClickListener {
62      public void onClick( DialogInterface dialog, int id ) {
63        if( id == -1 ) /* YES button */ {
64          tttGame.resetGame( );
65          tttView.enableButtons( true );
66          tttView.resetButtons( );
67          tttView.setStatusBackgroundColor( Color.GREEN );
68          tttView.setStatusText( tttGame.result( ) );
69        } else if( id == -2 ) // NO button
70          MainActivity.this.finish( );
71      }
72    }
73  }
```

例3.11　MainActivity类，TicTacToe应用程序，版本5

通过将View与Controller分离，使View可以重复使用。

本章小结

- 要创建GUI，可以使用XML或以编程方式实现。对于某些应用程序，小部件的数量是动态的，必须以编程方式实现。对于其他应用程序，虽然可以使用XML来实现，但以编程方式实现可能更方便。
- Android框架提供布局管理器来帮助我们组织视图。
- 布局管理器是ViewGroup的子类。
- addView方法将子视图添加到ViewGroup。
- 通过getWindowManager和getDefaultDisplay方法，可以检索当前设备的显示特征，特别是宽度和高度。
- 使用屏幕尺寸来正确调整GUI组件的大小，从而适用于不同的设备。
- 实现View.OnClickListener接口来处理View上的click事件，例如Button。为此，需要实现其onClick方法。
- 为View指定布局参数，以便在将View添加到其ViewGroup父级时准确定位。
- GridLayout将其子项放在矩形网格中。
- GridLayout提供了跨多个行或列组件的灵活性。
- 可以使用AlertDialog.Builder类和DialogInterface.OnClickListener接口来创建提示框。
- 可以调用finish方法来关闭一个activity。

练习、问题和项目

多项选择练习

1. 如何导入View.OnClickListener（如果想使用View.OnClickListener监听器等代码）？
   - 导入View类就足够了
   - 它会自动导入
   - 必须导入View.OnClickListener;
   - 必须导入OnClickListener;

2. View.OnClickListener的抽象方法的名称是什么？
   - listen
   - click
   - onClick
   - clickListen

3. 将子视图添加到父视图中使用什么方法？
   - addChild
   - addView
   - moreView
   - newView

4. 在私有类y中进行编码，它是在公共类X中编码的。我们如何访问y类的当前对象？
   - this
   - X.this
   - Y.this
   - this.X

5. 在私有类y中编码，它是在公共类X中编码的。我们如何访问x类的当前对象？
   - this
   - X.this
   - Y.this
   - this.X

6. 如何检索屏幕的大小（假设大小是点对象引用）？
   - getWindowManager( ).getSize( );
   - getDefaultDisplay( ).getSize( );
   - getWindowManager( ).getDefaultDisplay( ).getSize(size);
   - getWindowManager( ).getDefaultDisplay( ).getSize( );

7. 代码GridLayout gridLayout = new GridLayout(this)中的数据类型是什么？

- GridLayout
- Context
- Grid
- View

8. 使用哪种网格布局类方法来设置网格的行数？
   - setRows
   - setRowCount
   - setCount
   - numberOfRows

9. 使用Activity类的哪种方法来设置activity的视图？
   - setLayout
   - setContentView
   - setView
   - view

10. 在Activity类中，如何实例化按钮？
    - Button b = new Activity( );
    - Button b = new Button( );
    - Button b = new Button(this);
    - Button b = new Button(Activity);

11. 想要如何布置视图，要使用什么类来告诉它们的父级？
    - Layout
    - Params
    - ViewParams
    - LayoutParams

12. 用什么方法来指定文本在TextView中的对齐方式？
    - setAlignment
    - center
    - setGravity
    - align

编写代码

13. 这段代码将当前屏幕的宽度指定为变量名宽度。

    // 代码从这里开始

14. 这段代码在当前context中创建一个GridLayout，并将其行数设置为4，列数设置为2。

    // 代码从这里开始

15. 这段代码在当前context中创建一个按钮。

    // 代码从这里开始

16. 这段代码在当前contex中创建一个5×2的二维按钮数组。

    // 代码从这里开始

17. 这段代码将一个名为b的Button对象添加到已创建的名为gl的GridLayout对象中，指定其宽度和高度各为200像素。

    // 代码从这里开始

18. 这段代码为下面的阴影区域定义GridLayout.LayoutParams对象。

    // 代码从这里开始

    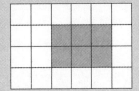

19. 这段代码为下面的阴影区域定义GridLayout.LayoutParams对象。

    // 代码从这里开始

    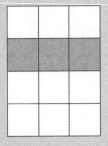

20. 这段代码为当前activity设置了提醒视图。它将标题设置为HELLO，消息设置为FUN。

    ```
    AlertDialog.Builder alert = new AlertDialog.Builder( this );
    // 代码从这里开始
    PlayDialog pd = new PlayDialog( );
    alert.setPositiveButton( "YES", pd );
    alert.setNegativeButton( "NO", pd );
    // 继续以便更新视图显示
    ```

21. 这段代码检查所单击的按钮是否为名为b的按钮。如果是，则输出到Logcat YES，否则输出到Logcat NO。

    ```
    private class ButtonHandler implements View.OnClickListener {
      public void onClick( View v ){
        // 代码从这里开始
    ```

        }
    }

编写一款应用程序

22. 编写应用程序,可以显示一个标签和一个按钮。每当用户单击按钮时,标签就会在可见和隐藏切换。不要使用XML。

23. 编写一个应用程序,包含三个标签和一个按钮。三个标签代表一个红绿灯。当应用程序启动时,只显示带有红色背景的标签。当用户单击按钮时,只显示带有黄色背景的标签。当用户再次单击按钮时,只显示带有绿色背景的标签。当用户再次单击按钮时,只显示带有红色背景的标签……如此循环。不要使用XML。

24. 编写一个应用程序,可以显示一个标签和一个按钮。该标签表示当前交通灯的颜色,可以是红色、黄色或绿色。当用户单击按钮时,标签循环到下一个颜色,并模拟运行红绿灯。不要使用XML。

25. 编写一个应用程序,可以显示一个标签和一个按钮。每次用户单击按钮,标签就会向下移动10个像素。当标签到达屏幕底部时,用户单击按钮,标签不再移动。不要使用XML。

26. 编写一个应用程序,显示两个标签和一个按钮。第一个标签显示一个在50~100之间随机生成的整数。当用户单击按钮时,第二个标签移动到其y坐标为第一个标签中显示的整数位置。不要使用XML。

27. 编写一个应用程序,只包含有一个文本字段、一个标签和一个按钮。用户可以在文本框中输入电子邮件。当用户单击按钮时,应用程序会检查输入的电子邮件是否包含@字符,以及@字符后面的某个点。如果是,则标签显示为有效,否则标签中显示为无效。文本字段和标签应该有各自独立的样式,每个样式至少有四个属性。包含模型。不要使用XML。

28. 编写一个应用程序,只有一个文本字段和一个标签。用户可以输入自己的密码。标签显示弱或强。对于这个应用程序,我们将弱密码定义为8个或更少的字符。强密码定义为有9个或更多字符。包含模型。不要使用XML。

29. 编写一个应用程序,在一个有黑白棋子的网格上显示棋盘。可以用一两个字母来表示每一块,例如P代表兵,Q代表皇后,R代表车,K代表骑士,B代表主教,KG代表国王。当用户单击骑士时,将骑士可以移动的单元格用绿色表示。包括一个模型。不使用XML。

30. 编写一个应用程序,显示四个标签和一个按钮。前两个标签代表简化的21点游戏中的两张牌,且填有两个随机生成的整数,其值介于1~11之间。两者的总和显示在第四个标签内。当用户单击按钮时,如果第四个标签内显示的当前总数是15或更少,则第三个标签用随机生成的1~11之间的数字填充,第四标签内的总数更新为等于标签在一、二、三3个标签中的数字之和。如果第四个标签中显示的当前总数大于15,则什么也不会发生。包含模型。不要使用XML。

CHAPTER 4

多个Activity，在Activity之间传递数据，转换，持久性数据

本章目录

内容简介

4.1 模型：Mortgage类

4.2 使用TableLayout作为GUI前端：Mortgage Calculator应用程序，版本0

4.3 使用RelativeLayout作为第二屏幕GUI

4.4 连接两个activity：Mortgage Calculator应用程序，版本1

4.5 activity的生命周期

4.6 多个activity之间共享数据：Mortgage Calculator应用程序，版本2

4.7 activity之间的转换：Mortgage Calculator应用程序，版本3

4.8 处理持久性数据：Mortgage Calculator应用程序，版本4

本章小结

练习、问题和项目

内容简介

大多数应用程序都会涉及到使用多个屏幕界面。在本章中,我们将学习如何编写多个activity的代码,如何从一个activity过渡到另一个activity并返回,如何在activity之间共享数据,如何在它们之间建立转换,以及如何保存应用程序的状态,并在用户再次启动时检索状态(如何使数据持久化)。我们构建了一个Mortgage Calculator(抵押贷款计算器)的应用程序,作为学习这些概念的实例。

本章要研究两个布局管理器:第一个屏幕界面的TableLayout和第二个屏幕界面的RelativeLayout。在第二个屏幕界面中,我们将探索更多的GUI组件——单选按钮,用于显示互相排斥的选项。

4.1 模型:Mortgage 类

这个应用程序的模型是Mortgage类,它封装了mortgage(抵押贷款)。典型的抵押贷款有三个参数:amount(抵押贷款金额)、rate(利率)和years(抵押贷款的年数)。简单起见,我们假设利率参数是年利率,并且每月复利;假设每月付款是不变的。资金流动情况如**表4.1**所示。M是我们第0次从银行收到的抵押金额。P是我们每个月向银行支付的每月付款,从第1个月开始,到第 $n \times 12$ 个月结束,其中n指年数。

如果r是年利率,则mR = r/12是月利率。使用月利率mR折现的所有月付款的现值等于抵押金额M。因此,在M和P、mR和n之间有下列方程。

$$M = P/(1 + mR) + P/(1 + mR)^2 + P/(1 + mR)^3 + \ldots + P/(1 + mR)^{n*12} = \sum_{i=1}^{n*12} P/(1 + mR)^i$$

令a=1/(1+mR),则有:

$$M = P(\sum_{i=1}^{n*12} a^i) = P(-1 + \sum_{i=0}^{n*12} a^i) = P(-1 + (1 - a^{n*12+1})/(1-a))$$

表4.1 抵押贷款(M)的月现金流量,n年,按月支付P

月数	0	1	2	3	4	…	…	n*12-1	n*12
贷款	M								
付款		P	P	P	P	…		P	P

$$M = P((-1 + a + 1 - a^{n*12+1})/(1-a)) = P(a - a^{n*12+1})/(1-a)$$
$$M = P\,a(1 - a^{n*12})/(1-a) = P(1 - a^{n*12})\,a/(1-a)$$
$$1 - a = 1 - 1/(1 + mR) = mR(1 + mR)$$

因此,a/(1-a) =1/mR

最终,M=P(1-a^{n*12})/mR

得出月付款公式为:

$$P = mR * M/(1 - a^{n*12}),\text{ 而 } a = 1/(1+mR)$$

例4.1显示了Mortgage类，包含三个实例变量：amount、years和rate（第9~11行），构造函数（第13~17行），设置函数（第19~32行）和访问函数（第34~36、42~44和46~48行）。第50~54行是MonthlyPayment方法的代码。我们在前面已经添加了一个DecimalFormat常量MONEY（第6~7行），这样就可以用保留小数点后两位和美元符号来格式化贷款金额、月付款和总付款。方法getFormattedAmount（第38~40行）、ForattedMonthlyPayment（第56~58行）和formattedTotalPayment（第64~66行）分别返回金额、月付款和总付款的字符串。java.text包的部分DecimalFormat类是在第3行导入的。不为利率提供格式化方法，因为我们希望在应用程序中显示它的确切值。

```java
1   package com.jblearning.mortgagev0;
2
3   import java.text.DecimalFormat;
4
5   public class Mortgage {
6     public final DecimalFormat MONEY
7              = new DecimalFormat( "$#,##0.00" );
8
9   private float amount;
10  private int years;
11  private float rate;
12
13  public Mortgage( ) {
14      setAmount( 100000.0f );
15      setYears( 30 );
16      setRate( 0.035f );
17   }
18
19    public void setAmount( float newAmount ) {
20      if( newAmount >= 0 )
21        amount = newAmount;
22    }
23
24    public void setYears( int newYears ) {
25      if( newYears >= 0 )
26        years = newYears;
27    }
28
29    public void setRate( float newRate ) {
30      if( newRate >= 0 )
31        rate = newRate;
32    }
33
34    public float getAmount( ) {
35      return amount;
36    }
37
38    public String getFormattedAmount( ) {
39      return MONEY.format( amount );
40    }
41
42    public int getYears( ) {
43      return years;
44    }
```

```
45
46    public float getRate( ) {
47      return rate;
48    }
49
50    public float monthlyPayment( ) {
51      float mRate = rate / 12;   // 月利率
52      double temp = Math.pow( 1/( 1 + mRate ), years * 12 );
53      return amount * mRate / ( float ) ( 1 - temp );
54    }
55
56    public String formattedMonthlyPayment( ) {
57      return MONEY.format( monthlyPayment( ) );
58    }
59
60    public float totalPayment( ) {
61      return monthlyPayment( ) * years * 12;
62    }
63
64    public String formattedTotalPayment( ) {
65      return MONEY.format( totalPayment( ) );
66    }
67  }
```

例4.1 Mortgage类

4.2 使用 TableLayout 作为 GUI 前端：Mortgage Calculator 应用程序，版本 0

选择empty activity（空activity）模板作为此应用程序的模板类型。应用程序的MVC视图部分包含两个屏幕界面。第一个屏幕界面显示抵押贷款的参数：金额、年数、利率、每月付款以及抵押贷款过程中的总付款额。这些数据是只读的，用户不能与之交互。我们将所有这些信息显示为一个六行两列的表。对于前五行中的每一行，第一列中显示第二列中的数据的标签。最后一行是一个按钮，用户可以转换到另一个屏幕界面来更新抵押金额、年数和利率。该应用程序的版本0预览如图4.1所示。

我们通过TableLayout来管理应用程序的第一个屏幕界面。TableLayout按行和列排列其子项，通常包含TableRow元素，其中每个元素都定义了一行。列最多的行决定布局的列数。单元格被定义为跨越一列或多列的行的矩形区域。也可以使用View或它的一个子类来代替TableRow，这种情况下，View将跨越整行。与那些继承自祖先类的LinearLayout、ViewGroup和View等相比，TableLayout自身的XML属性非常少。TableLayout和TableRow的继承层次结构如图4.2所示。

我们希望TableLayout和RelativeLayout都使用16像素的标准边距。因此，我们修改ddens.xml文件，并创建了一个名为为activity_margin的dimen元素，其值为16dp，如例4.2所示。

```
1  <resources>
2      <dimen name="activity_margin">16dp</dimen>
3  </resources>
```

例4.2 dimens.xml文件

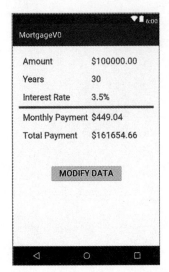

图4.1　Mortgage Calculator应用程序预览，版本0

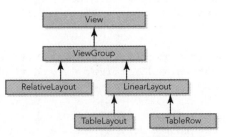

图4.2　TableLayout和TableRow的继承层次结构

例4.3显示了activity_main.xml文件，使用TableLayout定义带有六个TableRow元素的GUI。在第7行，我们在TableLayout周围指定16个像素的边距，使用dimen元素activity_margin（以前在dimens.xml中定义）。前三行在第10~19行、第21~30行和第32~41行定义，并显示mortgage参数。每行包含两个TextView元素，第一个是描述性标签，第二个是相应的数据。对于每个新TableRow元素的第一个TextView元素，我们指定一个10dip的填充（第15行、26行、37行），以便将新行中的GUI组件从上面的元素和屏幕的左侧边缘空间中分离出来。我们使用Strings（第14行、18行、25行、29行、36行、40行）为所有这些TextView元素分配文本，这些字符串是在strings.xml文件中定义的，如**例4.4**所示。在strings.xml中，我们使用默认值$100000、30年和3.5%作为mortgage参数；相应的月付款为449.04美元，30年的付款总额为161654.66美元。由于我们打算稍后通过代码更新第二列TextView元素中的文本，因此我们为每个元素分配一个id（第17行、28行和39行），以便使用findViewById方法检索它们。findViewById方法返回对GUI组件的引用，该组件的id是该方法的参数。

```
1   <?xml version="1.0" encoding="utf-8"?>
2   <TableLayout
3       xmlns:android="http://schemas.android.com/apk/res/android"
4       xmlns:tools="http://schemas.android.com/tools"
5       android:layout_width="match_parent"
6       android:layout_height="match_parent"
7       android:layout_margin="@dimen/activity_margin"
8       tools:context="com.jblearning.mortgagev0.MainActivity">
9
10      <TableRow
11          android:layout_width="wrap_content"
12          android:layout_height="wrap_content">
13          <TextView
14              android:text="@string/label_amount"
15              android:padding="10dip" />
16          <TextView
17              android:id="@+id/amount"
18              android:text="@string/amount" />
```

```xml
19          </TableRow>
20
21          <TableRow
22              android:layout_width="wrap_content"
23              android:layout_height="wrap_content">
24              <TextView
25                  android:text="@string/label_years"
26                  android:padding="10dip" />
27              <TextView
28                  android:id="@+id/years"
29                  android:text="@string/years" />
30          </TableRow>
31
32          <TableRow
33              android:layout_width="wrap_content"
34              android:layout_height="wrap_content">
35              <TextView
36                  android:text="@string/label_rate"
37                  android:padding="10dip" />
38              <TextView
39                  android:id="@+id/rate"
40                  android:text="@string/rate" />
41          </TableRow>
42
43          <!-- red line -->
44          <View
45              android:layout_height="5dip"
46              android:background="#FF0000" />
47
48          <TableRow
49              android:layout_width="wrap_content"
50              android:layout_height="wrap_content">
51              <TextView
52                  android:text="@string/label_monthly_payment"
53                  android:padding="10dip" />
54              <TextView
55                  android:id="@+id/payment"
56                  android:text="@string/monthly_payment" />
57          </TableRow>
58
59          <TableRow
60              android:layout_width="wrap_content"
61              android:layout_height="wrap_content">
62              <TextView
63                  android:text="@string/label_total_payment"
64                  android:padding="10dip" />
65              <TextView
66                  android:id="@+id/total"
67                  android:text="@string/total_payment" />
68          </TableRow>
69
70          <TableRow
71              android:layout_width="wrap_content"
72              android:layout_height="wrap_content"
73              android:gravity="center"
74              android:paddingTop="50dip">
75              <Button
```

```
76                   android:text="@string/modify_data"
77                   android:onClick="modifyData" />
78       </TableRow>
79
80  </TableLayout>
```

例4.3 activity_main.xml文件

在第43~46行，我们插入一个5像素高且为红色的View元素，用来定义一个跨越屏幕界面宽度的细红色矩形，显示为一条红线。这使我们能够将显示mortgage参数的屏幕界面顶部区域与显示计算数据（每月付款和总付款）的屏幕界面底部区域分开。在接下来的两行中显示了这些内容。这两行的XML代码类似于前三行的代码，使用相同的填充、字符串（来自strings.xml）和id。

最后一行显示一个按钮。由于该行中只有一个元素，所以我们使用带有值中心的android:gravity属性在第73行对行进行居中。在第74行，为行上方的填充指定50dip，以便更好地将按钮与其上方的行分隔开。在第77行，我们指定modifyData作为用户单击按钮时调用的方法。

```
1   <resources>
2     <string name="app_name">MortgageV0</string>
3     <string name="label_amount">Amount</string>
4     <string name="amount">$100000.00</string>
5     <string name="label_years">Years</string>
6     <string name="years">30</string>
7     <string name="label_rate">Interest Rate</string>
8     <string name="rate">3.5%</string>
9     <string name="label_monthly_payment">Monthly Payment</string>
10    <string name="monthly_payment">$449.04</string>
11    <string name="label_total_payment">Total Payment</string>
12    <string name="total_payment">$161654.66</string>
13    <string name="modify_data">Modify Data</string>
14  </resources>
```

例4.4 strings.xml文件

我们希望所有元素的字体大小都大于默认字体大小，因此，我们在文件styles.xml的第3行指定文本大小为22sp，如示例4.5所示。这种字体大小可能适用于某些Android设备，而其他设备则不然，但在这个应用程序中并不担心此问题——我们将在本书后面讨论该主题。第2行的应用程序Theme样式作为应用程序的主题，是AndroidManifest.xml文件中指定的默认样式。

```
1   <resources>
2     <style name="AppTheme" parent="Theme.AppCompat.Light.DarkActionBar">
3       <item name="android:textSize">22sp</item>
4       <item name="colorPrimary">@color/colorPrimary</item>
5       <item name="colorPrimaryDark">@color/colorPrimaryDark</item>
6       <item name="colorAccent">@color/colorAccent</item>
7     </style>
8   </resources>
```

例4.5 styles.xml文件

为方便起见，我们只允许应用程序在竖屏方向运行。因此，在AndroidManifest.xml文件中，我们将android:screenOrientation属性添加到activity元素，并将其值设置为portrait。

4.3 使用 RelativeLayout 作为第二屏幕 GUI

应用程序的View部分的第二个组件是第二个屏幕界面。在该屏幕界面中，用户可以更改三个mortgage参数：amount、years和rate。我们利用单选按钮来让用户选择mortgage的years（年数）参数。

当第一次创建项目时，会自动为其GUI创建一个Activity类和一个XML文件（默认名称为MainActivity和activity_main.xml）。由于要向应用程序添加第二个屏幕界面，因此我们需要再添加一个XML文件activity_data.xml来定义其GUI，并再添加一个Activity类DataActivity来控制它。要确保在res/layout目录中创建activity_data.xml文件，并且不要在文件名中使用大写字母。如果需要分隔文件名中的名词，则使用下划线字符。

> **常见错误：** 我们不应在XML文件名中使用大写字母，Android Studio不允许这样做。文件名必须以小写字母开头，并且只包含小写字母、数字和下划线。

对于第二个屏幕的GUI，我们使用RelativeLayout类，它是ViewGroup的子类，如图4.2所示。它能使组件之间相对定位。

RelativeLayout类有一个名为LayoutParams的公共静态内部类（我们使用RelativeLayout.LayoutParams来引用它），它包含许多XML属性，这些属性与排列元素有关。这些属性使我们能够在屏幕界面上相对于另一个视图定位。为了引用另一个View，可以为该View提供一个id，并使用该id来引用它。还可以针对其父视图定位视图，在本例中，我们不需要引用父视图的id。**表4.2**中列出了其中一些属性，其中列出的前八个属性（android:layout_alignLeft到android:layout_toRightOf）的值是View的id。

表4.2　RelativeLayout.LayoutParams的有用XML属性

XML属性	说明
android:layout_alignLeft	视图的左边缘匹配视图左边缘的值
android:layout_alignRight	视图的右边缘匹配视图右边缘的值
android:layout_alignBottom	视图的下边缘匹配视图下边缘的值
android:layout_alignTop	视图的上边缘匹配视图上边缘的值
android:layout_above	位于值视图上方
android:layout_below	位于值视图下方
android:layout_toLeftOf	在值视图左侧
android:layout_toRightOf	在值视图右侧
android:layout_alignParentLeft	如果为true，则视图的左边缘与其父边缘相匹配
android:layout_alignParentRight	如果为true，则视图的右边缘与其父边缘匹配
android:layout_alignParentBottom	如果为true，则视图的下边缘与其父边缘相匹配
android:layout_alignParentTop	如果为true，则视图的上边缘与其父上边缘匹配

例如，在**例4.6**的第15行，我们使用以下代码：

```
android:layout_toRightOf="@+id/label_years"
```

指定单选按钮组位于视图右侧，其id为label_years。该视图（TextView）在第8~12行定义，其id在第9行指定。

第18行，我们使用如下代码：

```
android:layout_alignLeft="@+ ID/ data_rate"
```

进一步定义单选按钮组的位置，指定它与id为data_rate的视图左对齐。在第67~76行定义该视图（EditText），在第68行定义其id。

因此，当我们使用RelativeLayout时，通常会给很多View元素分配id，以便在定义相对于它们位置的其他View元素时引用它们。

我们可以使用表4.2中列出的最后四个属性来定位视图相对于其父视图的位置。android:layout_alignParentLeft和android:layout_align-ParentRight属性与垂直对齐有关，而android:layout_alignParentBottom和android:layout_alignParentTop与水平对齐有关。

```
 1  <?xml version="1.0" encoding="utf-8"?>
 2  <RelativeLayout xmlns:android="http://schemas.android.com/apk/res/android"
 3    android:layout_width="match_parent"
 4    android:layout_height="match_parent"
 5    android:orientation="vertical"
 6    android:layout_margin="@dimen/activity_margin" >
 7
 8    <TextView
 9      android:id="@+id/label_years"
10      android:layout_width="wrap_content"
11      android:layout_height="wrap_content"
12      android:text="@string/label_years" />
13
14    <RadioGroup
15      android:layout_toRightOf="@+id/label_years"
16      android:layout_width="match_parent"
17      android:layout_height="wrap_content"
18      android:layout_alignLeft="@+id/data_rate"
19      android:orientation="horizontal" >
20
21      <RadioButton
22        android:layout_width="wrap_content"
23        android:layout_height="wrap_content"
24        android:id="@+id/ten"
25        android:text="@string/ten" />
26      <RadioButton
27        android:layout_width="wrap_content"
28        android:layout_height="wrap_content"
29        android:id="@+id/fifteen"
30        android:text="@string/fifteen" />
31      <RadioButton
32        android:layout_width="wrap_content"
33        android:layout_height="wrap_content"
34        android:id="@+id/thirty"
35        android:checked="true"
36        android:text="@string/thirty" />
```

```xml
37
38      </RadioGroup>
39
40      <TextView
41        android:id="@+id/label_amount"
42        android:layout_width="wrap_content"
43        android:layout_height="wrap_content"
44        android:layout_below="@+id/label_years"
45        android:layout_marginTop="50dp"
46        android:text="@string/label_amount" />
47
48      <EditText
49        android:id="@+id/data_amount"
50        android:layout_width="wrap_content"
51        android:layout_height="wrap_content"
52        android:layout_alignBottom="@+id/label_amount"
53        android:layout_alignLeft="@+id/data_rate"
54        android:layout_alignParentRight="true"
55        android:layout_toRightOf="@+id/label_amount"
56        android:text="@string/amountDecimal"
57        android:inputType="numberDecimal" />
58
59      <TextView
60        android:id="@+id/label_rate"
61        android:layout_width="wrap_content"
62        android:layout_height="wrap_content"
63        android:layout_marginTop="50dp"
64        android:layout_below="@+id/label_amount"
65        android:text="@string/label_rate" />
66
67      <EditText
68        android:id="@+id/data_rate"
69        android:layout_width="wrap_content"
70        android:layout_height="wrap_content"
71        android:layout_alignBottom="@+id/label_rate"
72        android:layout_alignParentRight="true"
73        android:layout_toRightOf="@+id/label_rate"
74        android:layout_marginLeft="10dp"
75        android:text="@string/rateDecimal"
76        android:inputType="numberDecimal" />
77
78      <Button
79        android:layout_width="wrap_content"
80        android:layout_height="wrap_content"
81        android:layout_centerHorizontal="true"
82        android:layout_below="@+id/data_rate"
83        android:layout_marginTop="50dp"
84        android:onClick="goBack"
85        android:text="@string/done" />
86
87    </RelativeLayout>
```

例4.6 activity_data.xml文件

在第54行,我用使用如下代码:

```
android:layout_alignParentRight="true"
```

用上述代码指定EditText与其父对象RelativeLayout右对齐，这是一个View，在本例中包含整个屏幕界面，表示EditText的右边缘应与屏幕的右边缘垂直对齐。

在第81行，我们将按钮元素水平居中。在第82行，将其设置位于id为data_rate的View下面，并且位于它下面50dp（第83行）。设定将在用户单击按钮时调用Back方法（第84行）。

我们将EditText的android:inputType属性设定为numberDecimal（第57行和76行）。这样，用户只能输入数字，最多包含一个点（.）字符。

例4.7显示了更新的strings.xml，在第16~21行添加了一些字符串变量。这些字符串用于activity_data.xml文件中的第25行、30行、36行、56行、75行和85行，如例4.6所示。

```xml
 1  <?xml version="1.0" encoding="utf-8"?>
 2    <resources>
 3    <string name="app_name">MortgageV0</string>
 4    <string name="label_amount">Amount</string>
 5    <string name="amount">$100000.00</string>
 6    <string name="label_years">Years</string>
 7    <string name="years">30</string>
 8    <string name="label_rate">Interest Rate</string>
 9    <string name="rate">3.5%</string>
10    <string name="label_monthly_payment">Monthly Payment</string>
11    <string name="monthly_payment">$449.04</string>
12    <string name="label_total_payment">Total Payment</string>
13    <string name="total_payment">$161654.66</string>
14    <string name="modify_data">Modify Data</string>
15
16    <string name="ten">10</string>
17    <string name="fifteen">15</string>
18    <string name="thirty">30</string>
19    <string name="amountDecimal">100000.00</string>
20    <string name="rateDecimal">.035</string>
21    <string name="done">Done</string>
22  </resources>
```

例4.7 更新后的strings.xml文件

此时，当我们运行应用程序时，只能看到第一个屏幕界面，因为我们无法进入第二个屏幕界面。但我们可以临时修改MainActivity.java中的语句，该语句设置MainActivity.java中要用于第一个屏幕界面的资源，然后显示第二个屏幕界面，如例4.8的第11~12行所示。

```java
 7
 8    @Override
 9    protected void onCreate( Bundle savedInstanceState ) {
10      super.onCreate( savedInstanceState );
11      // setContentView( R.layout.activity_main );
12      setContentView( R.layout.activity_data );
13    }
14  }
```

例4.8 在MainActivity类中编辑，用activity_data替换activity_main

图4.3中展示了第二个屏幕界面。

4.4 连接两个 activity：Mortgage Calculator 应用程序，版本 1

图4.3　Mortage Calculator应用程序的第二屏幕界面预览，版本0

我们现在已经定义并编写了应用程序的Model和View部分，有两个XML文件定义了两个视图。接下来，我们要编写应用程序的Controller部分。希望能够在我们创建的两个视图之间来回导航。为此，需要完成以下步骤：

- ▶ 在第一个Activity类中添加一些代码，以便我们可以通过用户交互转换到第二个View，在本例中，交互事件是用户单击Modify Data按钮。
- ▶ 添加一个新类DataActivity，它扩展了Activity，以管理第二个视图。添加代码，这样我们就可以在用户单击DONE按钮时退出该activity，并返回到第一个视图。
- ▶ 在AndroidManifest.xml文件中添加另一个activity元素（用作第二个activity）。

Intent类和Activity类提供启动新activity并返回上一个activity的功能。Intent类封装了要执行的操作，通常用于启动新activity，也可用于启动服务。

表4.3显示Intent构造函数。它接收两个参数：context（Context参数）和cls（Class参数）。cls表示此Intent打算执行的Class类型。在本例中，它是一个类型为Class的参数。Context表示此应用程序包环境。Activity类是Context的子类，因此，Activity对象"就是"Context对象。通常，如果我们已经从当前应用程序包执行一个activity，则由关键字this表示的当前Activity对象也是Context对象，并且用作此构造函数的第一个参数。

表4.3　Intent类的构造函数

Intent构造函数
Intent(Context context, Class <?> cls) 构造一个旨在执行以?类型建模的类的Intent（可能是一些Activity类），与context位于同一个应用程序包中。

表4.4显示了Activity类的startActivity和finish方法。StartActivity通常由当前的Activity对象引用调用，以执行其Intent参数。

CHAPTER 4　多个Activity，在Activity之间传递数据，转换，持久性数据

表4.4　Activity类的方法

activity类方法
public void startActivity（Intent intent） 使用intent作为Intent，启动一个新activity。
public void finish（） 关闭此activity，并将其从堆栈中弹出，显示先前activity的屏幕界面。

例**4.9**显示了MainActivity类，包括第16~19行的modifyData方法，它告诉应用程序转换到DataActivity。为此，我们要做两件事：

▶ 创建一个指向DataActivity的Intent

▶ 执行该Intent并启动该DataActivity

Intent类属于android.content包。我们在第3行引入它。在第17行，实例化myIntent，将它和DataActivity.class（其类型为Class）传递给Intent构造函数。在第18行，我们使用myIntent调用startActivity，从而启动DataActivity类型的新activity。

```
1   package com.jblearning.mortgagev1;
2
3   import android.content.Intent;
4   import android.os.Bundle;
5   import android.support.v7.app.AppCompatActivity;
6   import android.view.View;
7
8   public class MainActivity extends AppCompatActivity {
9
10    @Override
11    protected void onCreate( Bundle savedInstanceState ) {
12      super.onCreate( savedInstanceState );
13      setContentView( R.layout.activity_main );
14    }
15
16    public void modifyData( View v ) {
17      Intent myIntent = new Intent( this, DataActivity.class );
18      this.startActivity( myIntent );
19    }
20  }
```

例**4.9**　Mortgage Calculator应用程序的MainActivity类，版本1

　　为了创建第二个activity，我们创建了一个名为DataActivity的新类，它扩展了应用程序CompatActivity。例**4.10**显示了DataActivity类。它与MainActivity类中的onCreate方法类似，使用资源activity_data而不是第11行的activity_main。当用户单击Done按钮时调用方法goBack（第14~16行）。在此版本中，只调用finish方法，该方法将驳回该activity，将应用程序返回到与主activity关联的View。此时，DataActivity类只允许用户显示其关联视图。

```
1   package com.jblearning.mortgagev1;
2
3   import android.os.Bundle;
4   import android.support.v7.app.AppCompatActivity;
```

```
5    import android.view.View;
6
7    public class DataActivity extends AppCompatActivity {
8
9      public void onCreate( Bundle savedInstanceState ) {
10       super.onCreate( savedInstanceState );
11       setContentView( R.layout.activity_data );
12     }
13
14     public void goBack( View v ) {
15       this.finish( );
16     }
17   }
```

例4.10　Mortgage Calculator应用程序的DataActivity类，版本1

当我们向应用程序添加activity时，需要将相应的activity元素添加到AndroidManifest.xml文件中。**例4.11**显示了更新后的文件。我们在第20~23行定义了第二个activity元素。

```
1    <?xml version="1.0" encoding="utf-8"?>
2    <manifest xmlns:android="http://schemas.android.com/apk/res/android"
3      package="com.jblearning.mortgagev1">
4
5      <application
6        android:allowBackup="true"
7        android:icon="@mipmap/ic_launcher"
8        android:label="@string/app_name"
9        android:supportsRtl="true"
10       android:theme="@style/AppTheme">
11       <activity android:name=".MainActivity"
12         android:screenOrientation="portrait">
13         <intent-filter>
14           <action android:name="android.intent.action.MAIN" />
15
16           <category android:name="android.intent.category.LAUNCHER" />
17         </intent-filter>
18       </activity>
19
20       <activity
21         android:name=".DataActivity"
22         android:screenOrientation="portrait">
23       </activity>
24
25     </application>
26
27   </manifest>
```

例4.11　AndroidManifest.xml文件

一个activity标签包含许多可能的属性。其中一个重要的属性是android:name，它指定了相应Activity类的名称。语法如下：

android:name ="**ActivityClassName**"

必须设定该值（没有默认值），并且可以是一个完全限定的类名，例如com.jblearning.

mortgagev1.MainActivity。如果该值以点（.）开头，如第11行和第21行（.MainActivity和.DataActivity），则该值将附加到作为清单元素的包属性值列出的包名中（第2~3行）。

> ■ **常见错误**：每当我们向应用程序添加activity时，都需要在AndroidManifest.xml文件中添加一个activity元素。否则，我们尝试进行该activity时，应用程序将崩溃。

现在我们可以运行应用程序并在第一个和第二个视图之间来回切换（图4.1和图4.3）。还可以在第二个屏幕界面中编辑抵押金额、利率和年数。

此时，第一个视图中的值保持不变。版本2中将会允许用户更改这些数据化。

4.5 activity 的生命周期

一个activity会经历一个生命周期，在activity被启动、暂停、停止或关闭时，方法就会自动被调用。**表4.5**列出了这些方法。

> ■ **常见错误**：当重写activity生命周期的方法时，如果我们不调用相应的超级方法，则应用程序将崩溃。

表4.5 Activity类的生命周期方法

方法	说明
onCreate（Bundle）	创建activity时调用该方法，Bundle参数存储activity的先前冻结状态（如果有）
onStart（）	当activity变为可见时，在onCreate之后调用该方法
onResume（）	当用户开始与activity交互时，在onStart之后调用该方法
onPause（）	在android启动或恢复另一个activity时调用该方法
onStop（）	当activity对用户不可见时调用该方法
onRestart（）	在activity即将重启时调用该方法
onDestroy（）	当activity结束或被系统销毁时调用该方法，因为系统内存不足并需要释放一些内存

为了说明调用哪些方法以及何时用户运行应用程序，我们在MainActivity类和DataActivity类中包含表4.5的所有方法。每个方法调用其超级方法并将内容输出到Logcat。**例4.12**和**例4.13**显示了这两个类。需要注意的是，如果我们不调用超级方法，应用程序将崩溃。

为了方便起见，在每个日志语句中使用的每个类（分别是第10行和第9行）中添加一个常量。这两个常量具有相同的值MainActivity，即过滤器的名称。我们可以为DataActivity类添加第二个过滤器，但在本例中，我们要检查两个activity的activity生命周期方法的执行顺序。因此，只需单击一个过滤器即可轻松按正确顺序查看所有输出。

```
1   package com.jblearning.mortgagev1lifecycle;
2
3   import android.content.Intent;
4   import android.os.Bundle;
5   import android.support.v7.app.AppCompatActivity;
6   import android.util.Log;
```

```
 7    import android.view.View;
 8
 9    public class MainActivity extends AppCompatActivity {
10      public static final String MA = "MainActivity";
11
12      protected void onCreate( Bundle savedInstanceState ) {
13        super.onCreate( savedInstanceState );
14        Log.w( MA, "Inside MainActivity:onCreate\n" );
15        setContentView( R.layout.activity_main );
16      }
17
18      public void modifyData( View v ) {
19        Intent myIntent = new Intent( this, DataActivity.class );
20        this.startActivity( myIntent );
21      }
22
23      protected void onStart( ) {
24        super.onStart( );
25        Log.w( MA, "Inside MainActivity:onStart\n" );
26      }
27
28      protected void onRestart( ) {
29        super.onRestart( );
30        Log.w( MA, "Inside MainActivity:onReStart\n" );
31      }
32
33      protected void onResume( ) {
34        super.onResume( );
35        Log.w( MA, "Inside MainActivity:onResume\n" );
36      }
37
38      protected void onPause( ) {
39        super.onPause( );
40        Log.w( MA, "Inside MainActivity:onPause\n" );
41      }
42
43      protected void onStop( ) {
44        super.onStop( );
45        Log.w( MA, "Inside MainActivity:onStop\n" );
46      }
47
48      protected void onDestroy( ) {
49        super.onDestroy( );
50        Log.w( MA, "Inside MainActivity:onDestroy\n" );
51      }
52    }
```

例4.12 MainActivity类的生命周期方法

```
 1    package com.jblearning.mortgagev1lifecycle;
 2
 3    import android.os.Bundle;
 4    import android.support.v7.app.AppCompatActivity;
 5    import android.util.Log;
 6    import android.view.View;
 7
```

```
 8  public class DataActivity extends AppCompatActivity {
 9    public staticfinal String DA = "MainActivity";
10
11    public void onCreate( Bundle savedInstanceState ) {
12      super.onCreate( savedInstanceState );
13      Log.w( DA, "Inside DataActivity:onCreate\n" );
14      setContentView( R.layout.activity_data );
15    }
16
17    public void goBack( View v ) {
18      this.finish( );
19    }
20
21    protected void onStart( ) {
22      super.onStart( );
23      Log.w( DA, "Inside DataActivity:onStart\n" );
24    }
25
26    protected void onRestart( ) {
27      super.onRestart( );
28      Log.w( DA, "Inside DataActivity:onReStart\n" );
29    }
30
31    protected void onResume( ) {
32      super.onResume( );
33      Log.w( DA, "Inside DataActivity:onResume\n" );
34    }
35
36    protected void onPause( ) {
37      super.onPause( );
38      Log.w( DA, "Inside DataActivity:onPause\n" );
39    }
40
41    protected void onStop( ) {
42      super.onStop( );
43      Log.w( DA, "Inside DataActivity:onStop\n" );
44    }
45
46    protected void onDestroy( ) {
47      super.onDestroy( );
48      Log.w( DA, "Inside DataActivity:onDestroy\n" );
49    }
50  }
```

例4.13 DataActivity类的生命周期方法

一个activity会一直保存在内存中，直到它被销毁，此时会调用onDestroy方法。activity按堆栈组织——每当新activity开始时，它都会压入堆栈顶部。当一个activity被销毁时，它会从堆栈中弹出。

表4.6显示了当用户启动应用程序并与设备上的应用程序交互时输出和activity堆栈的状态。

当应用程序启动时，将按顺序调用MainActivity的onCreate、onStart和onResume方法（启动activity）。当用户触摸Modify Data按钮时，调用MainActivity的onPause方法，然后调用DataActivity类的onCreate、onStart和onResume方法，最后调用MainActivity的onStop方法。不调用MainActivity类的onDestroy方法，因为MainActivity的实例仍在内存中并位于activity堆栈

的底部。DataActivity的实例现在位于堆栈的顶部。当用户触摸完成按钮时，调用DataActivity的onPause方法，然后调用MainActivity的onRestart、onStart和onResume方法，最后调用DataActivity的onStop和onDestroy方法。对onDestroy的调用显示以前位于堆栈顶部的DataActivity实例从堆栈中弹出，不再存在于内存中。对MainActivity的onRestart方法的调用显示，现在位于堆栈顶部的MainActivity实例（此时是堆栈中唯一的实例）被重新启动。请注意，因为MainActivity实例是之前创建的并仍在内存中，所以未调用onCreate方法。

此时，如果用户只是等待并停止与应用程序交互，则应用程序将转换到后台，不再可见；当前activityMainActivity的onPause和onStop方法将被调用。然后，当用户触摸Power按钮并滑动屏幕时，将调用MainActivity的onRestart、onStart和onResume方法作为应用程序的当前activity到达前端。

表4.6　当用户与应用程序交互时，activity堆栈的输出和状态

动作	输出	activity堆栈
用户启动应用程序	MainActivity:onCreate内部 MainActivity:onStart内部 MainActivity:onResume内部	Main activity
用户触摸Modify Data（修改数据）按钮	MainActivity:onPause内部 DataActivity:onCreate内部 DataActivity:onStart内部 DataActivity:onResume内部 MainActivity:onStop内部	Data activity Main activity
用户触摸Done（完成）按钮	DataActivity:onPause内部 MainActivity:onRestart内部 MainActivity:onStart内部 MainActivity:onResume内部 DataActivity:onStop内部 DataActivity:onDestroy内部	Main activity
用户等待一段时间，应用程序进入后台，不再可见	MainActivity:onPause内部 MainActivity:onStop内部	Main activity
用户触摸设备的开关按钮，然后滑动屏幕	MainActivity:onRestart内部 MainActivity:onStart内部 MainActivity:onResume内部	Main activity
用户点击设备的Home Key按钮	MainActivity:onPause MainActivity:onStop	Main activity
用户触摸应用程序图标	MainActivity:onRestart内部 MainActivity:onStart内部 MainActivity:onResume内部	Main activity
用户触摸设备的Back Key按钮	MainActivity:onPause内部 MainActivity:onStop内部 MainActivity:onDestroy内部	

如果用户触摸Home按钮，则调用onPause和onStop方法。当用户触摸屏幕上的应用程序图标时，应用程序将重新启动，因此会再次调用onRestart、onStart和onResume方法。

最后，如果用户触摸Back Key按钮，则会调用onPause、onStop和onDestroy，并退出当前activity。activity堆栈现在是空的，退出应用程序。

> **软件工程提示：** 如果应用程序正在处理持久化数据，最好使用代码将当前数据保存在onPause方法中。

4.6 多个 activity 之间共享数据：Mortgage Calculator 应用程序，版本 2

在版本2中，我们向Controller添加功能，使得应用程序功能更加完善。为此，我们需要能够将第二个视图中用户输入的值传递给管理第一个View的activity，以便计算并显示每月付款和总付款。当我们再次回到第二个视图编辑值时，需要检索并显示最新的值，而不是默认值。

有几种方法可以将数据从一个activity传递到另一个activity，包括：

- 使用Intent类的putExtra方法传递数据。数据必须是原始数据类型或字符串。
- 在Activity类中声明Model的类的公共静态实例（本应用程序中，Mortgage类）。这使得该实例可以由任何其他Activity类全局访问。
- 将Mortgage类重写为"singleton"类，以便所有Activity类都可以访问和共享同一个对象。
- 将数据写入文件并从该文件中读取。
- 将数据写入SQLite数据库并从中读取数据。

在这个应用程序中，我们希望在两个屏幕之间共享Mortgage对象，而不是共享原始数据类型或字符串。因此，不会使用Intent的putExtra方法。在本书的后面，我们将展示如何使用putExtra方法。如果只想在两个activity之间传递数据，那么将数据写入文件或SQLite数据库就多余了。

单例类是一个只有一个对象可被实例化的类。我们可以声明该类的多个对象引用，但在实例化之后，它们都将指向内存中的同一个对象。因此，activity可以共享同一个对象，从中读取并写入数据。我们可以重新编码Mortgage类，使其成为单例类，但如果我们编写其他应用程序，可能希望实例化多个Mortgage对象。因此，我们决定不将Mortgage类作为单例来实现。

我们实施了最简单的第二个策略。在MainActivity类中声明一个类型为Mortgage的公共静态变量，从DataActivity类中访问它。在MainActivity中，有以下声明：

```
public static Mortgage mortgage;
```

使用下列表达式在DataActivity类中访问它：

```
MainActivity.mortgage
```

这样可以从两个Activity类引用相同的Mortgage对象。这就是我们想要的应用程序，只有一个Mortgage对象而不是两个相同的Mortgage对象。

例4.14显示了更新后的MainActivity类。在第10行，将Mortgage变量mortgage声明为public和static。在第14行onCreate方法内将其实例化。

在启动应用程序时，当我们从数据activity返回时，或者在我们将主activity返回到后台后将其返回到前端时，将自动调用onStart方法（第18~21行）。需要在每次发生这些事件时更新数据，所以在第20行调用updateView方法。在第23~34行编码的updateView方法使用当前mortgage数据更新五个TextView元素。使用findViewById方法检索每个TextView元素，并将返回的View类型转换为TextView。然后使用mortgage对象调用Mortgage类中的方法，以便使用当前mortgage数据设

4.6 多个activity之间共享数据：Mortgage Calculator应用程序，版本2

置每个TextView元素的文本。例如，在第31行，在TextView中设置文本，显示每月付款。使用mortgage对象调用Mortgage类的formattedMonthlyPayment方法，以检索每月付款值。然后使用monthlyTV调用setText方法并传递该值。

```java
package com.jblearning.mortgagev2;

import android.content.Intent;
import android.os.Bundle;
import android.support.v7.app.AppCompatActivity;
import android.view.View;
import android.widget.TextView;

public class MainActivity extends AppCompatActivity {
  public static Mortgage mortgage;

  protected void onCreate( Bundle savedInstanceState ) {
    super.onCreate( savedInstanceState );
    mortgage = new Mortgage( );
    setContentView( R.layout.activity_main );
  }

  public void onStart( ) {
    super.onStart( );
    updateView( );
  }

  public void updateView( ) {
    TextView amountTV = ( TextView ) findViewById( R.id.amount );
    amountTV.setText( mortgage.getFormattedAmount( ) );
    TextView yearsTV = ( TextView ) findViewById( R.id.years );
    yearsTV.setText( "" + mortgage.getYears( ) );
    TextView rateTV = ( TextView ) findViewById( R.id.rate );
    rateTV.setText( 100 * mortgage.getRate( ) + "%" );
    TextView monthlyTV = ( TextView ) findViewById( R.id.payment );
    monthlyTV.setText( mortgage.formattedMonthlyPayment( ) );
    TextView totalTV = ( TextView ) findViewById( R.id.total );
    totalTV.setText( mortgage.formattedTotalPayment( ) );
  }

  public void modifyData( View v ) {
    Intent myIntent = new Intent( this, DataActivity.class );
    this.startActivity( myIntent );
  }
}
```

例4.14 Mortage Calculator应用程序的MainActivity类，版本2

例4.15显示了更新后的Data Activity类。它增加了两个功能：

▶ 更新该activity控制的视图中显示的mortgage参数。

▶ 当用户离开该activity时，它会更新MainActivity类的mortgage对象。

updateView方法（第16~30行）根据MainActivity类的静态变量mortgage的三个实例变量的值更新此Activity控制的View的各种元素。它首先在第17行获得对MainActivity类的mortgage对象的引用。然后，它根据抵押贷款的年份实例变量的值更新第18~24行的单选按钮的状态。如果该值为10（第18行），则打开10年单选按钮（第20行）。如果该值为15（第21行），则打开15年单选按钮（第23行）。否则，什么也不做，因为30年单选按钮的状态在activity_data.xml文件中被指定为on。由于三个单选按钮在activity_data文件中定义为RadioGroup元素的一部分，它们是互斥的——打开一个按钮会自动关闭其他按钮。我们使用findViewById方法来检索单选按钮。在第27行更新显示mortgage金额的EditText元素，在第29行更新显示利率的EditText元素。

```java
1   package com.jblearning.mortgagev2;
2
3   import android.os.Bundle;
4   import android.support.v7.app.AppCompatActivity;
5   import android.view.View;
6   import android.widget.EditText;
7   import android.widget.RadioButton;
8
9   public class DataActivity extends AppCompatActivity {
10     public void onCreate( Bundle savedInstanceState ) {
11       super.onCreate( savedInstanceState );
12       setContentView( R.layout.activity_data );
13       updateView( );
14     }
15
16     public void updateView( ) {
17       Mortgage mortgage = MainActivity.mortgage;
18       if( mortgage.getYears( ) == 10 ) {
19         RadioButton rb10 = ( RadioButton ) findViewById( R.id.ten );
20         rb10.setChecked( true );
21       } else if( mortgage.getYears( ) == 15 ) {
22         RadioButton rb15 = ( RadioButton ) findViewById( R.id.fifteen );
23         rb15.setChecked( true );
24       } // 否则什么也不做 (默认为 30)
25
26       EditText amountET = ( EditText ) findViewById( R.id.data_amount );
27       amountET.setText( "" + mortgage.getAmount( ) );
28       EditText rateET = ( EditText ) findViewById( R.id.data_rate );
29       rateET.setText( "" + mortgage.getRate( ) );
30     }
31
32     public void updateMortgageObject( ) {
33       Mortgage mortgage = MainActivity.mortgage;
34       RadioButton rb10 = ( RadioButton ) findViewById( R.id.ten );
35       RadioButton rb15 = ( RadioButton ) findViewById( R.id.fifteen );
36       int years = 30;
37       if( rb10.isChecked( ) )
38         years = 10;
39       else if( rb15.isChecked( ) )
40         years = 15;
41       mortgage.setYears( years );
42       EditText amountET = ( EditText ) findViewById( R.id.data_amount );
43       String amountString = amountET.getText( ).toString( );
44       EditText rateET = ( EditText ) findViewById( R.id.data_rate );
45       String rateString = rateET.getText( ).toString( );
46       try {
47         float amount = Float.parseFloat( amountString );
48         mortgage.setAmount( amount );
```

4.6 多个activity之间共享数据：Mortgage Calculator 应用程序，版本2 123

```
49            float rate = Float.parseFloat( rateString );
50            mortgage.setRate( rate );
51         } catch( NumberFormatException nfe ) {
52            mortgage.setAmount( 100000.0f );
53            mortgage.setRate( .035f );
54         }
55      }
56
57      public void goBack( View v ) {
58         updateMortgageObject( );
59         this.finish( );
60      }
61   }
```

例4.15 Mortage Calculator应用程序的DataActivity类，版本2

当用户单击Done按钮时，执行goBack方法（第57~60行）。在用户离开此activity（第59行）并返回主activity之前，我们希望根据用户输入的值更新抵押对象的状态。我们在第58行调用方法updateMortgageObject。在updateView方法中，我们在updateMortgageObject方法（第32~55行）中做的第一件事是获取对抵押对象的引用。然后，更新其实例变量的数量、年份和利率。第34~41行，根据三个单选按钮的当前状态更新年份。我们调用RadioButton从CompoundButton继承的isChecked方法，以检查单选按钮是打开还是关闭。第42行，获得对显示抵押金额的EditText元素的引用并检索其文本值，并将值赋给第43行的String变量amountString。我们对利率值执行相同操作并将检索到的值赋给第45行的字符串变量rateString。因为抵押对象的金额和费率实例变量是浮点数，我们需要将两个字符串转换为浮点数。在activity_data.xml文件中，我们为与两个EditTexts关联的android:inputType属性指定了numberDecimal。因此，我们保证得到看起来像浮点数的字符串。但是，在将两个字符串转换为第46~54行的浮点数时，我们仍然采取使用try和catch块的额外预防措施。在catch块中使用amount和rate的默认值。

图4.4和**图4.5**显示了两个屏幕界面。

图4.4 Mortage Calculator应用程序在模拟器中运行效果，版本2（第二屏）

图4.5 Mortage Calculator应用程序在模拟器中运行效果，版本2（从第二屏返回第一屏）

4.7 activity 之间的转换：Mortgage Calculator 应用程序，版本 3

我们希望通过在两个屏幕界面之间添加动画过渡转换来改进版本2。

转换通常是从一个屏幕到另一个屏幕时的动画特效，例如我们可以淡出当前屏幕界面到新屏幕界面，或者淡入以显示新屏幕界面，或者带来一个带有滑动动作的屏幕界面从左到右（或从右到左）。可以使用两种类型的动画：补间动画和帧动画。补间动画是用起始点和结束点定义的，中间帧是自动生成的。帧动画是通过使用从动画的开始到结束的各种图像序列来定义的。

在版本3中，我们制作一个补间动画，从左到右从第一个屏幕界面滑到第二个屏幕界面，并结合了淡出和缩放转换从第二个屏幕界面回到第一个屏幕界面。与布局、字符串或样式一样，转换可以定义为XML文件中定义的资源。它也可以通过编程方式定义。

> ■ **常见错误**：Android框架对命名资源目录和资源文件有严格的规则。转换资源必须放在res目录的anim目录下。

图4.6 显示转换XML文件的目录结构

在查找资源时，Android框架会查看res目录。我们在res目录中创建一个名为anim的目录，并在其中添加两个XML文件，slide_from_left.xml和fade_in_and_scale.xml。图4.6显示了目录结构。R表示res目录，可以通过使用表达式R.anim.fade_in_and_scale和R.anim.slide_from_left来访问这两个资源。Android框架自动创建fade_in_and_scale和slide_from_left作为anim类中的public static int常量，它本身是R类的公共静态内部类。

抽象类Animation是动画类的根类，它定义了一些XML属性，我们可以使用XML文件来定义动画。它还定义了一些方法，我们可以用代码来定义动画。它有五个直接子类：AnimationSet、Alpha-Animation、RotateAnimation、ScaleAnimation和TranslateAnimation。表4.7显示了这五个类及其相应的XML元素。AnimationSet可用于定义要同时运行的一组动画。我们还可以依次使用多个AnimationSets连续运行多个动画。

XML动画文件必须具有单一根元素，例如<alpha>、<rotate>、<translate>、<scale>或<set>。我们可以使用该元素在其中嵌套其他元素，并定义多个并发运行的动画。

表4.7 动画XML元素及其对应的类

XML元素	类	描述
set	AnimationSet	定义一组（并发）动画
alpha	AlphaAnimation	淡入或淡出动画
rotate	RotateAnimation	围绕固定点旋转动画
scale	ScaleAnimation	从固定点开始的缩放动画
translate	TranslateAnimation	滑动（水平或垂直）动画

4.7 activity之间的转换：Mortgage Calculator应用程序，版本3

表4.8显示了一些选定的XML属性及其对表4.7中XML元素的意义。android:duration和android:interpolator属性对所有动画都是通用的。android:interpolator属性指定一个定义动画平滑度的资源，特别是其加速或减速。默认值为线性速度，或无加速度。

为这些属性赋值时，我们可以使用绝对值或相对值。相对值可以使用语法值%（例如30%）相对于元素本身，或者可以使用语法值%p（例如50%p）相对于其父元素。

表4.8　各种Animation类的XML属性

XML元素	XML属性	说明
	android:duration	动画运行的时间量（以毫秒为单位）
	android:interpolator	一个应用于动画的插值器
alpha	android:fromAlpha	启动不透明度值介于0.0~1.0之间
alpha	android:toAlpha	结束不透明度值介于0.0~1.0之间
rotate	android:fromDegrees	旋转的起始角度
rotate	android:toDegrees	旋转的结束角度
rotate	android:pivotX	旋转固定点的X坐标
rotate	android:pivotY	旋转固定点的Y坐标
scale	android:fromXScale	开始缩放值X介于0.0~1.0之间
scale	android:toXScale	结束缩放值X介于0.0~1.0之间
scale	android:fromYScale	开始缩放值X介于0.0~1.0之间
scale	android:toYScale	结束缩放值Y介于0.0~1.0之间
scale	android:pivotX	缩放发生时固定点的X坐标
scale	android:pivotY	缩放发生时固定点的Y坐标
translate	android:fromXDelta	转换起点的X坐标
translate	android:toXDelta	转换结束点的X坐标
translate	android:fromYDelta	转换起点的Y坐标
translate	android:toYDelta	转换结束点的Y坐标

例4.16显示了屏幕界面转换的左侧滑动。对于水平滑动转换，我们使用属性android:fromXDelta定义起始x坐标，使用属性android:toXDelta定义结束x坐标，应该设置为0。如果屏幕从左往右滑动，android:fromXDelta值应为负数（如果屏幕从右往左，则为正）。这两个值在第5行和第6行定义。转换的时间是使用属性android:duration来定义的。它的值以毫秒为单位。第7行定义了持续4秒的转换时间。

```
1   <?xml version="1.0" encoding="utf-8"?>
2   <set xmlns:android="http://schemas.android.com/apk/res/android">
3
4     <translate
5       android:fromXDelta="-100%p"
6       android:toXDelta="0"
7       android:duration="4000" />
```

```
8
9    </set>
```

例4.16　slide_from_left.xml 文件

例**4.17**显示了同时运行的淡入和缩放转换，它们都是在set元素中定义的。

对于淡入淡出动画（第4~7行），使用alpha元素，通过使用android:fromAlpha属性定义起始不透明度，使用android:toAlpha属性定义结束不透明度。对于完全淡入，起始不透明度为0，结束不透明度为1（在第5行和第6行定义）。第7行定义持续3秒的转换过渡。

对于缩放动画（第9~16行），我们使用scale元素，并使用android:fromXScale、android:toXScale、android:-fromYScale和android:toYScale属性定义开始和结束的x和y缩放值。通常情况下，我们希望以1:1结束。因此，android:toXScale和android:toYScale的值都是1.0（第11行和第13行）。对于完全缩放动画，我们指定0.0android:fromXScale和android:fromYScale（第10行和12行）。我们将轴心点定义为缩放动画的中心。android:pivotX和android:pivotY属性指定该轴心点的x坐标和y坐标。如果想要将缩放动画定义为从左上角开始并向右下角扩展，我们将这两个值设置为0.0。如果要定义缩放动画从屏幕中心开始向外扩展，则使用相对值并将这两个值设置为50%（第14行和第15行）。由于同时运行两个动画，因此我们指定相同的持续时间——3秒（第16行），正如我们为动画中的淡入淡出指定的那样。

```
1    <?xml version="1.0" encoding="utf-8"?>
2    <set xmlns:android="http://schemas.android.com/apk/res/android">
3
4      <alpha
5        android:fromAlpha="0.0"
6        android:toAlpha="1.0"
7        android:duration="3000" />
8
9      <scale
10       android:fromXScale="0.0"
11       android:toXScale="1.0"
12       android:fromYScale="0.0"
13       android:toYScale="1.0"
14       android:pivotX="50%"
15       android:pivotY="50%"
16       android:duration="3000" />
17
18   </set>
```

例**4.17**　fade_in_and_scale.xml文件

表**4.9**中所示的继承自Activity类的overridePendingTransition方法允许我们在从一个activity切换到另一个activity时指定一个或两个转换。应在调用startActivity（启动新activity）或finish（返回上一个activity）后立即调用该方法。

表4.9　Activity类的overridePendingTransition方法

方法	说明
void overridePendingTransition（int enterAnimResource，int exitAnimResource）	enterAnimResource和exitAnimResource参数（两个资源ID）分别指定输入新activity和退出当前activity的动画。值为0时表示无动画

4.7 activity之间的转换：Mortgage Calculator应用程序，版本3

在MainActivity类中，方法modifyData（**例4.18**）包含要转换到第二个屏幕的代码。第39行调用overridePendingTransition方法，并指定slide_from_left作为转换到第二个屏幕界面的动画。第二个参数的值0指定不使用动画从第一个屏幕界面转换。

```java
35
36    public void modifyData( View v ) {
37      Intent myIntent = new Intent( this, DataActivity.class );
38      this.startActivity( myIntent );
39      overridePendingTransition( R.anim.slide_from_left, 0 );
40    }
41  }
```

例4.18 MainActivity类中的modifyData方法

在DataActivity类中，方法goBack（**例4.19**）包含返回到第一个屏幕界面的代码。在第60行调用overridePendingTransition，并指定用于转换到第一个屏幕界面的fade_in_and_scale资源，而不是从当前屏幕界面转换。

```java
56
57    public void goBack( View v ) {
58      updateMortgageObject( );
59      this.finish( );
60      overridePendingTransition( R.anim.fade_in_and_scale, 0 );
61    }
62  }
```

例4.19 DataActivity类的goBack方法

例4.20显示了部分R.java，它是自动生成的。在项目内部，它位于应用程序/build/generated/source/r/debug/com/jblearning/mortgagev3目录中。

```java
package com.jblearning.mortgagev3;

public finalclass R {
    public static final class anim {
        ...
        public static final int fade_in_and_scale=0x7f05000a;
        public static final int slide_from_left=0x7f05000b;
    }
    ...
    public static final class id {
        ...
        public static final int data_amount=0x7f080045;
        public static final int data_rate=0x7f080040;
        ...
        public static final int years=0x7f080048;
    }
    ...
    public static final class layout {
        ...
        public static final int activity_data=0x7f030017;
        public static final int activity_main=0x7f030018;
    }
```

```
public static final class string {
    ...
    public static final int total_payment=0x7f0a0020;
    public static final int years=0x7f0a0021;
}
...
```

例4.20　R.java文件的部分内容

不应修改此文件，此文件中还包含转换、id、布局、字符串等常量的公共静态类。

如果我们运行应用程序，可以看到滑动到左侧过渡转换到第二个屏幕界面，淡入和缩放过渡返回到第一个屏幕界面，如**图4.7**所示。

图4.7　fade_in_and_scale的过渡界面，Mortgage Calculator应用程序，版本3

4.8　处理持久性数据：Mortgage Calculator 应用程序，版本 4

在应用程序的版本4中，我们希望使用户选择的数据持久化。当用户第一次使用该应用程序时，我们会显示三个mortgage参数的默认值，mortgage amount、interest rate和years。但是当用户再次使用该应用程序时，我们希望显示上次使用的值。

为了实现该功能，我们每次更改时都会在设备上写入mortgage参数。当我们第一次启动应用程序时，该文件不存在，我们使用mortgage默认参数。之后运行应用程序时，从文件中读取mortgage参数。虽然可以使用ContextWr应用程序er类的openFileOutput和openFileInput方法来打开用于写入和读取的文件，但是使用用户首选项来存储和检索持久化数据更为容易。应用程序的首选项为一组键/值对，如哈希表。本例中，由于我们有三个mortgage值，所以有三个键/值对。

SharedPreferences接口包括写入和读取用户首选项的功能。它的静态内部接口Editor用来存储用户首选项。**表4.10**显示了它的一些方法。putDataType方法具有以下通用的方法标头：

　　`public SharedPreferences.Editor putDataType( String key, DataTypevalue )`

它在SharedPreferences.Editor中将值与键关联起来。数据类型可以是原始数据类型，也可以是字符串。为了写入用户首选项，需要调用commit或应用程序ly方法。假设我们有一个名为editor的SharedPreferences.Editor引用，为了将值10与键rating相关联，可以这样编写代码：

```
//editor 是 SharedPreferences.Editor
editor.putInt("rating", 10);
```

表4.10　SharedPreferences.Editor接口的方法

方法	说明
SharedPreferences. Editor putInt(String key, int value)	将值与此SharedPreferences.Editor中的键关联。应通过调用commit或apply方法提交这些键/值对。返回此SharedPreferences.Editor，以便可以链接方法调用
SharedPreferences. Editor putFloat(String key, float value)	将值与此SharedPreferences.Editor中的键关联。应通过调用commit或apply方法提交这些键/值对。返回此SharedPreferences.Editor，以便可以链接方法调用
boolean commit（）	将此SharedPreferences.Editor（使用putDataType方法调用）所做的首选项更改提交给相应的SharedPreferences对象

要检索以前写入用户首选项的数据，我们使用SharedPreferences接口的getDataType方法。**表4.11**显示了其中部分。getDataType方法具有以下通用方法标头：

```
public DataType getDataType(String key, DataType defaultValue)
```

返回值是在以前写入用户引用时与key关联的值。如果key不存在，则返回defaultValue。假设我们有一个名为pref的共享首选项引用，为了检索以前与键rating相关联的值并写入首选项，我们可以这样编写代码：

```
// pref 是一个 SharedPreferences
int storedRating = pref.getInt("rating", 1);
```

表4.11　SharedPreferences接口的方法

方法	说明
int getInt（String key，int defaultValue）	返回与此SharedPreferences对象中的键关联的int值。如果未找到密钥，则返回defaultValue
float getFloat（String key，float defaultValue）	返回与此SharedPreferences对象中的键关联的float值。如果未找到密钥，则返回defaultValue

我们可以使用PreferenceManager类的getDefaultSharedPreferences静态方法，如**表4.12**所示，以获取SharedPreferences引用。由于Activity类继承自Context，而MainActivity和DataActivity类继承自Activity，因此我们可以将关键字this作为此方法的参数传递。因此，在Activity类中，为了在两个类中获取SharedReferences，我们可以编写代码：

```
SharedPreferences pref =
    ReferenceManager.getDefaultSharedPreferences(this);
```

表4.12　PreferenceManager类的getDefaultSharedPreferences方法

方法	说明
static SharedPreferences getDefaultSharedPreferences（Context context）	返回context的SharedPreferences

应用程序的View组件仍然相同。大多数更改都发生在模型中。我们修改了Mortgage类，它包含一种将mortgage数据写入用户首选项的方法，以及一个从中读取数据的构造函数。在构成应用

程序控制器部分的MainActivity类和DataActivity类中，我们使用这些方法从用户首选项加载或写入mortgage参数。

例4.21显示了Mortgage类的更新部分。在第5~6行导入SharedPreferences接口和PreferenceManager类。在第11~13行定义了三个String常量，保存了用于amount、years和rate的首选项键名。

方法setPreferences在第84~93行编码。其中包含一个Context参数，因此可以将它传递给getDefaultSharedPreferences方法。当我们使用Mortgage对象引用mortgage从DataActivity类调用setPreferences方法时，将传递此信息。Context类在第4行导入。

在第86~87行，我们调用getDefaultSharedPreferences以获取SharedPreferences引用。第88行，调用edit方法并获取SharedPreferences.Editor引用。有了它，我们使用第11~13行定义的三个键在第89~91行写下mortgage数据。在第92行，我们调用commit实现写入首选项。

在第26~33行添加了一个重载的构造函数。我们从第30~32行的首选项中读取mortgage数据并调用这些变量，以便将读取的三个值分别赋给amout、years和rate实例变量。如果未找到key，则会使用默认值。

```java
1   package com.jblearning.mortgagev4;
2
3   import java.text.DecimalFormat;
4   import android.content.Context;
5   import android.content.SharedPreferences;
6   import android.preference.PreferenceManager;
7
8   public class Mortgage {
9     public final DecimalFormat MONEY
10           = new DecimalFormat( "$#,##0.00" );
11    private static final String PREFERENCE_AMOUNT = "amount";
12    private static final String PREFERENCE_YEARS = "years";
13    private static final String PREFERENCE_RATE = "rate";
14
15    private float amount;
16    private int years;
17    private float rate;
...
26    // 从首选项中实例化Mortgage
27    public Mortgage( Context context ) {
28      SharedPreferences pref =
29        PreferenceManager.getDefaultSharedPreferences( context );
30      setAmount( pref.getFloat( PREFERENCE_AMOUNT, 100000.0f ) );
31      setYears( pref.getInt( PREFERENCE_YEARS, 30 ) );
32      setRate ( pref.getFloat( PREFERENCE_RATE, 0.035f ) );
33    }
...
84    // 将mortgage数据写入首选项
85    public void setPreferences( Context context ) {
86      SharedPreferences pref =
87        PreferenceManager.getDefaultSharedPreferences( context );
88      SharedPreferences.Editor editor = pref.edit( );
89      editor.putFloat( PREFERENCE_AMOUNT, amount );
90      editor.putInt( PREFERENCE_YEARS, years );
91      editor.putFloat( PREFERENCE_RATE, rate );
```

4.8 处理持久性数据：Mortgage Calculator应用程序，版本4

```
92        editor.commit( );
93      }
94    }
```

例4.21 Mortgage类，Mortgage Calculator应用程序，版本4

> **常见错误：** 在使用各种putDataType方法将数据写入用户默认值后，不要忘记调用commit或apply。如果没有，则不会写入任何数据。

MainActivity类中只有一行代码可以更改——实例化mortgage的语句。我们使用Mortgage类的重载构造函数（**例4.22**的第14行），而不是使用默认构造函数。参数this表示当前的MainActivity，因此是一个Activity，也就是Context对象的引用。

```
11
12    protected void onCreate( Bundle savedInstanceState ) {
13      super.onCreate( savedInstanceState );
14      mortgage = new Mortgage( this );
15      setContentView( R.layout.activity_main );
16    }
17
```

例4.22 MainActivity类的onCreate方法，Mortgage Calculator应用程序，版本4

还有一行代码要添加到DataActivity类：一个将mortgage中的数据写入此应用程序的用户首选项的语句。在updateMortgage-Object方法的末尾，我们通过调用带mortgage的setPreferences方法来实现这一点，并再次将这个方法作为其参数传递（**例4.23**的第51行）。updateMortgageObject方法是在用户更新第二个屏幕界面上的mortgage参数之后，在返回到第一个屏幕界面之前调用。

```
31
32    public void updateMortgageObject( ) {
...
46      try {
47        float amount = Float.parseFloat( amountString );
48        mortgage.setAmount( amount );
49        float rate = Float.parseFloat( rateString );
50        mortgage.setRate( rate );
51        mortgage.setPreferences( this );
52      } catch( NumberFormatException nfe ) {
53        mortgage.setAmount( 100000.0f );
54        mortgage.setRate( .035f );
55      }
56    }
57
```

例4.23 DataActivity类的updateMortgageObject方法，Mortgage Calculator应用程序，版本4

从前面的示例中可以看出，为这个应用程序实现数据持久化很简单。除了每个Activity类中的一行代码（该应用程序的两个控制器）之外，我们在模型Mortgage类中编写了两个方法，一个写入文件，另一个读取文件。这两种观点保持不变。简单的更新和改进是MVC架构的优势之一。

当应用程序写入用户首选项时，它会写入设备文件系统。通常，当我们向Google Play发布需要与设备互动的应用程序应用时，可能需要在AndroidManifest.xml文件中包含uses-permission元素，这样应用程序应用才能正常运行。此外，在下载应用程序之前，用户会被告知应用程序写入设备的文件系统。这种元素的语法如下：

```
<uses-permission android: name ="permissionName"/>
```

android:name属性是权限的名称：其值与应用程序想要使用设备的功能或服务的事实有关，例如相机、联系人列表或读取、发送短信息。有许多值可以赋给这个属性，例如android.permission.CAMERA、android.permission.READ_CONTACTS、android.permission.FLASHLIGHT或者是本例应用程序中的android.permission.WRITE_EXTERNAL_STORAGE。

对于本例应用程序，由于我们是在设备文件系统上编写代码，因此需要在AndroidManifest.xml中的manifest元素中添加以下内容（需要注意的是，在模拟器中运行应用程序时，不需要添加这些内容）：

```
<uses-permission android: name ="android.permission.WRITE_EXTERNAL_
STORAC E"/>
```

当我们第二次运行应用程序时，在第一次运行应用程序时在第二个屏幕界面上输入的数据现在显示在第一个屏幕界面上。该应用程序正在从首次运行应用程序时写入的首选项中提取数据。

本章小结

- Android框架提供了帮助我们组织视图的布局。
- 布局是ViewGroup的子类。
- TableLayout按行和列排列其子对象。
- RelativeLayout相对于其他组件定位组件。
- 我们可以调用Activity类的startActivity方法，传递一个Intent参数，为该Intent启动一个新的Activity。
- activity在堆栈上进行管理——最近启动的Activity位于堆栈顶部。
- 我们可以调用finish方法来关闭一个Activity。这会将其弹出堆栈，应用程序将返回上一个activity。
- 一个activity经历一个生命周期，当activity开始、暂停、停止或关闭时，方法被自动调用。
- 在两个activity之间传递数据或共享数据有许多方法，包括使用Intent类的putExtra方法，使用Model的单例类，或使用表示Model的全局变量。
- activity共享数据的一种方法是在一个Activity类中声明Model类的公共静态实例。通过这种方式，它是全局的，可以被任何其他Activity类访问。
- 转换是从一个屏幕界面切到另一个屏幕界面的动画特效。
- android框架提供了用于淡化、缩放、平移和旋转动画的类。动画可以用XML文件编码并放在动画目录中，该目录应放在res目录中。
- SharedPreferences接口提供了向文件系统写入和读取首选项的功能。
- PreferenceManager类的getDefaultSharedPreferences静态方法返回SharedPreferences引用。
- 如果应用程序写入文件系统，需要在AndroidManifest.xml文件中包含uses-permission元素。

练习、问题和项目

多项选择练习

1. TableLayout类可用于组织各种GUI组件作为：
   - 行和列的表
   - 多行的表，每行只有一列
   - 只有一行和多列的表
   - 只有一行和一列的表

2. LinearLayout和RelativeLayout的直接超类是？
   - View
   - ViewGroup
   - Layout
   - Object

3. TableLayout和TableRow是直接的子类？
   - LinearLayout
   - ViewGroup
   - RelativeLayout
   - View

4. RelativeLayout类是组织各种GUI组件的不错选择？
   - 为组件提供绝对x坐标和y坐标
   - 这样组件之间就可以相对定位
   - 作为多行和多列的网格
   - 这绝不是一个好的选择

5. Intent类在哪个包中？
   - java.intent
   - android.widget
   - android.activity
   - android.content

6. 为新activity创建Intent之后，使用该Intent参数调用Activity类的哪个方法以启动新activity？
   - startActivity
   - newActivity
   - startIntent
   - newIntent

7. 当activity即将重启时，会自动调用Activity类的哪种方法？

- onCreate
- onDestroy
- onRestart
- onGo

8. 首次创建activity时，会自动调用Activity类的哪些方法（以何种顺序）？
   - onCreate
   - onCreate、onStart和onResume（按此顺序）
   - onCreate和onResume
   - onStart、onCreate和onResume（按此顺序）

9. 当activity对用户不可见时，会自动调用Activity类的哪种方法？
   - onResume
   - onStop
   - onPause
   - onInvisible

10. 两个activity可以共享相同的数据，说法对吗？
    - 不，这是不可能的
    - 是的，但只有通过写入和读取同一文件才能实现
    - 是的，但只有通过写入和读取SQLite数据库才能实现
    - 是的，例如每个访问来自另一个类的公共静态实例变量

11. 在下列哪个包中能找到Animation类？
    - android.animation
    - android.view
    - android.view.animation
    - android.animation.view

12. 以下哪个不是Animation类的子类？
    - ScaleAnimation
    - RotateAnimation
    - AlphaAnimation
    - MoveAnimation

13. 用哪个类来播放多个动画？
    - AnimationSequence
    - SequenceAnimation
    - SeveralAnimation
    - AnimationSet

14. 使用哪个类PreferenceManager静态方法来获取SharedPreferences？
    - getPreferences

- sharedPreferences
- getDefaultPreferences
- getDefaultSharedPreferences

编写代码

15. 在TableLayout元素中，此代码添加一行，其中包含EditText和一个Text，其id为game和player。

    ```
    <TableRow
        android:layout_width="wrap_content"
        android:layout_height="wrap_content" >
        <!--Your code goes here -->


    </TableRow>
    ```

16. 本段代码绘制了一条2像素粗的蓝色线条。

    ```
    <!-- blue line; your code goes here -->
    ```

17. 在RelativeLayout元素的TableRow中，本段代码添加一个id为age的EditText，它位于id为name的视图右侧。

    ```
    <EditText
        android:layout_width="wrap_content"
        android:layout_height="wrap_content"
        <!-- Your code goes here -->


        android:inputType="numberDecimal" />
    ```

18. 在AndroidManifest.xml文件中，添加MyActivity类型的activity元素。

    ```
    <!-- Your code goes here -->
    ```

19. 在一个activity中，当用户单击按钮时，执行方法goToSecondActivity。编写代码以从SecondActivity类开始新的activity。

    ```
    public void goToSecondActivity( View v ) {
    // 代码从这里开始


    }
    ```

20. 当用户从另一个activity返回该activity时，我们希望执行modifyThisActivity方法。重写适当的方法并调用其内部的modifyThisActivity方法。

    ```
    public void modifyThisActivity( ) {
       // 这种方法已经编码
    }
    // 代码从这里开始
    ```

21. 这个XML文件定义了一个完整的缩放转换的资源，它从左上角开始，向右下角扩展，持续2秒。

    ```
    <?xml version="1.0" encoding="utf-8"?>
    <set xmlns:android="http://schemas.android.com/apk/res/android">
      <scale
        android:fromXScale="0.0"
        android:fromYScale="0.0"
        <!--Your code goes here -->


    </set>
    ```

22. 这个XML文件定义了一个资源，用于围绕左上角顺时针旋转180°，在正常位置结束，持续5秒。

    ```
    <?xml version="1.0" encoding="utf-8"?>
    <set xmlns:android="http://schemas.android.com/apk/res/android">
      <rotate
      <!--Your code goes here -->


    </set>
    ```

23. 这段代码使用键号和hi向用户首选项写入值45和"Hello"。

    ```
    SharedPreferences preferences = PreferenceManager.
    getDefaultSharedPreferences( );
    SharedPreferences.Editor editor = preferences.edit( );
    // 代码从这里开始
    ```

24. 这段代码从用户首选项中读取与键级别关联的整数值和与键过程关联的String值，并将它们赋给两个变量。如果键不存在，则将默认值80和CS3赋给这两个变量。

    ```
    SharedPreferences preferences = PreferenceManager.
    getDefaultSharedPreferences();
    SharedPreferences.Editor editor = preferences.edit();
    // 代码从这里开始
    ```

编写一款应用程序

25. 使用两个activity编写应用程序：一个activity实现TicTacToe，另一个activity要求用户选择谁先开始（X或O）以及Xs和Os的颜色。包含模型。包含两个activity之间的转换。

26. 使用两个activity编写应用程序：一个activity要求用户给出简单数学问题的答案——加法、减法或乘法——另一个activity要求用户选择算术运算。包含模型。包含两个activity之间的转换。

27. 使用两个activity编写应用程序：一个activity执行从摄氏度到华氏度或华氏度到摄氏度的单位转换，另一个activity要求用户选择进行转换的方式。包含模型。包含两个activity之间的转换。

28. 使用两个activity编写应用程序：一个activity执行从英里到公里或公里到英里的单位转换，另一个activity要求用户选择进行转换的方式。包含模型。包含两个activity之间的转换。
29. 使用两个activity编写应用程序：一个activity将英语句子"Hello World"翻译为另一种语言，另一个activity要求用户选择五种语言中的一种进行翻译。包含模型。包含两个activity之间的转换。
30. 使用两个activity编写应用程序：一个activity执行从磅到千克或千克到磅的单位转换，另一个activity要求用户选择进行转换的方式。包含模型。包含两个activity之间的转换。使用户的选择持久化，以便下次用户运行应用程序时，之前的选择是默认的。
31. 使用两个activity编写应用程序：一个activity执行从美元到另一种货币的货币转换，另一个activity要求用户在五种货币中选择使用哪种货币。包含模型。包含两个activity之间的转换。使用户的选择持久化，以便下次用户运行应用程序时，之前的选择是默认的。
32. 使用两个activity编写应用程序：一个activity计算汽车租赁的每月付款，另一个activity询问用户汽车租赁参数——月租金、首付款、租赁费率和租赁结束时的汽车价值。包含模型。包含两个activity之间的转换。使用户的选择持久化，以便下次用户运行应用程序时，之前的选择为启动时的默认值。
33. 使用两个activity编写应用程序：一个activity使用固定的移位值（使用Caeser密码）加密用户在文本字段中输入的文本，另一个activity要求用户定义移位值，即1~25之间的整数（如果值为3，那么单词the将被加密为wkh。如果单词是zoo，则加密的单词为crr）。本例中假设用户只使用从a到z的小写字母。添加模型。添加两个activity之间的转换。使用户的选择持久化，以便下次用户运行应用程序时应用程序启动时的默认值为用户之前的移位值。

CHAPTER 5

菜单和SQLite

本章目录

内容简介

5.1 菜单和菜单项：Candy Store应用程序，版本0

5.2 图标，Candy Store应用程序，版本1

5.3 SQLite：创建数据库、表和插入数据，Candy Store应用程序，版本2

5.4 删除数据：Candy Store应用程序，版本3

5.5 更新数据：Candy Store应用程序，版本4

5.6 运行收银机：Candy Store应用程序，版本5

本章小结

练习、问题和项目

内容简介

我们可以将数据存储在文件或数据库中来管理持久性数据。在本章中，我们将学习如何使用SQLite，这是一款可在Android设备上使用的轻型关系数据库管理系统（RDBMS）。RDBMS是管理关系数据库的软件程序。虽然SQLite使用平面文件来存储数据，与常规RDBMS相比，它没有对速度进行优化，但它能够像使用常规RDBMS一样对数据进行操作，且可使用SQL语句。典型的SQL操作是insert（插入）、delete（删除）、update（更新）和select（查询）。在本章中，我们还将探讨如何使用菜单，每个菜单项对应一个SQL（insert、delete、update、select）操作。为了方便起见，我们只允许应用程序在竖屏方向运行。

> ■ **常见错误：** 如果应用程序数据很复杂，可以考虑使用SQLite进行存储。我们可以通过SQL语句对数据进行操作。

5.1 菜单和菜单项：Candy Store 应用程序，版本 0

当我们使用Basic Activity template启动应用程序时，Android Studio会生成两个XML布局文件和一个XML菜单文件：activity_main.xml、content_main.xml和menu_main.xml。这与Empty Activity template不同，后者仅生成activity_main.xml文件。

例5.1中显示的activity_main.xml文件使用CoordinatorLayout来排列元素。CoordinatorLayout通常用作应用程序的顶层容器，并用作与一个或多个子视图进行特定交互的容器。它包含三个要素：

- ▶ 应用程序BarLayout（第11~23行），包括工具栏（第16~21行）。这是操作栏，是菜单项所处的位置。
- ▶ 由content_main.xml（第25行）定义的视图，其中包含TextView的RelativeLayout。
- ▶ 位于右下角的FloatingActionButton（第27~33行），其图标是Android图标库中的标准电子邮件图标。在本例中，不需要该功能，因此删除第27~33行。

```xml
1   <?xml version="1.0" encoding="utf-8"?>
2   <android.support.design.widget.CoordinatorLayout
3       xmlns:android="http://schemas.android.com/apk/res/android"
4       xmlns:app="http://schemas.android.com/apk/res-auto"
5       xmlns:tools="http://schemas.android.com/tools"
6       android:layout_width="match_parent"
7       android:layout_height="match_parent"
8       android:fitsSystemWindows="true"
9       tools:context="com.jblearning.candystorev0.MainActivity" >
10
11      <android.support.design.widget.AppBarLayout
12          android:layout_width="match_parent"
13          android:layout_height="wrap_content"
14          android:theme="@style/AppTheme.AppBarOverlay" >
15
16          <android.support.v7.widget.Toolbar
17              android:id="@+id/toolbar"
```

```
18              android:layout_width="match_parent"
19              android:layout_height="?attr/actionBarSize"
20              android:background="?attr/colorPrimary"
21              app:popupTheme="@style/AppTheme.PopupOverlay" />
22
23      </android.support.design.widget.AppBarLayout>
24
25      <include layout="@layout/content_main" />
26
27      <android.support.design.widget.FloatingActionButton
28          android:id="@+id/fab"
29          android:layout_width="wrap_content"
30          android:layout_height="wrap_content"
31          android:layout_gravity="bottom|end"
32          android:layout_margin="@dimen/fab_margin"
33          android:src="@android:drawable/ic_dialog_email" />
34
35  </android.support.design.widget.CoordinatorLayout>
```

例5.1　使用Basic Activity模板自动生成的activity_main.xml文件

在MainActivity类的onCreate方法中，包含用于处理用户与浮动操作按钮交互的现成代码，如例5.2所示。我们不在此应用程序中使用浮动操作按钮，因此在MainActivity类中删除该代码。

```
21      FloatingActionButton fab =
22          ( FloatingActionButton ) findViewById( R.id.fab );
23      fab.setOnClickListener( new View.OnClickListener( ) {
24          @Override
25          public void onClick( View view ) {
26              Snackbar.make( view, "Replace with your own action",
27                  Snackbar.LENGTH_LONG ).setAction( "Action", null ).show( );
28          }
29      });
```

例5.2　使用Basic Activity模板时在MainActivity.java文件中生成的代码

例5.3显示了menu_main.xml文件。它定义了一个只带有一个菜单项的菜单。菜单项从右侧开始显示在操作栏中。如果我们运行应用程序框架，不会显示任何菜单项。这是因为唯一的菜单项具有属性app:showAsAction的值为never（第9行）。

```
1   <menu xmlns:android="http://schemas.android.com/apk/res/android"
2       xmlns:app="http://schemas.android.com/apk/res-auto"
3       xmlns:tools="http://schemas.android.com/tools"
4       tools:context="com.jblearning.candystorev0.MainActivity">
5       <item
6           android:id="@+id/action_settings"
7           android:orderInCategory="100"
8           android:title="@string/action_settings"
9           app:showAsAction="never" />
10  </menu>
```

例5.3　自动生成的menu_main.xml文件

Menu接口是android.view包的一部分，它封装了一个菜单。菜单是由菜单项组成的，MenuItem

接口封装菜单项。**表5.1**显示了MenuItem的一些属性和方法。可以有多个方法对应同一属性。一个setTitle方法接收CharSequence参数（类似于String数据类型），而另一个setTitle方法接收表示资源的int参数。菜单项可以被赋予id，以便我们可以在相应的Activity类中获得对它们的引用。**表5.2**显示了MenuItem的一些常量，它们可能是setShowAsAction的参数，以及showAsAction XML属性的相应值。

表5.1　MenuItem的XML属性和方法

属性名称	相关方法	说明
android:title	setTitle（int），setTitle（CharSequence）	设置菜单项的标题
app:showAsAction	setShowAsAction（int）	定义此项在操作栏中的显示方式
android:icon	setIcon（int），setIcon（Drawable）	设置菜单项的图标

表5.2　将用作setShowAsAction的参数的MenuItem常量，及其对应的showAsAction属性值

常量	属性值	说明
SHOW_AS_ACTION_NEVER	never	不会在操作栏中显示该项目
SHOW_AS_ACTION_ALWAYS	always	始终在操作栏中显示该项目
SHOW_AS_ACTION_IF_ROOM	ifRoom	如果有空间，则显示操作栏中的项目

我们更新了menu_main.xml文件，如**例5.4**所示，其中包含三个标题分别为add（添加）、delete（删除）和update（更新）的菜单项。三个字符串是在strings.xml文件中定义的，如**例5.5**所示。我们提供这三个菜单项，以便用户可以向数据库添加糖果、删除糖果或编辑糖果。应用android:orderInCategory属性，我们可以在把菜单项放置在菜单上时对其进行排序（最高值菜单项将位于最右侧）。如果不指定该属性的值，则项目将在操作栏中从左向右放置。此时已经得到我们想要的效果，所以我们删除了所有这三个项的android:orderInCategory属性。

```
1   <menu xmlns:android="http://schemas.android.com/apk/res/android"
2         xmlns:app="http://schemas.android.com/apk/res-auto"
3         xmlns:tools="http://schemas.android.com/tools"
4         tools:context="com.jblearning.candystorev0.MainActivity">
5      <item android:id="@+id/action_add"
6            android:title="@string/add"
7            app:showAsAction="ifRoom"/>
8
9      <item android:id="@+id/action_delete"
10           android:title="@string/delete"
11           app:showAsAction="ifRoom"/>
12
13     <item android:id="@+id/action_update"
14           android:title="@string/update"
15           app:showAsAction="ifRoom"/>
16  </menu>
```

例5.4　menu_main.xml文件，Candy Store应用程序，版本0

```xml
1  <resources>
2    <string name="app_name">CandyStoreV0</string>
3    <string name="action_settings">Settings</string>
4    <string name="add">ADD</string>
5    <string name="delete">DELETE</string>
6    <string name="update">UPDATE</string>
7  </resources>
```

例5.5　strings.xml文件，Candy Store应用程序，版本0

如果操作栏中的项目太多，最右侧的项目将不会立即呈现，但仍可通过子菜单访问它们。

例5.6显示了编辑过的MainActivity类。如前所述，我们删除了onCreate方法中与浮动操作按钮相关的代码。在onCreate的第16行，获得了对activity_main.xml中定义的Toolbar的引用。调用setSupportActionBar方法（第17行），如表5.3所示，将其设置为此应用程序的操作栏。

```java
1   package com.jblearning.candystorev0;
2
3   import android.os.Bundle;
4   import android.support.v7.app.AppCompatActivity;
5   import android.support.v7.widget.Toolbar;
6   import android.util.Log;
7   import android.view.Menu;
8   import android.view.MenuItem;
9
10  public class MainActivity extends AppCompatActivity {
11
12    @Override
13    protected void onCreate( Bundle savedInstanceState ) {
14      super.onCreate( savedInstanceState );
15      setContentView( R.layout.activity_main );
16      Toolbar toolbar = ( Toolbar ) findViewById( R.id.toolbar );
17      setSupportActionBar( toolbar );
18    }
19
20    @Override
21    public boolean onCreateOptionsMenu( Menu menu ) {
22      // 填充菜单
23      // 将项目添加在当前的操作栏中
24      getMenuInflater( ).inflate( R.menu.menu_main, menu );
25      return true;
26    }
27
28    @Override
29    public boolean onOptionsItemSelected( MenuItem item ) {
30      // 在此处处理操作栏项目单击事件。
31      // 只要您在AndroidManifest.xml中指定了父activity，
32      // 操作栏就会自动处理Home/Up按钮上的单击事件。
33      int id = item.getItemId( );
34      switch ( id ) {
35        case R.id.action_add:
36          Log.w( "MainActivity", "Add selected" );
37          return true;
38        case R.id.action_delete:
39          Log.w( "MainActivity", "Delete selected" );
40          return true;
```

```
41            case R.id.action_update:
42              Log.w( "MainActivity", "Update selected" );
43              return true;
44            default:
45              return super.onOptionsItemSelected( item );
46          }
47        }
48      }
```

例5.6　MainActivity类，Candy Store应用程序，版本0

表5.3　AppCompatActivity类的setSupportActionBar方法

方法	说明
void setSupportActionBar (Toolbar toolbar)	将工具栏设置为此activity的操作栏，工具栏的菜单将填充activity的选项菜单

onCreateOptionsMenu方法（第20~26行）填充了menu_main.xml（第24行），以便创建菜单并将该菜单放在Toolbar中。当用户选择菜单项时，将调用onOptionsItemSelected方法。其参数是对所选菜单项MenuItem的引用。在第33行检索它的id，并使用switch语句将它与menu_main.xml中定义的各菜单项的id进行比较，并输出选择执行的操作到Logcat上。**表5.4**显示了与此相关的菜单相关类和方法。

如果我们选择menu_main.xml文件，则菜单项在预览窗口可见，如**图5.1**所示。当我们在模拟器或设备中运行应用程序时，根据可用空间大小，UPDATE菜单项可能可见也可能不可见。如果有未显示的项目，则会显示一个...，当用户点击...时，不可见的项目将变为可见。如果我们点击各菜单项，相应的输出将显示在Logcat中。

图5.1　操作栏里的菜单项，Candy Store应用程序，版本0

表5.4　菜单的相关方法

类或接口	方法	说明
Activity	boolean onCreateOptionsMenu（Menu menu）	初始化此activity菜单的内容。必须返回true才能显示菜单
Activity	boolean onOptionsItemSelected（MenuItem menuItem）	当用户选择菜单项时调用该方法
Activity	MenuInflater getMenuInflater（）	返回一个MenuInflater
MenuInflater	void inflate（int menuRes，Menu menu）	使menuRes资源膨胀并使用它创建菜单
MenuItem	int getItemId（）	返回此菜单项的id

5.2　图标：Candy Store 应用程序，版本 1

在版本1中，我们使用图标代替字符串作为菜单项，并为添加菜单项提供了一个带有布局的activity。要包含菜单项的图标，使用表5.1中显示的android:icon XML属性。我们可以使用Android库中现有的图标或创建自己的图标。可以使用以下语句引用现有图标：

```
@android:drawable/name_of_icon
```

对于添加、编辑（更新）和删除图标资源的名称分别为ic_menu_add、ic_menu_edit和ic_menu_delete。

例5.7显示了更新后的menu_main.xml文件，在第7行、12行和17行添加了android:icon属性。需要注意的是，虽然图标显示在操作栏中，但没有标题，我们为这三个菜单项指定标题（第6行、11行、16行）。如果用户长按图标，标题就会显示。这对视力不佳的用户非常有帮助。

```
1   <menu xmlns:android="http://schemas.android.com/apk/res/android"
2         xmlns:app="http://schemas.android.com/apk/res-auto"
3         xmlns:tools="http://schemas.android.com/tools"
4         tools:context="com.jblearning.candystorev0.MainActivity">
5     <item android:id="@+id/action_add"
6           android:title="@string/add"
7           android:icon="@android:drawable/ic_menu_add"
8           app:showAsAction="ifRoom" />
9
10    <item android:id="@+id/action_delete"
11          android:title="@string/delete"
12          android:icon="@android:drawable/ic_menu_delete"
13          app:showAsAction="ifRoom" />
14
15    <item android:id="@+id/action_update"
16          android:title="@string/update"
17          android:icon="@android:drawable/ic_menu_edit"
18          app:showAsAction="ifRoom" />
19  </menu>
```

例5.7 menu_main.xml文件，Candy Store应用程序，版本1

图5.2显示了Android Studio环境下应用程序预览界面：三个图标显示在操作栏的右侧。

当用户单击ADD图标时，我们希望允许用户向数据库添加糖果。为了简单起见，数据库只包含一个存储糖果的表，即糖果具有id、name和price。id是从0开始的整数，添加糖果时会自动增加1。因此，我们的第二个屏幕界面（用户可以向数据库添加糖果），只包含两个用于用户输入的小部件：一个用于名称，一个用于糖果的价格。**例5.8**显示了它的XML布局文件activity_insert.xml。

我们使用RelativeLayout来组织GUI。两个EditTexts中的每一个都在其左侧有一个TextView元素来告诉用户要输入什么。我们指定用户必须为价格输入一个浮点数（第43行）。还添加了两个按钮，一个用于将糖果添加到数据库（第45~53行），另一个用于返回第一个activity（第55~62行）。单击时，按钮分别触发对insert方法（第52行）和goBack方法（第61行）的调用。各个元素都给出了id，因此我们可以检索它们（对于两个editTexts）或者将其他元素相对于它们的位置进行定位。

图5.2 第一个屏幕界面，Candy Store应用程序，版本1

```
1   <?xml version="1.0" encoding="utf-8"?>
2   <RelativeLayout xmlns:android="http://schemas.android.com/apk/res/android"
```

```xml
3       android:layout_width="match_parent"
4       android:layout_height="match_parent"
5       android:orientation="vertical"
6       android:paddingLeft="@dimen/activity_horizontal_margin"
7       android:paddingRight="@dimen/activity_horizontal_margin"
8       android:paddingTop="@dimen/activity_vertical_margin"
9       android:paddingBottom="@dimen/activity_vertical_margin">
10
11      <TextView
12        android:id="@+id/label_name"
13        android:layout_marginTop="50dp"
14        android:layout_width="wrap_content"
15        android:layout_height="wrap_content"
16        android:text="@string/label_name"/>
17
18      <EditText
19        android:id="@+id/input_name"
20        android:layout_toRightOf="@+id/label_name"
21        android:layout_width="wrap_content"
22        android:layout_height="wrap_content"
23        android:layout_alignBottom="@+id/label_name"
24        android:layout_marginLeft="50dp"
25        android:orientation="horizontal" />
26
27      <TextView
28        android:id="@+id/label_price"
29        android:layout_width="wrap_content"
30        android:layout_height="wrap_content"
31        android:layout_below="@+id/label_name"
32        android:layout_marginTop="50dp"
33        android:text="@string/label_price" />
34
35      <EditText
36        android:id="@+id/input_price"
37        android:layout_width="wrap_content"
38        android:layout_height="wrap_content"
39        android:layout_alignBottom="@+id/label_price"
40        android:layout_alignLeft="@+id/input_name"
41        android:layout_alignParentRight="true"
42        android:layout_toRightOf="@+id/label_price"
43        android:inputType="numberDecimal" />
44
45      <Button
46        android:id="@+id/button_add"
47        android:layout_width="wrap_content"
48        android:layout_height="wrap_content"
49        android:layout_centerHorizontal="true"
50        android:layout_below="@+id/label_price"
51        android:layout_marginTop="50dp"
52        android:onClick="insert"
53        android:text="@string/button_add" />
54
55      <Button
56        android:layout_width="wrap_content"
57        android:layout_height="wrap_content"
58        android:layout_centerHorizontal="true"
59        android:layout_below="@+id/button_add"
```

```
60          android:layout_marginTop="50dp"
61          android:onClick="goBack"
62          android:text="@string/button_back" />
63
64  </RelativeLayout>
```

例5.8 activity_insert.xml文件,Candy Store应用程序,版本1

activity_insert.xml文件中使用的附加字符串常量是在strings.xml中定义的,如**例5.9**所示。

```
1   <resources>
2     <string name="app_name">CandyStoreV1</string>
3     <string name="action_settings">Settings</string>
4     <string name="add">ADD</string>
5     <string name="delete">DELETE</string>
6     <string name="update">UPDATE</string>
7
8     <string name="label_name">Name</string>
9     <string name="label_price">Price</string>
10    <string name="button_add">ADD</string>
11    <string name="button_back">BACK</string>
12  </resources>
```

例5.9 strings.xml文件,Candy Store应用程序,版本1

创建InsertActivity类来控制activity_insert.xml中定义的第二个屏幕界面。在编码之前,更新MainActivity类,以便当用户单击ADD图标时,启动InsertActivity。更新后的MainActivity类如**例5.10**所示。唯一的变化是在第33~34行:当用户单击ADD图标(第31行)时,在第33行为InsertActivity创建一个Intent,并在第34行开始该activity。

```
1   package com.jblearning.candystorev1;
2
3   import android.content.Intent;
4   import android.os.Bundle;
5   import android.support.v7.app.AppCompatActivity;
6   import android.support.v7.widget.Toolbar;
7   import android.util.Log;
8   import android.view.Menu;
9   import android.view.MenuItem;
10
11  public class MainActivity extends AppCompatActivity {
12
13    @Override
14    protected void onCreate( Bundle savedInstanceState ) {
15      super.onCreate( savedInstanceState );
16      setContentView( R.layout.activity_main );
17      Toolbar toolbar = ( Toolbar ) findViewById( R.id.toolbar );
18      setSupportActionBar( toolbar );
19    }
20
21    @Override
22    public boolean onCreateOptionsMenu( Menu menu ) {
23      getMenuInflater( ).inflate( R.menu.menu_main, menu );
24      return true;
```

```
25      }
26
27      @Override
28      public boolean onOptionsItemSelected(MenuItem item) {
29        int id = item.getItemId( );
30        switch ( id ) {
31          case R.id.action_add:
32            Log.w( "MainActivity", "Add selected" );
33            Intent insertIntent = new Intent( this, InsertActivity.class );
34            this.startActivity( insertIntent );
35            return true;
36          case R.id.action_delete:
37            Log.w( "MainActivity", "Delete selected" );
38            return true;
39          case R.id.action_update:
40            Log.w( "MainActivity", "Update selected" );
41            return true;
42          default:
43            return super.onOptionsItemSelected( item );
44        }
45      }
46    }
```

例5.10　MainActivity类，Candy Store应用程序，版本1

例5.11显示了InsertActivity类。我们在insert_activity.xml文件中填充对XML layout的定义（第11行），包含了insert和goBack方法。在用户点击BACK按钮时执行goBack方法（第28~30行），它将当前activity弹出activity堆栈，将应用程序返回到上一个activity（即第一个屏幕界面）。在insert方法（第14~26行）中，在第15~19行检索用户输入，如果用户想要添加另一种糖果，通过用户输入（第21行）的方式在数据库中插入新糖果，并清除两个EditTexts（第23~25行）。

```
1     package com.jblearning.candystorev1;
2
3     import android.os.Bundle;
4     import android.support.v7.app.AppCompatActivity;
5     import android.view.View;
6     import android.widget.EditText;
7
8     public class InsertActivity extends AppCompatActivity {
9       public void onCreate( Bundle savedInstanceState ) {
10        super.onCreate( savedInstanceState );
11        setContentView( R.layout.activity_insert );
12      }
13
14      public void insert( View v ) {
15        // 检索糖果名和价格
16        EditText nameEditText = ( EditText) findViewById( R.id.input_name );
17        EditText priceEditText = ( EditText) findViewById( R.id.input_price );
18        String name = nameEditText.getText( ).toString( );
19        String priceString = priceEditText.getText( ).toString( );
20
21        // 在数据库中插入新糖果
22
```

```
23      // 清除数据
24      nameEditText.setText( "" );
25      priceEditText.setText( "" );
26    }
27
28    public void goBack( View v ) {
29      this.finish( );
30    }
31  }
```

例5.11　InsertActivity类，Candy Store应用程序，版本1

最后，我们在AndroidManifest.xml文件中添加一个activity元素，如**例**5.12第23~26行所示。两个activity仅允许以竖屏方向运行。

```xml
1   <?xml version="1.0" encoding="utf-8"?>
2   <manifest package="com.jblearning.candystorev1"
3             xmlns:android="http://schemas.android.com/apk/res/android">
4
5     <application
6         android:allowBackup="true"
7         android:icon="@mipmap/ic_launcher"
8         android:label="@string/app_name"
9         android:supportsRtl="true"
10        android:theme="@style/AppTheme" >
11      <activity
12          android:name=".MainActivity"
13          android:label="@string/app_name"
14          android:theme="@style/AppTheme.NoActionBar"
15          android:screenOrientation="portrait">
16        <intent-filter>
17          <action android:name="android.intent.action.MAIN" />
18
19          <category android:name="android.intent.category.LAUNCHER" />
20        </intent-filter>
21      </activity>
22
23      <activity
24          android:name=".InsertActivity"
25          android:screenOrientation="portrait">
26      </activity>
27
28    </application>
29
30  </manifest>
```

例5.12　AndroidManifest.xml文件，Candy Store应用程序，版本1

最后，在styles.xml文件中，我们指定各个视图中的文本大小为24，如**例**5.13的第5行所示。

```xml
1   <resources>
2
3     <!-- Base application theme. -->
4     <style name="AppTheme" parent="Theme.AppCompat.Light.DarkActionBar">
5       <item name="android:textSize">24sp</item>
```

```
 6        <item name="colorPrimary">@color/colorPrimary</item>
 7        <item name="colorPrimaryDark">@color/colorPrimaryDark</item>
 8        <item name="colorAccent">@color/colorAccent</item>
 9      </style>
10
11      <style name="AppTheme.NoActionBar">
12        <item name="windowActionBar">false</item>
13        <item name="windowNoTitle">true</item>
14      </style>
15
16      <style name="AppTheme.AppBarOverlay"
17            parent="ThemeOverlay.AppCompat.Dark.ActionBar" />
18
19      <style name="AppTheme.PopupOverlay"
20            parent="ThemeOverlay.AppCompat.Light" />
21
22    </resources>
```

例5.13 styles.xml文件，Candy Store应用程序，版本1

图5.3显示了Android Studio环境下应用程序插入界面预览。

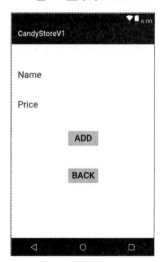

图5.3 添加糖果界面，Candy Store应用程序，版本1

5.3 SQLite：创建数据库、表和插入数据，Candy Store 应用程序，版本 2

在版本2中，我们将创建一个数据库，创建一个表来存储糖果，并在该表中插入数据。

SQLite可直接在Android设备上使用，无需安装。虽然数据存储在文本文件中，但是它使我们能够像在SQL数据库中一样组织数据并执行SQL命令。android.database.sqlite包中包含管理数据库、执行SQL查询、处理结果等的类和接口。

创建SQLite表时，仅限于以下数据类型：null、integer、real、text和blob。我们使用real用于floats和doubles，以及text用于字符串。SQLite可以使用integer、real或text数据类型来支持日期和时间。

表5.5显示了android.database.sqlite包中一些有用的类。

表5.5 android.database.sqlite包的类

类	说明
SQLiteOpenHelper	扩展此抽象类以管理数据库及其版本。我们需要重写onCreate和onUpgrade方法
SQLiteDatabase	包含执行SQL语句的方法
Cursor	封装select SQL查询返回的表

我们在Model中添加了一个类，它反映了SQL表的列。我们打算存储糖果的名称和价格，如表5.6所示，其中id是int类型，name是String类型，price是double类型。

表5.6 糖果的SQL表示例

ID	名称	价格
1	Chocolate cookie（巧克力饼干）	1.49
2	Chocolate fudge（巧克力软糖）	1.99
3	Walnut chocolate（核桃巧克力）	2.99

例5.14中显示的Candy类反映了表5.6中的数据类型。它是一个简单的Java类，包含构造函数、访问函数和设置函数。还包含了一个toString方法，它对于调试和反馈是非常有用的。

```java
 1  package com.jblearning.candystorev2;
 2
 3  public class Candy {
 4    private int id;
 5    private String name;
 6    private double price;
 7
 8    public Candy( int newId, String newName, double newPrice ) {
 9      setId( newId );
10      setName( newName );
11      setPrice( newPrice );
12    }
13
14    public void setId( int newId ) {
15      id = newId;
16    }
17
18    public void setName( String newName ) {
19      name = newName;
20    }
21
22    public void setPrice( double newPrice ) {
23      if( newPrice >= 0.0 )
24        price = newPrice;
25    }
26
27    public int getId( ) {
28      return id;
29    }
30
31    public String getName( ) {
```

```
32        return name;
33    }
34
35    public double getPrice( ) {
36        return price;
37    }
38
39    public String toString( ) {
40        return id + " " + name + " " + price;
41    }
42 }
```

例5.14 Candy类，Candy Store应用程序，版本2

作为Model的一部分，其中添加了一个类，该类包含执行各种基本SQL语句的方法。在执行insert、update或delete语句时，可以使用SQLiteDatabase类的execSQL方法，如**表5.7**所示。执行select语句时，可以使用SQLiteDatabase类的rawQuery方法执行，并使用**表5.8**中所示的Cursor类的方法来处理结果。

表5.7　SQLiteDatabase类的方法

方法	说明
void execSQL（String sql）	执行sql，这是一个不返回数据的SQL查询，可用于创建、插入、更新、删除记录，但不能用于选择查询
Cursor rawQuery（String sql，String [] selectionArgs）	执行sql并返回一个Cursor，可以提供selectionArgs以匹配查询的where子句中的"?"

表5.8　Cursor类的方法

方法	说明
boolean moveToNext（）	处理结果时，将此Cursor移动到下一行
DataType getDataType（int column）	返回列索引列的当前行的值。DataType可以是基本数据类型，如String或Blob

例5.15显示了DatabaseManager类，它扩展了SQLiteOpenHelper。SQLiteOpenHelper类提供打开、创建或升级数据库的功能。它是一个抽象类，有两个抽象方法，onCreate和onUpgrade，我们需要重写这两个方法。如果数据库存在，将打开数据库，否则创建数据库，并根据需要进行升级（通过自动调用onUpgrade方法）。第一次调用getWritableDatabase时，会自动调用onCreate方法。**表5.9**显示了这些方法。除此之外，我们还创建了一个名为candy的表，并在该表上进行插入、删除、更新和选择操作。简单起见，只包含插入记录、根据id的值删除记录、更新记录、选择记录，以及选择candy表中的所有行的方法。还可以添加更多方法，例如，根据糖果名称的值删除或选择记录。

```
1  package com.jblearning.candystorev2;
2
3  import android.content.Context;
4  import android.database.Cursor;
5  import android.database.sqlite.SQLiteDatabase;
```

```java
 6    import android.database.sqlite.SQLiteOpenHelper;
 7    import java.util.ArrayList;
 8
 9    public class DatabaseManager extends SQLiteOpenHelper {
10      private static final String DATABASE_NAME = "candyDB";
11      private static final int DATABASE_VERSION = 1;
12      private static final String TABLE_CANDY = "candy";
13      private static final String ID = "id";
14      private static final String NAME = "name";
15      private static final String PRICE = "price";
16
17      public DatabaseManager( Context context ) {
18        super( context, DATABASE_NAME, null, DATABASE_VERSION );
19      }
20
21      public void onCreate( SQLiteDatabase db ) {
22        // 构建sql create语句
23        String sqlCreate = "create table " + TABLE_CANDY + "( " + ID;
24        sqlCreate += " integer primary key autoincrement, " + NAME;
25        sqlCreate += " text, " + PRICE + " real )" ;
26
27        db.execSQL( sqlCreate );
28      }
29
30      public void onUpgrade( SQLiteDatabase db,
31                             int oldVersion, int newVersion ) {
32        // 如果有旧的表格，则舍弃旧表格
33        db.execSQL( "drop table if exists " + TABLE_CANDY );
34        // 重新创建表格
35        onCreate( db );
36      }
37
38      public void insert( Candy candy ) {
39        SQLiteDatabase db = this.getWritableDatabase( );
40        String sqlInsert = "insert into " + TABLE_CANDY;
41        sqlInsert += " values( null, '" + candy.getName( );
42        sqlInsert += "', '" + candy.getPrice( ) + "' )";
43
44        db.execSQL( sqlInsert );
45        db.close( );
46      }
47
48      public void deleteById( int id ) {
49        SQLiteDatabase db = this.getWritableDatabase( );
50        String sqlDelete = "delete from " + TABLE_CANDY;
51        sqlDelete += " where " + ID + " = " + id;
52
53        db.execSQL( sqlDelete );
54        db.close( );
55      }
56
57      public void updateById( int id, String name, double price ) {
58        SQLiteDatabase db = this.getWritableDatabase();
59
60        String sqlUpdate = "update " + TABLE_CANDY;
61        sqlUpdate += " set " + NAME + " = '" + name + "', ";
62        sqlUpdate += PRICE + " = '" + price + "'";
```

5.3 SQLite：创建数据库、表和插入数据，Candy Store应用程序，版本2

```
63        sqlUpdate += " where " + ID + " = " + id;
64
65        db.execSQL( sqlUpdate );
66        db.close( );
67      }
68
69      public ArrayList<Candy> selectAll( ) {
70        String sqlQuery = "select * from " + TABLE_CANDY;
71
72        SQLiteDatabase db = this.getWritableDatabase( );
73        Cursor cursor = db.rawQuery( sqlQuery, null );
74
75        ArrayList<Candy> candies = new ArrayList<Candy>( );
76        while( cursor.moveToNext( ) ) {
77          Candy currentCandy
78            = new Candy( Integer.parseInt( cursor.getString( 0 ) ),
79                    cursor.getString( 1 ), cursor.getDouble( 2 ) );
80          candies.add( currentCandy );
81        }
82        db.close( );
83        return candies;
84      }
85
86      public Candy selectById( int id ) {
87        String sqlQuery = "select * from " + TABLE_CANDY;
88        sqlQuery += " where " + ID + " = " + id;
89
90        SQLiteDatabase db = this.getWritableDatabase( );
91        Cursor cursor = db.rawQuery( sqlQuery, null );
92
93        Candy candy = null;
94        if( cursor.moveToFirst( ) )
95          candy = new Candy( Integer.parseInt( cursor.getString( 0 ) ),
96                    cursor.getString( 1 ), cursor.getDouble( 2 ) );
97        return candy;
98      }
99    }
```

例5.15 DatabaseManager类，Candy Store应用程序，版本2

表5.9 SQLiteOpenHelper类的方法

方法	说明
SQLiteOpenHelper（Context context，String name，SQLiteDatabase.CursorFactory factory，int newVersion）	是一个构造函数，创建一个SQLiteOpenHelper对象。Name是数据库的名称，Factory可用于创建Cursor对象，默认使用null
abstract void onCreate（SQLiteDatabase db）	第一次创建数据库时调用该方法。我们必须采用这种方法
abstract void onUpgrade（SQLiteDatabase db，int oldVersion，int newVersion）	在需要升级数据库时调用该方法。我们必须采用这种方法
SQLiteDatabase getWritableDatabase（）	创建和/或打开将用于读写的数据库。第一次调用onCreate时触发对onCreate的调用。返回一个SQLiteDatabase引用，我们可以使用它来执行SQL操作

构造函数（第17~19行）调用表5.9中所示的超类构造函数。首次创建数据库时，将自动调用onCreate方法（第21~28行）。在该方法中，我们还需要创建一个表。我们定义一个表示SQL语句

的字符串,用于在第22~25行创建candy表,并在第27行创建表。需要注意的是,数据库是专门针对使用该数据库的应用程序的。如果我们有两个不同的应用程序,就要有两个不同的数据库。

Insert、deleteById和updateById方法(第38~46行、48~55行、57~67行)共享相同的模式:通过调用SQLiteOpenHelper类的getWritableDatabase获取SQLiteDatabase引用,构建SQL查询,通过调用execSQL方法执行它,并关闭数据库。

selectAll方法和selectById方法(第69~84行和第86~98行)获取SQLiteDatabase引用,创建一个select SQL查询语句,通过调用rawQuery方法执行,处理结果集并关闭数据库,然后返回Candy对象的ArrayList(selectAll方法)或一个Candy对象(selectById方法)。rawQuery方法返回Cursor对象的引用。moveToNext方法(第76行)使Cursor对象指向下一行结果,如果已经处理了所有行,则返回false。使用while循环语句处理查询返回的所有行(第76~81行)。在循环体内,我们为当前行构建一个Candy对象(第77~79行),并将它添加到第80行的ArrayList candies。在第83行返回candies。对于selectById方法,因为是根据表的主键id的值进行select查询,所以返回值为0行或者1行,不需要循环。在第94行调用moveToFirst方法。如果返回值为true,则查询后返回1行。在第95~96行构建相应的Candy对象,并在第97行返回。

需要注意的是,在调试阶段,我们可以在调用这些方法时使用try和catch块,因为当SQL字符串无效时,会抛出未经检查的SQLException。

现在我们的模型已准备好,可以在Controller中使用InsertActivity类,在数据库中添加糖果,如**例5.16**所示。在第10行声明一个DatabaseManager类型的实例变量,并在第14行将其实例化。在第25~33行插入用户输入的数据。我们在第28行创建并实例化Candy对象,并将其插入第29行的Candy表中。使用try和catch块将用户输入的price从String类型转换为double类型。需要注意的是,我们不需要关心在第28行传递给Candy构造函数的id值,因为candy表的id列为auto_increment类型;Candy对象的id值不是使用DatabaseManager的insert方法插入的。

```
1   package com.jblearning.candystorev2;
2
3   import android.os.Bundle;
4   import android.support.v7.app.AppCompatActivity;
5   import android.view.View;
6   import android.widget.EditText;
7   import android.widget.Toast;
8
9   public class InsertActivity extends AppCompatActivity {
10    private DatabaseManager dbManager;
11
12    public void onCreate( Bundle savedInstanceState ) {
13      super.onCreate( savedInstanceState );
14      dbManager = new DatabaseManager( this );
15      setContentView( R.layout.activity_insert );
16    }
17
18    public void insert( View v ) {
19      // 检索糖果名和价格
20      EditText nameEditText = ( EditText ) findViewById( R.id.input_name );
21      EditText priceEditText = ( EditText ) findViewById( R.id.input_price );
22      String name = nameEditText.getText( ).toString( );
```

5.3 SQLite：创建数据库、表和插入数据，Candy Store应用程序，版本2

```
23       String priceString = priceEditText.getText( ).toString( );
24
25       // 在数据库中插入新糖果
26       try {
27         double price = Double.parseDouble( priceString );
28         Candy candy = new Candy( 0, name, price );
29         dbManager.insert( candy );
30         Toast.makeText( this, "Candy added", Toast.LENGTH_SHORT ).show( );
31       } catch( NumberFormatException nfe ) {
32         Toast.makeText( this, "Price error", Toast.LENGTH_LONG ).show( );
33       }
34
35       // 清除数据
36       nameEditText.setText( "" );
37       priceEditText.setText( "" );
38     }
39
40     public void goBack( View v ) {
41       this.finish( );
42     }
43   }
```

例5.16 InsertActivity类，Candy Store应用程序，版本2

在第30行、32行向用户提供反馈，显示一个Toast。Toast是一个临时弹出窗口，可用于提供操作的视觉反馈。它会在短时间后自动消失。Toast类位于android.widget包中。**表5.10**显示了Toast类的方法和常量。要在Activity类中创建Toast，我们使用makeText static方法，传递this（Activity"就是"Context）、String（String"就是"CharSequence），以及Toast类的两个常量之一来设定Toast的持续时间。然后可以通过调用show方法来显示Toast，如下列代码所示。第30行和第32行调用了这两个方法。

```
Toast toast = Toast.makeText ( this, "Hi", Toast.LENGTH_SHORT );
toast.show ( );
```

表5.10 Toast类的方法和常量

方法	说明
static Toast makeText (Context context, CharSequence text, int duration)	在context中创建Toast，其中包含内容文本和duration指定的持续时间
void show ( )	显示此Toast
常量	值
LENGTH_SHORT	值为0，使用此常量进行约3秒的Toast
LENGTH_LONG	值为1，使用此常量约为5秒的Toast

■ **常见错误**：创建Toast时，不要忘记调用show方法。否则，Toast将不会显示。

最后，我们删除了content_main.xml文件中的TextView元素，这样第一个屏幕界面就不显示"Hello World!"了。

当我们运行应用程序时，输入一些数据并单击ADD图标，将显示Toast消息。如果我们要检查一个新行是否添加到Candy表，可以调用DatabaseManager类的selectAll方法并循环生成Candy对象的ArrayList。在insert方法的末尾编写下列语句并检查Logcat中的输出：

```java
ArrayList<Candy> candies = dbManager.selectAll( );
for( Candy candy : candies )
  Log.w( "MainActivity", "candy = " + candy.toString( ) );
```

5.4 删除数据：Candy Store 应用程序，版本 3

在版本3中，允许用户从数据库中删除Candy。要实现此功能，我们需要执行以下操作：

▶ 创建删除activity。

▶ 修改MainActivity，以便在用户单击DELETE图标时，用户转到删除activity。

▶ 在AndroidManifest.xml文件中为删除activity添加activity元素。

我们新建了一个DeleteActivity类。更新MainActivity类的onOptionsItemSelected方法（见**例5.17**），当用户点击DELETE图标（第36行）时，为DeleteActivity创建一个intent（第37行），然后启动该activity（第38行）。

```java
 1  package com.jblearning.candystorev3;
...
11  public class MainActivity extends AppCompatActivity {
...
27    @Override
28    public boolean onOptionsItemSelected( MenuItem item ) {
29      int id = item.getItemId( );
30      switch ( id ) {
31        case R.id.action_add:
32          Log.w( "MainActivity", "Add selected" );
33          Intent insertIntent = new Intent( this, InsertActivity.class );
34          this.startActivity( insertIntent );
35          return true;
36        case R.id.action_delete:
37          Intent deleteIntent = new Intent( this, DeleteActivity.class );
38          this.startActivity( deleteIntent );
39          Log.w( "MainActivity", "Delete selected" );
40          return true;
41        case R.id.action_update:
42          Log.w( "MainActivity", "Update selected" );
43          return true;
44        default:
45          return super.onOptionsItemSelected( item );
46      }
47    }
48  }
```

例5.17　MainActivity类，Candy Store应用程序，版本3

例5.18显示了更新后的AndroidManifest.xml文件。其中包含了第28~31行的DeleteActivity的附加activity元素。

5.4 删除数据：Candy Store应用程序，版本3   157

```
 1    <?xml version="1.0" encoding="utf-8"?>
 2    <manifest package="com.jblearning.candystorev3"
 3              xmlns:android="http://schemas.android.com/apk/res/android">
...
 5      <application
...
11        <activity
12          android:name=".MainActivity"
...
21        </activity>
22
23        <activity
24            android:name=".InsertActivity"
25            android:screenOrientation="portrait">
26        </activity>
27
28        <activity
29            android:name=".DeleteActivity"
30            android:screenOrientation="portrait">
31        </activity>
32
33      </application>
34
35    </manifest>
```

例5.18 AndroidManifest.xml 文件，Candy Store应用程序，版本3

例5.19显示了DeleteActivity类。如图5.4所示，我们希望将所有糖果列表显示为单选按钮。单击单选按钮可删除糖果并刷新屏幕界面。当我们从数据库或文件中删除项时，通常会在用户实际删除项之前通过弹出的提示框进行确认。我们将其作为一个简单练习。

Candy表中的记录数量随时间变化，单选按钮的数量也会有所不同。因此，我们需要以编程方式创建GUI。在onCreate方法的第21行，我们调用了updateView方法，创建GUI。在第24~64行编写代码updateView：从Candy表中检索所有记录，并为每条记录创建一个单选按钮。为此，我们调用了在第20行实例化的DatabaseManager实例变量dbManager（第16行）的selectAll方法。

由于不知道有多少糖果，屏幕界面上可能没有足够的空间来显示所有的单选按钮。因此，我们将包含所有单选按钮的RadioGroup放在ScrollView中（第28行和50行）。这样，就可以根据需要滚动单选按钮了。

图5.4 删除界面，Candy Store应用程序，版本3

```
 1    package com.jblearning.candystorev3;
 2
 3    import android.os.Bundle;
 4    import android.support.v7.app.AppCompatActivity;
 5    import android.view.View;
 6    import android.widget.Button;
 7    import android.widget.RadioButton;
```

```java
8   import android.widget.RadioGroup;
9   import android.widget.RelativeLayout;
10  import android.widget.ScrollView;
11  import android.widget.Toast;
12
13  import java.util.ArrayList;
14
15  public class DeleteActivity extends AppCompatActivity {
16    private DatabaseManager dbManager;
17
18    public void onCreate( Bundle savedInstanceState ) {
19      super.onCreate( savedInstanceState );
20      dbManager = new DatabaseManager( this );
21      updateView( );
22    }
23
24    // 创建一个包含所有糖果的动态View（视图）
25    public void updateView( ) {
26      ArrayList<Candy> candies = dbManager.selectAll( );
27      RelativeLayout layout = new RelativeLayout( this );
28      ScrollView scrollView = new ScrollView( this );
29      RadioGroup group = new RadioGroup( this );
30      for ( Candy candy : candies ) {
31        RadioButton rb = new RadioButton( this );
32        rb.setId( candy.getId( ) );
33        rb.setText( candy.toString( ) );
34        group.addView( rb );
35      }
36      // 设置事件处理
37      RadioButtonHandler rbh = new RadioButtonHandler( );
38      group.setOnCheckedChangeListener(rbh);
39
40      // 创建返回按钮
41      Button backButton = new Button( this );
42      backButton.setText( R.string.button_back );
43
44      backButton.setOnClickListener( new View.OnClickListener( ) {
45        public void onClick(View v) {
46          DeleteActivity.this.finish();
47        }
48      });
49
50      scrollView.addView(group);
51      layout.addView( scrollView );
52
53      // 在底部添加返回按钮
54      RelativeLayout.LayoutParams params
55          = new RelativeLayout.LayoutParams(
56          RelativeLayout.LayoutParams.WRAP_CONTENT,
57          RelativeLayout.LayoutParams.WRAP_CONTENT );
58      params.addRule( RelativeLayout.ALIGN_PARENT_BOTTOM );
59      params.addRule( RelativeLayout.CENTER_HORIZONTAL );
60      params.setMargins( 0, 0, 0, 50 );
61      layout.addView( backButton, params );
62
63      setContentView( layout );
64    }
```

```
65
66      private class RadioButtonHandler
67        implements RadioGroup.OnCheckedChangeListener {
68        public void onCheckedChanged( RadioGroup group, int checkedId ) {
69          // 从数据库中删除糖果
70          dbManager.deleteById( checkedId );
71          Toast.makeText( DeleteActivity.this, "Candy deleted",
72            Toast.LENGTH_SHORT ).show( );
73
74          // 更新屏幕显示
75          updateView( );
76        }
77      }
78    }
```

例5.19 DeleteActivity类，Candy Store应用程序，版本3

虽然用户可以使用设备的后退按钮返回上一个activity，但为了方便起见，我们添加了一个按钮来实现这个功能（第40~42行，使用strings.xml中button_back）。在第44~48行，使用View.OnClickListener类型的匿名对象为按钮设置事件处理。当用户单击按钮时，将从堆栈中弹出当前activity，返回上一个activity，即第一个屏幕界面。然而，一个ScrollView不允许包含多个ViewGroup。因此，我们无法在ScrollView中添加按钮。我们将ScrollView放在RelativeLayout（第51行）中，并将按钮放在RelativeLayout的底部（第53~61行）。

在第29行新建RadioGroup。在第30~35行，遍历Candy对象的ArrayList：我们为每个Candy创建一个RadioButton（第31行），将其文本转化为该Candy对象的字符串形式（第33行），并将其添加到RadioGroup（第34行）。在第32行，将RadioButton的id设置为相应Candy对象的id。这样，当用户单选按钮时，可以访问正确的Candy对象。

在第36~38行，为单选按钮组设置了事件处理。表5.11显示了我们用来处理组内单选按钮的RadioGroup类的setOnCheckedChangeListener方法。该方法的参数是RadioGroup.OnCheckedChangeListener。OnCheckedChangeListener是RadioGroup的公共静态内部接口。我们编写了一个私有类，它在第66~77行实现了RadioGroup.OnCheckedChangeListener。第69~70行，我们删除了从Candy表中选中的糖果。因为我们将Candy id分配给相应的RadioButton，所以我们知道checkedId参数不仅是所选RadioButton的id，而且还是要删除的Candy的正确id。在第71~72行，使用Toast，提供一些糖果被删除的视觉反馈。在第74~75行，调用updateView来更新单选按钮列表，已删除的糖果不再存在于数据库中。

表5.11 RadioGroup类的方法

方法	说明
void setOnCheckedChangeListener（RadioGroup.OnCheckedChangeListener listener）	在此RadioGroup上注册侦听器。当在此组中更改所选单选按钮时，即调用RadioGroup.OnCheckedChangeListener接口的onCheckedChange方法

■ **软件工程提示：** 在以编程方式构建GUI时，可考虑将各组件放在ScrollView中。

图5.4显示了用户选择DELETE图标后应用程序的删除屏幕界面。所有糖果都以单选按钮显示。单击其中一个将删除并刷新屏幕界面。需要注意的是，版本3中的数据库与版本2中的数据库不同。因此，如果我们在不插入糖果的情况下运行版本3，则Candy表为空，当我们单击DELETE图标时不会显示糖果。

5.5 更新数据：Candy Store 应用程序，版本 4

在版本4中，我们允许用户从数据库更新糖果的名称和价格。要实现此功能，我们需要执行以下操作：

- 创建更新activity。
- 修改MainActivity，以便在用户单击UPDATE图标时，转到更新activity。
- 在AndroidManifest.xml中为更新activity添加一个activity元素。

这与我们在版本3添加删除activity非常相似。首先，新建一个UpdateActivity类。 更新MainActivity类的onOptionsItemSelected方法（见**例5.20**的第39~40行）和AndroidManifest.xml文件（见**例5.21**的第33~36行），方法与删除activity相同。

```
1    package com.jblearning.candystorev4;
...
10   public class MainActivity extends AppCompatActivity {
...
26     @Override
27     public boolean onOptionsItemSelected(MenuItem item) {
28       int id = item.getItemId( );
29       switch ( id ) {
30         case R.id.action_add:
31           Intent insertIntent = new Intent( this, InsertActivity.class );
32           this.startActivity( insertIntent );
33           return true;
34         case R.id.action_delete:
35           Intent deleteIntent = new Intent( this, DeleteActivity.class );
36           this.startActivity( deleteIntent );
37           return true;
38         case R.id.action_update:
39           Intent updateIntent = new Intent( this, UpdateActivity.class );
40           this.startActivity( updateIntent );
41           return true;
42         default:
43           return super.onOptionsItemSelected( item );
44       }
45     }
46   }
```

例5.20 MainActivity类，Candy Store应用程序，版本4

```
1    <?xml version="1.0" encoding="utf-8"?>
2    <manifest package="com.jblearning.candystorev4"
3             xmlns:android="http://schemas.android.com/apk/res/android">
4
5      <application
```

```
...
28      <activity
29          android:name=".DeleteActivity"
30          android:screenOrientation="portrait">
31      </activity>
32
33      <activity
34          android:name=".UpdateActivity"
35          android:screenOrientation="portrait">
36      </activity>
37
38      </application>
39
40  </manifest>
```

例5.21 AndroidManifest.xml文件，Candy Store应用程序，版本4

■ **常见错误**：不要忘记为应用程序中的每个Activity类添加一个activity元素。

例5.22显示了UpdateActivity类。如图5.5所示，我们想要显示所有糖果的列表。对于每种糖果，我们在TextView中显示其id，在EditTexts中显示其名称和价格，以便对其进行编辑，并在数据库中更新该糖果的name和price。对于删除activity，单击按钮可更新糖果并刷新屏幕界面。

与删除activity一样，我们需要通过代码创建GUI，并将ScrollView包装在糖果列表中。简单起见，我们不提供BACK按钮来返回上一个activity。用户可以使用设备的BACK按钮返回。我们用四列网格中的组件：将id放在TextView的第一列中，将name和price放在EditTexts的第二和第三列中，将第四列中的按钮放在第四列中。如前所述，updateView方法创建GUI，并由onCreate在用户更新糖果后调用。

图5.5 更新界面，Candy Store应用程序，版本4

ScrollView和GridLayout在第32~36行创建。在第38~41行，为TextViews、EditTexts和Buttons创建数组。

```
1   package com.jblearning.candystorev4;
2
3   import android.graphics.Point;
4   import android.os.Bundle;
5   import android.support.v7.app.AppCompatActivity;
6   import android.text.InputType;
7   import android.view.Gravity;
8   import android.view.View;
9   import android.view.ViewGroup;
10  import android.widget.Button;
11  import android.widget.EditText;
12  import android.widget.GridLayout;
13  import android.widget.ScrollView;
14  import android.widget.TextView;
```

```java
15  import android.widget.Toast;
16
17  import java.util.ArrayList;
18
19  public class UpdateActivity extends AppCompatActivity {
20    DatabaseManager dbManager;
21
22    public void onCreate( Bundle savedInstanceState ) {
23      super.onCreate( savedInstanceState );
24      dbManager = new DatabaseManager( this );
25      updateView( );
26    }
27
28    // 创建一个包含所有糖果的动态View（视图）
29    public void updateView( ) {
30      ArrayList<Candy> candies = dbManager.selectAll( );
31      if( candies.size( ) > 0 ) {
32        // 创建ScrollView和GridLayout
33        ScrollView scrollView = new ScrollView( this );
34        GridLayout grid = new GridLayout( this );
35        grid.setRowCount( candies.size( ) );
36        grid.setColumnCount( 4 );
37
38        // 创建组件序列
39        TextView [] ids = new TextView[candies.size( )];
40        EditText [][] namesAndPrices = new EditText[candies.size( )][2];
41        Button [] buttons = new Button[candies.size( )];
42        ButtonHandler bh = new ButtonHandler( );
43
44        // 获取屏幕的宽度
45        Point size = new Point( );
46        getWindowManager( ).getDefaultDisplay( ).getSize( size );
47        int width = size.x;
48
49        int i = 0;
50
51        for ( Candy candy : candies ) {
52          // 创建用于显示糖果id的Textview
53          ids[i] = new TextView( this );
54          ids[i].setGravity( Gravity.CENTER );
55          ids[i].setText( "" + candy.getId( ) );
56
57          // 为糖果的名称和价格创建两个EditText
58          namesAndPrices[i][0] = new EditText( this );
59          namesAndPrices[i][1] = new EditText( this );
60          namesAndPrices[i][0].setText( candy.getName( ) );
61          namesAndPrices[i][1].setText( "" + candy.getPrice( ) );
62          namesAndPrices[i][1]
63            .setInputType( InputType.TYPE_CLASS_NUMBER );
64          namesAndPrices[i][0].setId( 10 * candy.getId( ) );
65          namesAndPrices[i][1].setId( 10 * candy.getId( ) + 1 );
66
67          // 创建按钮
68          buttons[i] = new Button( this );
69          buttons[i].setText( "Update" );
70          buttons[i].setId( candy.getId( ) );
71
```

```
 72              // 设置事件处理
 73              buttons[i].setOnClickListener( bh );
 74
 75              // 添加元素至网格中
 76              grid.addView( ids[i], width / 10,
 77                       ViewGroup.LayoutParams.WRAP_CONTENT );
 78              grid.addView( namesAndPrices[i][0], ( int ) ( width * .4 ),
 79                       ViewGroup.LayoutParams.WRAP_CONTENT );
 80              grid.addView( namesAndPrices[i][1], ( int ) ( width * .15 ),
 81                       ViewGroup.LayoutParams.WRAP_CONTENT );
 82              grid.addView( buttons[i], ( int ) ( width * .35 ),
 83                       ViewGroup.LayoutParams.WRAP_CONTENT );
 84
 85              i++;
 86          }
 87          scrollView.addView( grid );
 88          setContentView( scrollView );
 89      }
 90  }
 91
 92  private class ButtonHandler implements View.OnClickListener {
 93    public void onClick( View v ) {
 94      // 获取糖果的名称和价格
 95      int candyId = v.getId( );
 96      EditText nameET = ( EditText ) findViewById( 10 * candyId );
 97      EditText priceET = ( EditText ) findViewById( 10 * candyId + 1 );
 98      String name = nameET.getText( ).toString( );
 99      String priceString = priceET.getText( ).toString( );
100
101      // 更新数据库中的糖果数据
102      try {
103        double price = Double.parseDouble( priceString );
104        dbManager.updateById( candyId, name, price );
105        Toast.makeText( UpdateActivity.this, "Candy updated",
106          Toast.LENGTH_SHORT ).show( );
107
108        // 更新屏幕显示
109        updateView( );
110      } catch( NumberFormatException nfe ) {
111        Toast.makeText( UpdateActivity.this,
112                  "Price error", Toast.LENGTH_LONG ).show( );
113      }
114    }
115   }
116 }
```

例5.22 UpdateActivity类, Candy Store应用程序, 版本4

我们将屏幕界面的宽度分布给四个组件, 如下所示:

- id占10%
- 名称占40%
- 价格占15%
- 按钮占35%

在第75~83行, 当我们将它添加到GridLayout时, 我们为每个组件指定一个宽度。在第44~47

行检索屏幕界面的宽度并将其赋值给可变宽度。

第51~86行，遍历Candy对象的ArrayList。第52~55行为id创建TextViews。第57~65行创建EditTexts。第64~65行给它们一个唯一的ID，以便以后可以访问它们以检索用户输入的名称和价格。第67~70行创建按钮。还给每个Button一个唯一的id（第70行），相应的Candy对象的id。View.OnClickListener接口的onClick方法的参数是一个View，它是对单击的View的引用。通过这种方式，我们可以通过检索该视图的id来检索要更新的糖果的id。在第72~73行，设置了事件处理。

我们将网格添加到第87行的ScrollView中，并在第88行将ScrollView指定为该activity的内容视图。

图5.5显示了更新屏幕界面，用户正在更新Walnut chocolate糖的价格。单击UPDATE按钮可更新相应的糖果并刷新屏幕界面。再次强调，如果我们先运行版本4而不先插入糖果，那么当我们点击UPDATE图标时，Candy表是空的并且不会显示糖果。

5.6 运行收银机：Candy Store 应用程序，版本 5

在版本5中，我们允许用户使用第一个屏幕界面将应用程序作为收银机运行。我们提供一个按钮网格，每个糖果一个按钮。商店员工可以使用按钮来计算购买糖果的顾客应付的总金额。每次用户单击按钮时，都会将相应糖果的价格添加到该客户的总数中，并在Toast中显示总数。

当用户单击按钮时，我们需要访问与该按钮相关联的糖果的价格。解决该问题的一种简单方法是新建CandyButton类，它扩展了Button类并具有Candy实例变量。在**例5.23**中显示。包含一个getPrice方法（第14~16行），它返回Candy实例变量的价格。通过这种方式，CandyButton"知道"与其相关糖果的价格。

```
1  package com.jblearning.candystorev5;
2
3  import android.content.Context;
4  import android.widget.Button;
5
6  public class CandyButton extends Button {
7    private Candy candy;
8
9    public CandyButton( Context context, Candy newCandy ) {
10     super( context );
11     candy = newCandy;
12   }
13
14   public double getPrice( ) {
15     return candy.getPrice( );
16   }
17  }
```

例5.23 CandyButton类，Candy Store应用程序，版本5

该应用程序需要为多个客户工作。因此，每当我们完成当前客户并为下一个客户做好准备时，需要有一种方法将运行总数重置为0。有种简单的方法是在菜单中提供一个附加项，并在用户点击该项时将总计重置为0。因此，我们在菜单中添加一个项，如**例5.24**第5~8行所示。在

strings.xml文件中添加一个名为reset的字符串，其值为RESET（未显示）。还添加了自己的图标，存储在ic_reset.png文件中，我们将其放在drawable目录下。在第7行使用@ drawable / ic_reset语句访问该图标。

```xml
1  <menu xmlns:android="http://schemas.android.com/apk/res/android"
2      xmlns:app="http://schemas.android.com/apk/res-auto"
3      xmlns:tools="http://schemas.android.com/tools"
4      tools:context="com.jblearning.candystorev5.MainActivity">
5    <item android:id="@+id/action_reset"
6        android:title="@string/reset"
7        android:icon="@drawable/ic_reset"
8        app:showAsAction="ifRoom"/>
9
10   <item android:id="@+id/action_add"
11       android:title="@string/add"
12       android:icon="@android:drawable/ic_menu_add"
13       app:showAsAction="ifRoom"/>
14
15   <item android:id="@+id/action_delete"
16       android:title="@string/delete"
17       android:icon="@android:drawable/ic_menu_delete"
18       app:showAsAction="ifRoom"/>
19
20   <item android:id="@+id/action_update"
21       android:title="@string/update"
22       android:icon="@android:drawable/ic_menu_edit"
23       app:showAsAction="ifRoom"/>
24  </menu>
```

例5.24　menu_main.xml文件，Candy Store应用程序，版本5

正如我们在删除和更新activity中所做的那样，我们需要将按钮放在ScrollView中，因为我们不知道每次运行应用程序时有多少按钮。简单的做法就是将content_main.xml中的RelativeLayout替换为ScrollView元素，如**例5.25**所示。我们给它一个id（第12行），以便在MainActivity类中检索它。我们还删除了ScrollView中的填充。

```xml
1  <?xml version="1.0" encoding="utf-8"?>
2  <ScrollView
3      xmlns:android="http://schemas.android.com/apk/res/android"
4      xmlns:app="http://schemas.android.com/apk/res-auto"
5      xmlns:tools="http://schemas.android.com/tools"
6      android:layout_width="match_parent"
7      android:layout_height="match_parent"
8
9      app:layout_behavior="@string/appbar_scrolling_view_behavior"
10     tools:context="com.jblearning.candystorev5.MainActivity"
11     tools:showIn="@layout/activity_main"
12     android:id="@+id/scrollView">
13
14  </ScrollView>
```

例5.25　content_main.xml文件，Candy Store应用程序，版本5

例5.26显示了更新后的MainActivity类。它有四个实例变量（第19~22行）：DatabaseManager、 dbManager,这样我们就可以查询数据库来检索糖果数据,通过检索total、double,以跟踪当前客户的运行总量;检索scrollView,对content_main.xml中定义的ScrollView进行引用;检索buttonWidth,以获取每个按钮的宽度。在第30行实例化dbManager,在第31行初始化tatol为0.0,在第32行实例化scrollView,并在第33~35行计算buttonWidth。调整按钮的大小,使其宽度是屏幕宽度的一半。因此,我们将屏幕宽度的一半赋值给变量buttonWidth。当用户完成对当前客户的处理并点击重置图标(第104行)时,将运行总计重置为0.0(第105行),这样应用程序就可以准备为下一个客户计算总数了。

```java
1   package com.jblearning.candystorev5;
2
3   import android.content.Intent;
4   import android.graphics.Point;
5   import android.os.Bundle;
6   import android.support.v7.app.AppCompatActivity;
7   import android.support.v7.widget.Toolbar;
8   import android.view.Menu;
9   import android.view.MenuItem;
10  import android.view.View;
11  import android.widget.GridLayout;
12  import android.widget.ScrollView;
13  import android.widget.Toast;
14
15  import java.text.NumberFormat;
16  import java.util.ArrayList;
17
18  public class MainActivity extends AppCompatActivity {
19    private DatabaseManager dbManager;
20    private double total;
21    private ScrollView scrollView;
22    private int buttonWidth;
23
24    @Override
25    protected void onCreate( Bundle savedInstanceState ) {
26      super.onCreate( savedInstanceState );
27      setContentView( R.layout.activity_main );
28      Toolbar toolbar = ( Toolbar ) findViewById( R.id.toolbar );
29      setSupportActionBar( toolbar );
30      dbManager = new DatabaseManager( this );
31      total = 0.0;
32      scrollView = ( ScrollView ) findViewById( R.id.scrollView );
33      Point size = new Point( );
34      getWindowManager( ).getDefaultDisplay( ).getSize( size );
35      buttonWidth = size.x / 2;
36      updateView( );
37    }
38
39    protected void onResume( ) {
40      super.onResume( );
41      updateView( );
42    }
43
44    public void updateView( ) {
45      ArrayList<Candy> candies = dbManager.selectAll( );
46      if( candies.size( ) > 0 ) {
```

```java
47        // 如有需要，可以移除scrollView中的子视图
48        scrollView.removeAllViewsInLayout( );
49
50        // 设置grid布局
51        GridLayout grid = new GridLayout( this );
52        grid.setRowCount( ( candies.size( ) + 1 ) / 2 );
53        grid.setColumnCount( 2 );
54
55        // 创建按钮序列，每行两个
56        CandyButton [] buttons = new CandyButton[candies.size( )];
57        ButtonHandler bh = new ButtonHandler( );
58
59        // 填充网格
60        int i = 0;
61        for ( Candy candy : candies ) {
62          // 创建按钮
63          buttons[i] = new CandyButton( this, candy );
64          buttons[i].setText( candy.getName( )
65             + "\n" + candy.getPrice( ) );
66
67          // 设置事件处理
68          buttons[i].setOnClickListener( bh );
69
70          // 在网格中添加按钮
71          grid.addView( buttons[i], buttonWidth,
72             GridLayout.LayoutParams.WRAP_CONTENT );
73          i++;
74        }
75        scrollView.addView( grid );
76      }
77    }
78
79    @Override
80    public boolean onCreateOptionsMenu( Menu menu ) {
81      getMenuInflater( ).inflate( R.menu.menu_main, menu );
82      return true;
83    }
84
85    @Override
86    public boolean onOptionsItemSelected(MenuItem item) {
87      int id = item.getItemId( );
88      switch ( id ) {
89        case R.id.action_add:
90          Intent insertIntent
91            = new Intent( this, InsertActivity.class );
92          this.startActivity( insertIntent );
93          return true;
94        case R.id.action_delete:
95          Intent deleteIntent
96            = new Intent( this, DeleteActivity.class );
97          this.startActivity( deleteIntent );
98          return true;
99        case R.id.action_update:
100         Intent updateIntent
101           = new Intent( this, UpdateActivity.class );
102         this.startActivity( updateIntent );
103         return true;
```

```
104        case R.id.action_reset:
105          total = 0.0;
106          return true;
107        default:
108          return super.onOptionsItemSelected( item );
109      }
110    }
111
112    private class ButtonHandler implements View.OnClickListener {
113      public void onClick( View v ) {
114        // 获取糖果的价格并添加至total
115        total += ( ( CandyButton ) v ).getPrice( );
116        String pay =
117          NumberFormat.getCurrencyInstance( ).format( total );
118        Toast.makeText( MainActivity.this, pay,
119          Toast.LENGTH_LONG ).show( );
120      }
121    }
122  }
```

例5.26 MainActivity类，Candy Store应用程序，版本5

运用updateView方法（第44~77行）创建GUI并设置事件处理。当应用程序启动时，我们在onCreate中调用updateView（第36行），当用户从add、delete或update等辅助activity返回时，我们在onResume中调用updateView（第41行）。实际上，当用户从辅助activity返回时，Candy表的内容可能已经被改变，因此需要通过调用updateView来更新第一个屏幕界面。当用户返回此activity时，将自动调用onResume方法。

updateView方法与UpdateActivity类中的updateView方法具有相似性。在返回此视图之前，用户可能会添加、删除或更新一个或多个糖果。因此，在重建scrollView之前，首先在第47~48行删除scrollView中的所有按钮。动态创建一个按钮网格，每个糖果一个按钮。每行包括两个按钮（第53行）。调整行数以确保有足够的空间容纳所有按钮（第52行）。与删除和更新activity一样，我们将网格放在ScrollView中，以便在需要时自动滚动（第75行）。

在每个按钮内，我们将糖果的名称和价格放在一行（第62~65行）。比较长的糖果名可能需要两行。动态设置每个按钮的字体大小，使每个糖果名称适应于一行。这超出了本章的范围，我们在附录A中对此进行了解释。在第67~68行设置了事件处理。

当用户单击按钮时，将调用ButtonHandler类的onClick方法（第113~120行）。更新tatol（第115行）并显示一个Toast，其值被格式化为currency（第116~119行）。第115行演示了使用CandyButton类的好处，我们将View参数v（表示单击的按钮）转换为CandyButton并调用getPrice来检索相应糖果的价格。

图5.6显示了用户选择巧克力饼干和核桃巧克力后的所有糖果和当前运行总计4.48美元。请注意菜单右侧显示的三个垂直点，因为没有足够的空间容纳所有图标。触摸三个点会打开一个子菜单，显示缺失的项。

图5.6 收银机运行界面，Candy Store应用程序，版本5

本章小结

- 我们可以在操作栏中放置菜单项。
- 菜单项可以是文本,也可以是图标。
- 菜单可在XML文件中定义,例如使用menu元素内的item元素自动生成的menu_main.xml。
- activity启动时,将自动调用Activity类的onCreateOptionsMenu方法。
- 单击菜单中的项会触发对onOptionsItemSelected方法的调用。
- 如果为每个项目提供一个id,就可以检索所选的项目。
- SQLite适用于所有Android设备。
- SQLite允许我们以关系数据库的方式组织数据并执行SQL查询。
- 为了执行数据库操作,我们扩展了SQLiteOpenHelper类。
- SQLiteOpenHelper的getWritableDatabase方法为当前应用程序创建或返回SQLiteDatabase。
- SQLiteDatabase类包括执行SQL查询的方法。
- 要执行插入、更新和删除查询时,使用SQLiteDatabase的execSQL方法。
- 要执行select查询,使用SQLiteDatabase的rawQuery方法。
- rawQuery方法返回一个Cursor对象,它允许我们循环查询结果集。
- 可以使用Toast类为用户提供临时的视觉反馈。
- 使用SQLite通常需要通过编程方式构建GUI,因为我们事先并不知道GUI中有多少组件。
- 使用SQLite还需要使用ScrollView,以防屏幕大小不足以容纳所有组件。

练习、问题和项目

多项选择练习

1. 使用Basic Activity template时自动生成代码的菜单放置在哪里?
   - 整个屏幕
   - 操作栏
   - 屏幕的底部
2. 可以在菜单中放置图标,说法对吗?
   - 对
   - 错
3. 定义菜单的XML文件中通常包含哪些内容?
   - menu元素和其中的item元素
   - item元素和其中的menu元素

- 仅item元素
- 仅menu元素

4. SQLite可在Android设备上使用?
   - 是的，无需专门安装
   - 不是
   - 不是，但可以安装

5. 为了管理数据库操作而扩展的类的名称是什么?
   - Sqlite
   - SQLite
   - SQLiteOpenHelper
   - DatabaseHelper

6. 问题5中类的onCreate方法:
   - 永远不会被调用
   - 每当我们实例化该类的对象时调用
   - 仅在第一次实例化该类的对象时调用

7. 用于执行插入、删除或更新SQL查询的SQLiteDatabase类的方法名称是?
   - execSQL
   - sqlExec
   - queryExec
   - exec

8. 用于执行选择SQL查询的SQLiteDatabase类的方法名称是?
   - execSQL
   - query
   - rawQuery
   - sqlExec

9. 问题8中的方法的返回类型是:
   - SQL
   - Cursor
   - ResultSet
   - Result

编写代码

10. 在菜单的item元素内，如果有足够的空间，这行代码会使该项在操作栏中可见。

    ```
    <item
      …
    />
    ```

11. 在菜单的item元素内，这行代码指定item的标题是strings.xml中定义的字符串test的值。

    ```
    <item
    ```

```
    ...
  />
```

12. 在菜单的item元素内，这行代码指定该项的图标是名为image.png的文件，该文件存储在drawable目录下。

    ```
    <item
        ...
      />
    ```

13. 在AndroidManifest.xml文件中，添加类型为SecondActivity类的activity元素。

    ```
            </activity>
            <!-- Your code goes here -->


        </application>
    ```

14. 编写代码，当用户从菜单中选择id为second的项时，转换到另一个类型为SecondActivity的activity。否则，什么都不做。

    ```
    public boolean onOptionsItemSelected( MenuItem item ) {
        // 代码从这里开始

    }
    ```

15. 编写MyDBManager类的类头。在该类中，我们要创建一个数据库并执行SQL操作。

    ```
    // 代码从这里开始
    ```

16. 在扩展SQLiteOpenHelper的类中，编写构造函数的代码。要创建的数据库的名称是FRIENDS，版本是版本3。

    ```
    public DatabaseManager( Context context ) {
        // 代码从这里开始

    }
    ```

17. 在扩展SQLiteOpenHelper的类中，编写onCreate方法的代码。要创建emails表定义如下：key为email，一个字符串；包含first列和last列，都为字符串。

    ```
    public void onCreate( SQLiteDatabase db ) {
        // 代码从这里开始

    }
    ```

18. 在扩展SQLiteOpenHelper的类中，编写下面的insert方法的代码。使用下面insert方法的三个参数值在问题17的emails表中插入一条记录。

    ```
    public void insert( String email, String first, String last ) {
        // 代码从这里开始

    }
    ```

19. 在扩展SQLiteOpenHelper的类中，编写下面的delete方法的代码。删除问题17的emails表中last值等于方法参数值的记录。

    ```
    public void delete( String last ) {
        // 代码从这里开始
    }
    ```

20. 在扩展SQLiteOpenHelper的类中，编写下面的update方法的代码。更新问题17中email值为email的记录。我们想要将该记录的名称改为first和last。

    ```
    public void update( String email, String first, String last) {
        // 代码从这里开始
    }
    ```

编写一款应用程序

21. 修改本章的应用程序。在更新activity中添加BACK按钮。
22. 编写类似于本章的应用程序来管理朋友组：朋友的属性包括名字、姓氏和电子邮件地址。朋友数据应该存储在数据库中：可以添加或删除朋友；可以修改朋友的数据。
23. 编写类似于本章应用程序的应用程序来管理一组朋友：朋友的属性包括名字、姓氏和电子邮件地址。朋友数据应该存储在数据库中：可以添加或删除朋友；可以修改朋友的数据。在第一个屏幕界面上，应该显示所有朋友的列表。
24. 与22题相同，具有以下功能：在第一个屏幕界面上，提供用户输入电子邮件的搜索引擎；如果电子邮件存在，应用程序将搜索数据库并返回相应的名字和姓氏。
25. 与24题相同，具有搜索引擎文本字段的自动完成功能：当用户键入时，下拉列表会建议从数据库中检索可能匹配的电子邮件。查看AutoCompleteTextView以实现此功能。
26. 编写一个可以纠错的应用程序。使用一个表构建数据库，该表有两列：一列存储拼写错误的单词，另一列存储对应的正确单词（例如，the是teh的正确单词）。该表的内容可以是硬编码的，并且应该包含至少五对单词。该应用程序显示一个EditText：当用户输入时，应用程序根据表的内容更正拼写错误的单词。
27. 与26题相同，具有以下功能：用户可以在表格中添加拼写错误和正确的单词对。
28. 与26题相同，具有以下功能：用户可以删除和更新拼写错误和正确的单词对。
29. 编写一个测验应用程序，问题和答案存储在数据库的表中。表的内容可以是硬编码的。
30. 与29题相同，具有以下功能：用户可以在表格中添加成对的问题和答案。
31. 与29题相同，具有以下功能：用户可以删除和更新问答对。
32. 编写维护数据库中的待办事项列表的应用程序。用户可以将项目添加到列表中并删除它们。
33. 与32题相同，具有以下功能：TO DO列表显示在第一个屏幕界面上。
34. 与32题相同，具有以下功能：与TO DO列表中的每个项目一起，在数据库中存储截止日期。第一个屏幕界面应显示TO DO列表中的所有项，过期项应显示为红色。

CHAPTER 6

设备方向管理

本章目录

内容简介
- 6.1 Configuration类
- 6.2 捕获设备旋转事件
- 6.3 策略1：为每个方向设置一个Layout XML文件
- 6.4 策略2：为两个方向应用一个layout XML文件，用代码修改布局
- 6.5 策略3：完全用代码管理布局和方向

本章小结
练习、问题和项目

内容简介

运行应用程序后，如果旋转运行应用程序的设备，图形用户界面（GUI）可能会跟着旋转，也有可能不会跟着旋转。有的应用程序，尤其游戏类App，最好只在一个方向上运行，通常是横屏方向。有些时候，为了让用户有更好的体验，同时扩展应用程序的应用范围，我们会构建一个在横屏和竖屏方向都能工作的应用程序。有的用户可能更喜欢横屏运行应用程序，而有的用户可能更喜欢竖屏运行。应用程序默认为自动旋转。如果不希望应用程序旋转，需要设定竖屏或横屏方向作为AndroidManifest.xml的activity元素内android:screen Orientation属性值。例如，我们希望应用程序仅在横屏方向运行，需设定以下内容：

```
<activity
    android:screenOrientation="landscape"
```

在本章中，我们希望应用程序在两个方向上均可运行。我们使用Empty Activity模板，这样在启动时View中没有任何内容。

6.1 Configuration 类

来自android.content.res包的Configuration类封装了设备的配置信息，例如区域设置、输入模式、屏幕大小或屏幕方向。在本章中，我们将重点放在屏幕方向上。**表6.1**显示了该类的一些公共字段和方法。方向字段包含两个值，如**表6.2**所示，即ORIENTATION_LANDSCAPE（值为2的常量）、ORIENTATION_PORTRAIT（值为1的常量）。

表6.1　Configuration类的公共字段和方法

字段或方法	说明
public int keyboard	设备的键盘
public Locale locale	区域设置的用户首选项
public int orientation	一个表示屏幕方向的整数值
public int screenHeightDp	屏幕高度，不包括状态栏，以dp为单位（与像素密度无关）
public int screenWidthDp	以dp为单位的屏幕宽度
public boolean isLayoutSizeAtLeast（int size）	检查设备的屏幕是否比给定尺寸要大

表6.2　Configuration类的orientation字段的常量值

常量	值
ORIENTATION_LANDSCAPE	2
ORIENTATION_PORTRAIT	1

Configuration类提供的常量用作isLayoutSizeAtLeast方法的参数（在**表6.3**中列出）。SCREENLAYOUT_SIZE_SMALL和SCREENLAYOUT_SIZE_NORMAL常量适用于智能手机，而SCREENLAYOUT_SIZE_LARGE和SCREENLAYOUT_SIZE_XLARGE适用于平板电脑。

表6.3 与设备屏幕尺寸相关的Configuration类的常量值

常量	值
SCREENLAYOUT_SIZE_UNDEFINED	0
SCREENLAYOUT_SIZE_SMALL	1
SCREENLAYOUT_SIZE_NORMAL	2
SCREENLAYOUT_SIZE_LARGE	3
SCREENLAYOUT_SIZE_XLARGE	4

使用这些资源，可以检测到在应用程序启动时运行的设备信息。我们需要一个Configuration引用来使用这些资源。在Activity类中，我们可以从Context类（继承自Activity类）调用getResources方法来获取应用程序包的Resources引用。使用该Resources引用，我们可以调用Resources类的getConfiguration方法来获得Configuration引用。**表6.4**列出了这两种方法。

表6.4 getResources和getConfiguration方法

类	方法
Context	Resources getResources( )
Resources	Configuration getConfiguration( )

因此，在Activity类中，我们可以使用这两个方法来获得Configuration对象，如下所示：

```
Resources resources = getResources();
Configuration config = resources.getConfiguration();
```

还可以用下列语句将这两个方法调用链接起来：

```
Configuration config = getResources().getConfiguration();
```

例6.1使用修改后的HelloAndroid应用程序演示了如何检索设备信息。在第18行检索当前应用环境的Configuration config引用。在第19~20行，我们以与密度无关的像素（dp）输出屏幕的高度和宽度。要获得实际尺寸，需要将这些值乘以像素密度。需要注意的是，screenHeightDp存储除状态栏之外的屏幕高度。

在第22~27行，检索屏幕的大小（实际像素）并输出其宽度和高度。在第29~32行，检索并输出屏幕的像素密度。附录A给出了详细说明。

在第34~47行，测试屏幕的相对大小并输出。需要注意的是，我们是按降序测试相对大小。如果我们首先测试"至少"一个小屏幕，那它总是会评估为true。在第49~52行输出Configuration类的两个常量ORIENTATION_LANDSCAPE和ORIENTATION_PORTRAIT（分别为2和1）。在第53行，我们将设备的方向值输出为整数。在第54~59行，我们将该值与前两个常量进行比较，并输出设备的方向。

```
1    package com.jblearning.orientationv0;
2
3    import android.content.res.Configuration;
4    import android.content.res.Resources;
```

```java
 5   import android.graphics.Point;
 6   import android.os.Bundle;
 7   import android.support.v7.app.AppCompatActivity;
 8   import android.util.DisplayMetrics;
 9   import android.util.Log;
10
11   public class MainActivity extends AppCompatActivity {
12       public final static String MA = "MainActivity";
13
14       protected void onCreate( Bundle savedInstanceState ) {
15         super.onCreate( savedInstanceState );
16         setContentView( R.layout.activity_main );
17
18         Configuration config = getResources( ).getConfiguration( );
19         Log.w( MA, "screen dp height: " + config.screenHeightDp );
20         Log.w( MA, "screen dp width: " + config.screenWidthDp );
21
22         Point size = new Point( );
23         getWindowManager( ).getDefaultDisplay( ).getSize( size );
24         int screenWidth = size.x;
25         int screenHeight = size.y;
26         Log.w( MA, "screen height in pixels = " + screenHeight );
27         Log.w( MA, "screen width in pixels = " + screenWidth );
28
29         Resources res = getResources( );
30         DisplayMetrics metrics = res.getDisplayMetrics( );
31         float pixelDensity = metrics.density;
32         Log.w( MA, "logical pixel density = " + pixelDensity );
33
34         if( config.isLayoutSizeAtLeast(
35             Configuration.SCREENLAYOUT_SIZE_XLARGE ) )
36           Log.w( MA, "Extra large size screen" );
37         else if( config.isLayoutSizeAtLeast(
38             Configuration.SCREENLAYOUT_SIZE_LARGE ) )
39           Log.w( MA, "Large size screen" );
40         else if( config.isLayoutSizeAtLeast(
41             Configuration.SCREENLAYOUT_SIZE_NORMAL ) )
42           Log.w( MA, "Normal size screen" );
43         else if( config.isLayoutSizeAtLeast(
44             Configuration.SCREENLAYOUT_SIZE_SMALL ) )
45           Log.w( MA, "Small size screen" );
46         else
47           Log.w( MA, "Unknown size screen" );
48
49         Log.w( MA, "Landscape constant: "
50             + Configuration.ORIENTATION_LANDSCAPE );
51         Log.w( MA, "Portrait constant: "
52             + Configuration.ORIENTATION_PORTRAIT );
53         Log.w( MA, "Orientation: " + config.orientation );
54         if( config.orientation == Configuration.ORIENTATION_LANDSCAPE )
55           Log.w( MA, "Horizontal position" );
56         else if( config.orientation == Configuration.ORIENTATION_PORTRAIT )
57           Log.w( MA, "Vertical position" );
58         else
59           Log.w( MA, "Undetermined position" );
60       }
61   }
```

例6.1 获取运行应用程序的设备的信息

常见错误：使用isLayoutSize AtLeast测试屏幕大小时，我们应该按降序测试大小。否则，当我们使用参数SCREENLAYOUT_SIZE_SMALL进行测试时，该方法将始终返回true。

图6.1显示了设备屏幕的各个部分。黄色是设备的状态栏，通常包含一些用于系统和应用程序通知的图标（包括时钟）。红色是应用程序的操作栏，通常包含左侧的应用程序名称和右侧的可选菜单项，不同的应用程序会有所不同。蓝色是应用程序内容视图，也就是应用程序的内容。可视显示框由应用程序的操作栏（红色）和应用程序内容视图（蓝色）组成。

图6.2显示了在模拟器Nexus 5上竖屏方向运行时，示例6.1在Logcat中的输出。输出确认设备处于竖屏方向，认为设备的屏幕在该位置为568dp×360dp是正常尺寸的屏幕。方向值为1，等于纵向常数。高度尺寸（568dp）包括操作栏高度，但不包括状态栏高度。逻辑像素密度为3568dp，相当于1704像素（568×3），比1776像素的屏幕高度小72像素。72像素相当于24dp，即状态栏的高度。

如果我们旋转模拟器（按下Ctrl+F11组合键），会出现更多输出，这意味着onCreate方法再次被执行。此外，屏幕尺寸在横屏方向上不同：高度为336dp，宽度为598dp。操作栏高度，竖屏方向为56dp，横屏方向仅为48dp。此外，"背面"和"主页"按钮在竖屏方向位于屏幕底部，但在横屏方向位于屏幕右侧。

如果我们将模拟器保持在横屏方向并重新启动应用程序，则会输出显示我们检测到设备处于横屏方向。

如果我们在Nexus 4模拟器中运行应用程序，可以看到Nexus 4的逻辑像素密度仅为2，高度和宽度分别为568dp和384dp。

```
screen dp height: 568
screen dp width: 360
screen height in pixels = 1776
screen width in pixels = 1080
logical pixel density = 3.0
Normal size screen
Landscape constant: 2
Portrait constant: 1
Orientation: 1
Vertical position
```

图6.1 屏幕中的视图组件   图6.2 例6.1的Logcat输出

常见错误：不要混淆物理像素和dp单位的尺寸。两者之间的比值是逻辑像素密度。

6.2 捕获设备旋转事件

用户可以以给定的方向启动应用程序，但稍后可能会旋转设备。如果我们正在构建一个在两个方向都有效的应用程序，需要对应用程序进行编码，以便它能够对设备方向的变化做出适当反应。默认情况下，当用户旋转设备时，将调用Activity类的onCreate方法。但是，onCreate方法通常不仅仅处理方向更改。因此，每次用户旋转设备时执行onCreate都可能会浪费CPU资源。

每当设备的配置发生变化时（例如，当用户旋转设备时），就会自动调用Activity类的onConfigurationChanged方法（如**表6.5**所示），条件是我们在AndroidManifest.xml文件中指定了该方法。反过来，onCreate方法仅在用户启动应用程序时调用，并且在用户旋转设备时不再调用。onConfigurationChanged方法的newConfig参数表示设备的最新配置。

表6.5　Activity类的onConfigurationChanged方法

方法	说明
void onConfigurationChanged（Configuration newConfig）	在AndroidManifest.xml文件中指定的配置发生更改时调用此方法

在activity元素内，如果想在设备配置发生更改时收到通知，则需要添加android:configChanges属性并给它赋值。我们可以多赋几个值，用"|"分隔。**表6.6**显示了该属性值。如果想在用户旋转设备时收到通知，需要将值orientation分配给android:configChanges。但是，从API级别13开始，我们还需要添加值screenSize。实际上，系统认为当用户旋转设备时屏幕尺寸会改变。因此，我们需要为android:configChanges属性指定orientation | screenSize值，如下列语句（需要注意的是，orientation|与|screenSize之间没有空格）：

```
<activity
  android:name=".MainActivity"
  android:configChanges="orientation|screenSize" >
```

表6.6　activity元素的android:configChanges属性的值

属性值	含义
orientation	用户已旋转设备
screenSize	屏幕大小已更改
Locale	语言环境已更改（用户已选择新语言）
keyboard	键盘类型已更改
fontScale	用户已选择新的全局字体大小

使用另一个修改过的HelloAndroid应用程序，演示当用户在**例6.2**中旋转设备时如何在onConfigurationChanged方法内执行。我们可以使用该方法的newConfig参数（第16~28行）来检测设备的运行方向，并为应用程序编写适当的更改。在这个简单的应用程序中，在第18~19行输出屏幕尺寸信息，在第21~27行输出方向信息。

```
1   package com.jblearning.orientationv1;
2
3   import android.content.res.Configuration;
4   import android.os.Bundle;
5   import android.support.v7.app.AppCompatActivity;
6   import android.util.Log;
7
8   public class MainActivity extends AppCompatActivity {
9     public final static String MA = "MainActivity";
10
```

```
11    protected void onCreate( Bundle savedInstanceState ) {
12      super.onCreate( savedInstanceState );
13      setContentView( R.layout.activity_main );
14    }
15
16    public void onConfigurationChanged( Configuration newConfig ) {
17      super.onConfigurationChanged( newConfig );
18      Log.w( MA, "Height: " + newConfig.screenHeightDp );
19      Log.w( MA, "Width: " + newConfig.screenWidthDp );
20
21      Log.w( MA, "Orientation: " + newConfig.orientation );
22      if( newConfig.orientation == Configuration.ORIENTATION_LANDSCAPE )
23        Log.w( MA, "Horizontal position" );
24      else if( newConfig.orientation == Configuration.ORIENTATION_PORTRAIT )
25        Log.w( MA, "Vertical position" );
26      else
27        Log.w( MA, "Undetermined position" );
28    }
29  }
```

例6.2　检测onConfigurationChanged方法内配置的变化

如果我们从竖屏方向开始运行应用程序，则在我们将设备旋转到横屏方向（Ctrl+F11组合键）之前没有输出。当这样做时，输出**图6.3**的前四行。当将设备向后旋转到竖屏方向（Ctrl+F12组合键）时，输出图6.3中接下来的四行。我们可以看到屏幕的尺寸因设备的方向而不同。

```
Height: 336
Width: 598
Orientation: 2
Horizontal position
Height: 568
Width: 360
Orientation: 1
Vertical position
```

图6.3　例6.1的Logcat输出

现在我们有在用户旋转设备时检测方向和屏幕尺寸的工具。可以有很多方法向用户显示正确的布局，包括：

- 每个方向都添加一个layout XML文件，并在用户旋转设备时对其进行填充。
- 对于两个方向都具有相同的layout XML文件，并且在用户旋转设备时修改某些GUI组件的特征。
- 通过100%代码管理layout，并在用户旋转设备时进行适当的修改。

6.3　策略1：为每个方向设置一个 Layout XML 文件

我们已经有一个layout XML文件activity_main.xml，如**例6.3**所示。将它用于竖屏方向：我们在第17行向TextView元素添加背景颜色（绿色），并使用第18行的名为portrait的String修改显示的文本。我们添加了另一个layoutXML文件activity_main_landscape.xml，如**例6.4**所示，用于横屏方向。这次，在第17行将TextView元素的背景颜色设置为红色，并使用第18行的String横向显示文本。纵向和横向字符串在**例6.5**中的strings.xml文件的第3行和第4行定义。我们还编辑了styles.xml文件，如**例6.6**所示，这样文本的大小就足够了（第3行）。

现在已经设置了资源文件，我们编写了MainActivity类。如果设备处于竖屏方向，我们将使用activity_main.xml文件进行布局。如果设备处于横屏方向，我们使用activity_main_landscape.xml文件进行布局。我们不仅需要在onConfigurationChanged方法中执行此操作，而且必须在onCreate方法中执行，以便在应用程序启动时使用正确的布局文件。实际上，当应用程序启动时，设备可以处于横屏或竖屏方向。由于将运行两次相同的代码，我们编写了一个新方法modifyLayout（**例6.7**的第20~25行），从onCreate（第12行）和onConfigurationChanged（第17行）调用。modifyLayout方法测试设备的方向，并为其设置布局，填充相应的XML文件。

```xml
1   <?xml version="1.0" encoding="utf-8"?>
2   <RelativeLayout xmlns:android="http://schemas.android.com/apk/res/android"
3                   xmlns:tools="http://schemas.android.com/tools"
4                   android:layout_width="match_parent"
5                   android:layout_height="match_parent"
6                   android:paddingLeft="@dimen/activity_horizontal_margin"
7                   android:paddingRight="@dimen/activity_horizontal_margin"
8                   android:paddingTop="@dimen/activity_vertical_margin"
9                   android:paddingBottom="@dimen/activity_vertical_margin"
10                  tools:context=".MainActivity">
11
12      <TextView
13          android:layout_width="wrap_content"
14          android:layout_height="wrap_content"
15          android:layout_centerHorizontal="true"
16          android:layout_centerVertical="true"
17          android:background="#FF00FF00"
18          android:text="@string/portrait" />
19
20  </RelativeLayout>
```

例6.3 acticity_main.xml纵向设置文件

```xml
1   <?xml version="1.0" encoding="utf-8"?>
2   <RelativeLayout xmlns:android="http://schemas.android.com/apk/res/android"
3                   xmlns:tools="http://schemas.android.com/tools"
4                   android:layout_width="match_parent"
5                   android:layout_height="match_parent"
6                   android:paddingLeft="@dimen/activity_horizontal_margin"
7                   android:paddingRight="@dimen/activity_horizontal_margin"
8                   android:paddingTop="@dimen/activity_vertical_margin"
9                   android:paddingBottom="@dimen/activity_vertical_margin"
10                  tools:context="com.jblearning.orientationv2.MainActivity">
11
12      <TextView
13          android:layout_width="wrap_content"
14          android:layout_height="wrap_content"
15          android:layout_centerHorizontal="true"
16          android:layout_centerVertical="true"
17          android:background="#FFFF0000"
18          android:text="@string/landscape" />
19
20  </RelativeLayout>
```

例6.4 activity_main_landscape.xml定位设置文件

6.3 策略1：为每个方向设置一个Layout XML文件

```xml
1  <resources>
2    <string name="app_name">OrientationV2</string>
3    <string name="portrait">PORTRAIT VIEW</string>
4    <string name="landscape">LANDSCAPE VIEW</string>
5  </resources>
```

例6.5　strings.xml文件

```xml
1  <resources>
2    <style name="AppTheme" parent="Theme.AppCompat.Light.DarkActionBar">
3      <item name="android:textSize">42sp</item>
4      <item name="colorPrimary">@color/colorPrimary</item>
5      <item name="colorPrimaryDark">@color/colorPrimaryDark</item>
6      <item name="colorAccent">@color/colorAccent</item>
7    </style>
8  </resources>
```

例6.6　styles.xml文件

> ■ **常见错误**：如果我们正在构建一个在两个方向都工作的应用程序，不仅应该在用户旋转设备时显示适当的布局，还应该在应用程序启动时显示。我们的代码需要考虑到应用程序启动时不知道设备位置的事实。

```java
1   package com.jblearning.orientationv2;
2
3   import android.content.res.Configuration;
4   import android.os.Bundle;
5   import android.support.v7.app.AppCompatActivity;
6
7   public class MainActivity extends AppCompatActivity {
8
9     protected void onCreate( Bundle savedInstanceState ) {
10      super.onCreate( savedInstanceState );
11      Configuration config = getResources( ).getConfiguration( );
12      modifyLayout( config );
13    }
14
15    public void onConfigurationChanged( Configuration newConfig ) {
16      super.onConfigurationChanged( newConfig );
17      modifyLayout( newConfig );
18    }
19
20    public void modifyLayout( Configuration newConfig ) {
21      if( newConfig.orientation == Configuration.ORIENTATION_LANDSCAPE )
22        setContentView( R.layout.activity_main_landscape );
23      else if( newConfig.orientation == Configuration.ORIENTATION_PORTRAIT )
24        setContentView( R.layout.activity_main );
25    }
26  }
```

例6.7　管理方向的两个XML layout文件

　　图6.4显示了当设备处于竖屏方向时在模拟器内运行的应用程序，**图6.5**显示了我们将设备旋转到横屏方向后的应用程序。如果我们将输出语句放在onCreate和onConfigurationChanged里面

的Logcat中，会看到onCreate仅在应用程序启动时调用，在我们旋转设备后不再调用，而是调用了onConfigurationChanged。如前所述，这是因为我们在AndroidManifest.xml文件中添加了如下代码：

```
android:configChanges="orientation|screenSize"
```

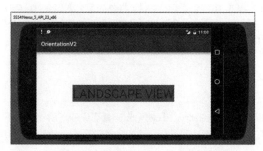

图6.4　模拟器中竖屏运行的应用程序界面　　图6.5　模拟器中旋转到横屏方向运行的应用程序界面

6.4　策略2：为两个方向应用一个layout XML文件，用代码修改布局

我们先看另一种策略根据屏幕方向来控制布局。只使用一个XML layout文件，但会根据屏幕方向以编程方式修改某些组件的布局参数。为了更好地说明这一点，我们修改了activity_main.xml，如**例6.8**所示。它在LinearLayout（第2行）内显示三个按钮（第10行,15行和21行）。LinearLayout根据android:orientation的属性值横向或纵向地线性排列元素。在本例中，我们指定其元素的纵向排列（第6行）。如果我们保持按钮之间的间距恒定（如50个像素），无论屏幕的方向如何，那么应用程序可能在某个方向上看起来很好（如竖屏），但在另一个方向上就会很差（横屏）。我们可以通过代码设置按钮之间的间距，具体取决于方向。我们需要在运行时访问第二个和第三个按钮，在第16行和第22行给它们一个id。第13行、19行和25行使用view1、view2和view3指定三个按钮的文本strings.xml文件中定义的字符串，如**例6.9**所示。使用与例6.6中相同的styles.xml文件。

```
1   <?xml version="1.0" encoding="utf-8"?>
2   <LinearLayout xmlns:android="http://schemas.android.com/apk/res/android"
3               xmlns:tools="http://schemas.android.com/tools"
4               android:layout_width="match_parent"
5               android:layout_height="match_parent"
6               android:orientation="vertical"
7               android:gravity="center"
8               tools:context=" com.jblearning.orientationv3.MainActivity" >
9
10      <Button
```

```
11      android:layout_width="wrap_content"
12      android:layout_height="wrap_content"
13      android:text="@string/view1" />
14
15    <Button
16      android:id="@+id/button2"
17      android:layout_width="wrap_content"
18      android:layout_height="wrap_content"
19      android:text="@string/view2" />
20
21    <Button
22      android:id="@+id/button3"
23      android:layout_width="wrap_content"
24      android:layout_height="wrap_content"
25      android:text="@string/view3" />
26  </LinearLayout>
```

例6.8 activity_main.xml文件

```
1  <resources>
2    <string name="app_name">OrientationV3</string>
3    <string name="view1">GO TO VIEW 1</string>
4    <string name="view2">GO TO VIEW 2</string>
5    <string name="view3">GO TO VIEW 3</string>
6    <string name="action_settings">Settings</string>
7  </resources>
```

例6.9 strings.xml文件

为了使应用程序在两个方向看起来都美观，我们需要通过MainActivity类中的代码设置按钮之间的间距。如果设备处于竖屏方向，我们将间距设置为50像素，如果设备处于横屏方向，我们将间距设置为25像素。

例6.10显示了新的MainActivity类。这次我们在onCreate方法中填充XML。与之前一样，onCreate和onConfigurationChanged都调用modifyLayout，它设置了按钮的间距参数。

modifyLayout方法（第25~41行）检索第26行和29行的第二个和第三个按钮，然后在第27~28行和30~31行检索它们相关的边距布局参数。

```
1   package com.jblearning.orientationv3;
2
3   import android.content.res.Configuration;
4   import android.os.Bundle;
5   import android.support.v7.app.AppCompatActivity;
6   import android.view.ViewGroup;
7   import android.widget.Button;
8
9   public class MainActivity extends AppCompatActivity {
10    public final static int SPACING_VERTICAL = 50;
11    public final static int SPACING_HORIZONTAL = 25;
12
13    protected void onCreate( Bundle savedInstanceState ) {
14      super.onCreate( savedInstanceState );
15      setContentView( R.layout.activity_main );
16      Configuration config = getResources( ).getConfiguration( );
```

```
17        modifyLayout( config );
18      }
19
20      public void onConfigurationChanged( Configuration newConfig ) {
21        super.onConfigurationChanged( newConfig );
22        modifyLayout( newConfig );
23      }
24
25      public void modifyLayout( Configuration newConfig ) {
26        Button b2 = ( Button ) findViewById( R.id.button2 );
27        ViewGroup.MarginLayoutParams params2
28          = ( ViewGroup.MarginLayoutParams ) b2.getLayoutParams( );
29        Button b3 = ( Button ) findViewById( R.id.button3 );
30        ViewGroup.MarginLayoutParams params3
31          = ( ViewGroup.MarginLayoutParams ) b3.getLayoutParams( );
32
33        if( newConfig.orientation == Configuration.ORIENTATION_LANDSCAPE ) {
34          params2.setMargins( 0, SPACING_HORIZONTAL, 0, 0 );
35          params3.setMargins( 0, SPACING_HORIZONTAL, 0, 0 );
36        } else if( newConfig.orientation
37                == Configuration.ORIENTATION_PORTRAIT ) {
38          params2.setMargins( 0, SPACING_VERTICAL, 0, 0 );
39          params3.setMargins( 0, SPACING_VERTICAL, 0, 0 );
40        }
41      }
42    }
```

例6.10 使用两个XML layout文件管理运行方向的更改

Android框架包含布局参数类，我们可以通过它们来设置GUI组件的布局参数，其根类是ViewGroup.LayoutParams。它有许多与专业ViewGroup相关的专用子类，包括TableLayout.LayoutParams、RelativeLayout.LayoutParams、LinearLayout.LayoutParams或ViewGroup.MarginLayoutParams。ViewGroup.MarginLayoutParams类（MarginLayoutParams是ViewGroup的公共静态内部类）用于设置GUI组件的边距。

表6.7显示了ViewGroup.MarginLayoutParams的一些XML属性，有四个属性，我们可以通过setMargins方法来设置它们。

表6.7 ViewGroup.MarginLayoutParams和setMargins方法的XML属性

属性名称	相关方法
android:layout_marginBottom	setMargins(int left, int top, int right, int bottom)
android:layout_marginTop	setMargins(int left, int top, int right, int bottom)
android:layout_marginLeft	setMargins(int left, int top, int right, int bottom)
android:layout_marginRight	setMargins(int left, int top, int right, int bottom)

在第33行和36~37行测试运行方向。在34~35行或38~39行根据测试的方向，使用在第10~11行定义的两个常量SPACING_VERTICAL和SPACING_HORIZONTAL设置两个按钮的布局参数的上边距。MarginLayoutParams、params2和params3是对象引用，当我们修改这三个参数时，会自动修改与其关联的两个按钮的布局参数。

正如我们之前所做的,在AndroidManifest.xml文件中的activity元素内添加下列语句:

android:configChanges=**"orientation|screenSize"**

图6.6和图6.7分别显示当设备处于竖屏方向和横屏方向时应用程序在模拟器中的运行界面。

在本例中,我们硬编码了按钮之间的间距。因此,在某些设备上,应用程序界面可能看起来不太理想。在下一个示例中,我们会相对于运行应用程序的设备维度动态设置间距。

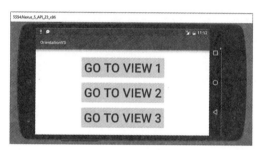

图6.6　竖屏方向运行的应用程序界面,按钮间距为50像素　　图6.7　横屏方向运行的应用程序界面,按钮间距为25像素

6.5　策略 3:完全用代码管理布局和方向

在前面的示例中,我们在dimens.xml文件中设置一些dimen元素,定义多个间距值以适应不同的屏幕尺寸。此策略适用于当前大多数设备,但可能不适用于未来的设备。为了最大化显示的灵活性,让应用程序能为任何屏幕大小定制GUI,我们可以通过代码控制所有内容,无需使用任何layout XML文件。调用一个以编程方式设置布局的方法,而不是填充layoutXML文件。另外,我们调用另一种方法来设置View的GUI组件的布局参数。上一个示例的基本原则适用于管理方向:每次用户旋转设备时,都会调用onConfigurationChanged,然后调用modifyLayout。但是,本例中的应用程序更为复杂,因为我们需要在应用程序启动时捕获与屏幕尺寸相关的信息,以便根据起始运行方向正确显示GUI组件。总的来说,我们用一种以编程方式设置GUI的方法和对该方法的调用来替换layout XML文件和对setContentView的调用。同样,我们使用与例6.6中相同的styles.xml文件。

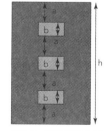

我们需要在应用程序的内容视图中显示按钮,在图6.1中屏幕的蓝色区域。无论设备的运行方向如何,按钮都能够均匀分布,如图6.8所示。

图6.8　三个按钮之间间距相同

如果h是屏幕的高度,a是按钮之间的距离,b是按钮的高度(假设使用三个按钮),则:

$$h = 4 * a + 3 * b$$

因此,

$$a = (h - 3 * b) / 4$$

我们可以通过调用measure方法，然后调用getMeasuredHeight方法来测量尚未显示的View的维度，如**表6.8**所示。如果button是Button引用，我们可以获得如下高度：

```
button.measure( LayoutParams.WRAP_CONTENT, LayoutParams.WRAP_CONTENT );
int buttonHeight = button.getMeasuredHeight( );
```

为了计算按钮之间的距离a，首先要计算应用程序内容视图的高度h。可以检索操作栏的高度，如下所示。一旦我们获得，就可以轻松计算应用程序内容视图的高度。附录A提供了详细说明。

```
// 设置操作栏默认高度
int actionBarHeight = ( int ) ( pixelDensity * 56 );
TypedValue tv = new TypedValue( );
if( getTheme().resolveAttribute( android.R.attr.actionBarSize, tv,
true ))
    actionBarHeight = TypedValue.complexToDimensionPixelSize(
tv.data,getResources( ).getDisplayMetrics( ) );
```

表6.8 View类的measure和getMeasuredHeight方法

public void measure (int widthMeasureSpec, int heightMeasureSpec)	这两个参数是此View的父级提供的维度约束信息
public int getMeasuredHeight ( )	返回此View的测量高度

在例6.1中，我们学习了如何检索屏幕高度减去状态栏。因此，要计算内容视图的高度，我们执行以下操作：

```
检索屏幕高度减去状态栏：appScreenHeight
检索操作栏的高度：actionBarHeight
内容视图的高度 = appScreenHeight - actionBarHeight
```

例6.11显示了一个简单的应用程序应用，其View由代码定义，其方向更改由代码管理。如图6.8所示，屏幕界面包含三个按钮，这些按钮在横屏和竖屏方向上纵向等间隔。除了三个按钮之外，我们还声明了实例变量来存储各种尺寸：操作栏的高度、两个方向上屏幕的高度以及按钮之间的间距。我们还声明了两个boolean变量——verticalDimensionsSet和horizontalDimensionsSet（第20行和第24行），只设置一次所有这些变量，而不是每次设备更改方向时都要设置。其中一些变量被声明为public和static，可以在必要时从其他活动轻松访问它们——最有可能的是，如果应用程序中有其他活动，将需要在其他活动中访问这些值，原因相同，我们需要在该活动中访问它们，不想重写相同的代码来检索它们。

onCreate方法（第31~40行）在第33行调用setUpGui。setUpGui方法在第70~94行编码：它为View设置布局管理器，创建按钮，并将它们添加到View。为了检索操作栏高度、屏幕尺寸以及计算按钮的间距，在第38行调用了checkDimensions方法。在第39行，根据设备的运行方向调用了modifyLayout方法。由于我们不知道应用程序启动时设备的方向，在第37行，我们将获取当前配置赋给变量config，并将config传递给checkDimensions和modifyLayout。

在setUpGui中，在第71行声明并实例化linearLayout，这是一个LinearLayout，在第72行将其方向设置为竖屏方向。这意味着它内部的按钮是纵向排列的。第73行我们将重心设置为垂直。这意味着它内部的按钮垂直居中排列。在第75~77行实例化三个按钮，并在第79~81行设置各自的文本。在第83~84行实例化一个LayoutParams对象，并使用它为第85~87行的所有三个按钮设置

6.5 策略3：完全用代码管理布局和方向   187

WRAP_CONTENT的布局参数。在第89~91行将按钮添加到linearLayout，并在第93行将该活动的内容视图设置为linearLayout。setUpGui方法不设置按钮的间距，因为该值取决于设备运行方向。我们在调用onConfigurationChanged方法时以及应用程序启动时设置它。在第103~114行编写了一个独立的方法setLayoutMargins。该方法只有一个参数，即两个按钮的间距。根据设备的位置，我们在调用该方法时为该参数传递不同的值。

```java
1   package com.jblearning.orientationv4;
2
3   import android.content.res.Configuration;
4   import android.content.res.Resources;
5   import android.os.Bundle;
6   import android.support.v7.app.AppCompatActivity;
7   import android.util.DisplayMetrics;
8   import android.util.Log;
9   import android.util.TypedValue;
10  import android.view.ViewGroup.MarginLayoutParams;
11  import android.view.ViewGroup.LayoutParams;
12  import android.widget.Button;
13  import android.widget.LinearLayout;
14
15  public class MainActivity extends AppCompatActivity {
16      public static String MA = "MainActivity";
17      public static int ACTION_BAR_HEIGHT = 56; // 纵向，以dp为单位
18
19      private float pixelDensity;
20      private boolean verticalDimensionsSet;
21      public static int screenHeightInVP;
22      private int spacingInVP;
23
24      private boolean horizontalDimensionsSet;
25      public static int screenHeightInHP;
26      private int spacingInHP;
27
28      private Button b1, b2, b3;
29      private int actionBarHeight;
30
31      protected void onCreate( Bundle savedInstanceState ) {
32          super.onCreate( savedInstanceState );
33          setUpGui( );
34          Resources res = getResources( );
35          DisplayMetrics metrics = res.getDisplayMetrics( );
36          pixelDensity = metrics.density;
37          Configuration config = getResources( ).getConfiguration( );
38          checkDimensions( config );
39          modifyLayout( config );
40      }
41
42      public void checkDimensions( Configuration config ) {
43          // 获取ActionBar的高度
44          actionBarHeight = ( int ) ( pixelDensity * ACTION_BAR_HEIGHT );
45          TypedValue tv = new TypedValue( );
46          if( getTheme( ).resolveAttribute( android.R.attr.actionBarSize,
47                                             tv, true ) )
48              actionBarHeight = TypedValue.complexToDimensionPixelSize( tv.data,
```

```java
                                            getResources( ).getDisplayMetrics( ) );
    Log.w( MA, "action bar height = " + actionBarHeight );

    // 测量按钮的高度
    b1.measure( LayoutParams.WRAP_CONTENT, LayoutParams.WRAP_CONTENT );
    int buttonHeight = b1.getMeasuredHeight( );

    // 根据orientation设置按钮间距
    if( config.orientation == Configuration.ORIENTATION_LANDSCAPE ) {
      screenHeightInHP = ( int ) ( config.screenHeightDp * pixelDensity );
      spacingInHP =
          ( screenHeightInHP - actionBarHeight - 3 * buttonHeight ) / 4;
      horizontalDimensionsSet = true;
    } else if ( config.orientation == Configuration.ORIENTATION_PORTRAIT ) {
      screenHeightInVP = ( int ) ( config.screenHeightDp * pixelDensity );
      spacingInVP =
          ( screenHeightInVP - actionBarHeight - 3 * buttonHeight ) / 4;
      verticalDimensionsSet = true;
    }
  }

  public void setUpGui( ) {
    LinearLayout linearLayout = new LinearLayout( this );
    linearLayout.setOrientation( LinearLayout.VERTICAL );
    linearLayout.setGravity( LinearLayout.VERTICAL );

    b1 = new Button( this );
    b2 = new Button( this );
    b3 = new Button( this );

    b1.setText( "GO TO VIEW 1" );
    b2.setText( "GO TO VIEW 2" );
    b3.setText( "GO TO VIEW 3" );

    LayoutParams params = new LayoutParams
      ( LayoutParams.WRAP_CONTENT, LayoutParams.WRAP_CONTENT );
    b1.setLayoutParams( params );
    b2.setLayoutParams( params );
    b3.setLayoutParams( params );

    linearLayout.addView( b1 );
    linearLayout.addView( b2 );
    linearLayout.addView( b3 );

    setContentView( linearLayout );
  }

  public void onConfigurationChanged( Configuration newConfig ) {
    super.onConfigurationChanged( newConfig );
    if( !verticalDimensionsSet || !horizontalDimensionsSet )
      checkDimensions( newConfig );
    modifyLayout( newConfig );
  }

  public void setLayoutMargins( int spacing ) {
    MarginLayoutParams params1 =
      ( MarginLayoutParams ) b1.getLayoutParams( );
```

6.5 策略3：完全用代码管理布局和方向

```
106         MarginLayoutParams params2 =
107           ( MarginLayoutParams ) b2.getLayoutParams( );
108         MarginLayoutParams params3 =
109           ( MarginLayoutParams ) b3.getLayoutParams( );
110
111         params1.setMargins( 0, spacing, 0, 0 );
112         params2.setMargins( 0, spacing, 0, 0 );
113         params3.setMargins( 0, spacing, 0, 0 );
114     }
115
116     public void modifyLayout( Configuration config ) {
117       if( config.orientation == Configuration.ORIENTATION_LANDSCAPE )
118         setLayoutMargins( spacingInHP );
119       else if( config.orientation == Configuration.ORIENTATION_PORTRAIT )
120         setLayoutMargins( spacingInVP );
121     }
122   }
```

例6.11 由代码管理运行方向

checkDimensions方法（第42~68行）检索操作栏高度并将值赋给各种与维度相关的实例变量。我们只做两次：当应用程序启动时和用户第一次旋转设备后。因此，在onConfiguration-Changed中，如果verticalDimensionsSet或horizontalDimensionsSet为false，我们只调用checkDimensions（第98行）。checkDimensions方法检索操作栏的高度以及两个方向中屏幕的高度。我们将它们赋给实例变量actionBarHeight、screenHeightInHP和screenHeightInVP。检索按钮的高度（第52~54行）并计算第59~60行和第64~65行的spacingInHP和spacingInVP的值。在第50行输出操作栏高度的值进行反馈。**图6.9**显示了以竖屏方向启动应用程序并旋转设备后的输出。操作栏的高度分别为168像素（56dp）和144像素（48dp）的竖屏和横屏方向。

```
action bar height = 168
action bar height = 144
```

图6.9 例6.11的Logcat输出

在本章的前面，我们展示了屏幕的高度，不包括状态栏，分别是竖屏和横屏方向的1704像素（568dp×3）和1008像素（336dp×3）。因此，模拟器中应用程序内容视图的高度在竖屏方向上是1536像素（1704-168），在横屏方向上是864像素（1008-144），如**图6.10**和**图6.11**所示。

Status Bar: 72 pixels high
App Title Bar: 168 pixels high
App Content: 1,536 pixels high

图6.10 在Nexus 5模拟器的纵向高度

Status Bar: 72 pixels high
App Title Bar: 144 pixels high
App Content: 864 pixels high

图6.11 在Nexus 5模拟器的横向高度

在第116~121行编码的modifyLayout方法测试设备的方向（第117行和119行），并使用适当的参数（第118行和120行）调用setLayoutMargins方法，即spacingInHP或spacingInVP。

onConfigurationChanged方法在第96~101行编码。如果尚未设置各种实例变量的值（第98行），我们调用checkDimensions（第99行）。这只会在用户第一次旋转设备时发生一次。目前，两个方向的操作栏高度相同。如果将来更改，则需要修改此示例中的代码。在第100行，调用modifyLayout，以便根据设备运行方向显示按钮。

setLayoutMargins方法在第103~114行编码。我们首先检索MarginLayoutParams引用params1、params2和params3到第104~109行的三个按钮。然后在第111~113行调用setMargins，将spacing作为第二个参数，以设置每个按钮顶部的y坐标。请记住，params1、params2和params3是对象引用，因此当我们修改它们时，会修改三个按钮的布局参数。

最后，请记住，我们希望在用户旋转设备时调用onConfigurationChanged方法，我们需要在androidManifest.xml文件中添加activity元素的android:configChanges属性：

```xml
<activity
    android:name=".MainActivity"
  android:configChanges="orientation|screenSize" >
```

■ **软件工程**：我们可以在应用程序的开发阶段将一些输出发送到Logcat，以进行反馈和调试。在应用程序的最终版本中，应标注出这些输出语句。

■ **常见错误**：不要忘记将android:configChanges属性添加到AndroidManifest.xml文件中的activity元素。否则，当用户旋转设备时，将不会调用onConfigurationChanged方法。

如果我们运行应用程序并旋转设备，则竖屏和横屏视图看起来与图6.6和图6.7中的视图类似，按钮在两个方向上均匀分布。

在撰写本文时，状态栏的高度在两个方向上均为24dp。如有必要，可通过以下代码进行检索（附录A提供详细说明）：

```
// 设置 status bar 的默认高度值
int statusBarHeight = ( int ) ( pixelDensity * 24 );
// res 是一个 Resources 引用
int resourceId =
    res.getIdentifier( "status_bar_height", "dimen", "android" );
    // res.getIdentifier( "android:dimen/status_bar_height", "", "" );
if( resourceId != 0 ) // 为 status bar 找到相应的 resource
  statusBarHeight = res.getDimensionPixelSize( resourceId );
```

本章小结

- 可以构建一个在两个方向上都可运行的应用程序:可以有两个单独的layout XML文件,将一个layout XML文件与一些代码结合起来以处理两个方向,或以编程方式管理布局和方向。
- Configuration类包括访问设备信息的资源,例如键盘、区域设置、方向、屏幕尺寸等。它还包括用来测试当前设备是否至少有一定大小的方法和常量。
- getResources和getConfiguration方法用于获取表示当前设备配置的Configuration引用。
- 用户旋转设备时会自动调用onConfigurationChanged,前提是android:onChanges属性是在AndroidManifest.xml文件的activity元素中定义的。
- 为了检测运行方向的变化,android:onChanges的值应该是orientation | screenSize。
- LayoutParams类及其子类可用于设置GUI组件的各种布局参数。
- 当应用程序运行时,屏幕通常分为三个部分:顶部的状态栏、操作栏(可能包括除应用程序名称之外的其他GUI组件)以及应用程序的内容视图。可以通过编程方式检索它们各自的高度。
- 在撰写本文时,状态栏的高度为24dp,在竖屏和横屏方向上均相同。
- 在撰写本文时,操作栏的高度分别为竖屏方向56dp和横屏方向48dp。
- 附录A提供了有关如何检索状态栏和操作栏高度的详细说明。

练习、问题和项目

多项选择练习

1. Configuration类在什么包中?
   - android.config
   - android.configuration
   - android.content
   - android.content.res

2. getConfiguration方法在哪个类中?
   - Configuration
   - Resources
   - Activity
   - Context

3. getResources方法:
   - 可以从Activity类调用,因为Activity从Context继承了该方法

- 无法从Activity类调用
- 系统自动调用
- 由配置引用调用

4. ORIENTATION_PORTRAIT和ORIENTATION_LANDSCAPE：
   - 是Resources类的常量
   - 是Activity类的常量
   - 是Configuration类的常量
   - 是View类的常量

5. 存储设备方向值的Configuration类的实例变量的名称是？
   - config
   - name
   - position
   - orientation

6. Configuration类的screenHeightDp实例变量存储了（以dp为单位）：
   - 状态栏的高度
   - 整个屏幕的高度，包括状态栏
   - 整个屏幕的高度，不包括状态栏
   - 整个屏幕的高度，不包括状态栏和操作栏

7. 如果AndroidManifest.xml文件编码正确，用户旋转设备时会自动调用哪种方法？
   - onConfigurationChanged
   - onRotate
   - onChange
   - onRotation

8. 为了在用户旋转设备时自动调用问题7中的方法，需要在AndroidManifest.xml文件中设置什么属性？
   - android:changes
   - android:configChanges
   - android:rotate
   - android:onRotate

9. 状态栏的高度：
   - 无法以编程方式检索
   - 可以通过编程方式检索
   - 目前等于20像素
   - 在竖屏方向和横屏方向上总是不同的

10. GUI组件周围的边距：
    - 必须在layout xml文件中设置——不能通过代码设置

- 可以通过View类的setMargins方法设置
- 可以通过MarginLayoutParams类的setMargins方法设置
- 可以通过Activity类的setMargins方法设置

编写代码

11. 编写代码获取Configuration引用。
12. 编写代码检索屏幕宽度（以像素为单位）。
13. 编写代码检测dp中屏幕的宽度。
14. 编写代码向Logcat输出设备的当前方向。
15. 编写代码测试设备是否具有超大屏幕，并将结果输出到Logcat。
16. 编写代码测试设备是否至少具有大屏幕而不是超大屏幕，并将结果输出到Logcat。
17. 当设备处于竖屏时，编写代码将视图设置为从portrait.xml填充；当设备处于横屏时，编写设置为landscape.xml的视图。假设已经有一个Configuration引用。
18. 编写代码检索操作栏的高度（以像素为单位）。
19. 编写代码向Logcat输出以TextView命名标签的宽度和高度。

    ```
    /* Assume that the TextView label has been instantiated and has
    been added to the View */
    // 代码从这里开始
    ```

20. 编写代码将按钮的边距设置为左侧30像素，右侧50像素。

    ```
    /* Assume that the Button myButton has been instantiated and has
    been added to the View */
    MarginLayoutParams params =
      ( MarginLayoutParams ) myButton.getLayoutParams( );
    // 代码从这里开始
    ```

编写一款应用程序

21. 使用两个layout XML文件编写一个在竖屏和横屏方向都有效的应用程序：应用程序要求用户输入添加结果并检查答案。使用0~20之间随机生成的整数作为加法的操作数。包含模型。GUI在两个方向都应该看起来不错。

22. 编写一个在竖屏和横屏方向都有效的应用程序。该应用程序是一款多样性的小游戏。两个玩家轮流从一组物体中移除相同的物体。玩家可以一次移除一个、两个或三个物体。拿最后一个物体的玩家算输。可以在TextView中存储当前数量的物体，并通过EditText获取用户输入。包含模型。随机生成物体的起始数（介于10~20之间的整数）。GUI应该适合于竖屏和横屏两个方向。

23. 编写一个使用两个layout XML文件在竖屏和横屏方向上都能工作的应用程序。该应用程序是一个简单的计算器：用户可以单击显示1到9位数的按钮，单击显示+、-和*的按钮，应用程序上显示结果。包含模型。GUI在两个方向都应该看起来不错。不同的方向适用不同的颜色主题。

24. 编写一个使用两个layout XML文件在竖屏和横屏方向上都能工作的应用程序。该应用程序是一个小费计算器：用户可以输入餐馆账单，一些客人和小费百分比，该应用程序显示总小费，总金额，每位客人的小费以及每位客人的总账单。包含模型。GUI在两个方向都应该看起来不错。

25. 编写一个在竖屏和横屏方向都有效的应用程序。该应用程序是一个tic-tac-toe游戏。包含模型。GUI在两个方向都应该看起来不错。在一个方向上使用Xs和Os，在另一个方向上使用As和Zs。

26. 编写一个在竖屏和横屏方向都有效的应用程序。该应用程序在其起始位置显示棋盘。包含模型。GUI在两个方向都应该看起来不错。在一个方向使用黑白颜色，在另一个方向使用另外两种颜色。在竖屏方向，使用屏幕的整个宽度将棋盘定位在屏幕顶部。在横屏方向，使用屏幕的整个高度将棋盘放置在屏幕中间。使用字符代表各棋子（如K代表King，Q代表Queen等）。

CHAPTER 7

触摸与滑动

本章目录

内容简介

- 7.1 检测触摸事件
- 7.2 处理滑动事件：移动TextView
- 7.3 模型
- 7.4 视图：设置GUI，Puzzle应用程序，版本0
- 7.5 移动拼图，Puzzle应用程序，版本1
- 7.6 解决难题，Puzzle应用程序，版本2
- 7.7 手势、点击检测和处理
- 7.8 检测双击，Puzzle应用程序，版本3
- 7.9 独立的应用程序设备，Puzzle应用程序，版本4

本章小结

练习、问题和项目

内容简介

很多移动游戏都会使用屏幕触摸、点击或滑动操作,作为与用户交互的方式。在大多数地图应用程序中,用户可以通过做一些手势(如捏住或伸展手指)来放大和缩小地图。所有这些事件都遵循与事件处理相同的规则:

- ▶ 一个事件处理类,通常实现一个接口。
- ▶ 创建类的对象,一个监听器。
- ▶ 在一个或多个图形用户界面(GUI)组件上注册该监听器。

在本章中,我们将学习如何检测和处理触摸、滑动和点击操作。我们还构建了一个简单的益智应用程序(Puzzle应用程序),让用户通过触摸将其拖动到Puzzle中的另一个位置来移动Puzzle。图7.1显示了这个Puzzle界面,它使用了五个TextView,顺序已被打乱,需要按正确的顺序排列。

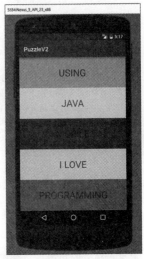

图7.1 在模拟器中运行的Pazzle应用程序,版本2

7.1 检测触摸事件

在开发Puzzle应用程序之前,我们先做一个简单的练习,构建一个应用程序,其中包含一个TextView。当用户触摸并滑动手指时移动TextView。我们为该应用程序选择Empty Activity 模板。View.OnTouchListener接口是View类的公共静态内部接口,它提供了一个onTouch方法,当用户与屏幕交互时调用该方法。某些事情(例如事件)发生时调用的方法称为Callback方法。表7.1显示了该方法。

表7.1 View.OnTouchListener接口

方法	说明
boolean onTouch(View v, MotionEvent event)	发生触摸事件时调用该方法。v是事件发生的视图(假设此侦听器在v上注册)。如果此方法返回true,则消耗该事件。如果返回false,则事件将传播到View堆栈中v下面的Views

为了使用View.OnTouchListener接口处理触摸事件,我们需要:

- ▶ 定义一个实现View.OnTouchListener的类并重写onTouch方法。
- ▶ 创建该类的对象。
- ▶ 在一个或多个视图上注册该对象。

我们可以将该类定义为当前活动类的私有类,代码如下:

```
// MainActivity 类中的私有类
private class TouchHandler implements View.OnTouchListener {
  // TouchHandler 类需要覆盖 onTouch
  public boolean onTouch( View v, MotionEvent event ) {
    // 在这里处理事件
  }
}
```

为了在View上注册View.OnTouchListener类型的对象,我们使用View类的setOnTouchListener方法,如**表7.2**所示。

```
// 在 MainActivity 内部,如果我们希望 v 视图响应触摸事件
TouchHandler th = new TouchHandler( );
v.setOnTouchListener( th );
```

表7.2 View类的setOnTouchListener方法

方法	说明
void setOnTouchListener (View. OnTouchListener listener)	在此View上注册侦听器。将触摸事件发送到此视图时,将调用onTouch侦听器方法

让当前的Activity类实现View.OnTouchListener的另一种方法是定义一个新类实现View.OnTouchListener。这是一个View.OnTouchListener对象,我们可以在一个或多个视图上注册它。如果MainActivity为Activity类,我们应该这样编写代码:

```
// MainActivity 实现 View.OnTouchListener
public class MainActivity extends Activity implements
View.OnTouchListener {

// 如果我们希望 v 视图响应触摸事件
v.setOnTouchListener( this );

// MainActivity 类需要覆盖 onTouch
public boolean onTouch( View v, MotionEvent event ) {
   // 在这里处理事件

}
```

onTouch方法的第一个参数是事件发生的View,假设监听器已在该View上注册。第二个参数是MotionEvent引用,它包含有关该事件的信息。当用户触摸屏幕时,滑动手指,然后抬起,实际会有一系列事件按顺序发生。onTouch方法被多次调用,每次都使用不同的event参数值。这需要我们测试该event参数并进行相应的处理。MotionEvent参数event包含事件序列中当前事件的信息,甚至还包含整个序列中已经过了很长时间的信息,触摸屏幕的难度等。与**表7.3**中的MotionEvent类的其他方法一起列出的getAction方法返回一个整数值,该整数值标识发生的操作类型。我们可以将该值与MotionEvent类的一个操作常量进行比较,其中一些常量列于**表7.4**中。因此,在onTouch方法内部,我们调用带有event的getAction,将结果与感兴趣事件相对应MotionEvent类的常量进行比较,并相应地处理结果。使用下列switch语句(用实际常量如ACTION_DOWN、ACTION_UP替换SOME_ACTION和SOME_OTHER_ACTION等):

```
public boolean onTouch( View v, MotionEvent event ) {
  int action = event.getAction( );
  switch( action ) {
    case MotionEvent.SOME_ACTION:
      // 运行了一些 action;处理这些信息
      break;
    case MotionEvent.SOME_OTHER_ACTION:
      // 运行了一些 action;处理这些信息
      break;
```

```
        ...
      }
```

表7.3　MotionEvent类的方法

方法	说明
float getRawX ( )	返回屏幕内触摸的x坐标
float getRawY ( )	返回屏幕内触摸的y坐标
float getX ( )	返回View中触摸的x坐标
float getY ( )	返回View中触摸的y坐标
int getAction ( )	返回触摸事件中发生的操作类型

表7.4　可以与getAction方法的返回值进行比较的MotionEvent类的常量

常量	说明
ACTION_DOWN	用户触摸了屏幕
ACTION_UP	用户停止触摸屏幕
ACTION_MOVE	用户正在屏幕上移动手指

我们主要关注第一次触摸（ACTION_DOWN常量）、手指的拖动（ACTION_MOVE常量）和手指的抬起（ACTION_UP常量）。在第一个示例中，我们只需向Logcat输出一些关于正在处理什么操作、处理什么事件以及在什么视图上的信息。**例7.1**显示了MainActivity类。

```
1   package com.jblearning.touchesv0;
2
3   import android.os.Bundle;
4   import android.support.v7.app.AppCompatActivity;
5   import android.util.Log;
6   import android.view.MotionEvent;
7   import android.view.View;
8
9   public class MainActivity extends AppCompatActivity
10                            implements View.OnTouchListener {
11    public static final String MA = "MainActivity";
12
13    protected void onCreate( Bundle savedInstanceState ) {
14      super.onCreate( savedInstanceState );
15      setContentView( R.layout.activity_main );
16      // 设置触摸事件处理
17      View view = findViewById( android.R.id.content );
18      Log.w( MA, "view = " + view );
19      view.setOnTouchListener( this );
20    }
21
22    public boolean onTouch( View v, MotionEvent event ) {
23      int action = event.getAction( );
24      switch( action ) {
25        case MotionEvent.ACTION_DOWN:
26          Log.w( MA, "DOWN: v = " + v + "; event = " + event );
27          break;
```

```
28              case MotionEvent.ACTION_MOVE:
29                Log.w( MA, "MOVE: v = " + v + "; event = " + event );
30                break;
31              case MotionEvent.ACTION_UP:
32                Log.w( MA, "UP: v = " + v + "; event = " + event );
33                break;
34          }
35          return true;
36        }
37  }
```

例7.1　MainActivity类，跟踪touch事件，Touches应用程序，版本0

在第9~10行，声明MainActivity实现View.OnTouchListener接口。在onCreate方法中，使用默认的id content在第17行检索活动的内容视图，默认标识它。在第18行输出它，以便可以将它的值与onTouch方法的View参数的值进行比较。在第19行，我们在该内容的View上注册了这个View.OnTouchListener。这样，每当用户通过触摸与屏幕交互时，onTouch方法就会执行，其View参数就是内容View。

在onTouch方法内部（第22~36行），我们首先检索第23行执行的操作。使用switch结构将其值与MotionEvent类的ACTION_DOWN、ACTION_MOVE和ACTION_UP常量进行比较。对每种情况，输出View参数v和MotionEvent参数event的Logcat信息。

图7.2显示了例7.1中Logcat的输出，因为用户在屏幕上的某处进行了一次小滑动。我们可以观察几件事：

- 首先使用DOWN操作调用该方法，然后使用MOVE操作多次调用该方法，然后使用UP操作调用一次。
- 视图参数v始终相同，它是活动的内容视图。
- 参数event包含诸如操作、x坐标和y坐标、次数等信息。可以看到，每次在MOVE操作调用方法时，x坐标值和y坐标值都不同。它们一起形成了一组独立的值，代表滑动。需要注意的是，我们不会在滑动上获得连续的逐条像素信息。

```
view = android.support.v7.widget.ContentFrameLayout{e61a782 V.E........
....I. 0,0-0,0 #1020002 android:id/content}

DOWN: v = android.support.v7.widget.ContentFrameLayout{e61a782 V.E......
........ 0,168-1080,1704 #1020002 android:id/content}; event = MotionEvent {
action=ACTION_DOWN, actionButton=0, id[0]=0, x[0]=289.0, y[0]=370.0,
toolType[0]=TOOL_TYPE_FINGER, buttonState=0, metaState=0, flags=0x0,
edgeFlags=0x0, pointerCount=1, historySize=0, eventTime=94301,
downTime=94301, deviceId=0, source=0x1002}

MOVE: v = android.support.v7.widget.ContentFrameLayout{e61a782 V.E......
........ 0,168-1080,1704 #1020002 android:id/content}; event = MotionEvent {
action=ACTION_MOVE, actionButton=0, id[0]=0, x[0]=328.0, y[0]=459.0,
toolType[0]=TOOL_TYPE_FINGER, buttonState=0, metaState=0, flags=0x0,
edgeFlags=0x0, pointerCount=1, historySize=2, eventTime=94404,
downTime=94301, deviceId=0, source=0x1002}

MOVE: v = android.support.v7.widget.ContentFrameLayout{e61a782 V.E......
........ 0,168-1080,1704 #1020002 android:id/content}; event = MotionEvent {
action=ACTION_MOVE, actionButton=0, id[0]=0, x[0]=361.5, y[0]=483.5,
toolType[0]=TOOL_TYPE_FINGER, buttonState=0, metaState=0, flags=0x0,
edgeFlags=0x0, pointerCount=1, historySize=2, eventTime=94418,
downTime=94301, deviceId=0, source=0x1002}
```

```
...
MOVE: v = android.support.v7.widget.ContentFrameLayout{e61a782 V.E......
........ 0,168-1080,1704 #1020002 android:id/content}; event = MotionEvent {
action=ACTION_MOVE, actionButton=0, id[0]=0, x[0]=614.0, y[0]=798.85583,
toolType[0]=TOOL_TYPE_FINGER, buttonState=0, metaState=0, flags=0x0,
edgeFlags=0x0, pointerCount=1, historySize=2, eventTime=94594,
downTime=94301, deviceId=0, source=0x1002}
MOVE: v = android.support.v7.widget.ContentFrameLayout{e61a782 V.E......
........ 0,168-1080,1704 #1020002 android:id/content}; event = MotionEvent {
action=ACTION_MOVE, actionButton=0, id[0]=0, x[0]=614.0, y[0]=804.0,
toolType[0]=TOOL_TYPE_FINGER, buttonState=0, metaState=0, flags=0x0,
edgeFlags=0x0, pointerCount=1, historySize=0, eventTime=94601,
downTime=94301, deviceId=0, source=0x1002}
UP: v = android.support.v7.widget.ContentFrameLayout{e61a782 V.E......
........ 0,168-1080,1704 #1020002 android:id/content}; event = MotionEvent {
action=ACTION_UP, actionButton=0, id[0]=0, x[0]=614.0, y[0]=804.0,
toolType[0]=TOOL_TYPE_FINGER, buttonState=0, metaState=0, flags=0x0,
edgeFlags=0x0, pointerCount=1, historySize=0, eventTime=94615,
downTime=94301, deviceId=0, source=0x1002}
```

图7.2　例7.1的Logcat输出

7.2　处理滑动事件：移动 TextView

在第一个示例中，我们在内容视图上注册了触摸监听器。在第二个示例中，我们在屏幕上添加了一个TextView，当用户触摸它并在屏幕上移动手指时会移动它。这一次，我们在TextView上注册了监听器。这说明了getX和getY方法之间的区别，另一方面说明了getRawX和getRawY方法，如表7.3所示。getX和getY方法返回相对于发生事件的View的x和y坐标，即作为第一个参数传递给onTouch的View v。getRawX和getRawY返回屏幕内的x和y坐标，包括屏幕装饰，如状态栏和操作栏。如果我们使用getRawX和getRawY方法，并且想知道相对于内容View的x和y坐标，我们可以在onTouch中使用以下代码来转换：

```
int [] location = new int[2];
// view 为显示 activity 内容的视图
view.getLocationInWindow( location );
float relativeX = event.getRawX( ) - location[0];
float relativeY = event.getRawY( ) - location[1];
```

相反，如果监听器已在TextView上注册并且第一次触摸TextView的左上角，则onTouch方法的View v参数是TextView，并且getX和getY方法返回0和0（或接近它），与TextView在屏幕上的位置无关。

例7.2显示了MainActivity类。我们通过代码构建GUI并在其中包含一个TextView。我们希望根据用户触摸移动TextView，因此我们需要使用绝对坐标。不推荐使用绝对坐标的AbsoluteLayout类，用RelativeLayout类来代替。RelativeLayout允许我们定位组件之间的绝对位置或使用绝对坐标定位组件。当我们将RelativeLayout添加到RelativeLayout时，可以通过将RelativeLayout.LayoutParams对象与RelativeLayout相关联来定义和控制每个组件的维度和位置。在第12行声明了TextView实例变量tv，在第13行声明了RelativeLayout.LayoutParams参数params。将它们声明为实例变量之后，可以在onTouch方法中进行访问。

```java
1   package com.jblearning.touchesv1;
2
3   import android.os.Bundle;
4   import android.support.v7.app.AppCompatActivity;
5   import android.view.MotionEvent;
6   import android.view.View;
7   import android.widget.RelativeLayout;
8   import android.widget.TextView;
9
10  public class MainActivity extends AppCompatActivity
11                            implements View.OnTouchListener {
12    private TextView tv;
13    private RelativeLayout.LayoutParams params;
14    private int startX;
15    private int startY;
16    private int startTouchX;
17    private int startTouchY;
18
19    protected void onCreate( Bundle savedInstanceState ) {
20      super.onCreate( savedInstanceState );
21      buildGuiByCode( );
22    }
23
24   public void buildGuiByCode( ) {
25      tv = new TextView( this );
26      tv.setBackgroundColor( 0xFFFF0000 );
27
28      RelativeLayout rl = new RelativeLayout( this );
29      params = new RelativeLayout.LayoutParams( 300, 200 );
30      params.leftMargin = 50;
31      params.topMargin = 150;
32
33      rl.addView( tv, params );
34      setContentView( rl );
35
36      tv.setOnTouchListener( this );
37    }
38
39    public boolean onTouch( View v, MotionEvent event ) {
40      int action = event.getAction( );
41      switch( action ) {
42        case MotionEvent.ACTION_DOWN:
43          startX = params.leftMargin;
44          startY = params.topMargin;
45          startTouchX = ( int ) event.getX( );
46          startTouchY = ( int ) event.getY( );
47          break;
48        case MotionEvent.ACTION_MOVE:
49          params.leftMargin = startX + ( int ) event.getX( ) - startTouchX;
50          params.topMargin = startY + ( int ) event.getY( ) - startTouchY;
51          tv.setLayoutParams( params );
52          break;
53      }
54      return true;
55    }
56  }
```

例7.2 MainActivity类，使用滑屏拖动TextView，Touches应用程序，版本1

第21行调用buildGuiByCode方法，我们通过buildGuiByCode方法（第24~37行）中的代码构建GUI。在第25行，实例化tv，给它一个红色背景（第26行）。在第28行，新建一个RelativeLayout，在第34行，设置内容视图。在第29~31行，定义params，并通过它将tv添加到相对布局（第33行）。在onTouch方法中，当我们修改params并重置tv的布局参数时，会自动修改tv.RelativeLayout.LayoutParams的位置，一个ViewGroup.MarginLayoutParams的子类，并继承其与margin相关的字段，如**表7.5**所示。

表7.5　ViewGroup.MarginLayoutParams类的公共字段

方法	说明
int bottomMargin	子项的下边距（以像素为单位）
int leftMargin	子项的左边距（以像素为单位）
int rightMargin	子项的右边距（以像素为单位）
int topMargin	子项的上边距（以像素为单位）

在第14~17行添加了更多实例变量，以便在滑动开始时跟踪TextView的原始位置和触摸位置。在onTouch方法中使用它们来重新计算TextView的左角位置，因为用户将手指移动到屏幕上。在onTouch方法（第39~55行）中，在用户第一次触摸屏幕时（第43~46行）初始化这四个变量，这是由DOWN操作捕获的（第42行）。当用户滑动手指时（MOVE操作，第48行），更新第49~50行的params的leftMargin和topMargin参数，并通过调用setLayoutParams方法在第51行相应地更新tv的位置，如**表7.6**所示，传递更新的params值。当用户从屏幕上抬起手指时，没有什么可做的，所以我们在代码中不考虑UP操作。

表7.6　View类的setLayoutParams方法

方法	说明
void setLayoutParams（ViewGroup.LayoutParams params）	设置与此View关联的布局参数

需要注意的是，本例中，我们在第36行的tv上注册监听器，而不是在content视图上注册。因此，仅当触摸在tv内部启动时才会触发对onTouch的调用，但是当触摸在tv外部启动时不会触发对onTouch的调用。

当运行这个应用程序时，如果我们触摸红色矩形并滑动手指，则红色矩形会移动。

7.3　模型

现在我们了解了触摸事件的工作原理以及如何移动TextView，就可以开始构建我们的Puzzle应用程序了。如图7.1所示，它向用户展示了几个需要重新排序的TextView。第一步是设计我们的Model，Puzzle类，其中包括以下内容：

▶ 一个以正确的顺序存储Puzzle的字符串数组parts。

▶ 一个方法返回一个以随机错误顺序存储Puzzle的字符串数组。

▶ 一个检查字符串数组是否正确顺序的方法。

▶ 一个返回Puzzle中碎片数量（parts中的元素数量）的方法。

例7.3显示了Puzzle类。为了简单起见，我们在默认构造函数中对parts数组的内容进行了硬编码（第10~17行）。我们可以设想一个更复杂的模型，构造函数从文件或数据库中读取Puzzle数据。在这种情况下，我们在读取数据之前不会知道Puzzle中的块数。出于这个原因，我们在第47~49行为Puzzle中的块数getNumberOfParts提供了一个访问器。通过这种方式，每当Controller需要知道Puzzle中有多少块时，就可以调用该方法，而不是使用常量NUMBER_PARTS，其值是硬编码的。我们还可以将许多Puzzle存储在文件或数据库中，并随机读取。本例中，我们更改模型中的Puzzle块数，应用程序仍然可以工作。例如，我们可以删除第15行和第16行，并将NUMBER_PARTS的值更改为3，并且该应用程序仍然可以正常工作。

如果其参数数组的内容与parts相同，则第19~29行的solved方法返回true，否则返回false。在第31~45行的scramble方法返回一个包含Puzzle所有元素的字符串数组，但顺序不同。为此，我们首先在第32行创建一个新的数组，然后使用第33~34行的部分元素对其进行初始化。在第36~43行，我们使用while循环来混合scramble的元素，直到scramble元素与部分元素相比处于不同的顺序。为了测试它，我们使用solved的方法（第36行）。

第37~42行的for循环将从左到右的scramble元素混合，从索引0开始。在循环的每次迭代中，索引0和i-1之间的元素已经被洗牌。循环的当前迭代将索引i处的元素与i和scrambled.length之间的随机索引处的元素交换。在第38行，我们生成i和scrambled.length之间的随机索引——包括1。然后，我们将该索引处的元素与索引i处的元素交换（第39~41行）。

```java
1    package com.jblearning.puzzlev0;
2
3    import java.util.Random;
4
5    public class Puzzle {
6      public static final int NUMBER_PARTS = 5;
7      String [] parts;
8      Random random = new Random( );
9
10     public Puzzle( ) {
11       parts = new String[NUMBER_PARTS];
12       parts[0] = "I LOVE";
13       parts[1] = "MOBILE";
14       parts[2] = "PROGRAMMING";
15       parts[3] = "USING";
16       parts[4] = "JAVA";
17     }
18
19     public boolean solved( String [] solution ) {
20       if( solution != null && solution.length == parts.length ) {
21         for( int i = 0; i < parts.length; i++ ) {
22           if( !solution[i].equals( parts[i] ) )
23             return false;
24         }
25         return true;
26       }
27       else
28         return false;
29     }
30
```

```
31    public String [] scramble( ) {
32      String [] scrambled = new String[parts.length];
33      for( int i = 0; i < scrambled.length; i++ )
34        scrambled[i] = parts[i];
35
36      while( solved( scrambled ) ) {
37        for( int i = 0; i < scrambled.length; i++ ) {
38          int n = random.nextInt( scrambled.length - i ) + i;
39          String temp = scrambled[i];
40          scrambled[i] = scrambled[n];
41          scrambled[n] = temp;
42        }
43      }
44      return scrambled;
45    }
46
47    public int getNumberOfParts( ) {
48      return parts.length;
49    }
50  }
```

例7.3　Puzzle 类，Puzzle应用程序，版本0

7.4　视图：设置 GUI，Puzzle 应用程序，版本 0

现在我们了解触摸事件并且有了一个模型，可以开始构建一个功能性的Puzzle应用程序了。本节中，我们将构建应用程序的View部分。简单起见，我们只允许应用程序以竖屏方向显示。在AndroidManifest.xml文件中，我们将其定义如下：

```
<activity
  android:screenOrientation="portrait"
```

在styles.xml文件中，我们将TextViews的字体大小设置为32，如下所示：

```
<item name="android:textSize">32sp</item>
```

Puzzle的每个部分都显示在TextView中。尽管Puzzle的默认构造函数定义了一个包含五个块的Puzzle，但我们可以轻松地设想另一个构造函数，它允许用户设定块的数量，然后从文件或数据库中检索字符串。因此，我们通过代码而不是XML文件定义View，以便它能够容纳可变数量的TextView。此外，我们将View放在一个不同于MainActivity类的单独类中，即Controller。

例7.4显示了PuzzleView类。我们不是扩展View并使用RelativeLayout管理View，而只是扩展了RelativeLayout。RelativeLayout继承自View，因此它是一个视图，可以作为View赋给Activity。我们使用RelativeLayout类来安排TextViews，因为它可以使用绝对坐标管理其子视图。

编写一个构造函数，具有如下四个参数：

▶ activity，一个activity引用——我们将从Activity类中实例化PuzzleView。

▶ width，int型整数，表示屏幕的宽度。

▶ height，int型整数，表示屏幕的高度。

▶ numberOfPieces，int型整数，表示Puzzle中的块数。

7.4 视图：设置GUI，Puzzle应用程序，版本0

```java
1   package com.jblearning.puzzlev0;
2
3   import java.util.Random;
4   import android.app.Activity;
5   import android.view.Gravity;
6   import android.widget.RelativeLayout;
7   import android.widget.TextView;
8   import android.graphics.Color;
9
10  public class PuzzleView extends RelativeLayout {
11    private TextView [] tvs;
12    private RelativeLayout.LayoutParams [] params;
13    private int [] colors;
14
15    private int labelHeight;
16
17    public PuzzleView( Activity activity, int width, int height,
18                      int numberOfPieces ) {
19      super( activity );
20      buildGuiByCode( activity, width, height, numberOfPieces );
21    }
22
23    public void buildGuiByCode( Activity activity, int width, int height,
24                                int numberOfPieces ) {
25      tvs = new TextView[numberOfPieces];
26      colors = new int[tvs.length];
27      params = new RelativeLayout.LayoutParams[tvs.length];
28      Random random = new Random( );
29      labelHeight = height / numberOfPieces;
30      for( int i = 0; i < tvs.length; i++ ) {
31        tvs[i] = new TextView( activity );
32        tvs[i].setGravity( Gravity.CENTER );
33        colors[i] = Color.rgb( random.nextInt( 255 ),
34          random.nextInt( 255 ), random.nextInt( 255 ) );
35        tvs[i].setBackgroundColor( colors[i] );
36        params[i] = new RelativeLayout.LayoutParams( width, labelHeight );
37        params[i].leftMargin = 0;
38        params[i].topMargin = labelHeight * i;
39        addView( tvs[i], params[i] );
40      }
41    }
42
43    public void fillGui( String [] scrambledText ) {
44      for( int i = 0; i < tvs.length; i++ )
45        tvs[i].setText( scrambledText[i] );
46    }
47  }
```

例7.4 PuzzleView类，Puzzle应用程序，版本0

我们使用buildGuiByCode方法以代码形式构建整个GUI，在第23~41行编码，并从第20行的PuzzleView构造函数调用，将所有构造函数的参数传递给buildGuiByCode。当将其添加到RelativeLayout时，可以通过将RelativeLayout.LayoutParams对象与它相关联来定义和控制每个组件的维度和位置。我们声明以下实例变量：

▶ tvs：一组TextViews（第11行）。每个Puzzle都有一个TextView。

- params：RelativeLayout.LayoutParams数组（第12行）。
- colors：一个表示颜色整数值的数组（第13行）。随机生成，为TextViews着色。
- labelHeight：每个TextView的高度（第15行）。

上面的三个数组是并行数组。我们使用params数组来定位和调整tvs中的TextViews，并使用colors数组为它们着色。在第25~27行被实例化。在第30~40行，遍历数组tvs中的元素。每个TextView都使用上面三个数组中的相应值进行着色、定位及调整大小。在第33~34行，生成包含0到255之间的三个随机整数，并将它们传递给Color类的rgb静态方法，以便为当前TextView生成随机颜色。需要注意的是，我们使用的是android.graphics包中的Color类（在第8行导入），而不是传统java.awt包中的Color类。

我们希望所有TextView具有相同的高度，将其存储在labelHeight中。在第29行，为labelHeight指定height参数（表示屏幕的高度），除以numberOfPieces。在第36行，使用width和labelHeight实例化params的每个元素。在第37~38行，设置了params每个元素左上角的坐标。在第39行，使用ViewGroup类（RelativeLayout的超类）的addView方法将每个TextView添加到此PuzzleView，该方法的第二个参数为ViewGroup.LayoutParams（RelativeLayout.LayoutParams的超类）对象的返回值。

fillGui方法，在第43~46行，用一个字符串数组填充TextViews，表示Puzzle的块。

例7.5显示了MainActivity类。它包括两个实例变量：puzzleView，代表视图的PuzzleView引用（第13行）；Puzzle，代表模型的Puzzle引用（第14行）。

onCreate方法（第16~49行）在第18行实例化Puzzle和puzzleView（第43~44行）。它将Activity的内容视图设置为第48行的puzzleView。在第20~23行检索屏幕的高度和宽度。虽然屏幕的宽度也是Puzzle的宽度，但屏幕的高度包括状态栏和操作栏的高度，不应包含在Puzzle中。在撰写本文时，根据Google的设计指南，状态栏的高度为24dp，操作栏的高度为56dp。因此，我们声明两个常量定义状态栏和操作栏高度的默认值（第11~12行）。

首先将这些默认值乘以像素密度赋值给第29行、36行的actionBarHeight、statusBarHeight变量，然后尝试以编程方式检索它们。首先检索Resources引用，然后检索当前设备的DisplayMetrics引用，然后访问其密度字段，在第25~27行检索当前设备的像素密度。DisplayMetrics类包含有关显示的信息，包括其大小、密度和字体缩放。无法保证操作栏的高度在将来不会改变。因此，最好以编程方式检索它。在第30~34行，我们尝试检索操作栏的高度，如果可以的话，将其分配给actionBarHeight。在第37~40行，我们尝试检索状态栏的高度，如果可以的话，将其分配给statusBarHeight。附录A提供了详细说明。

在第42行，我们从屏幕高度中减去状态栏和操作栏的高度，来计算Puzzle的高度。

在第45行调用Puzzle的Scramble方法，以便为我们的Puzzle生成一个乱序的字符串数组，然后将其传递给第46行的PuzzleView的fillGui方法。从MVC角度看，Controller要求Model在第45行提供一系列scramble字符串，并在第46行更新View。

此时，没有事件处理，因此用户无法移动任何Puzzle，但应用程序会运行并显示未解决的Puzzle，如图7.1所示。

```
1   package com.jblearning.puzzlev0;
```

```java
 2
 3    import android.content.res.Resources;
 4    import android.graphics.Point;
 5    import android.os.Bundle;
 6    import android.support.v7.app.AppCompatActivity;
 7    import android.util.DisplayMetrics;
 8    import android.util.TypedValue;
 9
10    public class MainActivity extends AppCompatActivity {
11      public static int STATUS_BAR_HEIGHT = 24; // 以dp为单位
12      public static int ACTION_BAR_HEIGHT = 56; // 以dp为单位
13      private PuzzleView puzzleView;
14      private Puzzle puzzle;
15
16      protected void onCreate( Bundle savedInstanceState ) {
17        super.onCreate( savedInstanceState );
18        puzzle = new Puzzle( );
19
20        Point size = new Point( );
21        getWindowManager( ).getDefaultDisplay( ).getSize( size );
22        int screenHeight = size.y;
23        int puzzleWidth = size.x;
24
25        Resources res = getResources( );
26        DisplayMetrics metrics = res.getDisplayMetrics( );
27        float pixelDensity = metrics.density;
28
29        int actionBarHeight = ( int ) ( pixelDensity * ACTION_BAR_HEIGHT );
30        TypedValue tv = new TypedValue( );
31        if( getTheme( ).resolveAttribute( android.R.attr.actionBarSize,
32                                          tv, true ) )
33          actionBarHeight = TypedValue.complexToDimensionPixelSize( tv.data,
34                            metrics );
35
36        int statusBarHeight = ( int ) ( pixelDensity * STATUS_BAR_HEIGHT );
37        int resourceId =
38            res.getIdentifier( "status_bar_height", "dimen", "android" );
39        if( resourceId != 0 ) // 查找status bar高度相应的resource
40          statusBarHeight = res.getDimensionPixelSize( resourceId );
41
42        int puzzleHeight = screenHeight - statusBarHeight - actionBarHeight;
43        puzzleView = new PuzzleView( this, puzzleWidth, puzzleHeight,
44                                     puzzle.getNumberOfParts( ) );
45        String [] scrambled = puzzle.scramble( );
46        puzzleView.fillGui( scrambled );
47
48        setContentView( puzzleView );
49      }
50    }
```

例7.5 MainActivity类，Puzzle应用程序，版本0

7.5 移动拼图，Puzzle 应用程序，版本 1

我们现在开始构建应用程序的Controller部分，为应用程序赋予相关功能。在版本1中，我们将实现让用户移动不同的拼图（如TextView）的功能。在这一阶段，我们不需要关注拼图是否能准确定位，以及拼图是否已完整拼合起来。

每当用户移动一块Puzzle时，将该块放在其他Puzzle之上，以便用户可以随时看到它。视图使用堆栈顺序排列在堆栈中。添加到ViewGroup的第一个视图位于堆栈的底部，最后添加的视图位于堆栈的顶部。图7.3说明了堆栈顺序概念。在蓝色视图后添加的红色视图在堆栈顺序中较高，并且隐藏了部分蓝色视图。表7.7显示了View类的bringToFront方法，通过它将View带到堆栈顶部，使它不会被其兄弟视图隐藏。要强制View命名视图位于堆栈的顶部，用它调用bringToFront方法，如下面的语句所示：

图7.3 红色视图高于堆栈序列中的蓝色视图，隐藏了部分蓝色视图

```
view.bringToFront();
```

为了实现上述功能，MainActivity类实现了View.OnTouchListener接口，并重写了onTouch方法。此时，onTouch方法的伪代码如下：

```
如果是 DOWN 操作
    存储所触摸的 Puzzle 块的 y 位置
    存储触摸的 y 位置
    将 Puzzle 块放在堆栈顺序的顶部
如果是 MOVE 操作
    当用户滑动手指时移动 Puzzle 块
```

表7.7　View类的bringToFront方法

方法	说明
void bringToFront ()	将此视图置于堆栈顶部，使其位于所有同级视图之上

所有上述内容都涉及在PuzzleView类中管理TextViews。因此，我们在PuzzleView类中提供了执行这些操作的方法，并从MainActivity类中调用这些方法。例7.6显示了MainActivity类。它实现了View.OnTouchListener（第12~13行）并在第54~70行重写了onTouch方法。在第50行，在onCreate方法内部，我们使用puzzleView调用PuzzleView类的enableListener方法。该方法在所有TextView上注册了该监听器MainActivity。

在onTouch方法内部，我们首先调用indexOfTextView来检索作为触摸事件目标的TextView的索引（第55行）以及触摸事件中的操作类型（第56行）。此时，我们只关心DOWN和MOVE操作，不关心UP操作。如果是DOWN操作（第58行），则用户正在拾取一块Puzzle并准备移动它。我们使用puzzleView（第59~60行）调用updateStartPositions以更新触摸的TextView的y位置和触摸的y位置（如果操作是MOVE，我们需要这两个y值来计算TextView的新位置）。我们将触摸的TextView放到第61~62行的前面。

```
1  package com.jblearning.puzzlev1;
2
3  import android.content.res.Resources;
4  import android.graphics.Point;
5  import android.os.Bundle;
6  import android.support.v7.app.AppCompatActivity;
7  import android.util.DisplayMetrics;
8  import android.util.TypedValue;
```

7.5 移动拼图，Puzzle应用程序，版本1

```java
 9    import android.view.MotionEvent;
10    import android.view.View;
11
12    public class MainActivity extends AppCompatActivity
13                              implements View.OnTouchListener {
14      public static int STATUS_BAR_HEIGHT = 24; // 以dp为单位
15      public static int ACTION_BAR_HEIGHT = 56; // 以dp为单位
16      private PuzzleView puzzleView;
17      private Puzzle puzzle;
18
19      protected void onCreate( Bundle savedInstanceState ) {
20        super.onCreate( savedInstanceState );
21        puzzle = new Puzzle( );
22
23        Point size = new Point( );
24        getWindowManager( ).getDefaultDisplay( ).getSize( size );
25        int screenHeight = size.y;
26        int puzzleWidth = size.x;
27
28        Resources res = getResources( );
29        DisplayMetrics metrics = res.getDisplayMetrics( );
30        float pixelDensity = metrics.density;
31
32        TypedValue tv = new TypedValue( );
33        int actionBarHeight = ( int ) ( pixelDensity * ACTION_BAR_HEIGHT );
34        if( getTheme( ).resolveAttribute( android.R.attr.actionBarSize,
35                                          tv, true ) )
36          actionBarHeight = TypedValue.complexToDimensionPixelSize( tv.data,
37                            metrics );
38
39        int statusBarHeight = ( int ) ( pixelDensity * STATUS_BAR_HEIGHT );
40        int resourceId =
41           res.getIdentifier( "status_bar_height", "dimen", "android" );
42        if( resourceId != 0 ) // 查找status bar高度相应的resource
43          statusBarHeight = res.getDimensionPixelSize( resourceId );
44
45        int puzzleHeight = screenHeight - statusBarHeight - actionBarHeight;
46        puzzleView = new PuzzleView( this, puzzleWidth, puzzleHeight,
47                                     puzzle.getNumberOfParts( ) );
48        String [] scrambled = puzzle.scramble( );
49        puzzleView.fillGui( scrambled );
50        puzzleView.enableListener( this );
51        setContentView( puzzleView );
52      }
53
54      public boolean onTouch( View v, MotionEvent event ) {
55        int index = puzzleView.indexOfTextView( v );
56        int action = event.getAction( );
57        switch( action ) {
58          case MotionEvent.ACTION_DOWN:
59            // 在移动前初始化数据
60            puzzleView.updateStartPositions( index, ( int ) event.getY( ) );
61            // 将v放置在前端
62            puzzleView.bringChildToFront( v );
63            break;
64          case MotionEvent.ACTION_MOVE:
65            // 更新移动的TextView的Y坐标
```

```
66            puzzleView.moveTextViewVertically(index,(int)event.getY( ));
67            break;
68       }
69     return true;
70   }
71 }
```

例7.6　MainActivity类，Puzzle应用程序，版本1

当用户滑动手指（移动触摸操作，第64行）时，我们用puzzleView（第65~66行）调用moveTextViewVertically，以便沿着纵向轴随着用户的手指移动被触摸的TextView。

例7.7显示了更新后的PuzzleView类。包括MainActivity类中PuzzleView实例变量调用的所有方法：indexOfTextView、tvPosition、enableListener、updateStartPositions和moveTextViewVertically。

enableListener方法（第73~76行）需要一个View.OnTouchListener参数并在所有TextView上注册它。当我们从MainActivity调用它时，传递的this"就是"View.OnTouchListener引用，因为MainActivity实现了View.OnTouchListener。

```
1  package com.jblearning.puzzlev1;
2
3  import java.util.Random;
4  import android.app.Activity;
5  import android.view.Gravity;
6  import android.view.View;
7  import android.widget.RelativeLayout;
8  import android.widget.TextView;
9  import android.graphics.Color;
10
11 public class PuzzleView extends RelativeLayout {
12   private TextView [] tvs;
13   private RelativeLayout.LayoutParams [] params;
14   private int [] colors;
15
16   private int labelHeight;
17   private int startY; // 启动正在移动的TextView的y坐标
18   private int startTouchY; // 启动当前触摸的y坐标
19
20   public PuzzleView( Activity activity, int width, int height,
21                     int numberOfPieces ) {
22     super( activity );
23     buildGuiByCode( activity, width, height, numberOfPieces );
24   }
25
26   public void buildGuiByCode( Activity activity, int width, int height,
27                              int numberOfPieces ) {
28     tvs = new TextView[numberOfPieces];
29     colors = new int[tvs.length];
30     params = new RelativeLayout.LayoutParams[tvs.length];
31     Random random = new Random( );
32     labelHeight = height / numberOfPieces;
33     for( int i = 0; i < tvs.length; i++ ) {
34       tvs[i] = new TextView( activity );
```

```
35            tvs[i].setGravity( Gravity.CENTER );
36            colors[i] = Color.rgb( random.nextInt( 255 ),
37              random.nextInt( 255 ),   random.nextInt( 255 ) );
38            tvs[i].setBackgroundColor( colors[i] );
39            params[i] = new RelativeLayout.LayoutParams( width, labelHeight );
40            params[i].leftMargin = 0;
41            params[i].topMargin = labelHeight * i;
42            addView( tvs[i], params[i] );
43         }
44      }
45
46      public void fillGui( String [] scrambledText ) {
47         for( int i = 0; i < tvs.length; i++ )
48            tvs[i].setText( scrambledText[i] );
49      }
50
51      // 返回tvs数列中tv的索引
52      public int indexOfTextView( View tv ) {
53         if( ! ( tv instanceof TextView ) )
54            return -1;
55         for( int i = 0; i < tvs.length; i++ ) {
56            if( tv == tvs[i] )
57               return i;
58         }
59         return -1;
60      }
61
62      public void updateStartPositions( int index, int y ) {
63         startY = params[index].topMargin;
64         startTouchY = y;
65      }
66
67      // 在索引index中移动TextView
68      public void moveTextViewVertically( int index, int y ) {
69         params[index].topMargin = startY + y - startTouchY;
70         tvs[index].setLayoutParams( params[index] );
71      }
72
73      public void enableListener( View.OnTouchListener listener ) {
74         for( int i = 0; i < tvs.length; i++ )
75            tvs[i].setOnTouchListener( listener );
76      }
77   }
```

例7.7 PuzzleView类，Puzzle应用程序，版本1

为了帮助我们管理移动TextView，添加了以下实例变量：

▶ 整数实例变量startY（第17行），存储我们正在移动的Puzzle块顶部的y坐标。

▶ 整数实例变量startTouchY（第18行），存储初始触摸的y坐标。

indexOfTextView方法（在第51~60行编码）返回数组tvs中View参数tv的索引。我们希望tv是一个TextView，在第53行测试它。遍历tvs的元素并将索引i的元素与tv（第56行）进行比较，如果相等则返回i（第57行）。如果tv不是TextView或找不到它，则返回-1（第54行和59行）。

第62~65行编码的updateStartPositions方法在触摸DOWN操作上被调用。在第63~64行更新实例变量startY和startTouchY的值，startY存储该块TextView的原始y坐标，startTouchY将触摸的

y坐标存储在TextView中。我们需要它们在MOVE触摸操作上更新TextView的y坐标。

在第67~71行，moveTextViewVertically方法基于y的值更新了TextView的索引index的layout参数，索引index是其第一个参数，y是其第二个参数，表示触摸的y坐标。通过更改TextView的layout参数，它会自动将其移动到由这些layout参数定义的新位置。

图7.4显示了用户移动几块后的Puzzle。

图7.4 用户滑动Puzzle块之后的界面，Puzzle应用程序，版本1

7.6 解决难题，Puzzle 应用程序，版本 2

我们现在继续构建应用程序的Controller部分，以便为应用程序提供其功能。当用户移动Puzzle这个TextView并释放它时，我们将其位置与其下面的Puzzle交换。我们认为，如果Puzzle的至少一半在另一个Puzzle上，那么Puzzle就会超过另一个Puzzle，如图7.5所示。绿色部分超过蓝色部分的一半。如果用户将其释放，则绿色部分将占据蓝色部分的位置，并且当触摸事件开始时，蓝色部分将被放置在绿色部分所在的位置。

图7.5 绿色块更接近蓝色块，而不是红色块

每次移动后，我们都会检查用户是否完成了这个Puzzle。如果完成，禁用触摸事件。

除了处理DOWN和MOVE操作之外，还需要处理UP操作来交换Puzzle的两个Puzzle块。在MainActivity中，onTouch方法的伪代码如下所示：

```
如果操作是 DOWN
        存储所触摸的 Puzzle 块的 y 位置
        存储触摸的 y 位置
        存储 " 空 "Puzzle 槽的位置
        将 Puzzle 块放在堆栈顺序的顶部
如果操作是 MOVE
        当用户滑动手指时移动 Puzzle 块
如果操作是 UP
        用一块 Puzzle 交换 Puzzle 块
        在它下面
        检查 Puzzle 是否已完成；如果是，则禁用监听器
```

为了实现添加的功能，我们在PuzzleView类中提供了其他方法，并从MainActivity类中调用这些方法。例7.8显示了MainActivity类的更新后的onTouch方法。

```
11
12   public class MainActivity extends AppCompatActivity
13                        implements View.OnTouchListener {
...
54       public boolean onTouch( View v, MotionEvent event ) {
```

```
55        int index = puzzleView.indexOfTextView( v );
56        int action = event.getAction( );
57        switch( action ) {
58          case MotionEvent.ACTION_DOWN:
59            // 移动前初始化数据
60            puzzleView.updateStartPositions( index, ( int ) event.getY( ) );
61            // 将v放置在前端
62            puzzleView.bringChildToFront( v );
63            break;
64          case MotionEvent.ACTION_MOVE:
65            // 更新移动的TextView的Y坐标
66            puzzleView.moveTextViewVertically( index, ( int ) event.getY( ) );
67            break;
68          case MotionEvent.ACTION_UP:
69            // 完成移动：两个TextView交换位置
70            int newPosition = puzzleView.tvPosition( index );
71            puzzleView.placeTextViewAtPosition( index, newPosition );
72            // 如果玩家获胜，停用监听器以结束游戏
73            if( puzzle.solved( puzzleView.currentSolution( ) ) )
74              puzzleView.disableListener( );
75            break;
76        }
77        return true;
78      }
79  }
```

例7.8 MainActivity类的更新后的onTouch方法，Puzzle应用程序，版本2

当用户抬起手指时（UP触摸操作，第68行），我们将触摸的TextView与当前触摸下的TextView交换：首先在第70行用puzzleView调用tvPosition以便检索新的触摸TextView的位置索引，然后使用puzzleView调用第71行的placeTextViewAtPosition以交换两个TextView。最后，在第73行，检查用户是否完成了这个Puzzle。从MVC角度来看，Controller从View中检索Puzzle的状态，并要求Model检查这是否是Puzzle的正确排序。如果是，则Controller通过在第74行调用disableListener来禁用触摸监听。这样，就会阻止用户移动TextView。

例7.9显示了更新后的PuzzleView类。它包括MainActivity类中PuzzleView实例变量调用的所有以下附加方法：tvPosition、placeTextViewAtPosition、disableListener和currentSolution。还更新了buildGuiByCode、fillGui和updateStartPositions方法。

```
 1  package com.jblearning.puzzlev2;
 2
 3  import java.util.Random;
 4  import android.app.Activity;
 5  import android.view.Gravity;
 6  import android.view.View;
 7  import android.widget.RelativeLayout;
 8  import android.widget.TextView;
 9  import android.graphics.Color;
10
11  public class PuzzleView extends RelativeLayout {
12    private TextView [] tvs;
13    private RelativeLayout.LayoutParams [] params;
14    private int [] colors;
```

```java
15
16      private int labelHeight;
17      private int startY; // 启动正在移动的TextView的y坐标
18      private int startTouchY; // 启动当前触摸的y坐标
19      private int emptyPosition;
20      private int [ ] positions;
21
22      public PuzzleView( Activity activity, int width, int height,
23                          int numberOfPieces ) {
24        super( activity );
25        buildGuiByCode( activity, width, height, numberOfPieces );
26      }
27
28      public void buildGuiByCode( Activity activity, int width, int height,
29                                  int numberOfPieces ) {
30        positions = new int[numberOfPieces];
31        tvs = new TextView[numberOfPieces];
32        colors = new int[tvs.length];
33        params = new RelativeLayout.LayoutParams[tvs.length];
34        Random random = new Random( );
35        labelHeight = height / numberOfPieces;
36        for( int i = 0; i < tvs.length; i++ ) {
37          tvs[i] = new TextView( activity );
38          tvs[i].setGravity( Gravity.CENTER );
39          colors[i] = Color.rgb( random.nextInt( 255 ),
40            random.nextInt( 255 ),   random.nextInt( 255 ) );
41          tvs[i].setBackgroundColor( colors[i] );
42          params[i] = new RelativeLayout.LayoutParams( width, labelHeight );
43          params[i].leftMargin = 0;
44          params[i].topMargin = labelHeight * i;
45          addView( tvs[i], params[i] );
46        }
47      }
48
49      public void fillGui( String [] scrambledText ) {
50        for( int i = 0; i < tvs.length; i++ ) {
51          tvs[i].setText( scrambledText[i] );
52          positions[i] = i;
53        }
54      }
55
56      // 返回tvs数列中tv的索引
57      public int indexOfTextView( View tv ) {
58        if( ! ( tv instanceof TextView ) )
59          return -1;
60        for( int i = 0; i < tvs.length; i++ ) {
61          if( tv == tvs[i] )
62            return i;
63        }
64        return -1;
65      }
66
67      public void updateStartPositions( int index, int y ) {
68        startY = params[index].topMargin;
69        startTouchY = y;
70        emptyPosition = tvPosition( index );
71      }
```

```java
 72
 73      // 在索引index中移动TextView
 74      public void moveTextViewVertically( int index, int y ) {
 75        params[index].topMargin = startY + y - startTouchY;
 76        tvs[index].setLayoutParams( params[index] );
 77      }
 78
 79      public void enableListener( View.OnTouchListener listener ) {
 80        for( int i = 0; i < tvs.length; i++ )
 81          tvs[i].setOnTouchListener( listener );
 82      }
 83
 84      public void disableListener( ) {
 85        for( int i = 0; i < tvs.length; i++ )
 86          tvs[i].setOnTouchListener( null );
 87      }
 88
 89      // 返回索引tvIndex的TextView屏幕内的位置索引
 90      // 准确值是TextView高度的一半
 91      public int tvPosition( int tvIndex ) {
 92        return ( params[tvIndex].topMargin + labelHeight/2 ) / labelHeight;
 93      }
 94
 95      // 交换tvs[tvIndex]和tvs[position [toPosition]]
 96      public void placeTextViewAtPosition( int tvIndex, int toPosition ) {
 97        // 将当前TextView移至toPosition位置
 98        params[tvIndex].topMargin = toPosition * labelHeight;
 99        tvs[tvIndex].setLayoutParams( params[tvIndex] );
100
101        // 移动TextView替换空白点
102        int index = positions[toPosition];
103        params[index].topMargin = emptyPosition * labelHeight;
104        tvs[index].setLayoutParams( params[index] );
105
106        // 重新设置位置数据
107        positions[emptyPosition] = index;
108        positions[toPosition] = tvIndex;
109      }
110
111      // 将当前solution作为字符串数组返回
112      public String [ ] currentSolution( ) {
113        String [] current = new String[tvs.length];
114        for( int i = 0; i < current.length; i++ )
115          current[i] = tvs[positions[i]].getText( ).toString( );
116
117        return current;
118      }
119  }
```

例7.9 PuzzleView类，Puzzle应用程序，版本2

disableListener方法（第84~87行）将所有TextView的监听器设置为null，从而有效地禁用触摸监听。

为了帮助我们管理TextViews之间的交换，添加了以下实例变量：

▶ 整数实例变量 emptyPosition（第19行），存储用户移动TextView之前y的空坐标。

▶ 整数数组实例变量positions（第20行），存储tv中所有元素的y坐标。

当用户拿起或释放一块Puzzle时，我们需要评估它在屏幕上的位置。**图7.6**和**图7.7**显示了在用户切换Puzzle底部两块之后可能的起始Puzzle界面和第二个Puzzle界面。图7.7显示了TextView的位置（在右列中列出）与其索引（在左列中列出的数组tvs）之间的差异：tvs[4]位于位置3（位于屏幕底部位置上方的一个位置），tvs [3]位于第4位（屏幕下方）。因此，位置[3]的值是4（位置3处的TextView的索引），位置[4]的值是3（位置4处的TextView的索引）。其他TextView则尚未移动。

在第89~93行，tvPosition方法返回索引tvIndex（方法的参数）中tvs的数组元素的位置（本例中为0、1、2、3或4）。表达式params[tvIndex].topMargin返回TextView顶部的y坐标。我们将TextView的高度增加一半，除以TextView的高度，来计算其在该PuzzleView中的位置。

在第67~71行的updateStartPositions方法中，在第70行更新emptyPosition的值。lowedPosition实例变量存储被触摸的TextView的PuzzleView的位置。通过调用tvPosition方法检索它，传递TextView的数组索引（第70行）。

TextView的ID	文本	位置
0	MOBILE	0
1	PROGRAMMING	1
2	USING	2
3	JAVA	3
4	I LOVE	4

图7.6 Puzzle可能的初始位置

TextView的ID	文本	位置
0	MOBILE	0
1	PROGRAMMING	1
2	USING	2
4	I LOVE	3
3	JAVA	4

图7.7 替换I LOVE和JAVA位置后

在第95~109行，当用户释放出一块Puzzle时我们调用placeTextViewAtPosition方法。将它与下面的部分交换，它的第一个参数tvIndex是用户发布的TextView的索引，它的第二个参数toPosition是TextView在用户释放并结束触摸事件后的位置。该方法共做了三件事：

▶ 将TextView（TextView A）放在索引tvIndex中，通过toPosition标识其新位置。它正在替换该位置的TextView（TextView B）。
▶ 将TextView B放在TextView A的旧位置emptyPosition上。
▶ 更新positions数组。

图7.8显示了TextViews和那些变量的各种状态，因为用户选择了Puzzle的I LOVE部分并将其移动到Puzzle的PROGRAMMING部分。在该阶段，用户将TextView在索引4（tvIndex的值）和位置3（emptyPosition的值）移动到位置0（toPosition的值），其中TextView在索引1处（positions [toPosition]）。

tvs和params数组是相互平行的。在第98行，我们将索引tvIndex处的params数组元素的上边距设置为tvs数组元素移动到的y坐标。在第99行，我们根据TextView数组元素对应的Params数组元素的值，强制TextView数组元素在tvIndex上重新布局，从而有效地将TextView放置在插槽中。在第101~104行，我们对位于toPosition的TextView元素执行相同的操作，它正在移动到emptyPosition位置。在第106~108行，我们更新positions数组以反映两个TextView已被移动。

在第30行，我们在buildGuiByCode方法内实例化positions数组，并在fillGui方法内初始化（第52行）。

TextView的ID	文本	位置	toPosition	tvIndex	emptyPosition
1	PROGRAMMING	0	0		
0	MOBILE	1			
2	USING	2			
4	I LOVE	3		4	3
3	JAVA	4			

图7.8 将I LOVE移到PROGRAMMING位置

currentSolution方法在第111~118行编码，构造并返回一个String数组，该数组反映了Puzzle中TextViews的当前位置。positions[i]的值是位于屏幕内位置i的TextView的索引，如图7.6和图7.7所示。我们使用表达式tvs[positions [i]].getText（）访问PuzzleView中位置i的TextView内的文本。因为getText方法返回CharSequence，所以我们调用toString将返回值转换为String。

图7.9显示完成了Puzzle。

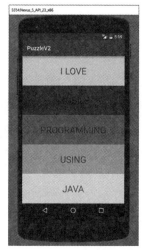

图7.9 用户解决Puzzle之后的界面，Puzzle应用程序，版本2

7.7 手势、点击检测和处理

有时我们需要检测单击或双击的确认。当系统将其识别为仅单击时（在检测到第一次敲击之后没有敲击），确认单击。或者我们需要检测滑动的速度来分配屏幕上对象的速度。GestureDetector类及其静态内部接口GestureDetector.OnGestureListener和GestureDetector.OnDoubleTapListener为手势和点击提供了工具和功能。

▶ GestureDetector.OnGestureListener接口通过六种回调方法（**表7.8**中列出）通知手势。

表7.8 GestureDetector.OnGestureListener接口的方法

方法	说明
boolean onDown（MotionEvent e）	触摸发生时调用DOWN操作
boolean onFling（MotionEvent e1，MotionEvent e2，float velocityX，float velocityY）	发生滑动时调用该方法。速度以两个方向上的每秒像素数来度量
void onLongPress（MotionEvent me）	长按时调用该方法
boolean onScroll（MotionEvent e1，MotionEvent e2，float distanceX，float distanceY）	发生滚动时调用该方法。将会测量此次onScroll方法调用和前一次调用之间的距离
void onShowPress（MotionEvent e）	当用户触摸屏幕并且不移动或抬起手指时，调用该方法
boolean onSingleTapUp（MotionEvent e）	触摸发生时调用UP动作

▶ GestureDetector.OnDoubleTapListener接口通过其三种回调方法（表7.9中列出）通知双击或确认单击。

表7.9　GestureDetector.OnDoubleTapListener接口的方法

方法	说明
boolean onDoubleTap（MotionEvent e）	当双击发生时，调用DOWN操作
boolean onDoubleTapEvent（MotionEvent e）	当双击发生时，调用DOWN操作，也有可能调用MOVE和UP操作
boolean onSingleTapConfirmed（MotionEvent e）	当确认单击发生时（确认是单击而不是双击的第一次敲击），调用DOWN操作

表7.10显示了GestureDetector类的一些方法，包括构造函数、setOnDoubleTapListener和onTouchEvent方法。

表7.10　GestureDetector类的方法

方法	说明
GestureDetector（Context context，GestureDetector.OnGestureListener gestureListener）	为context创建一个GestureDetector对象，并使用gestureListener作为调用手势事件的侦听器。我们必须使用User-Interface线程中的这个构造函数
void setOnDoubleTapListener（GestureDetector.OnDoubleTapListener doubleTapListener）	将doubleTapListener设置为调用双击和相关手势的侦听器
boolean onTouchEvent（MotionEvent e）	发生触摸事件时调用该方法，触发对GestureDetector.OnGestureListener接口的相应回调方法的调用

为了使用GestureDetector类和Gesture-Detector.OnDoubleTapListener以及GestureDetector.OnGestureListener接口处理触摸事件，我们需要：

▶ 声明一个GestureDetector实例变量。

▶ 定义一个处理类，该类实现GestureDetector.OnGestureListener和GestureDetector.OnDoubleTapListener接口并重写其方法。

▶ 创建该类的处理对象。

▶ 实例化GestureDetector实例变量并将处理对象作为构造函数的第二个参数传递。

▶ 将处理对象设置为处理点击事件的监听器（如有必要）。

▶ 在Activity类的onTouchEvent方法中，使用GestureDetector实例变量调用GestureDetector类的onTouchEvent方法。这会触发调度触摸事件：根据触摸事件，将自动调用处理类的相应方法。

我们可以将处理类定义为当前activity类的私有类。代码如下：

```
// 活动类中的 GestureDetector 实例变量
private GestureDetector detector;

// 在活动类的 onCreate 方法内
GestureAndTapHandler gth = new GestureAndTapHandler( );
detector = new GestureDetector( this, gth );
detector.setOnDoubleTapListener( gth );
```

7.7 手势、点击检测和处理   219

```
// 在活动类的 onTouchEvent 方法内部
// event 是 onTouchEvent 方法的 MotionEvent 参数
detector.onTouchEvent( event );

// 活动类中的私有类
private class GestureAndTapHandler implements
            GestureDetector.OnGestureListener,
            GestureDetector.OnDoubleTapListener {
    // GestureAndTapHandler 类需要覆盖所有 9 种方法
}
```

与之前的View.OnTouchListener接口一样,这是定义实现GestureDetector.OnGestureListener和GestureDetector新类的替代方法。OnDoubleTapListener用于当前activity类来实现它们。然后,我们需要重写Activity类中的九个方法,将在前面的代码中使用它而不是gth。

GestureDetector类的onTouchEvent方法充当调度程序,并根据刚刚发生的事件的性质调用GestureDetector.OnGestureListener和GestureDetector.OnDoubleTapListener接口的相应方法。对于某些应用程序,我们所需要的只是在onTouchEvent方法内执行。对于其他应用程序,我们可能有兴趣捕获双击,因此,希望将代码放在onDoubleTapEvent方法中。或者我们可能对捕获滑动的速度感兴趣,希望将代码放在onFling方法中。根据我们对捕获和处理感兴趣的操作,我们将代码放在相应的方法中。需要注意的是,当我们重写onTouchEvent时,需要调用GestureDetector类的onTouchEvent方法,执行调度。

> ■ **常见错误:** 如果我们不从Activity类的onTouchEvent方法内部调用GestureDetector类的onTouch-Event方法,则不会将touch事件调度到监听器相应的接口方法。

例7.10显示了应用程序的MainActivity类。它在第10~11行实现了GestureDetector.OnGestureListener和GestureDetector.OnDoubleTapListener接口。我们在第13行声明了一个GestureDetector实例变量detect。在第17行实例化它,将它作为第一个和第二个参数传递。作为第一个参数,表示应用程序的context(Activity对象"就是"Context对象)。作为第二个参数,它代表一个GestureDetector.OnGestureListener(MainActivity继承自GestureDetector.OnGestureListener,因此,this"是一个"GestureDetector.OnGestureListener)。因为第23行探测器调用其onTouchEvent方法,手势事件将触发对MainActivity类中实现的六种回调方法中的一些的调用,具体取决于触摸事件。在第18行,我们将其设置为由探测器注册为监听器作为敲击事件的监听器。因此,由于探测器在第23行调用其onTouchEvent方法,因此tap事件将触发对从GestureDetector.OnDoubleTapListener继承并在MainActivity类中实现的三种回调方法中的某些方法的调用,具体取决于触摸事件。

onTouchEvent方法在第21~25行编码。Detector在第23行调用自己的onTouchEvent方法,传递MotionEvent事件,设置前面讨论的调度。两个监听器接口的所有九个重写方法都将反馈语句输出到Logcat。

```
1  package com.jblearning.touchesv2;
2
3  import android.os.Bundle;
```

```java
4    import android.support.v7.app.AppCompatActivity;
5    import android.util.Log;
6    import android.view.MotionEvent;
7    import android.view.GestureDetector;
8
9    public class MainActivity extends AppCompatActivity
10           implements GestureDetector.OnGestureListener,
11                      GestureDetector.OnDoubleTapListener {
12     public static final String MA = "MainActivity";
13     private GestureDetector detector;
14
15     protected void onCreate( Bundle savedInstanceState ) {
16       super.onCreate( savedInstanceState );
17       detector = new GestureDetector( this, this );
18       detector.setOnDoubleTapListener( this );
19     }
20
21     public boolean onTouchEvent( MotionEvent event ) {
22       Log.w( MA, "Inside onTouchEvent" );
23       detector.onTouchEvent( event );
24       return true;
25     }
26
27     public boolean onFling( MotionEvent e1, MotionEvent e2,
28                  final float velocityX, final float velocityY ) {
29       Log.w( MA, "Inside onFling" );
30       return true;
31     }
32
33     public boolean onDown( MotionEvent e ) {
34       Log.w( MA, "Inside onDown" );
35       return true;
36     }
37
38     public void onLongPress( MotionEvent e ) {
39       Log.w( MA, "Inside onLongPress" );
40     }
41
42     public boolean onScroll( MotionEvent e1, MotionEvent e2,
43                              float distanceX, float distanceY ) {
44       Log.w( MA, "Inside onScroll" );
45       return true;
46     }
47
48     public void onShowPress( MotionEvent e ) {
49       Log.w( MA, "Inside onShowPress" );
50     }
51
52     public boolean onSingleTapUp( MotionEvent e ) {
53       Log.w( MA, "Inside onSingleTapUp" );
54       return true;
55     }
56
57     public boolean onDoubleTap( MotionEvent e ) {
58       Log.w( MA, "Inside onDoubleTap" );
59       return true;
60     }
```

```
61
62      public boolean onDoubleTapEvent( MotionEvent e ) {
63        Log.w( MA, "Inside onDoubleTapEvent" );
64        return true;
65      }
66
67      public boolean onSingleTapConfirmed( MotionEvent e ) {
68        Log.w( MA, "Inside onSingleTapConfirmed" );
69        return true;
70      }
71    }
```

例7.10 MainActivity类，Touches应用程序，版本2

图7.10显示了当用户在仿真器上点击屏幕一次时，例7.10的Logcat内部的输出。它表明onTouchEvent方法连续触发对onDown、onSingleTapUp和onSingleTapConfirmed的调用。当调用onSingleTapUp时，我们还不知道这是一个单击事件，因为双击事件也会触

```
Inside onTouchEvent
Inside onDown
Inside onTouchEvent
Inside onSingleTapUp
Inside onSingleTapConfirmed
```

图7.10 当用户点击一次屏幕时可能的Logcat输出，Touches应用程序，版本2

发对onSingleTapUp的调用。因此，如果我们只想基于单击事件执行一些代码，应该将代码放在onSingleTapConfirmed方法中。

图7.11显示了用户快速点击屏幕两次（在模拟器上双击）时例7.10的Logcat内部的输出。它表明onTouchEvent方法再次触发对onDown、onSingleTapUp、onDoubleTap、onDoubleTapEvent以及onDown和onDoubleTapEvent方法的调用。我们可能会得到稍微不同的输出，可能是对onTouchEvent和onDoubleTapEvent的额外调用。需要注意的是，不会调用onSingleTapConfirmed方法。如果想要处理点击，可以将代码放在onSingleTapUp和onDoubleTap方法中。如果想要处理双击事件，可以将代码放在onDoubleTapEvent方法中。注意，它被调用两次，第一次是DOWN操作，第二次是UP操作。如果在DOWN和UP操作之间检测到（轻微）MOVE操作，它甚至可以被调用三次。

三击被解释为双击后单击。四重敲击被解释为双击后是另一次双击。

图7.12显示了用户滑动屏幕时例7.10可能的Logcat输出。在滑动中的各个点处多次调用onScroll方法，onFling被称为一次和最后一次。滑屏与使用模拟器和计算机鼠标得到的输出可能会略有不同。

```
Inside onTouchEvent
Inside onDown
Inside onTouchEvent
Inside onSingleTapUp
Inside onTouchEvent
Inside onDoubleTap
Inside onDoubleTapEvent
Inside onDown
Inside onTouchEvent
Inside onDoubleTapEvent
```

```
Inside onTouchEvent
Inside onDown
Inside onTouchEvent
Inside onScroll
Inside onTouchEvent
Inside onScroll
Inside onTouchEvent
Inside onScroll
Inside onTouchEvent
Inside onFling
```

图7.11 当用户双击屏幕时可能的Logcat输出，Touches应用程序，版本2

图7.12 当用户滑动屏幕时可能的Logcat输出，Touches应用程序，版本2

一旦确定了要执行的方法，我们就可以使用其参数来检索正在发生的操作值。例如，如果我们想要捕获原点和滑动的速度，可以将代码放在onFling方法中并检索这些值，如**例7.11**所示。

```
26
27    public boolean onFling( MotionEvent e1, MotionEvent e2,
28                    final float velocityX, final float velocityY ) {
29        long deltaTime = e2.getEventTime( ) - e1.getEventTime( );
30        Log.w( MA, "Inside onFling: deltaTime (in ms) = " + deltaTime );
31
32        Log.w( MA, "x1 = " + e1.getRawX( ) + "; y1 = " + e1.getRawY( ) );
33        Log.w( MA, "x2 = " + e2.getRawX( ) + "; y2 = " + e2.getRawY( ) );
34
35        Log.w( MA, "measured vX (in pixels/second) = " + velocityX );
36        Log.w( MA, "measured vY (in pixels/second) = " + velocityY );
37
38        return true;
39    }
40
```

例7.11 在mainactiveclass中扩展onflow方法，Touches应用程序，版本3

当我们运行修改后的应用程序并滑动屏幕时，输出类似**图7.13**中的输出。

```
Inside onFling: deltaTime (in ms) = 82
x1 = 392.0; y1 = 1375.0
x2 = 775.0; y2 = 1061.0
measured vX (in pixels/second) = 1448.4669
measured vY (in pixels/second) = -573.99493
```

图7.13 当用户滑动屏幕的Logcat输出，Touches应用程序，版本3

7.8 检测双击，Puzzle 应用程序，版本 3

GestureDetector.SimpleOnGestureListener是一个实用类，它实现了GestureDetector.OnGestureListener和GestureDetector.OnDoubleTapListener接口，do-nothing方法返回false。因此，如果我们只对这两个接口的九个方法中的一个或两个方法感兴趣，那么扩展该类比实现一个或两个接口更容易。在Puzzle应用程序版本3中，当用户双击显示MOBILE的TextView时，我们希望处理双击并将MOBILE更改为ANDROID，那么，我们可以忽略其他八种方法，只需要在onDoubleTapEvent方法内部进行编码即可。

> **■ 软件工程提示：**如果我们只对实现GestureDetector.OnGestureListener和Gesture-Detector.OnDoubleTapListener接口的一个或两个方法感兴趣，应该考虑扩展GestureDetector.SimpleOnGestureListener，而不是实现两个接口。

我们更新了模型Puzzle类，并添加了两个方法：一个返回要更改的单词，另一个返回替换的单词。尽可能地保持简单的更改，以便我们把注意力更多地放在应用程序的Controller和View部分。**例7.12**显示了这两种方法。

```
50
51      public String wordToChange( ) {
52        return "MOBILE";
53      }
54
55      public String replacementWord( ) {
56        return "ANDROID";
57      }
58    }
```

例7.12 Puzzle类的wordToChange和replacementWord方法，Puzzle应用程序，版本3

为了使用GestureDetector.SimpleOnGestureListener类，我们可以执行以下操作：

- 编写一个扩展GestureDetector.SimpleOnGestureListener的私有类，并在该类中重写我们感兴趣的方法。
- 声明并实例化该类的对象，即手势处理。
- 声明一个GestureDetector实例变量。实例化它时，将手势处理作为构造函数的第二个参数传递。
- 如果我们对处理点击事件感兴趣，请使用手势检测实例变量调用setDoubleTapListener并传递手势处理。
- 重写Activity子类内Activity类的onTouchEvent方法。在其中，使用手势检测实例变量调用GestureDetector类的onTouchEvent方法。这是将触摸事件的调度设置为手势处理类的适当方法。

需要注意的是，MainActivity已经扩展了应用程序CompatActivity，因此无法扩展GestureDetector.SimpleOnGestureListener。与例7.10相反，其中MainActivity实现两个监听器接口，我们需要编写一个扩展GestureDetector.SimpleOnGestureListener的单独类。

例7.13显示了MainActivity类的新部分。在第93~106行编码的私有类DoubleTapHandler仅重写onDoubleTapEvent方法，因为我们只对处理双击事件感兴趣。其中，我们检索用户双击的TextView的索引，检查其标签是否为MOBILE，如果是，则将其更改为ANDROID。首先在第96行的PuzzleView中检索双击的y坐标。然后我们调用PuzzleView的indexOfTextView方法（添加到PuzzleView类）来获取双击发生的TextView的索引（第99行、100行）。因为我们需要从双击的y坐标中减去状态栏和操作栏的高度，所以我们将statusBarHeight和actionBarHeight声明为实例变量（第19行~20行）。通过这种方式，我们不必计算两次它们的值。

```
 8
 9    import android.view.GestureDetector;
...
14    public class MainActivity extends AppCompatActivity
15                         implements View.OnTouchListener {
...
19      private int statusBarHeight;
20      private int actionBarHeight;
21      private GestureDetector detector;
22
23      protected void onCreate( Bundle savedInstanceState ) {
```

```
...
 57       DoubleTapHandler dth = new DoubleTapHandler( );
 58       detector = new GestureDetector( this, dth );
 59       detector.setOnDoubleTapListener( dth );
 60    }
...
 88    public boolean onTouchEvent( MotionEvent event ) {
 89       detector.onTouchEvent( event );
 90       return true;
 91    }
 92
 93    private class DoubleTapHandler
 94         extends GestureDetector.SimpleOnGestureListener {
 95       public boolean onDoubleTapEvent( MotionEvent event ) {
 96         int touchY = ( int ) event.getRawY( );
 97         // 在puzzleView中触摸点的y坐标为
 98         // touchY - actionBarHeight - statusBarHeight
 99         int index = puzzleView.indexOfTextView( touchY
100                   - actionBarHeight - statusBarHeight );
101         if( puzzleView.getTextViewText( index )
102                  .equals( puzzle.wordToChange( ) ) )
103           puzzleView.setTextViewText( index, puzzle.replacementWord( ) );
104         return  true;
105       }
106    }
107 }
```

例7.13　MainActivity类的附加内容，Puzzle应用程序，版本3

第101~102行，我们通过调用getTextViewText方法（将其添加到PuzzleView类）检索TextView中的文本，并测试它是否匹配Puzzle类中要更改的单词。如果是，调用setTextViewText方法（将其添加到PuzzleView类中）将TextView的文本更改为从Puzzle类中检索的新单词。从MVC角度来看，Controller要求View检索TextView的文本，并将其与要从Model中检索的单词进行比较。如果它们匹配，则Controller向Model询问替换单词，并告诉视图将其放置在第103行的TextView内。

在第57行，我们声明并实例化dth，一个DoubleTapHandler对象。在第21行声明实例变量detector，一个GestureDetector，并在第58行实例化。传递给构造函数的第二个参数是dth。这意味着当手势事件发生时，将调用GestureDetector.OnGestureListener接口的手势相关方法，DoubleTapHandler类通过GestureDetector.SimpleOnGestureListener类继承。但本例中，我们对处理简单的触摸、滑动或晃动不感兴趣，只对处理双击有兴趣。因此，我们在第59行调用setOnDoubleTapListener方法，以便在发生tap事件时调用从GestureDetector.OnDoubleTapListener接口继承的三个方法。在第9行导入属于android.view包的GestureDetector类。

在第88~91行重写onTouchEvent方法。在第89行，detector调用GestureDetector类的onTouchEvent，该类设置将手势和tap事件分派给dth所属类的方法DoubleTapHandler。因此，当用户双击屏幕时，会在DoubleTapHandler类的onDoubleTapEvent内执行。

例7.14显示了添加到PuzzleView类的三个方法。在indexOfTextView方法（第120~124行）中，我们将tap的y坐标除以TextView的高度，并将其分配到第122行的位置。定位position的TextView的索引是positions[position]。在第123行返回。

在getTextViewText（第126~129行）中，在第128行调用toString，TextView的getText方法返回CharSequence。

```
119
120     // 返回TextView的索引，其中包含了y坐标
121     public int indexOfTextView( int y ) {
122       int position = y / labelHeight;
123       return positions[position];
124     }
125
126     // 返回TextView中的文本，其索引为tvIndex
127     public String getTextViewText( int tvIndex ) {
128       return tvs[tvIndex].getText( ).toString( );
129     }
130
131     // 将TextView中索引为tvIndex的文本替换为s
132     public void setTextViewText( int tvIndex, String s ) {
133       tvs[tvIndex].setText( s );
134     }
135   }
```

例7.14 添加到PuzzleView类的三个方法，Puzzle应用程序，版本3

如果我们运行应用程序并在完成Puzzle后双击MOBILE，它将更改为ANDROID。注意，如果我们双击I LOVE、PROGRAMMING、USING或JAVA，则不会发生任何事情。onTouch方法是MainActivity类的一部分，可见例7.8的第54~78行，返回true。这意味着传播触摸事件的停止。当我们运行应用程序时，如果在Puzzle完成之前双击MOBILE，则没有任何反应，因为onDoubleTapEvent方法不会执行。一旦完成了Puzzle，我们就禁止在TextViews上进行监听（在例7.8的第74行）。在TextView上不再注册触摸监听器，因此触摸事件的目标现在是活动的内容视图，且onTouchEvent方法将事件分派给onDoubleTapEvent方法。

如果我们修改onTouch方法，使其在例7.8的第77行返回false，则TextView上的双击事件将传播到内容视图，该视图是触摸目标视图下方的视图。在本例中，将执行onDoubleTapEvent方法。如果我们双击MOBILE，它将更改为ANDROID。一般来说，如果onTouch方法返回false，则不仅在顶部视图上发生触摸事件，而且还传播到顶部视图下方的视图。

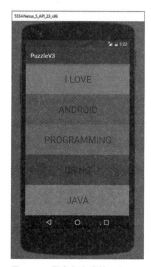

图7.14 用户在完成并双击MOBILE之后的Puzzle状态，Puzzle应用程序，版本3

7.9 独立的应用程序设备，Puzzle 应用程序，版本 4

当我们发布应用程序时，我们不知道它将在什么设备上运行，特别是屏幕宽度和高度尺寸。在版本4中，我们使用**例7.15**中的DynamicFontSizing类，使字体的大小对于运行应用程序的设备来说是最佳的。给定TextView，setFontSizeToFitInView静态方法（第11~32行）调整TextView内部的文本字体大小，使其最大，大到只有一行文本——返回最大字体大小。附录B详细说明了

DynamicSizing类。

```java
1   package com.jblearning.puzzlev4;
2
3   import android.util.TypedValue;
4   import android.view.View.MeasureSpec;
5   import android.widget.TextView;
6
7   public class DynamicSizing {
8     public static final int MAX_FONT_SIZE = 200;
9     public static final int MIN_FONT_SIZE = 1;
10
11    /*
12     * Sets the maximum font size of tv so that the text inside tv
13     *      fits on one line
14     * @param tv    the TextView whose font size is to be changed
15     * @return the resulting font size
16     */
17    public static int setFontSizeToFitInView( TextView tv ) {
18      int fontSize = MAX_FONT_SIZE;
19      tv.setTextSize( TypedValue.COMPLEX_UNIT_SP, fontSize );
20      tv.measure( MeasureSpec.UNSPECIFIED, MeasureSpec.UNSPECIFIED );
21      int lines = tv.getLineCount( );
22      if( lines > 0 ) {
23        while( lines != 1 && fontSize >= MIN_FONT_SIZE + 2 ) {
24          fontSize--;
25          tv.setTextSize( TypedValue.COMPLEX_UNIT_SP, fontSize );
26          tv.measure( MeasureSpec.UNSPECIFIED, MeasureSpec.UNSPECIFIED );
27          lines = tv.getLineCount( );
28        }
29        tv.setTextSize( TypedValue.COMPLEX_UNIT_SP, --fontSize );
30      }
31      return fontSize;
32    }
33  }
```

例7.15　namicFontSizing类，Puzzle应用程序，版本4

例7.16显示了更新后的fillGui方法，这是PuzzleView类中唯一的变化，除了从android.util包导入TypedValue类之外。我们在fillGui方法中优化TextView的字体大小，因为这是它们设置文本的位置。

```java
49
50    public void fillGui( String [] scrambledText ) {
51      int minFontSize = DynamicSizing.MAX_FONT_SIZE;
52      for( int i = 0; i < tvs.length; i++ ) {
53        tvs[i].setText( scrambledText[i] );
54        positions[i] = i;
55
56        tvs[i].setWidth( params[i].width );
57        tvs[i].setPadding( 20, 5, 20, 5 );
58
59        // 动态查找字体大小
60        int fontSize = DynamicSizing.setFontSizeToFitInView( tvs[i] );
61        if( minFontSize > fontSize )
```

```
62            minFontSize = fontSize;
63         }
64
65         // 设置TextView中的文本的字体大小
66         for( int i = 0; i < tvs.length; i++ )
67           tvs[i].setTextSize( TypedValue.COMPLEX_UNIT_SP, minFontSize );
68    }
69
```

例7.16　fillGui方法更新后的PuzzleView类，Puzzle应用程序，版本4

我们希望对所有TextView使用相同大小的字体。但是，每个TextView中的文本都不相同。因此，我们计算每个TextView对setFontSizeToFitInView的所有调用返回的最小字体大小。在第51行使用MAX_FONT_SIZE初始化minFontSize之后，根据需要在第59~62行更新它。设置minFontSize之后，我们再次循环遍历所有TextView并使用minFontSize在第65~67行重置其字体大小。执行此方法后，所有TextView都具有相同大小的字体，并且是最大字体大小，以便它们的文本内容适合一行显示。

在计算每个TextView的字体大小之前，要确保它们的宽度等于第56行的屏幕宽度。在第57行为每个TextView提供一些填充，以便文本周围有空格。在Nexus 5模拟器上运行时，字体大小最终为46。

图7.15显示了在模拟器中运行的Puzzle应用程序版本4，PROGRAMMING几乎填满整个TextView。

图7.15　在模拟器中运行的Puzzle应用程序，版本4

本章小结

- 可以使用View.OnTouchListener接口来捕获和处理触摸事件。
- 要在GUI组件上注册View.OnTouchListener，可以使用View类的setOnTouchListener方法。
- 发生触摸事件时，将调用View.OnTouchListener接口的onTouch回调方法。
- onTouch方法包含一个View参数，该参数是对发生触摸的View的引用。
- onTouch方法包含一个MotionEvent参数，该参数包含有关当前触摸事件的信息，例如x和y坐标、事件类型等。
- 如果onTouch方法返回true，则触摸事件不会传播到当前视图下方的视图，该视图可能具有该触摸事件的事件处理。如果它返回false，则确实如此。
- MotionEvent类的getAction方法返回一个整数值，表示刚刚触摸事件中发生的操作类型。
- MotionEvent类包含一些常量来标识触摸事件操作，例如ACTION_DOWN、ACTION_MOVE或ACTION_UP。
- View组件使用堆栈顺序在ViewGroup内显示。首先添加的视图位于堆栈的底部，而最后添加的视图位于堆栈的顶部。
- 可以使用bringToFront方法将View放到堆栈顶部，以保证View不被其他Views隐藏。

- 可以使用GestureDetector类及其静态内部接口GestureDetector.OnGestureListener和GestureDetector.OnDoubleTapListener来捕获和处理手势和点击事件。
- 在A类的onTouchEvent方法中，GestureDetector对象需要调用其onTouchEvent方法来设置将touch事件调度到实现GestureDetector.OnGestureListener和/或GestureDetector.OnDoubleTapListener接口的处理程序类的适当方法。
- GestureDetector.SimpleOnGestureListener是一个实用类，它使用do-nothing方法实现GestureDetector.OnGestureListener和GestureDetector.OnDoubleTapListener接口。

练习、问题和项目

多项选择练习

1. 我们通过什么方法在组件上注册View.OnTouchListener？
   - setOnTouchListener
   - addOnTouchListener
   - registerOnTouchListener
   - isOnTouchListener

2. 我们通过什么方法的MotionEvent类来检索刚刚发生的操作类型？
   - action
   - getAction
   - getEvent
   - getTouch

3. 我们通过什么方法将视图置于堆栈顺序的顶部？
   - bringToTop
   - gotToTop
   - bringToFront
   - bringChildToTop

4. 下列哪类可用于捕获手势和点击事件？
   - Gesture
   - GestureDetector
   - TapDetector
   - GestureAndTapDetector

5. OnGestureListener和OnDoubleTapListener是：

- GestureDetector的私有静态内部类
- GestureDetector的私有静态内部接口
- GestureDetector的公共静态内部接口
- 独立于GestureDetecto的类

6. 为了识别触摸事件操作，MotionEvent类具有：
   - 特殊的构造函数
   - 私有实例变量
   - 私有方法
   - 可以将操作与之比较的常量

7. GestureDetector类的哪个方法充当OnGestureListener和OnDoubleTapListener的各种方法的调度程序？
   - onTouch
   - onTouchEvent
   - onMotionTouchEvent
   - onEvent

8. OnGestureListener和OnDoubleTapListener分别拥有多少个方法？
   - 6,6
   - 3,3
   - 3,6
   - 6,3

9. 从OnGestureListener和OnDoubleTapListener继承时，如果我们只对一个或两个方法感兴趣，那么替代方法是：
   - 实现SimpleOnGestureListener接口
   - 扩展SimpleOnGestureListener类
   - 实现SimpleOnGestureListener类
   - 扩展SimpleOnGestureListener接口

10. 哪种方法不是OnDoubleTapListener的方法？
    - onSingleTapConfirmed
    - onDoubleTapConfirmed
    - onDoubleTap
    - onDoubleTapEvent

编写代码

11. 编写一个名为MyActivity的类的类头，该类继承自Activity和View.OnTouchListener。
12. 我们在View.OnTouchListener的onTouch方法内编码。如果是DOWN操作，请将触摸的x坐标指定给变量x1。如果是UP操作，则将触摸的y坐标指定给变量y2。

13. 编写代码将View命名视图放在它所属的堆栈顶部。
14. 我们已经编写了一个名为MyHandler的类，它扩展了View.OnTouchListener。编写代码使用该类的对象，以便我们可以监听名为myView的View中发生的触摸事件。
15. 编写一个名为MyActivity的类的类头，该类继承自Activity、GestureDetector.OnGestureListener和GestureDetector.OnDoubleTapListener。
16. 编写一个继承自GestureDetector.SimpleOnGestureListener的私有类。我们只想处理单击事件。每次只有一次点击，我们会使用随机颜色为名为myView的视图背景着色。
17. 编写一个继承自GestureDetector.SimpleOnGestureListener的私有类。要计算点击次数并将其累加到名为total的Activity类的实例变量中，该实例变量已经初始化。每次点击total加1。

以下内容适用于问题18和问题19：

MyActivity类扩展了Activity并实现了GestureDetector.OnGestureListener和GestureDetector.OnDoubleTapListener。我们已经声明了一个名为d的GestureDetector类型的实例变量，如下所示：

```
private GestureDetector d;
```

18. 在Activity类的onCreate方法内编码。编写代码，以便当前活动能够处理手势和点击事件。

```
protected void onCreate( Bundle savedInstanceState ){
  super.onCreate( savedInstanceState );
  // 代码从这里开始

}
```

19. 在Activity类的onTouchEvent方法内编码。编写代码，以便在有手势事件发生时，将其分派给适当的GestureDetector.OnGestureListener方法。

```
public boolean onTouchEvent( MotionEvent event ){
  // 代码从这里开始

}
```

编写一款应用程序

20. 修改例7.13，使MainActivity不实现View.OnTouchListener。相反，touch事件处理程序是私有类。
21. 修改例7.10，使MainActivity不实现GestureDetector.OnGestureListener和GestureDetector.OnDoubleTapListener。相反，它们是私有类。
22. 修改例7.13，当用户双击时，我们重新启动一个新Puzzle。
23. 编写一个应用程序，在用户滑动屏幕时，在一个或多个TextView中显示每个轴坐标方向滑动的距离。
24. 编写包含两个TextView的应用程序。其中一个有红色背景——当用户点击它时，变为蓝色，当用户双击时，会变回红色，依此类推。如果用户在TextView外部轻击或双击，则颜色不会更改。另一个TextView显示累加的点击计数。

25. 编写一个具有红色背景的TextView的应用程序——当用户点击它时，它变为不可见，当用户双击屏幕上的任何位置时，它再次变回可见。

26. 编写一个使用两种颜色显示棋盘的应用程序——当用户点击时，颜色会变为下一对颜色，依此类推。我们应该包含应用程序循环的至少五对颜色。包含模型。

27. 编写一个包含三个活动的应用程序——每个活动都有一个TextView，显示一些标识活动的文本。对于每个活动，如果用户从右向左滑动屏幕，则应用程序移动到下一个活动（从活动1到活动2，或从活动2到活动3）。如果用户从左向右滑动屏幕，则应用程序将移回上一个活动（从活动3到活动2，或从活动2到活动1）。

28. 编写一个在屏幕中间显示TextView的应用程序。用户可以触摸它并将其抛向屏幕边缘（TextView应该跟随抛向）。如果x或y速度高于某个阈值（由用户确定），则TextView将在抛投结束时消失，并在屏幕上的某个随机位置重新出现，依此类推。

29. 编写一个实现Puzzle益智游戏的应用程序：在3×3网格上，数字1到8随机定位在网格上的TextViews中。通过触摸TextView，它将移动到其相邻的空方块（如果它位于空方块旁边）。当数字按顺序排列时（第一行为1、2、3，第二行为4、5、6，最后一行为7、8），游戏结束，禁用触摸事件。包含模型。

30. 编写一个实现以下代数游戏的应用程序：五个TextViews显示1~9之间的两个随机整数、+运算符，=运算符和结果。当用户双击+运算符时，显示结果。当用户在+运算符外双击时，两个新的随机数字替换现有的数字。包含模型。

31. 使用两个TextView编写一个实现以下总累加器的应用程序。一个包含1~9之间随机生成的数字，另一个包含当前总数，其初始值为0。当用户触摸第一个TextView并将其拖到另一个TextView并释放它时，该数字将添加到总数中，第一个TextView返回其原始位置并显示1~9之间新的随机数字。包含模型。

32. 编写一个模拟扑克游戏（德州扑克）社区卡交易的应用程序。前三张牌都是双击，最后两张牌应该一次一次点击，一次一张。出牌后隐藏，以便我们准备开始另一轮。扑克牌由TextViews表示。包含模型。

33. 编写一个模拟的改进二十一点游戏的应用程序。前两张牌是双击的。额外的牌仅在一次点击时逐个发送（不是双击）。扑克牌由TextViews表示。另一个TextView显示结果。如果总数超过17，则应禁用点击且用户获胜。如果总数超过21，则用户输了。包含模型。

CHAPTER 8

图形、动画、声音和游戏

本章目录

内容简介

8.1 图形

8.2 制作自定义视图，绘图，Duck Hunting 应用程序，版本0

8.3 模型

8.4 动画对象：飞鸭，Duck Hunting应用程序，版本1

8.5 处理触摸事件：移动大炮和射击，Duck Hunting应用程序，版本2

8.6 播放声音：射击、碰撞检测，Duck Hunting应用程序，版本3

本章小结

练习、问题和项目

内容简介

Android开发框架为我们提供了一组用于绘制形状和位图，并为这些形状和位图设置动画以及制作声音的类。在本章中，我们将制作一个简单的游戏程序，游戏中用户可以通过一门大炮来射击从屏幕上飞过的鸭子。我们将学习如何绘制一些基础图形，比如一条直线、一个圆或者一个矩形；从一个文件绘制位图；播放声音；以及如何捕获和响应触摸事件。我们还将学习如何以给定频率刷新屏幕，从而可以在屏幕上设置对象的动画。

8.1 图形

android.graphics包中包含能够绘画和涂色的类。表8.1中就展示了该包中的一些选定类。

通常情况下，我们在自定义视图下绘画（也就是一个用户定义好的View类的子类），绘制通过从View类继承下来的onDraw方法来实现。为此，我们可以使用如下模板：

```
public class CustomView extends View {
  ...
  public void onDraw( Canvas canvas ) {
    super.onDraw( canvas );
    // 根据需要，使用 Paint 对象定义要绘制的样式和颜色
    // 用 canvas 调用 Canvas 类的一些绘图方法
  }
...
```

表8.1　android.graphics包的类

类	说明
Bitmap	封装成一个位图
BitmapFactory	用于从各种源创建位图对象的工厂类
Camera	生成可应用于Canvas的3D变换
Canvas	绘制形状和位图
Color	定义用于定义由整数表示的颜色的常量和方法
Paint	定义绘图的样式和颜色
Picture	记录绘画调用
Point	通过两个整数坐标定义的点
Rect	由整数坐标定义的矩形

要具体指定如何绘制的话（定义绘图样式和颜色），我们可以使用Paint类。表8.2中就介绍了Paint类的一些方法。

例如，我们要定义一个Paint对象，并设置它的颜色为红色、笔触宽度为5像素的话，可以使用如下代码序列：

```
Paint paint = new Paint( );
paint.setColor( 0xFFFF0000 );
paint.setStrokeWidth( 5.0f );
```

表8.2 Paint类的方法

方法	说明
void setARGB(int a, int r, int g, int b)	将此Paint对象的alpha、red、green和blue颜色分量设置为值a、r、g和b（均在0~255之间）
void setColor(int color)	将此Paint对象的颜色设置为color（包括alpha分量）
void setStrokeWidth(float width)	将此Paint对象的笔触宽度设置为width
void setTextSize(float textSize)	将此Paint对象的文本大小设置为textSize
void setStyle(Paint.Style style)	将此Paint对象的样式设置为style。Paint.Style是一个枚举，其可能的值有STROKE、FILL和FILL_AND_STROKE，默认值为FILL
void setAntiAlias(boolean flag)	如果flag为真，则将此Paint对象设置为在绘制形状时使用消除锯齿功能，flag的默认值为假

我们使用Canvas类来进行绘制。该类中提供了绘制先前生成的基本图形和位图的工具，例如，从一个包含图片的文件（如JPEG图）中绘制。表8.3中介绍了一些Canvas类的方法。

假设我们已经提前声明、实例化，并且定义了一个名为paint的Paint对象，下面的代码用来实现通过View类的onDraw方法来绘制一个圆心为（50,100）、半径为25的圆。

```
// canvas 是 onDraw 方法的 Canvas 参数
canvas.drawCircle( 50, 100, 25, paint );
```

Paint对象的默认样式会将绘制的图形进行填充。但如果我们不想让绘制的图形被填充，可以通过如下声明将Paint对象的样式设置成STROKE（见表8.2）：

```
// paint 是 Paint 参考
paint.setStyle( Paint.Style.STROKE );
```

表8.3 Canvas类的方法

方法	说明
void drawLine(float startX, float startY, float endX, float endY, Paint paint)	使用paint中定义的样式和颜色在点（startX, startY）和（endX, endY）之间绘制一条线
void drawLines (float [ ] points, Paint paint)	使用paint中定义的样式和颜色绘制在points中定义的线条。在points中每条线被定义为四个连续的值
void drawOval(RectF rect, Paint paint)	使用paint中定义的样式和颜色在矩形rect中绘制一个椭圆。RectF类似于Rect，但使用浮点数而不是整数
void drawCircle(float centerX, float centerY, float radius, Paint paint)	使用paint中定义的样式和颜色绘制一个圆，其圆心为点（centerX, centerY），半径为radius
void drawPicture(Picture picture, Rect dst)	绘制图片并将其拉伸以适合dst矩形
void drawBitmap(Bitmap bitmap, Rect src, Rect dst, Paint paint)	使用paint从dst矩形内的位图绘制src矩形。如果src为null，则绘制整个位图。位图绘制为dst的维度
void drawRect(Rect rect, Paint paint)	使用paint中定义的样式和颜色绘制矩形rect
void drawText(String text, float x, float y, Paint paint)	使用样式绘制从坐标（x, y）开始的String文本，包括对齐方式和paint中定义的颜色

我们还可以使用Canvas类从文件中绘制一些图形。如果有一个名为duck.png的文件，我们

应该将该文件放在项目的drawable目录中。一旦文件在drawable目录中，它就是我们可以使用R.drawable.nameOfFile引用的资源。在这里，我们就可以使用R.drawable.duck的形式来引用放进drawable文件夹中的duck.png文件了。请注意，这里不包含文件扩展名。

首先，我们为该文件实例化一个Bitmap对象。然后，我们使用onDraw方法的canvas参数绘制它。为了创建一个Bitmap对象，我们可以使用BitmapFactory类的诸多静态方法（**表8.4**列出了其中一些）中的一种。一旦我们有了Bitmap引用，就可以使用Bitmap类的各种方法检索或设置它的一些特性，**表8.5**列出了其中一些。

表8.4　BitmapFactory类的方法

方法	说明
static Bitmap decodeResource(Resources res, int id)	从Resources对象res中包含id为id的资源创建并返回Bitmap
static Bitmap decodeFile(String pathName)	从文件pathName创建并返回一个位图
static Bitmap decodeStream(InputStream is)	读取is并从它创建和返回一个位图

表8.5　Bitmap类的常用方法

方法	说明
int getWidth( )	返回位图的宽度
int getHeight( )	返回位图的高度
int getPixel(int x, int y)	以整型值返回在该位图（x, y）坐标点处的颜色，这里的x和y必须分别大于等于0且小于此位图的宽度和高度
void setPixel(int x, int y, int color)	将位于（x, y）坐标点处的此位图像素的颜色设置为color。应用与getPixel方法相同的约束

假设在项目的drawable目录中有一个名为duck.jpg的文件，则可以使用以下代码在我们的自定义View中将其绘制在由以下代码序列定义的矩形内：

```
// duck.png 放置在 drawable 目录下
Bitmap duck = BitmapFactory.decodeResource( getResources( ),
        R.drawable.duck );
Rect rect = new Rect( 20, 50, 20 + duck.getWidth( ),
        50 + duck.getHeight( ) );
// canvas 是 onDraw 方法的 Canvas 参数
// paint 是一个 Paint 对象
canvas.drawBitmap( duck, null, rect, paint );
```

请注意，上面使用的Rect构造函数的后两个参数指的是矩形右边缘的x坐标值和矩形底部边缘的y坐标值，不是矩形的宽和高。

▌**常见错误：** 当使用Rect构造函数时，要注意它的四个参数中的后两个代表的是矩形右边缘和下边缘的位置，而不是矩形的宽度和高度。

8.2 制作自定义视图，绘图，Duck Hunting 应用程序，版本 0

我们为此应用程序使用空活动模板。在版本0中，我们将大炮显示在屏幕的左下角，将鸭子显示在屏幕右上角。与许多游戏一样，为了使示例简单，我们限制游戏只能在水平位置进行。因此，我们要在AndroidManifest.xml文件的activity元素中添加如下语句：

```
android:screenOrientation="landscape"
```

需要将一个JPEG或PNG格式的图片放入我们的项目中，只需将图片文件直接复制粘贴到drawable文件夹下即可。这里我们要放入的图片文件是duck.png。

为了子类化View类，我们必须提供一个构造函数来覆盖View类的构造函数，并使用它的第一个语句调用超级构造函数。否则，我们的代码将无法编译。请注意，View类不提供默认构造函数。**表8.6**中列出了View类的一些构造函数和方法。

表8.6　View类的常用构造函数和方法

构造函数	说明
View(Context context)	在按代码创建View时使用此构造函数
View(Context context, AttributeSet attrs)	通过加载XML布局构建View时调用，attrs是在XML文件中指定的属性
View(Context context, AttributeSet attrs, int defStyle)	通过加载XML布局构建View时调用；attrs是在XML文件中指定的属性，defStyle是要应用于创建的View的默认样式
方法	说明
void onFinishInflate( )	视图的XML布局被加载完后调用该方法
void onAttachedToWindow( )	当此View附加到其窗口上时调用该方法
void onMeasure(int widthMeasuredSpec, int heightMeasuredSpec)	调用此View及其内容，以确定此View的宽度和高度
void onSizeChanged(int width, int height, int oldWidth, int oldHeight)	在更改此View的大小时调用
void onLayout(boolean changed, int left, int top, int right, int bottom)	当此View为其子项分配位置和维度时调用。参数与此View相对于其父级相关
void onDraw(Canvas canvas)	在View绘制其内容时调用

当View被设置为活动的内容视图时，会自动调用以下View类的方法，对于某些方法会多次调用：onAttachedToWindow、onMeasure、onSizeChanged、onLayout、onDraw；仅当View从XML布局文件中加载时才调用onFinishInflate。如果我们将所有这些方法添加到此示例中，并将输出语句添加到Logcat中，则Logcat中的输出如下所示：

```
Inside    GameView constructor
Inside    onAttachedToWindow
Inside    onMeasure
Inside    onMeasure
Inside    onSizeChanged
Inside    onLayout
Inside    onMeasure
Inside    onLayout
Inside    onDraw
```

例8.1显示了继承自View的GameView类。在本章的后面,我们希望在以高频率重绘屏幕时经常调用onDraw方法以更新游戏。因此,我们希望避免在onDraw中声明变量,以便使代码尽可能高效。在第12~16行,我们声明了各种实例变量来存储鸭子的资源:一个用于定义绘图样式和颜色的Paint对象,一个鸭子的位图(duck),一个在视图中绘制鸭子的矩形(duckRect),以及屏幕的高度。

构造函数在第18~31行编码。我们希望从Activity类中实例化一个GameView对象。因此,构造函数包括两个整数参数,表示该活动中可用的宽度和高度。我们将height参数分配给第20行的实例变量height,并在第21行初始化duck。我们将高度存储在实例变量中,因为我们需要在onDraw方法中访问它。在第23~25行,我们设置duckRect的坐标相对于活动传递给构造函数的宽度和高度值。我们将矩形定位在屏幕的右上角,将其宽度设置为width的1/5,并设置其高度,以便保持与原始鸭子图像相同的比例。

因此,我们将"宽度-宽度/5"指定为其左边缘坐标,将width指定为其右边缘坐标。我们希望将鸭子的高度设置为与宽度相同的缩放因子。我们可以轻松地计算缩放因子,如下所示:

```
new duck width = width / 5 = old duck width * scale
```

因此,

```
scale = width/( 5 * old duck width )
```

我们将前一个值分配给第23行的scale变量。执行浮点除法时要小心:我们希望在最后舍入到整数维度,以便最大限度地降低精度损失。

```
1   package com.jblearning.duckhuntingv0;
2
3   import android.content.Context;
4   import android.graphics.Bitmap;
5   import android.graphics.BitmapFactory;
6   import android.graphics.Canvas;
7   import android.graphics.Paint;
8   import android.graphics.Rect;
9   import android.view.View;
10
11  public class GameView extends View {
12    public static final int TARGET = R.drawable.duck;
13    private Paint paint;
14    private Bitmap duck;
15    private Rect duckRect;
16    private int height;
17
18    public GameView( Context context, int width, int height ) {
19      super( context );
20      this.height = height;
21      duck = BitmapFactory.decodeResource( getResources( ), TARGET );
22
23      float scale = ( ( float ) width / ( duck.getWidth( ) * 5 ) );
24      duckRect = new Rect( width - width / 5 , 0, width,
25          ( int ) ( duck.getHeight( ) * scale ) );
26
27      paint = new Paint( );
```

```
28          paint.setColor( 0xFF000000 );
29          paint.setAntiAlias( true );
30          paint.setStrokeWidth( 10.0f );
31       }
32
33       public void onDraw( Canvas canvas ) {
34          super.onDraw( canvas );
35          // 绘制大炮底座
36          canvas.drawCircle( 0, height, height / 10, paint );
37
38          // 绘制45°角炮筒
39          canvas.drawLine( 0, height, height / 5, height - height / 5, paint );
40
41          // 绘制鸭子
42          canvas.drawBitmap( duck,  null, duckRect, paint );
43       }
44    }
```

例8.1 GameView类，Duck Hunting应用程序，版本0

我们在第27行初始化绘制，在第28行将其颜色设置为黑色，在第29行将反锯齿选项设置为true，在第30行将绘制的笔触宽度设置为10。

在onAttachedToWindow、onMeasure、onSizeChanged和onLayout之后，也会自动调用第33~43行的onDraw方法。在第34行调用超级方法后，我们依次在第35~36行绘制大炮底座，在第38~39行画出炮筒，在第41~42行画出鸭子。我们使用Canvas类的drawCircle方法绘制大炮。前两个参数是圆心的x坐标和y坐标，第三个参数是圆的半径，第四个参数是定义圆的样式和颜色的Paint对象。要绘制一个圆心为（0，height）且半径为50的圆，我们可以使用如下语句：

```
canvas.drawCircle( 0, height, 50, paint );
```

坐标（0，height）表示视图的左下角。绘画的样式属性用于绘制圆。由于其中心的位置，因此只能看到圆圈的右上角四分之一。

我们实际上想要相对于视图的大小调整半径（50以上），这里使用10%的比率。因此，我们使用以下声明在第36行绘制大炮底座：

```
canvas.drawCircle( 0, height, height / 10, paint );
```

请注意，由于我们只绘制了四分之一圆，所以可以使用drawArc方法。它具有以下API：

```
public void drawArc( RectF oval, float startAngle, float sweepAngle,
                     boolean useCenter, Paint paint )
```

RectF类使用浮点坐标封装一个矩形。我们可以使用以下构造函数创建一个RectF：

```
public RectF( float left, float top, float right, float bottom )
```

drawArc的两个角度参数是以度的形式表示的：startAngle指定起始角度，0指定三点钟方向，如果sweepAngle为正，则顺时针绘制圆弧，否则逆时针绘制圆弧。如果useCenter为true，我们绘制一个楔形，穿过椭圆的中心（如果RectF参数是正方形，则为圆心）。以下为使用drawArc绘制大炮底座代码：

```
RectF cannonRect = new RectF( - height / 10, height - height / 10,
                              height / 10, height + height / 10 );
canvas.drawArc( cannonRect, 0.0f, -90.0f, true, paint );
```

在第39行，我们使用Canvas类的drawLine方法绘制大炮炮筒。前两个参数是线的一端的x坐标和y坐标，接下来的两个参数是线的另一端的x坐标和y坐标。第五个参数是Paint对象，用于定义线条的样式和颜色。如果我们想要绘制一个端点为（0，height）和（100，height-100）的线，使其成45°角，我们可以使用以下语句：

```
canvas.drawLine( 0, height, 100, height - 100, paint );
```

同样，我们想要相对于视图的大小来确定炮筒的长度。这里使用20%的比率（请注意，20%的比率是沿X轴和Y轴，而炮筒是45°角，因此更长。炮筒的一部分被大炮基座隐藏）。因此，我们使用以下声明在第39行绘制炮筒：

```
canvas.drawLine( 0, height, height / 5, height - height / 5,
                 paint );
```

在本章后面，我们将允许用户通过触摸屏幕来改变大炮的角度。

在第42行，我们使用Canvas类的drawBitmap方法之一绘制鸭子。第一个参数是Bitmap引用，第二个参数定义要在位图中绘制的矩形，第三个参数定义了在View上执行绘图的矩形，第四个参数是一个Paint对象，用于定义绘制位图的样式和颜色。我们使用以下语句在矩形duckRect中绘制整个Bitmap duck：

```
canvas.drawBitmap( duck, null, duckRect, paint );
```

第二个参数的值null表示我们正在绘制整个位图。鸭子在由onLayout方法内定义的第三个参数duckRect表示的矩形内绘制。

例8.2显示了MainActivity类。因为我们希望拥有尽可能大的屏幕，所以我们扩展了Activity类，而不是AppCompatActivity类。通过这种方式，屏幕不包括操作栏，并且更大一些。它不是对XML布局进行加载，而是将其内容视图设置为GameView。在第10行，我们声明了一个GameView实例变量gameView。它在第26行的onCreate中实例化。我们在第27行将活动的内容视图设置为gameView。

我们在第24~25行检索屏幕的大小，以便将其宽度和高度传递给GameView构造函数。但是，屏幕的高度包括状态栏的高度。因此，我们在第16~22行检索它并从第26行的屏幕高度中减去它，再将结果值传递给GameView构造函数。附录A更详细地解释了如何检索状态栏和操作栏的高度。

```
1   package com.jblearning.duckhuntingv0;
2
3   import android.app.Activity;
4   import android.content.res.Resources;
5   import android.graphics.Point;
6   import android.os.Bundle;
7
8   public class MainActivity extends Activity {
```

```
 9
10    private GameView gameView;
11
12    @Override
13    protected void onCreate( Bundle savedInstanceState ) {
14      super.onCreate( savedInstanceState );
15
16      // 获取状态栏高度
17      Resources res = getResources( );
18      int statusBarHeight = 0;
19      int statusBarId =
20        res.getIdentifier( "status_bar_height", "dimen", "android" );
21      if( statusBarId > 0 )
22        statusBarHeight = res.getDimensionPixelSize( statusBarId );
23
24      Point size = new Point( );
25      getWindowManager( ).getDefaultDisplay( ).getSize( size );
26      gameView = new GameView( this, size.x, size.y - statusBarHeight );
27      setContentView( gameView );
28    }
29  }
```

例8.2 MainActivity类，Duck Hunting应用程序，版本0

图8.1显示了在模拟器中运行的Duck Hunting应用程序版本0。由于使用了抗锯齿功能，我们为大炮绘制的圆圈是平滑的，没有粗糙的边缘。

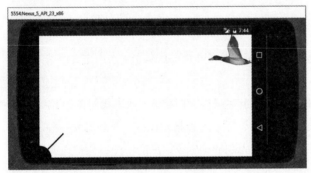

图8.1 在模拟器中运行Duck Hunting应用程序，版本0

8.3 模型

在游戏中，屏幕上可以有许多形状和物体，移动、改变和碰撞。游戏的功能可能非常复杂，将其封装在模型中更容易也更简洁。我们的模型将反映游戏的状态及其规则。我们在这个游戏中有三个对象：大炮、炮弹和鸭子。为了简单起见，用户一次只能从大炮射出一颗炮弹。如果炮弹击中鸭子或进入屏幕外，则用户可以再次射击。因此，屏幕上始终没有或只有一颗炮弹。我们可以按如下方式定义游戏状态：

- 整体游戏参数：大小（宽度和高度）、更新频率
- 大炮：位置、角度
- 炮弹：是否发射、大小、位置、速度
- 鸭子：位置、大小、速度、射击或飞行

为了简单起见，我们希望鸭子从右向左飞行，并且希望大炮位于屏幕的下方。这些约束在Game类中强制执行。

应该从模型中检索我们在GameView类中用于绘图目的的值，例如鸭子和大炮的位置，以及游戏的尺寸。

我们还需要一些功能来捕捉游戏中发生的事情：

▶ 开始游戏

▶ 移动鸭子

▶ 移动炮弹

▶ 测试鸭子是否在屏幕外

▶ 测试炮弹是否在屏幕外

▶ 管理炮弹的状态（已发射或未发射）

▶ 测试鸭子是否被击中

我们将模型封装在Game类中，如**例8.3**所示。我们选择了很多实例变量（第8~29行）而不是常量来存储游戏参数，例如鸭子或炮弹速度。这里实例变量相较于常量的优点是可以在用户玩游戏时修改它们的值。如果我们想要实现难度逐渐提高的各种游戏关卡，就可以采用诸如提高鸭子或炮弹的速度，或者缩小炮弹大小的方式。请注意，我们有一个用于大炮角度的实例变量和另一个用于炮弹角度的实例变量。当炮弹发射时，我们希望用户能够在不修改已经射击的炮弹的角度的情况下修改下一次射击的大炮的角度。

因为当我们需要重绘相应的View时，我们需要访问与我们绘制的各种对象相关的数据，因此需要很多访问器方法。setCannon方法（第90~102行）不仅设置了大炮的位置，还设置了大炮内部炮弹的原始位置。

从第137行到第199行，编码各种方法，使我们能够改变游戏状态，移动鸭子，移动炮弹，测试鸭子或炮弹是否已经离开屏幕（在此模型中的狩猎矩形之外），将炮弹重新加载到其原始位置，改变炮弹射击的角度，并测试炮弹是否击中鸭子。实例变量duckShot表示鸭子是否被射击。duckHit方法测试炮弹是否击中鸭子。如果未射击鸭子，则moveDuck方法（第161~169行）将鸭子从右向左移动。如果鸭子被射击，它会以飞行速度的五倍向下移动。

```
1   package com.jblearning.duckhuntingv1;
2
3   import android.graphics.Point;
4   import android.graphics.Rect;
5   import java.util.Random;
6
7   public class Game {
8     private Rect huntingRect;
9     private int deltaTime; // 以毫秒为单位
10
11    private Rect duckRect;
12    private int duckWidth;
13    private int duckHeight;
14    private float duckSpeed;
15    private boolean duckShot;
16
```

```java
17      private Point cannonCenter;
18      private int cannonRadius;
19      private int barrelLength;
20      private int barrelRadius;
21      private float cannonAngle;
22
23      private Point bulletCenter;
24      private int bulletRadius;
25      private boolean bulletFired;
26      private float bulletAngle;
27      private float bulletSpeed;
28
29      private Random random;
30
31      public Game( Rect newDuckRect, int newBulletRadius,
32                   float newDuckSpeed, float newBulletSpeed ) {
33        setDuckRect( newDuckRect );
34        setDuckSpeed( newDuckSpeed );
35        setBulletRadius( newBulletRadius );
36        setBulletSpeed( newBulletSpeed );
37        random = new Random( );
38        bulletFired = false;
39        duckShot = false;
40        cannonAngle = ( float ) Math.PI / 4; // 大炮初始角度
41      }
42
43      public Rect getHuntingRect( ) {
44        return huntingRect;
45      }
46
47      public void setHuntingRect( Rect newHuntingRect ) {
48       if( newHuntingRect != null )
49          huntingRect = newHuntingRect;
50      }
51
52      public void setDeltaTime( int newDeltaTime ) {
53        if( newDeltaTime > 0 )
54          deltaTime = newDeltaTime;
55      }
56
57      public Rect getDuckRect( ) {
58        return duckRect;
59      }
60
61      public void setDuckRect( Rect newDuckRect ) {
62        if( newDuckRect != null ) {
63          duckWidth = newDuckRect.right - newDuckRect.left;
64          duckHeight = newDuckRect.bottom - newDuckRect.top;
65          duckRect = newDuckRect;
66        }
67      }
68
69      public void setDuckSpeed( float newDuckSpeed ) {
70        if( newDuckSpeed > 0 )
71          duckSpeed = newDuckSpeed;
72      }
73
```

```java
 74      public Point getCannonCenter( ) {
 75        return cannonCenter;
 76      }
 77
 78      public int getCannonRadius( ) {
 79        return cannonRadius;
 80      }
 81
 82      public int getBarrelLength( ) {
 83        return barrelLength;
 84      }
 85
 86      public int getBarrelRadius( ) {
 87        return barrelRadius;
 88      }
 89
 90      public void setCannon( Point newCannonCenter, int newCannonRadius,
 91                             int newBarrelLength, int newBarrelRadius ) {
 92        if( newCannonCenter != null && newCannonRadius > 0
 93                               && newBarrelLength > 0 ) {
 94          cannonCenter = newCannonCenter;
 95          cannonRadius = newCannonRadius;
 96          barrelLength = newBarrelLength;
 97          barrelRadius = newBarrelRadius;
 98          bulletCenter = new Point(
 99            ( int ) ( cannonCenter.x + cannonRadius * Math.cos( cannonAngle ) ),
100            ( int ) ( cannonCenter.y - cannonRadius * Math.sin( cannonAngle ) ) );
101        }
102      }
103
104      public Point getBulletCenter( ) {
105        return bulletCenter;
106      }
107
108      public int getBulletRadius( ) {
109        return bulletRadius;
110      }
111
112      public void setBulletRadius( int newBulletRadius ) {
113        if( newBulletRadius > 0 )
114          bulletRadius = newBulletRadius;
115      }
116
117      public void setBulletSpeed( float newBulletSpeed ) {
118        if( newBulletSpeed > 0 )
119          bulletSpeed = newBulletSpeed;
120      }
121
122      public float getCannonAngle( ) {
123        return cannonAngle;
124      }
125
126      public void setCannonAngle( float newCannonAngle ) {
127        if( newCannonAngle >= 0 && newCannonAngle <= Math.PI / 2 )
128          cannonAngle = newCannonAngle;
129        else if( newCannonAngle < 0 )
130          cannonAngle = 0;
```

```java
        else
          cannonAngle = ( float ) Math.PI / 2;
      if( !isBulletFired( ) )
        loadBullet( );
    }

    public boolean isBulletFired( ) {
      return bulletFired;
    }

    public void fireBullet( ) {
      bulletFired = true;
      bulletAngle = cannonAngle;
    }

    public boolean isDuckShot( ) {
      return duckShot;
    }

    public void setDuckShot( boolean newDuckShot ) {
      duckShot = newDuckShot;
    }

    public void startDuckFromRightTopHalf( ) {
      duckRect.left = huntingRect.right;
      duckRect.right = duckRect.left + duckWidth;
      duckRect.top = random.nextInt( huntingRect.bottom / 2 );
      duckRect.bottom = duckRect.top + duckHeight;
    }

    public void moveDuck( ) {
      if( !duckShot ) { // 左移
        duckRect.left -= duckSpeed * deltaTime;
        duckRect.right -= duckSpeed * deltaTime;
      } else { // 下移
        duckRect.top += 5 * duckSpeed * deltaTime;
        duckRect.bottom += 5 * duckSpeed * deltaTime;
      }
    }

    public boolean duckOffScreen( ) {
      return duckRect.right < 0 || duckRect.bottom < 0
          || duckRect.top > huntingRect.bottom
          || duckRect.left > huntingRect.right;
    }

    public void moveBullet( ) {
      bulletCenter.x += bulletSpeed * Math.cos( bulletAngle ) * deltaTime;
      bulletCenter.y -= bulletSpeed * Math.sin( bulletAngle ) * deltaTime;
    }

    public boolean bulletOffScreen( ) {
      return bulletCenter.x - bulletRadius > huntingRect.right
          || bulletCenter.y + bulletRadius < 0;
    }

    public void loadBullet( ) {
```

```
188        bulletFired = false;
189        bulletCenter.x = ( int ) ( cannonCenter.x
190          + cannonRadius * Math.cos( cannonAngle ) );
191        bulletCenter.y = ( int ) ( cannonCenter.y
192          - cannonRadius * Math.sin( cannonAngle ) );
193      }
194
195      public boolean duckHit( ) {
196        return duckRect.intersects(
197          bulletCenter.x - bulletRadius, bulletCenter.y - bulletRadius,
198          bulletCenter.x + bulletRadius, bulletCenter.y + bulletRadius );
199      }
200    }
```

例8.3　Game类，Duck Hunting应用程序，版本1

为了测试炮弹是否击中了鸭子（第195~199行的duckHit方法），我们将鸭子周围的矩形与炮弹周围的矩形进行比较，并测试它们是否相交。我们使用Rect类的一个intersects方法，如**表8.7**所示。如果由其四个参数定义的矩形与调用方法的Rect引用相交，则返回true，否则返回false。

表8.7　Rect类的intersects方法

方法	说明
boolean intersects(int left, int top, int right, int bottom)	如果此Rect与由四个参数定义的矩形相交，则返回true，否则返回false。不修改此Rect

8.4　动画对象：飞鸭，Duck Hunting 应用程序，版本 1

现在我们可以使用模型让鸭子从右往左飞过屏幕。为此，我们需要以特定频率重绘View。人眼认为当帧速率为每秒20~30帧或更多时，事物会以连续运动的方式运动。帧速率越高，它们在连续运动中移动的形态就越丰富。但是，帧速率越高，对CPU的需求也越大。如果我们要求CPU在短时间内做得太多，那么移动将变得不稳定并且应用程序的质量将会恶化。此外，CPU速度因设备而异，这使事情变得更加复杂。对于有很多对象移动和相互交互的复杂游戏，建议使用OpenGL（开放图形库），以便更快地渲染图形。OpenGL定义了一个API，以便开发人员可以直接与图形处理器交互。通常，游戏开发者使用OpenGL的游戏引擎来开发游戏。高性能游戏编程超出了本书的范围。我们保持游戏简单，以便CPU可以处理它。

来自java.util包的Timer类提供了几个schedule和scheduleAtFixedRate方法来设置TimerTask类型的给定任务，在指定的延迟之后开始执行一次或以指定的频率执行。我们还可以取消Timer当前安排的任务。**表8.8**显示了调度方法和取消方法。

表8.8　Timer类的方法

方法	说明
void schedule(TimerTask task, long delay, long period)	计划任务在延迟毫秒之后运行，之后每毫秒运行一次
void cancel( )	取消此计时器的计划任务

各种schedule和scheduleAtFixedRate方法的第一个参数是TimerTask对象。TimerTask类实现Runnable接口，也来自java.util包。它是抽象的，意味着要重写以定义要执行的自定义任务。当继承TimerTask时，我们应该提供一个构造函数并覆盖run方法。将以指定的频率自动调用run方法并执行该任务。**表8.9**显示了run和cancel方法。

表8.9　TimerTask类的方法	
方法	说明
void run( )	以指定频率自动呼叫；覆盖此方法并在此处执行任务
boolean cancel( )	取消此TimerTask

我们定义了一个扩展TimerTask类的GameTimerTask类。在run方法中，我们使用Model更新游戏状态。在退出run方法之前，我们强制重绘View，以便用户在屏幕上看到的内容反映了当时的游戏状态。为此，我们需要在GameTimerTask中引用游戏和View。有几种方法可用于重绘View，**表8.10**列出了其中一些，具有四个参数的方法使我们能够重绘由这四个参数定义的View的矩形。如果我们知道只有部分视图发生了变化，这可以节省宝贵的CPU时间。View类的postInvalidate方法自动调用onDraw，可以从非用户界面线程调用，这是我们在GameTimerTask的run方法内部执行的情况。因此，在run方法结束时，我们调用postInvalidate以重绘View。

表8.10　强制调用onDraw的View类的方法	
方法	说明
void invalidate( )	通过调用onDraw来刷新整个视图。必须从用户界面线程调用此方法
void postInvalidate( )	通过调用onDraw来刷新整个视图。可以从用户界面线程外部调用此方法
void invalidate(int top, int left, int right, int bottom)	通过调用onDraw刷新由四个参数定义的此View中的矩形。必须从用户界面线程调用此方法
void postInvalidate(int top, int left, int right, int bottom)	通过调用onDraw刷新由四个参数定义的此View中的矩形。可以从用户界面线程外部调用此方法

总体逻辑如下：

```
// 在 MainActivity 类中
Timer timer = new Timer( );
// 立即启动任务，每秒运行 10 次 ( 每 100 毫秒 )
timer.schedule( new GameTimerTask( this ), 0, 100 );

// 在 GameTimerTask 类的 run 方法中
// 1 - 使用我们游戏的游戏参考更新游戏状态
// 2 - 假设 gameView 是对 View 的引用
// 调用 postInvalidate 强制调用 onDraw
gameView.postInvalidate( );

// 在 GameView 的 onDraw 方法中
// 根据游戏状态绘制大炮、炮弹和鸭子
```

总结一下：

▶ GameTimerTask类的run方法要求Model更新游戏状态，然后要求游戏View重绘自己。

8.4 动画对象：飞鸭，Duck Hunting 应用程序，版本 1

▸ GameView类的onDraw方法根据游戏状态更新View。

例8.4显示了GameTimerTask类。我们在第3行导入TimerTask，类在第5行扩展它。我们声明了两个实例变量（第6~7行）：game，游戏的Game参考；还有GameView，View的GameView参考。我们使用game在第12行开始游戏，并在run方法内的第16~18行更新游戏状态。我们使用gameView在第19行调用postInvalidate，以触发对GameView的onDraw方法的调用。

我们在第9~13行提供了一个接受GameView参数view的构造函数，视图被分配给第10行的gameView。我们在第11行调用getGame访问器（需要将getGame方法添加到GameView类），以便为game分配对游戏的引用。我们期望从GameView类中实例化GameTimerTask对象，并将其传递给构造函数。

```
1   package com.jblearning.duckhuntingv1;
2
3   import java.util.TimerTask;
4
5   public class GameTimerTask extends TimerTask {
6     private Game game;
7     private GameView gameView;
8
9     public GameTimerTask( GameView view ) {
10      gameView = view;
11      game = view.getGame( );
12      game.startDuckFromRightTopHalf( );
13    }
14
15    public void run( ) {
16      game.moveDuck( );
17      if( game.duckOffScreen( ) )
18        game.startDuckFromRightTopHalf( );
19      gameView.postInvalidate( );
20    }
21  }
```

例8.4 GameTimerTask类，Duck Hunting应用程序，版本1

例8.5显示了GameView类。我们使用从三个透明PNG文件创建的三个位图来飞行，而不是显示一个简单的鸭子。我们将anim_duck0.png、anim_duck1.png和anim_duck2.png三个文件放在项目的drawable目录中。我们打算使用这三个文件来创建一个四帧动画（0-1-2-1），并将这些可绘制资源存储在数组TARGETS中（第14~15行）。在此示例中，数组中有四个元素，但我们可以轻松添加更多帧以改进鸭子动画。我们现在有一个Bitmaps数组ducks（在第17行声明），而不是一个Bitmap。实例变量duckFrame（第18行）将当前索引存储在数组ducks中。我们使用它来访问正确的Bitmap以在onDraw方法中绘制。我们在第20行声明了一个Game实例变量game。通常，我们在Controller中包含对Model的引用（MainActivity类）。在这种情况下，根据模型中的值设置我们在onDraw方法中绘制的几个参数（cannon base、barrel、duck和bullet）。因此，在GameView中有一个Game引用是很方便的，这样我们就可以在onDraw方法中访问Game的各种实例变量的值。

```
1   package com.jblearning.duckhuntingv1;
2
```

```java
 3    import android.content.Context;
 4    import android.graphics.Bitmap;
 5    import android.graphics.BitmapFactory;
 6    import android.graphics.Canvas;
 7    import android.graphics.Paint;
 8    import android.graphics.Point;
 9    import android.graphics.Rect;
10    import android.view.View;
11
12    public class GameView extends View {
13      public static int DELTA_TIME = 100;
14      private int [ ] TARGETS = { R.drawable.anim_duck0, R.drawable.anim_duck1,
15                                  R.drawable.anim_duck2, R.drawable.anim_duck1 };
16      private Paint paint;
17      private Bitmap [ ] ducks;
18      private int duckFrame;
19
20      private Game game;
21
22      public GameView( Context context, int width, int height ) {
23        super( context );
24        ducks = new Bitmap[TARGETS.length];
25        for( int i = 0; i < ducks.length; i++ )
26          ducks[i] =
27              BitmapFactory.decodeResource( getResources( ), TARGETS[i] );
28        float scale = ( ( float ) width / ( ducks[0].getWidth( ) * 5 ) );
29        Rect duckRect = new Rect( 0, 0, width / 5,
30            ( int ) ( ducks[0].getHeight( ) * scale ) );
31        game = new Game( duckRect, 5, .03f, .2f );
32        game.setDuckSpeed( width * .00003f );
33        game.setBulletSpeed( width * .0003f );
34        game.setDeltaTime( DELTA_TIME );
35
36        game.setHuntingRect( new Rect( 0, 0, width, height ) );
37        game.setCannon( new Point( 0, height ), width / 30,
38          width / 15, width / 50);
39
40        paint = new Paint( );
41        paint.setColor( 0xFF000000 );
42        paint.setAntiAlias( true );
43        paint.setStrokeWidth( game.getBarrelRadius( ) );
44      }
45
46      public void onDraw( Canvas canvas ) {
47        super.onDraw( canvas );
48        // 绘制大炮底座
49        canvas.drawCircle( game.getCannonCenter( ).x, game.getCannonCenter( ).y,
50            game.getCannonRadius( ), paint );
51
52        // 绘制炮筒
53        canvas.drawLine(
54            game.getCannonCenter( ).x, game.getCannonCenter( ).y,
55            game.getCannonCenter( ).x + game.getBarrelLength( )
56                * ( float ) Math.cos( game.getCannonAngle( ) ),
57            game.getCannonCenter( ).y - game.getBarrelLength( )
58                * ( float ) Math.sin( game.getCannonAngle( ) ),
59            paint );
```

```
60
61        // 绘制会动的鸭子
62        duckFrame = ( duckFrame + 1 ) % ducks.length;
63        canvas.drawBitmap( ducks[duckFrame], null, game.getDuckRect( ), paint );
64      }
65
66      public Game getGame( ) {
67        return game;
68      }
69    }
```

例8.5 GameView类，Duck Hunting应用程序，版本1

数组ducks与数组TARGETS平行，在第24行实例化，并填充了由第25~27行的TARGETS中的元素生成的位图。

我们假设所有PNG文件具有相同的宽度和高度，并在计算第28行的缩放因子后使用第一个文件在第29~30行构造一个Rect。当实例化game时，我们在第31行将该Rect传递给Game构造函数。我们还想动态设置鸭子和炮弹的速度。实际上，如果屏幕具有更高的分辨率，鸭子和炮弹应该移动得更快。如果屏幕宽度为1000像素，则鸭子速度为每秒0.03像素，炮弹速度快10倍，为每秒0.3像素。在第36行设置游戏的狩猎矩形后，我们在第37~38行调用setCannon以设置大炮的尺寸：我们将大炮定位在狩猎矩形的左下角，并相对于视图的大小调整大小，以便尽可能与设备无关。

我们希望屏幕每秒刷新大约10次。因此，我们在第13行定义常量DELTA_TIME并为其赋值100。我们将该值传递给第34行的game，并在第43行设置炮筒的尺寸。

onDraw方法在第46~64行编码。我们在第48~50行绘制大炮，从游戏中检索其中心坐标和半径。我们在第52~59行画出炮筒，同时从游戏中检索其坐标、尺寸和角度。在第63行绘制鸭子的Bitmap之前，我们在第62行更新duckFrame的值，以便访问数组ducks中的下一个Bitmap。

我们在第66~68行提供游戏访问器，在例8.6的GameTimerTask中调用。

例8.6显示了MainActivity类中的编辑。我们在第30行实例化一个Timer对象，并安排GameTimerTask每秒运行10次，立即从第31~32行开始。

```
 6
 7    import java.util.Timer;
 8
 9    public class MainActivity extends Activity {
...
27      gameView = new GameView( this, size.x, size.y - statusBarHeight );
28      setContentView( gameView );
29
30      Timer gameTimer = new Timer( );
31      gameTimer.schedule( new GameTimerTask( gameView ),
32                          0, GameView.DELTA_TIME );
33    }
34  }
```

例8.6 MainActivity类中的编辑，Duck Hunting应用程序，版本1

图8.2显示了在模拟器内运行的Duck Hunting应用程序版本1，可以看到鸭子在屏幕中间飞行。请注意，仿真器的功耗远低于实际设备，并且可能无法以指定的帧速率绘制鸭子。

图8.2 在模拟器中运行Duck Hunting应用程序,版本1

8.5 处理触摸事件:移动大炮和射击,Duck Hunting 应用程序,版本 2

在版本2中,我们允许用户使用单击或滑动屏幕来移动炮筒。无论用户触摸屏幕哪里,都会将炮筒指向该点。我们还可以通过双击屏幕上的任何位置进行发射。但是,我们不希望双击来改变炮筒的角度。为了实现这一点,我们需要捕获触摸事件并将其处理为确认的单击或滑动,移动炮筒,或作为双击、射击。如果是确认的单击或滑动,我们将检索触摸的x坐标和y坐标,并在游戏中设置大炮角度的值。由于我们在onDraw方法中绘制炮弹角度时考虑了炮筒角度的值,所以炮管的重新绘制会自动发生。如果是双击,我们用游戏调用fireBullet方法。

实现这一点的最简单方法是在GameView类中使用GestureDetector,创建一个扩展GestureDetector.SimpleOnGestureListener类的私有类,并覆盖以下方法:onSingleTapConfirmed、onScroll和onDoubleTapEvent。

通常,事件应在Controller内部处理。因此,我们将所有与事件相关的代码添加到MainActivity类中。例8.7显示了MainActivity类的新部分。在第7行和第8行,我们导入GestureDetector和MotionEvent类。GestureDetector实例变量detector,在第14行声明。因为我们需要根据用户交互访问和更新模型(更改大炮角度、发射炮弹等),所以有一个Game实例变量很方便(第15行的game)。game实例变量引用与GameView类的游戏实例变量相同的Game对象(第38行)。

我们编写私有类TouchHandler,在第49~74行扩展GestureDetector.Simple OnGestureListener。无论在onSingleTapConfirmed还是onScroll方法中执行,我们都希望执行相同的代码,因此我们创建一个单独的方法updateCannon并调用它,传递MouseEvent参数。在第68~73行编码的updateCannon中,我们计算了触点相对于第69~70行的大炮中心的x坐标和y坐标,并在第71行使用Math类的atan2方法来计算角度。然后我们用game调用setCannonAngle方法并在第72行传递计算出的角度。为了检索触摸坐标,我们使用getX和getY方法,因为它们给出了相对于View的x和y坐标,而不是使用getRawX和getRawY方法给出的绝对的x坐标和y坐标。

在onCreate方法中,我们在第40行实例化detector,传递th,在第39行声明并实例化TouchHandler,作为其第二个参数。然后,我们在第41行调用setOnDoubleTapListener方法,传递th。因此,假设已在onTouchEvent中设置了事件调度,则手势和触摸触发TouchHandler类内的方法的执行。在onTouchEvent方法(第44~47行)中,我们使用detector调用GestureDetector类的onTouchEvent方法,以便将各种触摸事件分派给TouchHandler类的9个方法中的相应方法(3个在类中重写，6个从GestureDetector.SimpleOnGestureListener继承的do-nothing方法）。

```java
1   package com.jblearning.duckhuntingv2;
2
3   import android.app.Activity;
4   import android.content.res.Resources;
5   import android.graphics.Point;
6   import android.os.Bundle;
7   import android.view.GestureDetector;
8   import android.view.MotionEvent;
9   import java.util.Timer;
10
11  public class MainActivity extends Activity {
12
13    private GameView gameView;
14    private GestureDetector detector;
15    private Game game;
16
17    @Override
18    protected void onCreate( Bundle savedInstanceState ) {
19      super.onCreate( savedInstanceState );
20
21      // 获取状态栏的高度
22      Resources res = getResources( );
23      int statusBarHeight = 0;
24      int statusBarId =
25          res.getIdentifier( "status_bar_height", "dimen", "android" );
26      if ( statusBarId > 0 )
27        statusBarHeight = res.getDimensionPixelSize( statusBarId );
28
29      Point size = new Point( );
30      getWindowManager( ).getDefaultDisplay( ).getSize( size );
31      gameView = new GameView( this, size.x, size.y - statusBarHeight );
32      setContentView( gameView );
33
34      Timer gameTimer = new Timer( );
35      gameTimer.schedule( new GameTimerTask( gameView ),
36                          0, GameView.DELTA_TIME );
37
38      game = gameView.getGame( );
39      TouchHandler th = new TouchHandler( );
40      detector = new GestureDetector( this, th );
41      detector.setOnDoubleTapListener( th );
42    }
43
44    public boolean onTouchEvent( MotionEvent event ) {
45      detector.onTouchEvent( event );
46      return true;
47    }
48
49    private class TouchHandler
50            extends GestureDetector.SimpleOnGestureListener {
51      public boolean onDoubleTapEvent( MotionEvent event ) {
52        if( !game.isBulletFired( ) )
53          game.fireBullet( );
54        return true;
55      }
```

```
56
57      public boolean onSingleTapConfirmed( MotionEvent event ) {
58        updateCannon( event );
59        return true;
60      }
61
62      public boolean onScroll( MotionEvent event1, MotionEvent event2,
63                               float d1, float d2 ) {
64        updateCannon( event2 );
65        return true;
66      }
67
68      public void updateCannon( MotionEvent event )   {
69        float x = event.getX( ) - game.getCannonCenter( ).x;
70        float y = game.getCannonCenter( ).y - event.getY( );
71        float angle = ( float ) Math.atan2( y, x );
72        game.setCannonAngle( angle );
73      }
74    }
75  }
```

例8.7　MainActivity类，Duck Hunting应用程序，版本2

在GameView类中唯一的变化是绘制炮弹。这是在onDraw方法中完成的。例8.8显示了更新的onDraw方法。如果炮弹没有离开屏幕（第62行），我们使用存储在实例变量game中的位置和半径在第63~64行绘制它。在玩游戏时，炮弹的位置每100毫秒更新一次。这发生在GameTimerTask类的run方法中。

```
45
46    public void onDraw( Canvas canvas ) {
47      super.onDraw( canvas );
48      // 绘制大炮底座
49      canvas.drawCircle( game.getCannonCenter( ).x, game.getCannonCenter( ).y,
50          game.getCannonRadius( ), paint );
51
52      // 绘制炮筒
53      canvas.drawLine(
54          game.getCannonCenter( ).x, game.getCannonCenter( ).y,
55          game.getCannonCenter( ).x + game.getBarrelLength( )
56              * ( float ) Math.cos(game.getCannonAngle( ) ),
57          game.getCannonCenter( ).y - game.getBarrelLength( )
58              * ( float ) Math.sin( game.getCannonAngle( ) ),
59          paint );
60
61      // 绘制炮弹
62      if( ! game.bulletOffScreen( ) )
63        canvas.drawCircle( game.getBulletCenter( ).x,
64            game.getBulletCenter( ).y, game.getBulletRadius( ), paint );
65
66      // 绘制会动的鸭子
67      duckFrame = ( duckFrame + 1 ) % ducks.length;
68      canvas.drawBitmap( ducks[duckFrame], null, game.getDuckRect( ), paint );
69    }
70
71    public Game getGame( ) {
```

```
72        return game;
73      }
74    }
75
```

例8.8 GameView类的onDraw方法，Duck Hunting应用程序，版本2

例8.9显示了更新的GameTimerTask类。唯一的变化是在run方法的第17~20行。如果炮弹离开屏幕（第17行），我们将它装入大炮内（第18行）。如果它在屏幕上，我们测试它是否被触发（第19行）。如果发生了上述情况，我们通过在第20行调用moveBullet更新其位置。在第23行调用postInvalidate后，GameView类的onDraw方法在屏幕上的新位置重绘它。如果炮弹在屏幕上但尚未被射击，则意味着它位于大炮内部，在这种情况下无需更新。

```java
1   package com.jblearning.duckhuntingv2;
2
3   import java.util.TimerTask;
4
5   public class GameTimerTask extends TimerTask {
6     private Game game;
7     private GameView gameView;
8
9     public GameTimerTask( GameView view ) {
10      gameView = view;
11      game = view.getGame( );
12      game.startDuckFromRightTopHalf( );
13    }
14
15    public void run( ) {
16      game.moveDuck( );
17      if( game.bulletOffScreen( ) )
18        game.loadBullet( );
19      else if( game.isBulletFired( ) )
20        game.moveBullet( );
21      if( game.duckOffScreen( ) )
22        game.startDuckFromRightTopHalf( );
23      gameView.postInvalidate( );
24    }
25  }
```

例8.9 GameTimerTask类，Duck Hunting应用程序，版本2

图8.3显示了在用户移动炮筒并发射炮弹后，在模拟器内运行的Duck Hunting应用程序版本2。

图8.3 在模拟器中运行的Duck Hunting应用程序，版本2

8.6 播放声音：射击、碰撞检测，Duck Hunting 应用程序，版本 3

在版本2中，当炮弹击中鸭子时，没有任何反应。在版本3中，当鸭子被击中时，我们播放一个声音，并让鸭子掉到地上（事实上，我们让鸭子穿过地面）。另外，当我们发射炮弹时，也发出声音。

SoundPool类是android.media包的一部分，使得我们能够管理和播放声音。我们可以使用它的以下方法：

- 预加载声音，以便在播放一次或循环播放时没有延迟。
- 调整音量和播放速率。
- 播放、暂停、恢复声音。
- 同时播放多个声音。

表8.11列出了SoundPool类的一些选定方法。

表8.11 SoundPool类的方法

方法	说明
int load(Context context, int resId, int priority)	从resId标识的context中加载声音作为其资源id。在撰写本书时，不使用priority参数。使用1作为默认值。返回声音id
int play(int soundId, float leftVolume, float rightVolume, int priority, int loop, float rate)	播放声音id为soundId的声音。如果loop为0，声音播放一次，如果loop为-1，声音循环播放。rate是播放速率，范围从0.5~2.0，1.0是正常播放速率
void pause(int soundId)	暂停声音id为soundId的声音
void resume(int soundId)	继续播放声音id为soundId的声音

SoundPool类包含一个公共静态内部类Builder，我们可以使用它来创建一个SoundPool对象。由于该类是在API级别21中引入的，因此我们需要确保模块gradle文件中指定的最小SDK版本为21，如**例8.10**所示。我们首先使用SoundPool.Builder的默认构造函数实例化一个SoundPool.Builder对象，然后调用build方法，该方法返回一个SoundPool引用。**表8.12**显示了SoundPool.Builder的默认构造函数和构建方法。

```
1   apply plugin: 'com.android.application'
2
3   android {
4       compileSdkVersion 23
5       buildToolsVersion "23.0.2"
6
7       defaultConfig {
8           applicationId "com.jblearning.duckhuntingv3"
9           minSdkVersion 21
10          targetSdkVersion 23
11          versionCode 1
12          versionName "1.0"
13      }
14  }
```

例8.10 build.gradle（Module:app）文件的一部分，最小SDK为21

8.6 播放声音：射击、碰撞检测，Duck Hunting应用程序，版本3

表8.12 SoundPool.Builder类的默认构造函数和构建方法

默认构造函数	说明
SoundPool.Builder( )	构造一个SoundPool.Builder对象，此时可以播放最多一个流
方法	说明
SoundPool build( )	返回SoundPool对象引用
SoundPool.Builder setMaxStreams(int maxStreams)	设置可以同时播放的最大流的数量。返回此SoundPool.Builder

以下序列显示了如何创建SoundPool对象。

```
SoundPool.Builder poolBuilder = new SoundPool.Builder( );
SoundPool pool = poolBuilder.build( );
```

创建SoundPool后，下一步是加载声音。就像我们使用其id扩展布局XML文件一样，我们可以使用其资源ID加载声音。将声音资源放在res目录中时，通常会创建一个名为raw的目录并将声音文件放入其中。在版本3中，我们在发射炮弹时播放声音，并在击中鸭子时播放另一个声音。为此，我们创建raw目录并在其中添加（使用复制和粘贴）cannon_fire.wav和duck_hit.wav声音文件。**图8.4**显示了在刚刚创建的raw目录中放置cannon_fire.wav和duck_hit.wav文件后的目录结构。

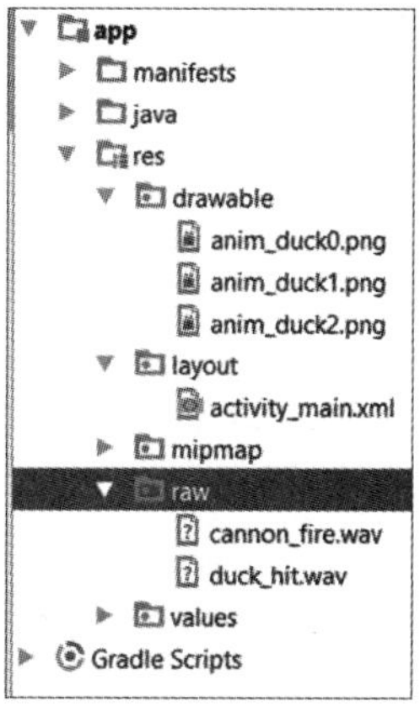

在Activity类中，我们可以使用以下语句使用SoundPool的一种加载方法加载cannon_fire.wav：

```
// 加载位于 raw 文件夹内的第一个声音
// 使用资源 ID
// this 是 context 参数
int fireSoundId = pool.load( this, R.raw.cannon_fire, 1 );
```

图8.4 raw目录中的cannon_fire.wav和duck_hit.wav文件

请注意，在raw目录中指定资源时，我们不包含文件名的扩展名。这意味着我们不应该在该目录中放置两个具有相同名称和不同扩展名的声音文件。

假设已经加载了名为cannon_fire.wav的声音，并且load方法返回了我们存储在int变量fireSoundId中的整数id。我们可以播放一次声音（指定0作为播放的最后一个参数的下一个），如下所示：

```
// 以常规速度播放 cannon_fire.wav 一次
pool.play( fireSoundId, 1.0f, 1.0f, 1, 0, 1.0f );
```

如果有一个名为background.wav的声音已被加载并且其声音id为backgroundSoundId，我们可以播放该声音并永远循环（指定-1作为play的最后一个参数的下一个），如下所示：

```
// 以常规速度播放声音并永远循环播放
pool.play( backgroundSoundId, 1.0f, 1.0f, 1, -1, 1.0f );
```

每当发射炮弹或鸭子被击中时，都需要发出声音。触发项目符号的代码位于MainActivity类中，检查鸭子是否被击中的代码在GameTimerTask类中。因此，在MainActivity类中，提供了一种方法来播放可以从GameTimerTask类调用的命中声音。

例8.11显示了更新的MainActivity类。在第6行,我们导入SoundPool类。在第18~20行,我们声明了三个实例变量:pool,一个SoundPool引用;以及fireSoundId和hitSoundId,两个存储在射击炮弹和鸭子被击中时播放的两种声音的声音ID的整数。

```java
1   package com.jblearning.duckhuntingv3;
2
3   import android.app.Activity;
4   import android.content.res.Resources;
5   import android.graphics.Point;
6   import android.media.SoundPool;
7   import android.os.Bundle;
8   import android.view.GestureDetector;
9   import android.view.MotionEvent;
10  import java.util.Timer;
11
12  public class MainActivity extends Activity {
13
14    private GameView gameView;
15    private GestureDetector detector;
16    private Game game;
17
18    private SoundPool pool;
19    private int fireSoundId;
20    private int hitSoundId;
21
22    @Override
23    protected void onCreate( Bundle savedInstanceState ) {
24      super.onCreate( savedInstanceState );
25
26      // 获取状态栏高度
27      Resources res = getResources( );
28      int statusBarHeight = 0;
29      int statusBarId =
30        res.getIdentifier( "status_bar_height", "dimen", "android" );
31      if( statusBarId > 0 )
32        statusBarHeight = res.getDimensionPixelSize( statusBarId );
33
34      Point size = new Point( );
35      getWindowManager( ).getDefaultDisplay( ).getSize( size );
36      gameView = new GameView( this, size.x, size.y - statusBarHeight );
37      setContentView( gameView );
38
39      Timer gameTimer = new Timer( );
40      gameTimer.schedule( new GameTimerTask( gameView ),
41          0, GameView.DELTA_TIME );
42
43      game = gameView.getGame( );
44      TouchHandler th = new TouchHandler( );
45      detector = new GestureDetector( this, th );
46      detector.setOnDoubleTapListener( th );
47
48      SoundPool.Builder poolBuilder = new SoundPool.Builder( );
49      poolBuilder.setMaxStreams( 2 );
50      pool = poolBuilder.build( );
51      fireSoundId = pool.load( this, R.raw.cannon_fire, 1 );
52      hitSoundId = pool.load( this, R.raw.duck_hit, 1 );
```

8.6 播放声音：射击、碰撞检测，Duck Hunting应用程序，版本3

```
53        }
54
55        public boolean onTouchEvent( MotionEvent event ) {
56          detector.onTouchEvent( event );
57          return true;
58        }
59
60        public void playHitSound( ) {
61          pool.play( hitSoundId, 1.0f, 1.0f, 1, 0, 1.0f );
62        }
63
64        private class TouchHandler
65                extends GestureDetector.SimpleOnGestureListener {
66          public boolean onDoubleTapEvent( MotionEvent event ) {
67            if ( !game.isBulletFired( ) ) {
68              game.fireBullet( );
69              pool.play( fireSoundId, 1.0f, 1.0f, 1, 0, 1.0f );
70            }
71            return true;
72          }
73
74          public boolean onSingleTapConfirmed( MotionEvent event ) {
75            updateCannon( event );
76            return true;
77          }
78
79          public boolean onScroll( MotionEvent event1, MotionEvent event2,
80                                  float d1, float d2 ) {
81            updateCannon( event2 );
82            return true;
83          }
84
85          public void updateCannon( MotionEvent event )  {
86            float x = event.getX( ) - game.getCannonCenter( ).x;
87            float y = game.getCannonCenter( ).y - event.getY( );
88            float angle = ( float ) Math.atan2( y, x );
89            game.setCannonAngle( angle );
90          }
91        }
92    }
```

例8.11 MainActivity类，Duck Hunting应用程序，版本3

在第48~50行，实例化实例变量pool，我们使它能够同时播放两个声音，虽然我们不需要这个功能：两个声音都非常短，因为我们一次只能发射一颗炮弹，所以火焰声和击中声会在不同的时间播放。

我们在第51~52行加载两个声音，向load方法传递声音资源ID。R.raw.cannon_fire和R.raw.duck_hit识别res目录下raw目录中的cannon_fire.wav和duck_hit.wav文件。

当用户双击时，我们在TouchHandler类的onDoubleTapEvent方法（第66~72行）内执行。每当发射炮弹时，我们都会播放bullet_fire.wav声音（第69行）。

在第60~62行，我们编写了playHitSound方法。在它里面，我们播放一次duck_hit.wav声音。该方法不在此类中使用，但是当鸭子被击中时我们从GameTimerTask类调用它。

例8.12显示了GameTimerTask类的run方法的变化,这是该类中唯一的变化。当鸭子被射击以及鸭子离开屏幕时,我们会更新游戏的状态。当鸭子被击中时,也会发出撞击声。如果鸭子离开屏幕(第21行),不仅要再次开始飞行(第23行),而且还要确保它的状态是没有被击中(第22行)。实际上,它有可能在被击中后垂直离开屏幕(在这种情况下,它的状态是被击中)。

如果鸭子在屏幕上,我们测试它是否被击中(第24行)。如果没有,那就什么都不用做了。如果有,我们将其状态设置为shot(第25行)。反过来,这会影响我们在Game类中移动鸭子的方式(垂直从上到下,而不是从右到左)。我们还重新加载炮弹(第27行)并播放命中声音以表明鸭子已被击中。我们在第26行通过调用MainActivity类的playHitSound方法来实现。为了获得MainActivity引用,我们使用gameView调用getContext方法,并将返回的Context转换为MainActivity。

```
15    public void run( ) {
16      game.moveDuck( );
17      if( game.bulletOffScreen( ) )
18        game.loadBullet( );
19      else if( game.isBulletFired( ) )
20        game.moveBullet( );
21      if( game.duckOffScreen( ) ) {
22        game.setDuckShot( false );
23        game.startDuckFromRightTopHalf( );
24      } else if( game.duckHit( ) ) {
25        game.setDuckShot( true );
26        ( ( MainActivity ) gameView.getContext( ) ).playHitSound( );
27        game.loadBullet( );
28      }
29      gameView.postInvalidate( );
30    }
```

例8.12 GameTimerTask类的run方法,Duck Hunting应用程序,版本3

我们只需要在GameView类中进行一次更改:在发射炮弹后正确显示鸭子。如果鸭子被击中,停止鸭子的动画只显示最后一帧(本例中显示第一帧;可以使用四个以上的帧修改这个例子来设置鸭子的动画,所以显示第一帧是有意义的)。因此,GameView类中唯一的变化是duck的绘制,它发生在onDraw方法中,如**例8.13**所示。

```
46    public void onDraw( Canvas canvas ) {
47      super.onDraw( canvas );
48      // 绘制大炮底座
49      canvas.drawCircle(game.getCannonCenter( ).x, game.getCannonCenter( ).y,
50          game.getCannonRadius( ), paint );
51
52      // 绘制炮筒
53      canvas.drawLine(
54          game.getCannonCenter( ).x, game.getCannonCenter( ).y,
55          game.getCannonCenter( ).x + game.getBarrelLength( )
56              * ( float ) Math.cos( game.getCannonAngle( ) ),
57          game.getCannonCenter( ).y - game.getBarrelLength( )
58              * ( float ) Math.sin( game.getCannonAngle( ) ),
59          paint );
```

```
60
61        // 绘制炮弹
62        if( ! game.bulletOffScreen( ) )
63          canvas.drawCircle( game.getBulletCenter( ).x,
64                  game.getBulletCenter( ).y, game.getBulletRadius( ), paint
);
65
66        // 绘制会动的鸭子
67        duckFrame = ( duckFrame + 1 ) % ducks.length;
68        if( game.isDuckShot( ) )
69          canvas.drawBitmap( ducks[0], null,
70                  game.getDuckRect( ), paint );
71        else
72          canvas.drawBitmap( ducks[duckFrame], null,
73                  game.getDuckRect( ), paint );
74      }
```

例8.13 GameView类的更新onDraw方法，Duck Hunting应用程序，版本3

我们测试是否在第68行射中鸭子。如果是，绘制与第69~70行第一个动画帧相对应的位图。如果鸭子没有被射中，继续让它飞行，根据第72~73行的duckFrame值绘制数组中的当前Bitmap。

图8.5显示了用户射中鸭子后，在模拟器内部运行的Duck Hunting应用程序版本3。

图8.5 用户射中鸭子后在模拟器内运行的Duck Hunting应用程序，版本3

> **软件工程**：在测试应用程序时，我们希望测试可能发生的所有可能情况。如果情况不经常发生，我们可以在测试阶段对一些代码进行硬编码，以便可以测试这种情况。例如，如果想要测试当击中鸭子两次时会发生什么情况，我们可以在屏幕顶部硬编码鸭子的起始位置，这样就可以更容易地射中两次了。完成测试后，应该删除硬编码语句。

本章小结

- android.graphics包中包含许多类，如Paint、Canvas、Bitmap、BitmapFactory，我们可以用它们来进行绘制。
- 当我们扩展View类时，必须覆盖View类的构造函数并调用超级构造函数。
- 要在View上绘图，我们可以覆盖View类的onDraw方法。
- onDraw方法有一个Canvas类型的参数。我们可以用它在View上绘制形状和位图。

- 我们可以使用BitmapFactory类的decodeResource方法将文件转换为位图。
- Canvas类的各种绘制方法接受Paint参数。我们通过指定Paint参数的相应属性来定义绘图属性，例如颜色和样式。
- 我们可以通过使用View引用调用postInvalidate来强制调用onDraw。
- 我们可以使用Timer类来安排以指定频率执行的任务。
- 要定义该任务，我们扩展TimerTask类并覆盖其run方法。
- SoundPool类可用于管理和播放声音。
- 可以从资源（例如.wav声音文件）加载声音。
- SoundPool类包括播放、暂停和继续播放声音的方法。
- SoundPool类的play方法允许通过参数来控制声音如何循环播放或者一倍速或多倍速播放（包括音量和播放速率）。

练习、问题和项目

多项选择练习

1. 用什么类来指定我们要绘制的内容（形状、位图等）？
   - View
   - Paint
   - Canvas
   - Draw

2. 用什么类来定义我们将如何绘制（样式、颜色等）？
   - View
   - Paint
   - Canvas
   - Draw

3. 如果想在View中绘制，会覆盖哪种方法？
   - draw
   - paint
   - onDraw
   - onPaint

4. 可以调用View类的哪种方法来强制重绘View？
   - reDraw

- rePaint
- post
- postInvalidate

5. 什么类有静态方法可以用来创建Bitmap对象？
   - Bitmap
   - BitmapFactory
   - MakeBitmap
   - CreateBitmap

6. 可以使用哪个类来安排任务以指定的频率运行？
   - System
   - Timer
   - Task
   - Schedule

7. 应该扩展哪个类来定义将以指定频率运行的任务？
   - Task
   - TimerTask
   - TaskTimer
   - Scheduler

8. 应该覆盖问题7中的类的哪种方法来执行计划以指定频率运行的任务？
   - start
   - task
   - run
   - thread

9. SoundPool对象可以同时播放多少声音？
   - 0
   - 仅一个
   - 0、1或者更多

10. 当调用SoundPool类的play方法时，用什么标识要播放的声音？
    - 声音文件名称
    - SoundPool对象
    - 声音文件ID
    - 声音文件的资源ID

编写代码

11. 已声明并实例化名为paint的Paint对象。修改它以使其颜色为黄色并且其笔触粗细为20。

12. 在onDraw内部，绘制一个以（100,200）为中心且半径为50的完整红色圆。

13. 在onDraw内部，绘制一个以当前视图中间为中心并且边长为50的绿色边正方形（注意不是绿色填充）。
14. 在onDraw中，以（50,200）为起点绘制蓝色的HELLO ANDROID。
15. 在onDraw中，将位于drawable目录中的名为my_image.png的图像文件在屏幕上的某处绘制位图。
16. 在某些类中，我们有一个名为myView的实例变量，它是对View的引用。编写代码以强制重绘View。
17. 我们编写了一个名为MyTask的类，它扩展了TimerTask，包括其run方法。安排该类的实例每秒运行50次，从一秒钟开始。
18. 在res目录的raw目录中，有一个名为my_sound.wav的声音文件。编写代码使其播放一次。

```
SoundPool.Builder sb = new SoundPool.Builder( );
SoundPool pool = sb.build( );
// 代码从这里开始
```

编写一款应用程序

19. 修改本章中的Duck Hunting应用程序，使其有两只鸭子，而不是一只鸭子。
20. 修改本章中的Duck Hunting应用程序，使我们不必等到炮弹离开屏幕或鸭子被击中就可以射击另一颗炮弹。
21. 修改本章中的Duck Hunting应用程序，使其拥有由至少一张图片和三种图形组成的漂亮背景（水、太阳、草等）。
22. 修改本章中的Duck Hunting应用程序，使我们用霰弹枪而不是大炮射击。霰弹枪一次可以射出多发子弹，这里假定一次可以射出三发子弹。可以假设这些子弹位于圆圈内并以相同的速度移动。这些子弹中必须至少有一颗击中鸭子才算射中鸭子。
23. 编写一个显示一颗台球的应用程序（可以使用1~15之间的任何数字）。仅使用形状，不要使用位图。
24. 编写一个手电筒应用程序：颜色可以连续变动，从一种颜色（颜色A）到另一种颜色（颜色B）。如果屏幕用颜色A着色，当用户从左向右滑动屏幕时，屏幕以连续运动从颜色A变为颜色B。当用户从右向左滑动屏幕时，屏幕以连续运动从颜色B变为颜色A。
25. 编写一个包含两个活动的应用程序：第一个活动向用户显示一些使用某些样式或颜色选项绘制的内容，第二个活动绘制它们。
26. 编写一个包含两个活动的应用程序：第一个活动显示三个显示网页名称的按钮（例如Yahoo!、Google或Facebook），当用户单击其中一个按钮时，第二个活动会显示其徽标的图形。
27. 编写一个绘图应用程序，用户可以通过在这两个点之间滑动屏幕在两点之间绘制线条。为用户提供一些绘图选项：从几种颜色中选择，为绘制的线提供粗细选择。
28. 写一个绘图应用程序，用户可以通过在屏幕上移动手指来绘制（提示：曲线可以由几行组成）。为用户提供一些绘图选项：从多种颜色中选择，为绘制的内容选择一个笔触粗细。

29. 编写一个应用程序，在屏幕上显示选择的棋子。用户可以通过触摸、移动手指并释放来将其拾起并移动到屏幕上的另一个位置。

30. 编写一个关于以下游戏的应用程序：一些敌人从屏幕顶部垂直向下，播放器由屏幕底部的形状、位图或标签表示，用户可以通过触摸并移动手指来移动玩家，我们的目标是避开即将降临的敌人。当敌人离开屏幕时，另一个敌人从屏幕顶部的随机位置下来。当敌人触及玩家时，游戏结束。包括模型。

31. 与问题30相同，但在敌人从屏幕顶部开始向下降落时添加声音，当敌人击中玩家时再添加声音。

32. 与问题30相同，但几个敌人可以同时降下来——不是一个敌人，有一大堆敌人。

33. 写一个模拟乒乓球比赛的应用程序。用户可以移动屏幕底部的球拍，并且球在屏幕上移动。当击中其中一个球时，球从屏幕的侧边和顶边反弹。如果球拍没有接到球，游戏就结束了。包括模型。

34. 写一个类似自动点唱机的应用程序，用户可以从中选择至少五种声音并进行播放。为所选声音提供一些选项：仅播放一次或循环播放，有不同的播放速率。包括模型。

CHAPTER 9

片段

本章目录

内容简介

9.1 模型

9.2 片段

9.3 使用布局XML文件为activity定义和添加片段，猜字游戏应用程序，版本0

9.4 添加GUI组件、样式、字符串和颜色，猜字游戏应用程序，版本1

9.5 使用布局XML文件定义片段并通过代码将片段添加到activity，猜字游戏应用程序，版本2

9.6 通过代码定义activity并为其添加一个片段，猜字游戏应用程序，版本3

9.7 片段与其activity之间的通信：启用Play，猜字游戏应用程序，版本4

9.8 使用隐形片段，猜字游戏应用程序，版本5

9.9 使片段可重用，猜字游戏应用程序，版本6

9.10 改进GUI：直接处理键盘输入，猜字游戏应用程序，版本7

本章小结

练习、问题和项目

内容简介

为了支持像平板电脑这样的大屏幕设备，Google引入了API级别为11的片段。片段是activity的一部分，可以帮助管理部分屏幕。我们可以将片段视为activity中的迷你activity。图9.1所示为本章要实现的应用程序版本4的屏幕，可见屏幕分为三个部分，背景颜色分别为蓝色、红色和绿色。我们可以组织该屏幕，以便每个部分都是一个片段。片段是可重用的，它们可以在同一个应用程序或不同的应用程序中重用。

在本章中，我们将演示如何使用和管理片段。我们构建了一个应用程序来玩猜字游戏。我们使用模型—视图—控制器架构，但保持模型尽可能简单，以便我们可以专注于片段的工作方式。此外，我们还讨论了如何嵌套布局，以便每个片段由单独的布局管理器管理。

9.1 模型

模型是Hangman类，如**例9.1**所示。它封装了一个游戏，用户必须猜出一个单词中的所有字母，但只有有限次数的尝试机会。我们将模型保持在最低限度，并将可能的单词数限制为几个。

我们提供允许猜测次数的默认值（第6行）和硬编码单词数组（第7行）。在第8行，实例变量word存储要猜测的单词。guessesAllowed和guessesLeft实例变量跟踪允许的猜测数量和用户仍然拥有的猜测数量。最后，indicesGuessed数组跟踪用户到目前为止已正确猜出的String word中字母的索引。值为true表示对该索引的正确猜测。

```
1    package com.jblearning.hangmanv1;
2
3    import java.util.Random;
4
5    public class Hangman {
6      public static int DEFAULT_GUESSES = 6;
7      private String [ ] words = { "ANDROID", "JAVA", "APP", "MOBILE" };
8      private String word;
9      private boolean [ ] indexesGuessed;
10     private int guessesAllowed;
11     private int guessesLeft;
12
13     public Hangman( int guesses ) {
14       if( guesses > 0 )
15         guessesAllowed = guesses;
16       else
17         guessesAllowed = DEFAULT_GUESSES;
18       guessesLeft = guessesAllowed;
19       Random random = new Random( );
20       int index = random.nextInt( words.length );
21       word = words[index];
22       indexesGuessed = new boolean[word.length( )];
23     }
24
25     public int getGuessesAllowed( ) {
26       return guessesAllowed;
27     }
28
```

```java
29      public int getGuessesLeft( ) {
30        return guessesLeft;
31      }
32
33      public void guess( char c ) {
34        boolean goodGuess = false;
35        for( int i = 0; i < word.length( ); i++ ) {
36          if( !indexesGuessed[i] && c == word.charAt( i ) ) {
37            indexesGuessed[i] = true;
38            goodGuess = true;
39          }
40        }
41        if( !goodGuess )
42          guessesLeft--;
43      }
44
45      public String currentIncompleteWord( ) {
46        String guess = "";
47        for( int i = 0; i < word.length( ); i++ )
48          if( indexesGuessed[i] )
49            guess += word.charAt( i ) + " ";
50          else
51            guess += "_ ";
52        return guess;
53      }
54
55      public int gameOver( ) {
56        boolean won = true;
57        for( int i = 0; i < indexesGuessed.length; i++ )
58          if( indexesGuessed[i] == false ) {
59            won = false;
60            break;
61          }
62
63        if( won ) // won
64          return 1;
65        else if( guessesLeft == 0 ) // lost
66          return -1;
67        else // 游戏没结束
68          return 0;
69      }
70    }
```

例9.1 Hangman类

在第13~23行编码Hangman构造函数，设置允许的猜测数值（第14~17行）。然后它随机选择数组words中的一个单词（第19~21行），并实例化indicesGuessed数组。我们可以设想一个更复杂的模型，其中另一个构造函数可以从文件、数据库甚至远程网站中提取可能的单词列表，然后随机选择一个。

我们提供玩游戏的方法（第33~43行），检索单词的完成状态（第45~53行），并检查游戏是否结束（第55~69行）。我们还提供了guessesAllowed和guessesLeft（第25~27行和29~31行）的访问器。

图9.1显示了一个实际的游戏。在左窗格的底部，是用户仍然拥有的猜测数。在右上方窗格

中，是用户到目前为止正确猜到的字母，我们提供了一个EditText来输入下一个字母。在右侧窗格的底部，是游戏的状态或最终结果。

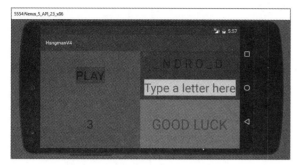

图9.1　在水平位置运行的猜字游戏应用程序，版本4

9.2　片段

由于片段自API级别11以来已经可用，因此我们需要在创建应用程序时指定API级别为11或更高级别（在撰写本书时，默认API级别为15）。

片段必须始终嵌入到activity中，虽然片段有自己的生命周期方法，但它们直接依赖于片段的父activity的生命周期方法。例如，如果activity被停止或销毁，那么片段将自动停止或销毁。一个activity可以在其中包含多个片段，只要activity正在运行，这些片段就可以彼此独立地拥有自己的生命周期。片段是可重用的，可用于多个activity。片段可以定义自己的布局。它也可能是隐形的，并在后台执行任务。

为了编写我们自己的用户定义片段，我们扩展了Fragment类，它是object的直接子类。

Fragment类有几个子类，用于封装专用片段。图9.2显示了其中一些。DialogFragment显示一个对话框窗口，该窗口显示在其activity视图的顶部。ListFragment显示项目列表，并在用户选择其中一个项目时提供事件处理。PreferenceFragment将首选项层次结构显示为列表。WebViewFragment显示网页。

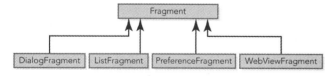

图9.2　Fragment和所选子类的继承层次结构

Fragment类的这些子类封装了专门的片段功能。例如，当我们想要显示用户可以在屏幕的某些部分中与之交互的项目列表时，ListFragment类非常有用。单击某个项目可能会触发屏幕另一部分上另一个片段内的某些更改。

在本章中，为了更好地理解片段的工作原理，我们构建了自己的Fragment子类。我们探讨以下主题：

▶ 如何仅使用XML为activity创建和添加片段。
▶ 如何使用XML和代码为activity创建和添加片段。
▶ 如何仅使用代码为activity创建和添加片段。
▶ 片段及其activity如何通信。

▶ 如何创建和添加不可见的片段。

▶ 如何使片段可重复使用。

9.3 使用布局 XML 文件为 activity 定义和添加片段，猜字游戏应用程序，版本 0

在应用程序的版本0中，我们展示了如何定义和添加片段；我们还没有使用模型，保持应用程序尽可能简单。在创建应用程序时我们选择Empty Activity模板。

例9.2显示了activity_main.xml文件。顶部LinearLayout元素内部有两个元素：一个是在第9~15行定义的fragment元素，另一个是在第17~37行定义的LinearLayout元素。在第11行，我们指定此片段是GameControlFragment类的一个实例，我们将在本节稍后编写代码。顶部LinearLayout元素的方向是水平的（第6行），因此片段位于屏幕的左侧，而LinearLayout位于屏幕的右侧。它们的android:layout_weight值相同，均为1（第13行和第20行），因此它们都占据屏幕的50%[=1/(1+1)]，如图9.1所示（片段为红色，LinearLayout为蓝色和绿色），如**图9.3**所示。LinearLayout.LayoutParams类的android:layout_weight XML属性使我们能够指定每个View在其父级LinearLayout中应占用的空间大小。我们在第14行和第21行将fragment和LinearLayout元素的android:layout_width属性值均指定为0dp。这是在使用android_layout:weight属性时常用的做法。0dp值意味着我们希望让系统根据layout_weight属性的值决定为各种元素分配多少空间。

```
1   <?xml version="1.0" encoding="utf-8"?>
2   <LinearLayout xmlns:android="http://schemas.android.com/apk/res/android"
3     xmlns:tools="http://schemas.android.com/tools"
4     android:layout_width="match_parent"
5     android:layout_height="match_parent"
6     android:orientation="horizontal"
7     tools:context=".MainActivity" >
8
9     <fragment
10      android:id="@+id/gameControl"
11      android:name="com.jblearning.hangmanv0.GameControlFragment"
12      android:layout_height="match_parent"
13      android:layout_weight="1"
14      android:layout_width="0dp"
15      tools:layout="@layout/fragment_game_control"/>
16
17    <LinearLayout
18      android:orientation="vertical"
19      android:layout_height="match_parent"
20      android:layout_weight="1"
21      android:layout_width="0dp" >
22
23      <LinearLayout
24        android:orientation="vertical"
25        android:layout_width="match_parent"
26        android:background="#F00F"
27        android:layout_weight="1"
28        android:layout_height="0dp" />
29
```

9.3 使用布局XML文件为activity定义和添加片段，猜字游戏应用程序，版本0

```
30      <LinearLayout
31        android:orientation="vertical"
32        android:layout_width="match_parent"
33        android:background="#F0F0"
34        android:layout_weight="1"
35        android:layout_height="0dp" />
36
37      </LinearLayout>
38
39    </LinearLayout>
```

例9.2　activity_main.xml文件，猜字游戏应用程序，版本0

图9.3　权重为1和1的宽度分布

如果我们将android:layout_weight值更改为1和3，得到的屏幕比例为25%[1/(1 + 3)]和75%[3/(1 + 3)]，如**图9.4**所示。

图9.4　权重为1和3的宽度分布

在LinearLayout元素内部，我们在第23~28行和第30~35行定义了两个LinearLayout元素。因为LinearLayout元素的方向是垂直的（第18行），所以两个LinearLayout元素将位于其顶部和底部（图9.1中以蓝色和绿色显示）。它们具有相同的android:layout_weight值，均为1（第27行和34行），因此它们都占据屏幕右侧的50%（蓝色和绿色部分的高度在图9.1中相同）。为了更好地可视化它们的位置，我们分别将它们用蓝色（第26行）和绿色（第33行）着色。在本章的后面，我们将分别在它们中放置一个片段。我们必须给fragment元素赋一个id（第10行）。如果不这样做，应用程序将在运行时崩溃。

例9.3显示了fragment_game_control.xml文件（将其放在layout目录中）。我们将此布局XML文件用于屏幕的左窗格，由例9.2中的fragment元素保留。它由LinearLayout管理，其背景为红色（第5行）。

```
1   <?xml version="1.0" encoding="utf-8"?>
2   <LinearLayout xmlns:android="http://schemas.android.com/apk/res/android"
3     android:layout_width="match_parent"
4     android:layout_height="match_parent"
5     android:background="#FF00" >
6
7   </LinearLayout>
```

例9.3　fragment_game_control.xml文件，猜字游戏应用程序，版本0

■ **软件工程：** 通过为布局中的每个ViewGroup提供不同的颜色，可以更轻松地在测试应用程序时可视化代码对布局的影响。我们可以在应用程序的最终版本中更改颜色。

像activity一样，片段有几种生命周期方法，如**表9.1**所示。在创建或重新启动片段时，将自动调用表中标有a的方法。当片段变为非activity或关闭时，自动调用用b标识的方法。

表9.1　res目录中支持的目录列表

阶段	方法	调用的时机
1a	void onAttach(Context context)	当片段附加到其context时
2a	void onCreate(Bundle savedInstanceState)	创建片段时
3a	View onCreateView(LayoutInflater inflater, ViewGroup container, Bundle savedInstanceState)	在onCreate之后，创建并返回与此片段关联的View时
4a	void onViewCreated(View view, Bundle savedInstanceState)	在onCreateView之后，但在将任何已保存的状态恢复到View之前
5a	void onActivityCreated(Bundle savedInstanceState)	当片段的activity完成后执行自己的onCreate方法时
6a	void onViewStateRestored(Bundle savedInstanceState)	当片段的View层次结构的已保存状态已恢复时（需要API级别17）
7a	void onStart( )	当片段对用户可见时
8a	void onResume( )	当片段对可以开始与片段交互的用户可见时
4b	void onPause( )	当activity暂停或其他片段正在修改它时
3b	void onStop( )	当片段不再对用户可见时
2b	void onDestroyView( )	在onStop之后，onCreateView创建的View已从此片段中分离出来时
1b	void onDestroy( )	当片段不再使用时
0b	void onDetach( )	在片段与其activity分离之前

需要注意的是，所有这些方法都是公共的，与Activity类中的生命周期方法相反，它们受到保护。当我们想要从布局XML文件中加载片段时，必须覆盖onCreateView方法来执行此操作。onCreateView方法提供了一个LayoutInflater参数，使我们能够使用其inflate方法来加载XML文件，如**表9.2**所示。它的ViewGroup参数表示要放置片段的ViewGroup。Bundle参数包含来自片段的先前实例的数据。恢复片段时可以读取该数据。

表9.2　LayoutInflater类的选定inflate方法

View inflate(int resource, ViewGroup root, boolean attachToRoot)	Resource是正在加载的XML资源的ID。如果attachToRoot为true，则Root是可选视图，作为加载布局的父级。如果attachToRoot为false，则root仅用于为XML资源中的根视图设置正确的布局参数

例9.4显示了GameControlFragment类。此时，我们还将其保持在最低限度：它仅在onCreateView方法（第13~18行）内的第16~17行加载fragment_game_control.xml文件。我们传递给inflate方法的第一个参数是片段的资源ID，fragment_game_control。第二个参数是片段进入的容器，由onCreateView方法传递的ViewGroup容器。第三个参数是false，因为在这种情况下，加载的XML文件已经插入到容器中。指定true则将创建冗余的ViewGroup层次结构。

```
1  package com.jblearning.hangmanv0;
2
3  import android.app.Fragment;
4  import android.os.Bundle;
```

9.3 使用布局XML文件为activity定义和添加片段，猜字游戏应用程序，版本0

```java
 5  import android.view.LayoutInflater;
 6  import android.view.View;
 7  import android.view.ViewGroup;
 8
 9  public class GameControlFragment extends Fragment {
10    public GameControlFragment( ) {
11    }
12
13    @Override
14    public View onCreateView( LayoutInflater inflater,
15              ViewGroup container, Bundle savedInstanceState ) {
16      return inflater.inflate( R.layout.fragment_game_control,
17                  container, false );
18    }
19  }
```

例9.4　GameControlFragment类，猜字游戏应用程序，版本0

恢复activity状态时，将重新实例化属于该activity的任何片段，并自动调用其默认构造函数。因此，任何fragment类都必须具有默认构造函数（第10~11行）。

图9.5显示了横向应用程序版本0的预览。

图9.5　横向预览的猜字游戏应用程序，版本0

我们可以通过在MainActivity和GameControlFragment类的各种生命周期方法中添加Log语句来检查Activity和Fragment类的哪些方法被自动调用以及按什么顺序调用。如果我们将它们添加到两个类中，当用户启动应用程序并与应用程序和设备交互时，我们将看到**图9.6**中显示的输出。它通常显示两件事：

- 创建或重新启动activity时，首先执行Activity类的方法，然后执行Fragment类的类似方法。
- 当activity变为非activity或关闭时，首先执行Fragment类的方法，然后执行Activity类的类似方法。

动作	输出
用户启动应用程序	MainActivity:onCreate内部 GameControlFragment:constructor内部 GameControlFragment:onAttach内部 GameControlFragment:onCreate内部 GameControlFragment:onCreateView内部 GameControlFragment:onViewCreated内部 GameControlFragment:onActivityCreated内部 GameControlFragment:onViewStateRestored内部 MainActivity:onStart内部 GmaeContrlFragment:onStart内部 MainActivity:onResume内部 GmaeContrlFragment:onResume内部

用户稍等片刻，应用程序转到后台，不再可见	GameControlFragment:onPause内部 MainActivity:onPause内部 GmaeContrlFragment:onStop内部 MainActivity:onStop内部
用户按下设备的启动按钮，然后滑动屏幕	MainActivity:onRestart内部 MainActivity:onStart内部 GmaeContrlFragment:onStart内部 MainActivity:onResume内部 GmaeContrlFragment:onResume内部
用户按下设备的Home键	GameControlFragment:onPause内部 MainActivity:onPause内部 GmaeContrlFragment:onStop内部 MainActivity:onStop内部
用户点击应用程序图标	MainActivity:onRestart内部 MainActivity:onStart内部 GmaeContrlFragment:onStart内部 MainActivity:onResume内部 GmaeContrlFragment:onResume内部
用户点击设备的Back（返回）按钮	GameControlFragment:onPause内部 MainActivity:onPause内部 GmaeContrlFragment:onStop内部 MainActivity:onStop内部 GmaeContrlFragment:onDestroyView内部 GameControlFragment:onDestroy内部 GameControlFragment:onDetach内部 MainActivity:onDestroy内部

图9.6 用户与HangmanV0LifeCycle应用程序交互时的输出，包括Activity和Fragment类的生命周期方法

9.4 添加 GUI 组件、样式、字符串和颜色，猜字游戏应用程序，版本 1

在应用程序的版本1中，我们使用两个GUI组件填充屏幕的左侧区域（片段），然后开始使用模型。

例9.5显示了更新的activity_main.xml文件。我们为屏幕右上角和右下角的LinearLayout元素（在第24行和第32行）提供ID，以便我们稍后可以访问它们以在其中放置片段。我们将从硬编码颜色更改为colors.xml文件中定义的颜色（第27行和第35行），如**例9.6**所示。

```xml
1  <?xml version="1.0" encoding="utf-8"?>
2  <LinearLayout xmlns:android="http://schemas.android.com/apk/res/android"
3    xmlns:tools="http://schemas.android.com/tools"
4    android:layout_width="match_parent"
5    android:layout_height="match_parent"
6    android:orientation="horizontal"
7    tools:context="com.jblearning.hangmanv1.MainActivity" >
8
9    <fragment
10     android:id="@+id/gameControl"
11     android:name="com.jblearning.hangmanv1.GameControlFragment"
12     android:layout_height="match_parent"
```

9.4 添加GUI组件、样式、字符串和颜色，猜字游戏应用程序，版本1

```
13        android:layout_weight="1"
14        android:layout_width="0dp"
15        tools:layout="@layout/fragment_game_control"/>
16
17    <LinearLayout
18        android:orientation="vertical"
19        android:layout_height="match_parent"
20        android:layout_weight="1"
21        android:layout_width="0dp"  >
22
23        <LinearLayout
24          android:id="@+id/game_state"
25          android:orientation="vertical"
26          android:layout_width="match_parent"
27          android:background="@color/game_state_background"
28          android:layout_weight="1"
29          android:layout_height="0dp"  />
30
31        <LinearLayout
32          android:id="@+id/game_result"
33          android:orientation="vertical"
34          android:layout_width="match_parent"
35          android:background="@color/game_result_background"
36          android:layout_weight="1"
37          android:layout_height="0dp"  />
38
39    </LinearLayout>
40
41 </LinearLayout>
```

例9.5　activity_main.xml文件，猜字游戏应用程序，版本1

```
1  <?xml version="1.0" encoding="utf-8"?>
2  <resources>
3    <color name="colorPrimary">#3F51B5</color>
4    <color name="colorPrimaryDark">#303F9F</color>
5    <color name="colorAccent">#FF4081</color>
6
7    <color name="buttonColor">#F555</color>
8    <color name="game_control_background">#FF00</color>
9    <color name="game_state_background">#F00F</color>
10   <color name="game_result_background">#F0F0</color>
11   <color name="inputColor">#FFF0</color>
12 </resources>
```

例9.6　colors.xml文件，猜字游戏应用程序，版本1

例9.7显示了更新的fragment_game_control.xml文件。我们在其中放置了两个线性布局（第9~14行和第16~20行），它们每个都包含一个基本的GUI组件（一个按钮和一个标签）。通过在每个布局管理器中放置一个组件并通过第9行和第16行的wrapCenterWeight1样式为每个布局管理器提供相同的android:layout_weight值（均为1），我们可以均匀地分隔组件。wrapCenterWeight1样式还将android:layout_width和android:layout_height设置为wrap_content，将android:gravity设置为center，在styles.xml文件（第11~16行）中定义，如**例9.9**所示。样式的使用简化了我们的布局XML文件的编码。

```xml
1   <?xml version="1.0" encoding="utf-8"?>
2   <LinearLayout xmlns:android="http://schemas.android.com/apk/res/android"
3     android:layout_width="match_parent"
4     android:layout_height="match_parent"
5     android:orientation="vertical"
6     android:background="@color/game_control_background"
7     android:gravity="center" >
8
9     <LinearLayout style="@style/wrapCenterWeight1" >
10      <Button
11        android:text="@string/play"
12        style="@style/buttonStyle"
13        android:onClick="play" />
14    </LinearLayout>
15
16    <LinearLayout style="@style/wrapCenterWeight1" >
17      <TextView
18        android:id="@+id/status"
19        style="@style/textStyle" />
20    </LinearLayout>
21
22  </LinearLayout>
```

例9.7 fragment_game_control.xml文件，猜字游戏应用程序，版本1

我们将colors.xml中定义的背景颜色提供给外部LinearLayout（第6行）。该按钮第12行设置使用buttonStyle样式，在例9.9的第31~33行中定义。ButtonStyle继承自textStyle，在例9.9中的第18~23行定义。

TextView元素（第17~19行）使用在第19行设置的textStyle样式。TextView元素存储用户剩余的猜测量。我们从模型中检索该值。该按钮的文本显示为PLAY（第11行，**例9.8**的strings.xml文件第3行中的playstring的值），当用户点击它时触发play方法的执行（第13行）。

```xml
1   <resources>
2     <string name="app_name">HangmanV1</string>
3     <string name="play">PLAY</string>
4   </resources>
```

例9.8 strings.xml文件，猜字游戏应用程序，版本1

```xml
1   <resources>
2
3     <!-- Base application theme. -->
4     <style name="AppTheme" parent="Theme.AppCompat.Light.DarkActionBar">
5       <item name="android:textSize">42sp</item>
6       <item name="colorPrimary">@color/colorPrimary</item>
7       <item name="colorPrimaryDark">@color/colorPrimaryDark</item>
8       <item name="colorAccent">@color/colorAccent</item>
9     </style>
10
11    <style name="wrapCenterWeight1">
12      <item name="android:layout_height">wrap_content</item>
13      <item name="android:layout_width">wrap_content</item>
14      <item name="android:gravity">center</item>
```

9.4 添加GUI组件、样式、字符串和颜色，猜字游戏应用程序，版本1

```xml
15      <item name="android:layout_weight">1</item>
16    </style>
17
18    <style name="textStyle" parent="@android:style/TextAppearance">
19      <item name="android:layout_width">wrap_content</item>
20      <item name="android:layout_height">wrap_content</item>
21      <item name="android:textSize">36sp</item>
22      <item name="android:gravity">center</item>
23    </style>
24
25    <style name="editTextStyle" parent="textStyle">
26      <item name="android:inputType">textCapCharacters</item>
27      <item name="android:background">@color/inputColor</item>
28      <item name="android:hint">Type a letter here</item>
29    </style>
30
31    <style name="buttonStyle" parent="textStyle">
32      <item name="android:background">@color/buttonColor</item>
33    </style>
34
35 </resources>
```

例9.9　styles.xml文件，猜字游戏应用程序，版本1

我们将MainActivity类（如**例9.10**所示）保持在最低限度。它包含一个Hangman实例变量，表示模型在第10行。由于onCreate方法可以在此activity的生命周期中多次调用，因此我们只实例化它（第16行），如果它之前尚未实例化（如果它为null）。我们在第19行调用Hangman类的getGuessesLeft方法，以便在片段的TextView中设置文本。我们使用findViewById方法在第18行检索TextView。该类还包括play方法（第22~23行），此时此方法实现为do-nothing方法（如果我们不实现它，如果我们运行并单击按钮，应用程序将停止工作）。

```java
1  package com.jblearning.hangmanv1;
2
3  import android.os.Bundle;
4  import android.support.v7.app.AppCompatActivity;
5  import android.view.View;
6  import android.widget.TextView;
7
8  public class MainActivity extends AppCompatActivity {
9
10    private Hangman game;
11
12    @Override
13    protected void onCreate( Bundle savedInstanceState ) {
14      super.onCreate( savedInstanceState );
15      if ( game == null )
16        game = new Hangman( Hangman.DEFAULT_GUESSES );
17      setContentView( R.layout.activity_main );
18      TextView status = ( TextView ) findViewById( R.id.status );
19      status.setText( "" + game.getGuessesLeft( ) );
20    }
21
22    public void play( View view ) {
```

```
 23        }
 24    }
```

例9.10　MainActivity类，猜字游戏应用程序，版本1

图9.7显示了以水平方向运行的应用程序版本1。

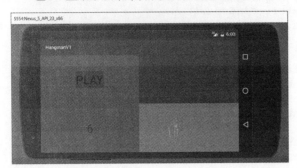

图9.7　以水平方向运行的猜字游戏应用程序，版本1

9.5　使用布局 XML 文件定义片段并通过代码将片段添加到 activity，猜字游戏应用程序，版本 2

在版本2中，我们在屏幕的右上窗格（蓝色背景）上显示片段，显示单词的完成状态，以及供用户输入字母的EditText。我们将片段编码在XML文件fragment_game_state.xml中，然后按代码创建片段。

此外，为更好地关注片段并保持简单，我们只在水平方向上运行应用程序，只需将此行添加到activity元素内的AndroidManifest.xml文件中：

android:screenOrientation="landscape"

例9.11显示了fragment_game_state.xml文件。它包括一个TextView，显示单词的完成状态和EditText，用户可以在其中输入一个字母。我们在第11行和第17行为这两个元素提供了id，以便以后可以使用findViewById方法检索它们。它们使用textSyle和editTextStyle进行样式设置，这两个文件都在例9.9中所示的styles.xml文件中定义过。与例9.7中的左窗格片段一样，我们将每个元素包裹在使用wrapCenterWeight1样式设置样式的LinearLayout元素周围，以便元素居中并均匀分布。

```
  1   <?xml version="1.0" encoding="utf-8"?>
  2   <LinearLayout xmlns:android="http://schemas.android.com/apk/res/android"
  3     xmlns:tools="http://schemas.android.com/tools"
  4     android:layout_width="match_parent"
  5     android:layout_height="match_parent"
  6     android:orientation="vertical"
  7     android:gravity="center" >
  8
  9     <LinearLayout style="@style/wrapCenterWeight1" >
 10       <TextView
 11         android:id="@+id/state_of_game"
 12         style="@style/textStyle" />
```

9.5 使用布局XML文件定义片段并通过代码将片段添加到activity，猜字游戏应用程序，版本 2

```
13      </LinearLayout>
14
15      <LinearLayout style="@style/wrapCenterWeight1" >
16        <EditText
17          android:id="@+id/letter"
18          style="@style/editTextStyle"
19          android:imeOptions="actionDone"/>
20      </LinearLayout>
21
22    </LinearLayout>
```

例9.11 fragment_game_state.xml文件，猜字游戏应用程序，版本2

我们想要在用户触摸Done键时关闭软键盘。为了做到这一点，我们在第19行将继承自TextView的android:imeOptions属性的值设置为actionDone。**IME代表输入法编辑器**，它使用户能够输入文本。它不仅限于键盘，用户还可以通过语音输入文本。android:imeOptions属性使我们能够指定要启用的选项。

我们需要在应用程序启动时显示游戏状态片段。我们首先需要创建片段并将其添加到activity中，然后在片段的TextView元素内设置文本。为此，我们可以调用模型的currentIncompleteWord方法。要将片段合并到activity中，我们需要实现以下步骤：

▶ 获取对此Activity的片段管理器的引用。
▶ 创建片段事务。
▶ 创建片段。
▶ 让片段事务将片段添加到容器（ViewGroup）。
▶ 提交片段事务。

FragmentManager抽象类提供与activity中的片段交互的功能。可以通过使用Activity引用调用**表9.3**中所示的getFragmentManager方法来获取对当前Activity的FragmentManager的引用。**表9.4**列出了FragmentManager类的一些方法。

表9.3 Activity类的getFragmentManager方法

方法	说明
FragmentManager getFragmentManager( )	返回此Activity的FragmentManager

表9.4 FragmentManager类的选定方法

方法	说明
FragmentTransaction beginTransaction( )	为此片段管理器启动一系列操作。返回FragmentTransaction
Fragment findFragmentById(int id)	返回由其id标识的片段
Fragment findFragmentByTag(String tag)	返回由其tag标识的片段

因此，我们可以使用以下命令获取当前Activity的FragmentManager参考：

`FragmentManager fragmentManager = getFragmentManager();`

为了获取前面的FragmentManager的FragmentTransaction，我们使用如下语句：

```
FragmentTransaction transaction = fragmentManager.beginTransaction( );
```

FragmentTransaction类提供了一些方法（见**表9.5**）来执行片段操作，例如向activity添加片段、删除它、替换它、隐藏它、显示它等。这些方法返回调用它们的FragmentTransaction，这样我们就可以链接方法调用。例如，还有其他方法可以在执行片段事务时定义动画或转换。它是一个抽象类，因此我们无法使用构造函数实例化FragmentTransaction对象。我们可以使用FragmentManager类的beginTransaction方法来实例化FragmentTransaction对象。

获取Activity的FragmentTransaction命名事务后，我们可以使用以下代码将id为game_state的GameStateFragment添加到该Activity：

```
GameStateFragment fragment = new GameStateFragment( );
transaction.add( R.id.game_state, fragment );
transaction.commit( );
```

在执行**片段事务**时，例如，向activity添加片段或从片段移除片段，我们可以通过在调用commit方法之前调用addToBackStack方法将其添加到activity的**后台堆栈**。后台堆栈跟踪activity中这些片段事务的历史记录，以便用户可以通过按设备的后退按钮恢复到先前的片段。

表9.5 FragmentTransaction类的选定方法

方法	说明
FragmentTransaction add(int containerViewId, Fragment fragment, String tag)	向activity添加片段。ContainerViewId是片段放置的容器的资源ID，fragment是要添加的片段，tag是片段的可选标记名称。稍后可以使用findFragmentByTag方法由片段管理器检索添加的片段。返回调用此方法的FragmentTransaction引用。因此，方法调用可以链接
FragmentTransaction add(int containerViewId, Fragment fragment)	使用空tag参数调用上面的方法
FragmentTransaction add(Fragment fragment, String tag)	使用等于0的ContainerViewId参数调用上面第一种方法
FragmentTransaction hide(Fragment fragment)	隐藏片段（隐藏其视图）
FragmentTransaction show(Fragment fragment)	显示片段（也就是说，如果之前已隐藏，则显示其视图。默认为显示片段）
FragmentTransaction remove(Fragment fragment)	从activity中删除片段
FragmentTransaction replace(int containerViewId, Fragment fragment, String tag)	与第一个add方法类似，但是替换id为containerViewId的容器内的现有片段
FragmentTransaction replace(int containerViewId, Fragment fragment)	使用空tag参数调用上面的方法
int commit( )	计划要提交的片段事务
FragmentTransaction addToBackStack(String name)	将此事务添加到activity的后台堆栈。name是可选的，并存储该堆栈状态的名称

例9.12显示了更新的MainActivity类。当应用程序启动时，onCreate方法执行，我们创建片段并将其附加到activity。在第23行，我们通过从Activity类调用getFragmentManager方法来获取对此activity的片段管理器的引用。我们只想创建一个新的GameStateFragment并将其添加到activity中（如果尚未创建它）。使用第24行的findFragmentById方法，我们检查在此activity中是

9.5 使用布局XML文件定义片段并通过代码将片段添加到activity，猜字游戏应用程序，版本 2   279

否已存在id为game_state的片段。如果有，我们什么都不做。如果没有，我们创建一个并将其添加到第25~28行的activity中。

```java
1   package com.jblearning.hangmanv2;
2
3   import android.app.FragmentManager;
4   import android.app.FragmentTransaction;
5   import android.os.Bundle;
6   import android.support.v7.app.AppCompatActivity;
7   import android.view.View;
8   import android.widget.TextView;
9
10  public class MainActivity extends AppCompatActivity {
11
12    private Hangman game;
13
14    @Override
15    protected void onCreate( Bundle savedInstanceState ) {
16      super.onCreate( savedInstanceState );
17      if ( game == null )
18        game = new Hangman( Hangman.DEFAULT_GUESSES );
19      setContentView( R.layout.activity_main );
20      TextView status = ( TextView ) findViewById( R.id.status );
21      status.setText( "" + game.getGuessesLeft( ) );
22
23      FragmentManager fragmentManager = getFragmentManager( );
24      if( fragmentManager.findFragmentById( R.id.game_state ) == null ) {
25        FragmentTransaction transaction = fragmentManager.beginTransaction( );
26        GameStateFragment fragment = new GameStateFragment( );
27        transaction.add( R.id.game_state, fragment );
28        transaction.commit( );
29      }
30    }
31
32    public Hangman getGame( ) {
33      return game;
34    }
35
36    public void play( View view ) {
37    }
38  }
```

例9.12 MainActivity类，猜字游戏应用程序，版本2

在第25行，我们使用FragmentManager引用，得到一个FragmentTransaction引用transaction。在第26行，我们定义并实例化GameStateFragment引用片段。在第27行，我们将片段添加到此Activity，将其放在ViewGroup（本例中为LinearLayout）中，其资源ID为game_state。最后，我们在第28行提交片段事务。此时，我们仍然需要将拼图的文本放在我们刚刚添加到activity中的拼图片段的TextView中。为此，我们首先需要访问片段的View并使用findViewById方法，将TextView的id作为其参数传递。但是，此时片段的视图为空，因此尝试使用它会导致NullPointerException，从而导致应用程序崩溃。因此，我们在GameStateFragment类中执行此操作。所以，在GameStateFragment类中，我们需要访问猜字游戏当前不完整单词的值。为此，我们在MainActivity类中提供了getGame方法（第32~34行）。从GameStateFragment类，我们可以通过调用从Fragment类继承的getActivity方法（见**表9.6**）来访问该activity。使用MainActivity引用，我们可以通过调用getGame来访问游戏，然后访问不完整的单词，如下所示：

```
MainActivity fragmentActivity = ( MainActivity ) getActivity( );
String currentWord = fragmentActivity.getGame( ).currentIncompleteWord( );
```

表9.6 Fragment类的getActivity和getView方法

方法	说明
Activity getActivity( )	返回此片段所属的activity
View getView( )	返回此片段的根View

▍**常见错误**：过早访问片段内的View可能会导致NullPointerException。一定要在Fragment的生命周期方法中访问该View，以保证View已被实例化。

例9.13显示了GameStateFragment类。由于它继承自Fragment，因此我们在第12~13行提供了一个强制默认构造函数。我们在onCreateView方法内的第18~19行扩充fragment_game_state.xml文件。当片段事务在例9.12的第28行提交时，构造函数、onAttach、onCreate、onCreateView、onActivityCreated和onStart这些Fragment生命周期的方法按此顺序调用。当onStart方法（第22~30行）执行时，片段的View和它内部的TextView已经被实例化。因此，我们可以在该点设置TextView内的文本。

```
 1   package com.jblearning.hangmanv2;
 2
 3   import android.app.Fragment;
 4   import android.os.Bundle;
 5   import android.view.LayoutInflater;
 6   import android.view.View;
 7   import android.view.ViewGroup;
 8   import android.widget.TextView;
 9
10   public class GameStateFragment extends Fragment {
11
12     public GameStateFragment( ) {
13     }
14
15     @Override
16     public View onCreateView( LayoutInflater inflater,
17                 ViewGroup container, Bundle savedInstanceState ) {
18       return inflater.inflate( R.layout.fragment_game_state,
19                   container, false );
20     }
21
22     public void onStart( ) {
23       super.onStart( );
24       View fragmentView = getView( );
25       TextView gameStateTV
26         = ( TextView ) fragmentView.findViewById( R.id.state_of_game );
```

```
27        MainActivity fragmentActivity = ( MainActivity ) getActivity( );
28        gameStateTV.setText( fragmentActivity.getGame( )
29                  .currentIncompleteWord( ) );
30    }
31 }
```

例9.13 GameStateFragment类，猜字游戏应用程序，版本2

我们使用从Fragment类继承的getView方法（如表9.6所示）获得对第24行片段的View的引用。有了它，我们可以调用findViewById方法来访问已经被赋予id的任何View。在第25~26行，我们调用它并将id为state_of_game的TextView分配给gameStateTV。

我们在第27行获得对该片段的父Activity的引用，将其转换为MainActivity。我们将方法调用链接到getGame和currentIncompleteWord，以便检索游戏的不完整单词，并将结果值分配给第28~29行的gameStateTV文本。

常见错误： 如果我们打算使用片段的Activity调用Activity类的方法，则必须将get Activity方法的返回对象强制转换为该类型的Activity。

图9.8显示了用户输入字母U并点击软键盘上的Done按钮后，在模拟器中运行的应用程序。

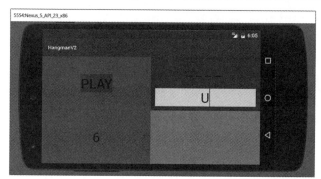

图9.8　用户输入字母并点击软键盘上的Done（或Check）按钮后，猜字游戏应用程序，版本2，在水平位置运行

9.6 通过代码定义 activity 并为其添加一个片段，猜字游戏应用程序，版本 3

在版本3中，我们在屏幕的右下方窗格（带有绿色背景）上显示片段，在TextView中显示有关游戏结果的消息。这一次，我们不使用XML文件来定义片段，而是完全通过代码定义和创建它。

定义片段的图形用户界面（GUI）类似于按代码定义View而不是使用XML文件。我们在GameResultFragment类中执行此操作。创建片段与创建游戏状态片段相同，它发生在MainActivity类中。

例9.14显示了更新的MainActivity类，它与例9.12中显示的先前版本非常相似。我们在LinearLayout中添加一个GameResultFragment，其id为game_result（第31~36行）。

```
1 package com.jblearning.hangmanv3;
2
```

```java
 3  import android.app.FragmentManager;
 4  import android.app.FragmentTransaction;
 5  import android.os.Bundle;
 6  import android.support.v7.app.AppCompatActivity;
 7  import android.view.View;
 8  import android.widget.TextView;
 9
10  public class MainActivity extends AppCompatActivity {
11
12      private Hangman game;
13
14      @Override
15      protected void onCreate( Bundle savedInstanceState ) {
16        super.onCreate( savedInstanceState );
17        if ( game == null )
18          game = new Hangman( Hangman.DEFAULT_GUESSES );
19        setContentView( R.layout.activity_main );
20        TextView status = ( TextView ) findViewById( R.id.status );
21        status.setText( "" + game.getGuessesLeft() );
22
23        FragmentManager fragmentManager = getFragmentManager( );
24        if( fragmentManager.findFragmentById( R.id.game_state ) == null ) {
25          FragmentTransaction transaction = fragmentManager.beginTransaction( );
26          GameStateFragment fragment = new GameStateFragment( );
27          transaction.add( R.id.game_state, fragment );
28          transaction.commit( );
29        }
30
31        if( fragmentManager.findFragmentById( R.id.game_result ) == null ) {
32          FragmentTransaction transaction = fragmentManager.beginTransaction( );
33          GameResultFragment fragment = new GameResultFragment( );
34          transaction.add( R.id.game_result, fragment );
35          transaction.commit( );
36        }
37      }
38
39      public Hangman getGame( ) {
40        return game;
41      }
42
43      public void play( View view ) {
44      }
45  }
```

例9.14 MainActivity类，猜字游戏应用程序，版本3

在GameResultFragment类中，我们按代码定义片段。这个片段只有一个TextView。此外，我们需要访问TextView，以在游戏结束时设置其文本。我们在创建它时不是给TextView一个id，而是将它声明为一个实例变量，以便我们在GameResultFragment类中直接引用它（**例9.15**的第12行）。onCreateView方法在第14~20行调用第17行的setUpFragmentGui方法，以便为该片段创建GUI。它返回其超级方法在第18~19行返回的View。setUpFragmentGui方法在第22~28行编码。由于在片段的生命周期中可能会多次调用onCreateView，因此我们也期望可以多次调用setUpFragmentGui。因此，我们想要实例化gameResultTV（第24行）并将其添加到ViewGroup，

9.6 通过代码定义activity并为其添加一个片段，猜字游戏应用程序，版本3

它只有一次是片段的根View（第26行），也就是当它为null时（第23行）。第25行，我们将文本置于gameResultTV并居中。

```java
 1  package com.jblearning.hangmanv3;
 2
 3  import android.app.Fragment;
 4  import android.os.Bundle;
 5  import android.view.Gravity;
 6  import android.view.LayoutInflater;
 7  import android.view.View;
 8  import android.view.ViewGroup;
 9  import android.widget.TextView;
10
11  public class GameResultFragment extends Fragment {
12    private TextView gameResultTV;
13
14    @Override
15    public View onCreateView( LayoutInflater inflater,
16             ViewGroup container, Bundle savedInstanceState ) {
17      setUpFragmentGui( container );
18      return super.onCreateView( inflater, container,
19                 savedInstanceState ) ;
20    }
21
22    public void setUpFragmentGui( ViewGroup container ) {
23      if( gameResultTV == null ) {
24        gameResultTV = new TextView( getActivity( ) );
25        gameResultTV.setGravity( Gravity.CENTER );
26        container.addView( gameResultTV );
27      }
28    }
29
30    public void onStart( ) {
31      super.onStart( );
32      gameResultTV.setText( "GOOD LUCK" );
33    }
34  }
```

例9.15 GameResultFragment类，猜字游戏应用程序，版本3

在onCreateView和onActivityCreated之后自动调用的onStart方法（第30~33行）中，我们将gameResultTV中的文本硬编码为"GOOD LUCK"（第32行）。

我们需要将GameResultFragment的TextView置于其父LinearLayout中。在activity_main.xml文件中，我们将下面的"属性-值"对添加到最后一个LinearLayout元素（id为game_result且位于右下方窗格中的元素）：

```
android:gravity="center"
```

图9.9显示了在模拟器中运行的应用程序。现在所有三个片段都存在：
▶ 使用XML定义和创建红色的左窗格（游戏控制）片段。
▶ 蓝色的右上方窗格（游戏状态）片段以XML定义并由代码创建。
▶ 绿色的右下方窗格（游戏结果）片段由代码定义和创建。

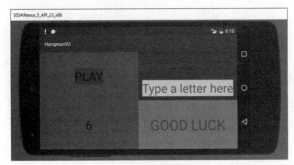

图9.9 在水平方向运行的猜字游戏应用程序，版本3

9.7 片段与其 activity 之间的通信：启用 Play，猜字游戏应用程序，版本 4

我们现在已经创建了一个activity，其中包含三个片段，以不同的方式定义和创建。在版本4中，我们通过处理用户输入的字母并使用户能够玩游戏来完成应用程序。我们还说明了片段在处理事件时如何与其activity进行通信。

用户在游戏状态片段中输入一个字母，然后单击左窗格中的PLAY按钮，这将触发MainActivity类中play方法的执行。要启用play，我们执行以下操作：

▶ 捕获用户输入的字母。
▶ 调用Hangman的guess方法。
▶ 更新左窗格内TextView中剩余的猜测数。
▶ 更新右上方窗格内TextView中的不完整单词。
▶ 清除EditText。
▶ 如果游戏结束，请在右下方窗格内的TextView中更新消息，并清除EditText中的提示。

例9.16显示了play方法。我们使用第46行的id检索EditText并将其分配给变量input。在第47行，我们得到一个可编辑的input参考。如果它不为null并且至少包含一个字符（第48行），我们将第一个字符作为用户在玩游戏进行处理。否则，我们什么都不做。

```
 6
 7    import android.text.Editable;
 8
 9    import android.widget.EditText;
...
45      public void play( View view ) {
46        EditText input = ( EditText ) findViewById( R.id.letter );
47        Editable userText = input.getText( );
48        if( userText != null && userText.length( ) > 0 ) {
49          // 更新剩下的猜测次数
50          char letter = userText.charAt( 0 );
51          game.guess( letter );
52          TextView status = ( TextView ) findViewById( R.id.status );
53          status.setText( "" + game.getGuessesLeft( ) );
54
55          // 更新未完成的词
56          FragmentManager fragmentManager = getFragmentManager( );
```

```
57        GameStateFragment gsFragment = ( GameStateFragment )
58          fragmentManager.findFragmentById( R.id.game_state );
59        View gsFragmentView = gsFragment.getView( );
60        TextView gameStateTV = ( TextView )
61          gsFragmentView.findViewById( R.id.state_of_game );
62        gameStateTV.setText( game.currentIncompleteWord( ) );
63
64        // 清除EditText
65        input.setText( "" );
66
67        int result = game.gameOver( );
68        if( result != 0 ) /* game is over */ {
69          GameResultFragment grFragment = ( GameResultFragment )
70            fragmentManager.findFragmentById( R.id.game_result );
71
72          // 在结果片段中更新TextView
73          if( result == 1 )
74            grFragment.setResult( "YOU WON" );
75          else if( result == -1 )
76            grFragment.setResult( "YOU LOST" );
77
78          // 删除EditText中的提示
79          input.setHint( "" );
80        }
81      }
82    }
82  }
```

例9.16　MainActivity类的play方法，猜字游戏应用程序，版本4

在第49~53行，我们播放并更新剩下的猜测数量。由于我们在fragment_game_control.xml文件中为TextView（用于显示剩余的可猜测次数）赋予了一个id（status），因此就可以在第52行使用findViewById方法检索它。我们在第53行用game调用getGuessesLeft来检索剩下的猜测数量，并在TextView中显示它。

在第55~62行，更新了不完整单词的状态。在第56~58行获得对GameStateFragment的引用，然后在第59行获得对片段的View的引用。有了它，我们在第60~61行调用findViewById以获得对id为state_of_game的TextView的引用。我们调用Hangman的currentIncompleteWord在第62行设置TextView的文本。在第64~65行，我们清除EditText。

然后我们检查游戏是否在第67行结束。如果不是，就什么都不做。如果是（第68行），我们清除EditText中的提示（第78~79行），然后告诉用户游戏的结果。为此，我们需要访问GameResultFragment中的TextView；但是，TextView没有id。因此，为了访问它，我们使用FragmentManager获取包含它的GameResultFragment（第69~70行），并使用它调用setResult（GameResultFragment类的新方法，第72~76行）。

例9.17显示了GameResultFragment类的setResult方法。该类的其余部分没有变化。它设置gameResultTV实例变量的文本。

```
34
35    public void setResult( String result ) {
36      gameResultTV.setText( result );
```

```
37      }
38    }
```

例9.17 GameResultFragment类的setResult方法，猜字游戏应用程序，版本4

在本章开始的图9.1中，显示了在游戏中某个时刻运行的应用程序。图9.10显示了用户赢了之后运行的应用程序。之前显示提示或字母的TextView不再可见，因为其内容为空，其android:layout_width和android:layout_height属性设置为wrap_content。

图9.10 用户获胜后，猜字游戏应用程序版本4在水平位置的运行效果

9.8 使用隐形片段，猜字游戏应用程序，版本5

我们还可以使用在应用程序的后台执行某些工作的片段，而无需任何可视化表示。为此，我们使用没有View id参数的FragmentTransaction类的add方法。如果希望以后能够检索片段，我们应该提供标签名称。这样的片段可以在应用程序的后台执行一些工作，同时允许用户与应用程序交互。例如，它可以从文件、数据库、远程URL检索一些数据，或者可能使用设备的GPS来检索一些实时位置数据。

为了演示如何使用这样的片段，我们将示例保持在最低限度。我们的片段是硬编码的，包括warning方法。当用户只有一个猜测时，我们会向用户发出警告，并显示警告方法返回的字符串。这些信息通常来自模型，但为了尽可能保持简单，我们在这个类中进行硬编码。例9.18显示了BackgroundFragment类。由于此片段不可见，因此不会调用onCreateView方法。因此，我们没有编码。在第10~12行，我们编写warning警告方法，从MainActivity类调用它。

```
1    package com.jblearning.hangmanv5;
2
3    import android.app.Fragment;
4
5    public class BackgroundFragment extends Fragment {
6
7      public BackgroundFragment( ) {
8      }
9
10     public String warning( ) {
11       return "ONLY 1 LEFT!";
12     }
13   }
```

例9.18 BackgroundFragment类，猜字游戏应用程序，版本5

例9.19显示了更新的MainActivity类的一部分。我们在第40~45行的onCreate方法中创建了一个不可见的BackgroundFragment，而无需等待用户与应用程序进行交互。此策略可用于需要从外部源提供数据的应用程序。在第43行，我们使用FragmentTransaction类的add方法和Fragment以及String参数。String表示片段的标记名称，稍后我们可以使用FragmentManager类的findFragmentByTag方法通过其标记名称background来检索该片段。我们在播放方法中使用片段（第52~99行）。如果用户只剩下一个猜测（第75行），我们会在GameResultFragment的TextView中显示一个警告。我们根据第76~77行的标签检索BackgroundFragment，并根据第78~79行的id检索GameResultFragment。然后我们使用GameResultFragment调用setResult，通过使用BackgroundFragment调用警告方法传递警告（第81行）。

```
  1  package com.jblearning.hangmanv5;
...
 12  public class MainActivity extends AppCompatActivity {
...
 16    @Override
 17    protected void onCreate( Bundle savedInstanceState ) {
 39
 40      if( fragmentManager.findFragmentByTag( "background" ) == null ) {
 41        FragmentTransaction transaction = fragmentManager.beginTransaction( );
 42        BackgroundFragment fragment = new BackgroundFragment( );
 43        transaction.add( fragment, "background" ); // 标记是background
 44        transaction.commit( );
 45      }
 46    }
 47
 48    public Hangman getGame( ) {
 49      return game;
 50    }
 51
 52    public void play( View view ) {
 53      EditText input = ( EditText ) findViewById( R.id.letter );
 54      Editable userText = input.getText( );
 55      if( userText != null && userText.length( ) > 0 ) {
...
 73
 74        // 检查是否只剩下一次猜测机会
 75        if( game.getGuessesLeft( ) == 1 ) {
 76          BackgroundFragment background = ( BackgroundFragment )
 77            fragmentManager.findFragmentByTag( "background" );
 78          GameResultFragment grFragment = ( GameResultFragment )
 79            fragmentManager.findFragmentById( R.id.game_result );
 80          // 检索警告并将其显示
 81          grFragment.setResult( background.warning( ) );
 82        }
...
 98      }
 99    }
100  }
```

例9.19 MainActivity类，猜字游戏应用程序，版本5

图9.11显示了在模拟器中运行的应用程序。用户只剩一次猜测机会。

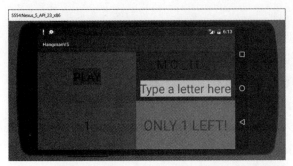

图9.11 猜字游戏应用程序，版本5，在水平位置运行——用户只剩一次猜测机会

9.9 使片段可重用，猜字游戏应用程序，版本 6

该应用程序的版本5还不错，但GameStateFragment类并不是真正可重用的。例如，在例9.13的第27行，对MainActivity引用的使用和GameStateFragment类中第28行对getGame的调用是假定MainActivity类存在并包含getGame方法。

例9.20显示了一个更好的实现，使GameStateFragment类更可重用。在fragment类中，我们使用一个内部接口，将其命名为Callbacks（第15~17行），并使用该接口将片段类内的MainActivity引用传递给MainActivity类。在fragment类中，每当我们调用MainActivity方法时，都会向Callbacks接口添加一个方法，并从fragment类中调用该方法。MainActivity类实现接口，因此必须覆盖该方法。通过这种方式，我们有效地将MainActivity方法调用从fragment类转移到MainActivity类。

```
1   package com.jblearning.hangmanv6;
2
3   import android.app.Fragment;
4   import android.content.Context;
5   import android.os.Bundle;
6   import android.view.LayoutInflater;
7   import android.view.View;
8   import android.view.ViewGroup;
9   import android.widget.TextView;
10
11  public class GameStateFragment extends Fragment {
12
13    private Callbacks mCallbacks = sDummyCallbacks;
14
15    public interface Callbacks {
16      public WordGame getGame( );
17    }
18
19    private static Callbacks sDummyCallbacks = new Callbacks( ) {
20      public WordGame getGame( ) {
21        return null;
22      }
23    };
24
25    public GameStateFragment( ) {
```

```
26      }
27
28      @Override
29      public View onCreateView( LayoutInflater inflater,
30                ViewGroup container, Bundle savedInstanceState ) {
31        return inflater.inflate( R.layout.fragment_game_state,
32                   container, false );
33      }
34
35      public void onStart( ) {
36        super.onStart( );
37        View fragmentView = getView( );
38        TextView gameStateTV
39          = ( TextView ) fragmentView.findViewById( R.id.state_of_game );
40        gameStateTV.setText( getGameFromActivity( )
41                .currentIncompleteWord( ) );
42      }
43
44      public void onAttach( Context context ) {
45        super.onAttach( context );
46        if ( !( context instanceof Callbacks ) ) {
47          throw new IllegalStateException(
48             "Context must implement fragment's callbacks." );
49        }
50        mCallbacks = ( Callbacks ) context;
51      }
52
53      public void onDetach( ) {
54        super.onDetach( );
55        mCallbacks = sDummyCallbacks;
56      }
57
58      public WordGame getGameFromActivity( ) {
59        return mCallbacks.getGame( );
60      }
61    }
```

例9.20 可重用的GameStateFragment类，猜字游戏应用程序，版本6

另一个可重用性问题是getGame方法返回一个Hangman引用。由于getGame位于GameStateFragment类中的Callbacks接口中，因此我们的GameStateFragment类只能使用Hangman类重用。为了解决这个问题，我们创建了一个界面，将其命名为WordGame，并使getGame返回一个WordGame引用。WordGame界面只有一个方法currentIncompleteWord。这是必需的，因为我们使用getGame返回的WordGame引用在GameStateFragment类中调用该方法。因此，GameStateFragment类现在可以重用任何实现Callbacks接口的activity以及任何实现WordGame接口的类，它们都非常简单和通用。在这个应用程序中，我们修改Hangman，以便它实现WordGame。

以下是在GameStateFragment类中实现该方法传输机制的方法。

之前：内部GameStateFragment（旧实现），来自例9.13：

```
27 MainActivity fragmentActivity = ( MainActivity ) getActivity( );
28 gameStateTV.setText( fragmentActivity.getGame( )
29          .currentIncompleteWord( ) );
```

之后：内部GameStateFragment（新实现），来自例9.20：

```
12
13   private Callbacks mCallbacks = sDummyCallbacks;
14
15   public interface Callbacks {
16     public WordGame getGame( );
17   }
...
40   gameStateTV.setText( getGameFromActivity( )
41           .currentIncompleteWord( ) );
...
58   public WordGame getGameFromActivity( ) {
59     return mCallbacks.getGame( );
60   }
```

在第40行调用getGameFromActivity会触发mCallbacks实例变量（在第13行声明并初始化）调用Callbacks接口的getGame方法（在第16行声明），该方法将在实现Callbacks接口的类中执行，并且因此实现getGame。

在第19~23行，我们声明并实例化sDummyCallbacks，它是实现Callbacks接口的匿名类的对象。该匿名类重写getGame方法，返回null，在第20~22行；sDummyCallbacks被分配给第13行的Callbacks类型的实例变量mCallbacks。

mCallbacks实例变量旨在引用此片段所属的activity。继承自Fragment类的onAttach方法在第44~51行被重写。将此片段附加到activity时，将调用此方法。此外，当调用该方法时，我们期望它的参数context是实现Callbacks接口的Context的超类（很可能是Activity的超类）的实例。如果不是（第46行），我们在第47~48行抛出IllegalStateException。如果是，则将context参数强制转换为Callbacks，并将其分配给第50行的mCallbacks。

在这个新实现中，没有提到MainActivity类，也没有提到名为getGame的MainActivity类中的方法。唯一的要求是MainActivity类或我们与GameStateFragment类一起使用的任何activity类都实现了Callbacks接口。反过来，这会强制MainActivity或任何实现Callbacks接口的类覆盖getGame方法。需要注意的是，在此示例中，Callbacks界面中只有一个方法，但通常情况下，可能有几个方法。

继承自Fragment类的onDetach方法在第53~56行被覆盖。当此片段与其activity分离时，将调用该方法。它在第55行将默认的Callbacks对象sDummyCallbacks重新分配给mCallbacks。

例9.21显示了更新的MainActivity类的类头，它现在实现了GameStateFragment的Callbacks内部接口。与例9.19相比，没有其他更改：getGame方法之前已经实现并且仍然相同，但它现在覆盖了Callbacks接口的getGame方法。

```
11
12   public class MainActivity extends AppCompatActivity
13         implements GameStateFragment.Callbacks {
14
```

例9.21　MainActivity类的类标题，猜字游戏应用程序，版本6

例9.22显示了WordGame接口，它声明了currentIncompleteWord方法（第4行）。

```
1    package com.jblearning.hangmanv6;
2
3    public interface WordGame {
4      public abstract String currentIncompleteWord( );
5    }
```

例9.22 WordGame界面，猜字游戏应用程序，版本6

例**9.23**显示了更新的Hangman类的类头，它现在实现了WordGame接口。与例9.1相比，没有其他更改：currentIncompleteWord方法之前已经实现并且仍然相同，但它现在覆盖了WordGame接口的currentIncompleteWord方法。

```
4
5    public class Hangman implements WordGame {
6
```

例9.23 Hangman类的类标题，猜字游戏应用程序，版本 6

需要注意的是，我们将Callbacks实现为GameStateFragment和WordGame的内部接口，作为单独的接口。可以实现为内部接口或单独的接口。

9.10 改进 GUI：直接处理键盘输入，猜字游戏应用程序，版本 7

版本6已经很不错了，但每次都必须单击Play按钮很烦人。在版本7中，我们在用户关闭键盘后立即启用play。我们可以将PLAY按钮消除或转换为Play Another Game按钮，大家可以在练习中执行此操作。

EditText位于游戏状态片段内，因此版本7的事件处理发生在该片段中。OnEditorActionListener是TextView类的公共静态内部接口，它提供了处理EditText内部关键事件的功能。**表9.7**列出了它唯一的方法onEditorAction。

与往常一样，为了设置事件处理，我们执行以下操作：

1. 编写事件处理程序（扩展侦听器接口的类）。
2. 实例化该类的对象。
3. 在一个或多个GUI组件上注册该对象侦听器。

表9.7 TextView.OnEditorActionListener接口的onEditorAction方法

方法	说明
boolean onEditorAction(TextView view, int keyCode, KeyEvent event)	view是单击的TextView；keyCode是一个标识按下的键的整数；event是关键事件

例**9.24**显示了更新的GameStateFragment类。在第79~94行，我们定义了私有类OnEditor-Handler，它实现了TextView.OnEditorActionListener接口。它在第80~93行覆盖了唯一的方法onEditorAction。它执行以下操作：

```java
1   package com.jblearning.hangmanv7;
2
3   import android.app.Fragment;
4   import android.content.Context;
5   import android.os.Bundle;
6   import android.view.KeyEvent;
7   import android.view.LayoutInflater;
8   import android.view.View;
9   import android.view.ViewGroup;
10  import android.view.inputmethod.InputMethodManager;
11  import android.widget.EditText;
12  import android.widget.TextView;
13
14  public class GameStateFragment extends Fragment {
15
16    private Callbacks mCallbacks = sDummyCallbacks;
17
18    public interface Callbacks {
19      public WordGame getGame( );
20      public void play( );
21    }
22
23    private static Callbacks sDummyCallbacks = new Callbacks( ) {
24      public WordGame getGame( ) {
25        return null;
26      }
27
28      public void play( ) {
29      }
30    };
31
32    public GameStateFragment( ) {
33    }
34
35    @Override
36    public View onCreateView( LayoutInflater inflater,
37               ViewGroup container, Bundle savedInstanceState ) {
38      return inflater.inflate( R.layout.fragment_game_state,
39        container, false );
40    }
41
42    public void onStart( ) {
43      super.onStart( );
44      View fragmentView = getView( );
45      TextView gameStateTV
46        = ( TextView ) fragmentView.findViewById( R.id.state_of_game );
47      gameStateTV.setText( getGameFromActivity( )
48        .currentIncompleteWord( ) );
49
50      // 为键盘设置事件处理
51      EditText answerET
52        = ( EditText ) fragmentView.findViewById( R.id.letter );
53      OnEditorHandler editorHandler = new OnEditorHandler( );
54      answerET.setOnEditorActionListener( editorHandler );
55    }
56
57    public void onAttach( Context context ) {
```

```
58        super.onAttach( context );
59        if ( !( context instanceof Callbacks ) ) {
60          throw new IllegalStateException(
61              "Context must implement fragment's callbacks." );
62        }
63        mCallbacks = ( Callbacks ) context;
64      }
65
66      public void onDetach( ) {
67        super.onDetach( );
68        mCallbacks = sDummyCallbacks;
69      }
70
71      public void play( ) {
72        mCallbacks.play( );
73      }
74
75      public WordGame getGameFromActivity( ) {
76        return mCallbacks.getGame( );
77      }
78
79      private class OnEditorHandler implements TextView.OnEditorActionListener {
80        public boolean onEditorAction( TextView v,
81                                      int keyCode, KeyEvent event ) {
82          // 隐藏键盘
83          InputMethodManager inputManager = ( InputMethodManager )
84              getActivity( ).getSystemService( Context.INPUT_METHOD_SERVICE );
85          inputManager.hideSoftInputFromWindow(
86              getActivity( ).getCurrentFocus( ).getWindowToken( ),
87              InputMethodManager.HIDE_NOT_ALWAYS );
88
89          // play方法
90          play( );
91
92          return true;
93        }
94      }
95    }
```

例9.24 GameStateFragment类，猜字游戏应用程序，版本7

▶ 隐藏键盘（第82~87行）。

▶ 开始游戏（第89~90行）。

由于我们已经在MainActivity类中使用了play方法，因此我们可以重用其代码。现有的play方法接受一个View参数，该参数应该是一个Button，该方法实际上并没有使用。我们可以调用它并传递null，但是将null传递给另一个类的方法并不是一个好习惯，因为在理论上（通常），它可以使用该参数来调用方法。因此，我们在MainActivity类中创建了一个额外的play方法（见**例9.25**），它不接受任何参数，并且与现有的play方法完全相同（我们可以将其作为无操作方法保留——如果选择删除它，我们还需要删除fragment_game_control.xml文件中的android:onClick属性）。我们使用与版本6中相同的策略，通过Callbacks接口的play方法（在第20行声明）将调用传递给MainActivity的play方法，我们使用片段的play方法调用（第71~73行）。因此，在第90行调用片段的play方法会触发对Callbacks的play方法的调用。通过这种方式，我们保持我们的片段类可重用（使用实现Callbacks接口的类）。

```
 52
 53    public void play( ) {
...      /* same code as earlier play( View view ) method */
100    }
101
102    public void play( View view ) {
103    }
104  }
```

例9.25 MainActivity类，猜字游戏应用程序，版本7中的更改

为了通过代码关闭键盘，我们可以使用InputMethodManager引用。InputMethodManager类管理应用程序与其当前输入方法之间的交互。该类没有构造函数，但我们可以通过使用Activity引用调用Context类的getSystemService来获取InputMethodManager引用（这是一个Context引用，因为Activity继承自Context）。

getSystemService方法具有以下API：

`Object getSystemService( String nameOfService )`

它的String参数表示服务，**表9.8**列出了一些可能的值。根据指定的服务，它返回该服务的管理器对象引用。例如，如果我们指定LOCATION_SERVICE，它将返回一个LocationManager引用，我们可以使用它来从设备的GPS系统收集位置数据。如果我们指定WIFI_SERVICE，它将返回WifiManager参考，我们可以使用该参考来访问有关设备Wi-Fi连接的数据。因为该方法返回一个通用Object，我们需要将返回的对象引用类型转换为我们所期望的类型。我们想要获取一个InputMethodManager引用，所以传递参数Context.INPUT_METHOD_SERVICE并将结果对象引用转换为InputMethodManager，如下所示（和第83~84行）：

```
InputMethodManager inputManager = ( InputMethodManager )
  getActivity( ).getSystemService( Context.INPUT_METHOD_SERVICE );
```

表9.8 使用其中一个常量作为方法参数时，选定的字符串常量及其值，以及Context类的getSystemService方法的相应返回类型

字符串常量	字符串值	getSystemService返回类型
POWER_SERVICE	power	PowerManager
LOCATION_SERVICE	location	LocationManager
WIFI_SERVICE	wifi	WifiManager
DOWNLOAD_SERVICE	download	DownloadManager
INPUT_METHOD_SERVICE	input_method	InputMethodManager

要关闭键盘，我们使用InputMethodManager类的hideSoftInputFromWindow方法之一，如**表9.9**所示。第一个参数有IBinder类型，一个封装远程对象的接口。远程对象是可以通过代理在其域之外访问的对象。我们想向hideSoftInputFromWindow传递一个IBinder引用，该引用表示当前View（在本例中为EditText）附加到的窗口。我们使用当前的Activity对象调用Activity类的

getCurrentFocus方法。它返回在当前窗口中具有焦点的View。使用该View，我们调用View类的get WindowToken。它返回一个唯一标记，用于标识此视图附加到的窗口。在第86行，我们使用表达式链接这两个方法调用：

```
getActivity( ).getCurrentFocus( ).getWindowToken( )
```

表9.9 InputMethodManager类的选定hideSoftInputFromWindow方法

方法	介绍
boolean hideSoftInputFromWindow(IBinder token, int flags)	token是Window的标记，它由View类的getWindowToken方法返回请求；flags指定隐藏软输入的附加条件

表9.10显示了InputMethodManager类的两个常量，它们可以用作hideSoftInputFromWindow方法的第二个参数的值。由于用户在尝试输入某些输入时明确打开键盘，因此在这种情况下我们不应使用HIDE_IMPLICIT_ONLY常量。我们使用HIDE_NOT_ALWAYS，所以第87行的方法调用的第二个参数是：

```
InputMethodManager.HIDE_NOT_ALWAYS
```

当我们运行应用程序时，只要键盘关闭就会开始。我们不再需要单击PLAY按钮。

表9.10 InputMethodManager类的选定int常量，用作hideSoftInputFromWindow的第二个参数

常量	值	含义
HIDE_IMPLICIT_ONLY	1	只有在用户未明确打开软输入窗口时才应隐藏软输入窗口
HIDE_NOT_ALWAYS	2	软输入窗口通常应该被隐藏，除非它最初是由代码强制打开的

本章小结

- 在API级别11中引入了片段，以便为大型屏幕设备（如平板电脑）提供更好的支持。
- 片段是activity的一部分，可以帮助管理部分屏幕。我们可以将片段视为activity中的迷你activity。
- 一个activity中可能有多个片段。
- 片段可以具有用户界面，或者只是在activity的后台执行某些工作。
- 片段有自己的生命周期方法，但取决于其运行的activity。
- activity可以使用getFragmentManager方法访问其片段管理器，进而访问和管理其片段。
- 片段可以使用getActivity方法访问其activity。
- 可以使用仅XML、仅代码或两者的混合来定义、创建和添加到activity的片段。
- 在为activity创建和添加片段时，我们使用FragmentTransaction类。添加片段时，我们可以使用id、tag或它们两者来进行识别。
- 片段管理器可以通过id或tag查找片段。
- 片段可以在多个activity中重复使用。
- 应对fragment类进行编码，以使其可重用且不依赖于特定的activity类。我们可以通过在fragment类中使用内部接口来实现。

练习、问题和项目

多项选择练习

1. 片段是在API哪个级别引入的？
   - 2
   - 8
   - 11
   - 13

2. Fragment的直接超类是？
   - Content
   - Activity
   - Object
   - FragmentActivity

3. 一项activity中可以有多少片段？
   - 0
   - 只有一个
   - 0或者更多

4. 以下哪种方法不是片段的生命周期方法？
   - onStart
   - onCreate
   - onRestart
   - onStop

5. 片段可以使用什么方法来访问其activity？
   - activity
   - getActivity
   - getFragment
   - findActivity

6. activity可以使用哪个类来访问其片段？
   - FragmentTransaction
   - Activity
   - FragmentManager
   - Manager

7. FragmentTransaction类的哪种方法用于向activity添加片段？
   - add

- addFragment
- insert
- insertFragment

8. 一个activity可以通过它的什么检索其中一个片段？
   - 只有tag
   - 只有id
   - tag 或 id
   - 不能实现

9. 我们可以通过以下哪项将fragment类中的activity的所有方法调用传递给activity类来使fragment类可重用？
   - 一个内部类
   - 一个接口
   - 这不可能

编写代码

10. 在activity类中，检索片段管理器。

11. 在activity类中，添加MyFragment类型的片段并将其放在id为my_id的ViewGroup元素中。

    ```
    // fm 是 FragmentManager 引用
    FragmentTransaction transaction = fm.beginTransaction( );
    // 代码从这里开始
    ```

12. 在activity类中，添加MyFragment类型的片段并将其放在id为my_id的ViewGroup元素中。给它标记my_tag。

    ```
    // fm 是 FragmentManager 引用
    FragmentTransaction transaction = fm.beginTransaction( );
    // 代码从这里开始
    ```

13. 在activity类中，添加一个没有用户界面的MyFragment类型的片段。给它标记my_tag。

    ```
    // fm 是 FragmentManager 引用
    FragmentTransaction transaction = fm.beginTransaction( );
    // 代码从这里开始
    ```

14. 在fragment类中，编写代码，以使片段从my_fragment.xml文件中加载。

    ```
    public View onCreateView( LayoutInflater inflater, ViewGroup
            container, Bundle savedInstanceState ) {
        // 代码从这里开始
    }
    ```

15. 在fragment类中，编写代码以检索此片段所属的activity。假设activity类型是MyActivity。

    ```
    // 代码从这里开始
    ```

16. 以下fragment类不可重用，改变代码以使它可用。

```
package com.you.myapp;
import android.app.Fragment;
public class MyFragment extends Fragment {
  public MyFragment( ) {
  }
  public void onStart( ) {
    super.onStart( );
    MyActivity activity = ( MyActivity ) getActivity( );
    activity.update( );
  }
}
// 代码从这里开始
```

编写一款应用程序

17. 使用两个片段编写包含一个activity的迷你应用，如下所示：

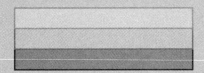

18. 使用三个片段编写包含一个activity的迷你应用，如下所示：

19. 使用四个片段编写包含一个activity的迷你应用，如下所示：

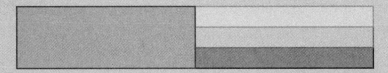

20. 使用两个片段（一个左侧和一个右侧）编写包含一个activity的应用程序，如下所示：
    左边的片段包含一个按钮，右边的片段包含一个模拟交通灯的标签，当我们开始时它是红色的。当用户点击按钮时，标签变为绿色。当用户再次单击该按钮时，标签将变为黄色。当用户再次单击该按钮时，标签将变为红色，依此类推。即使功能很简单，大家也应该为此应用程序添加一个模型。

21. 使用多个片段（一个在顶部，一个或多个片段）编写包含一个activity的应用程序，具体如下所示：
    顶部片段应占据屏幕的四分之一并包含三个单选按钮，显示1、2和3。当用户选择其中一个时，屏幕底部显示相应数量的片段（每个片段使用不同的颜色），它们都应占据相同的空间。例如，如果用户单击显示2的单选按钮，则屏幕底部会显示两个相等高度的片段。

22. 使用两个片段（一个在顶部，一个在底部）编写包含一个activity的应用程序，如下所示：
    该应用程序模拟手电筒。顶部片段占屏幕的20%，并包含一个开关。可以使用Switch类。

底部片段占屏幕的80%，并且是黑色的。当用户打开开关时，底部片段变为黄色。当用户关闭开关时，底部片段将恢复为黑色。即使功能很简单，大家也应该为此应用程序添加一个模型。

23. 用两个片段（一个在顶部，一个在底部）编写包含一个activity的应用程序，如下所示：
该应用程序模拟调光器。顶部片段占屏幕的20%并包含滑块。可以使用SeekBar类。底部片段占屏幕的80%并且是黄色的。当用户移动滑块时，黄色会消失。可以假设调光器滑块控制黄色的透明度。即使功能很简单，大家也应该为此应用程序添加一个模型。

24. 使用两个片段（一个在左侧，一个在右侧）编写包含一个activity的应用程序，如下所示：
该应用程序模拟交通灯。左边的片段包含一个按钮，右边的片段包含三个标签，当我们开始时，顶部的一个是红色，而其他标签是透明的。当用户点击按钮时，顶部标签变为透明，底部标签变为绿色。当用户再次点击该按钮时，底部标签变为透明，中间标签变为黄色。当用户再次点击该按钮时，中间标签变为透明，顶部标签变为红色，依此类推。即使功能很简单，大家也应该为此应用程序添加一个模型。

25. 使用两个片段（一个在顶部，一个在底部）编写包含一个activity的应用程序，如下所示：
顶部片段应占据屏幕的四分之一并包含一个按钮，底部片段占屏幕的四分之三。当用户点击按钮时，底部片段内会出现一个井字游戏。应该启用Play，并且应该包括一个井字游戏的模型。

26. 使用两个片段（一个在顶部占据75%的空间，一个在底部占据25%的空间）写一个包含一个activity的应用程序，如下所示：
该应用程序生成1~5之间的随机数，用户需要猜测它。底部片段显示EditText，要求用户输入数字。顶部片段向用户显示一些反馈（例如，You won或You lost）。即使功能很简单，大家也应该为此应用程序添加一个模型。

27. 编写与练习26中相同的应用程序，但添加第三个片段，这个片段不可见：它提供生成随机数的功能。

28. 编写一个改进本章应用程序的App。在左侧窗格中，添加包含按钮的另一个片段，以便用户可以通过点击来开始另一个游戏。

29. 编写与练习28中相同的应用程序，但添加一个存储大量（1000或更多）潜在单词的文件。Hangman构造函数应该从文件中随机选择一个。添加一个不可见的片段来实例化一个Hangman对象并用选中的单词开始游戏。

CHAPTER 10

使用库及其API：语音识别和地图

本章目录

内容简介

- 10.1 语音识别
- 10.2 语音识别A部分，应用程序版本0
- 10.3 使用谷歌地图活动模板，应用程序版本1
- 10.4 在地图中添加注释，应用程序版本2
- 10.5 模型
- 10.6 基于语音输入显示地图，应用程序版本3
- 10.7 控制语音输入，应用程序版本4
- 10.8 语音识别B部分，使用语音移动地图一次，应用程序版本5
- 10.9 语音识别C部分，连续使用语音移动地图，应用程序版本6

本章小结

练习、问题和项目

内容简介

Android框架为应用程序开发人员提供了一些强大的库。在本章中，我们将学习如何使用其中的一些库。我们探索用于语音识别和地图的库。我们构建了一个包含两个活动的简单应用，第一个活动要求用户说出一个位置，并将其与位置列表进行比较，如果匹配，则第二个活动将显示包含该位置注释的地图。

10.1 语音识别

为了测试涉及语音识别的应用程序，需要一个实际的设备——模拟器无法识别语音。此外，某些设备可能没有语音识别功能，因此我们应该对此进行测试。当用户说出单词时，语音识别器返回该单词的可能匹配列表。然后我们可以处理该列表。我们的代码可以限制该列表中返回的内容，例如，我们可以指定返回项目的最大数量、它们的置信度等。**图10.1**显示了我们的应用程序版本0，使用标准用户界面在模拟器内运行语音识别。

RecognizerIntent类包括在启动intent时支持语音识别的常量。**表10.1**列出了其中一些常量，其中大多数是字符串。

要创建语音识别intent，我们使用ACTION_RECOGNIZE_SPEECH常量作为Intent构造函数的参数，如以下语句中所示：

```
Intent intent = new Intent( RecognizerIntent.ACTION_RECOGNIZE_SPEECH );
```

图10.1 显示在平板电脑内运行的地图应用程序，版本0，期望用户说话

表10.1 RecognizerIntent类的选定常量

常量	说明
ACTION_WEB_SEARCH	与使用口语单词搜索网络的活动一起使用
ACTION_RECOGNIZE_SPEECH	与要求用户说话的活动一起使用
EXTRA_MAX_RESULTS	用于指定要返回的最大结果数的键
EXTRA_PROMPT	在麦克风旁边添加文字的键
EXTRA_LANGUAGE_MODEL	指定语言模型的键
LANGUAGE_MODEL_FREE_FORM	指定常规语音的值
LANGUAGE_MODEL_WEB_SEARCH	指定口语单词用作Web搜索词的值
EXTRA_RESULTS	检索结果的ArrayList的键
EXTRA_CONFIDENCE_SCORES	检索结果的置信度分数数组的键

要创建使用语音输入的Web搜索intent，我们使用RecognizerIntent类的ACTION_WEB_SEARCH常量作为Intent构造函数的参数，如以下语句中所示：

```
Intent searchIntent = new Intent( RecognizerIntent.ACTION_WEB_SEARCH );
```

一旦创建了intent，就可以通过使用putExtra方法将数据放入其中来优化它，使用Recognizer-Intent类的常量作为这些值的键。例如，如果我们要显示提示，使用键EXTRA_PROMPT并为其提供String值，如以下语句所示：

```
intent.putExtra( RecognizerIntent.EXTRA_PROMPT, "What city?" );
```

我们可以使用EXTRA_LANGUAGE_MODEL常量作为键，指定LANGUAGE_MODEL_FREE_FORM常量的值，以告诉系统将单词解释为常规语音或指定LANGUAGE_MODEL_WEB_SEARCH常量的值来解释所说的单词作为网页搜索词的字符串。

并非所有设备都支持语音识别。在构建使用语音识别的应用程序时，最好检查Android设备是否支持它。

我们可以使用android.content.pm包中的PackageManager类来检索与设备上安装的应用程序包相关的信息，在这种情况下与语音识别有关。来自Activity类继承自的Context类的getPackageManager方法返回一个PackageManager实例。在活动中，我们可以按如下方式使用：

```
PackageManager manager = getPackageManager( );
```

使用PackageManager引用，我们可以调用queryIntentActivities方法，如**表10.2**所示，以及getPackageManager方法和ResolveInfo类，以测试当前设备是否支持一种intent类型。我们将intent的类型指定为该方法的第一个参数，并返回ResolveInfo对象的列表，设备支持的每个活动的一个对象与intent相匹配。如果该列表不为空，则支持intent类型。如果该列表为空，则不是。

表10.2　评估设备是否识别语音的有用类和方法

类	方法	说明
Context	PackageManager getPackageManager()	返回一个PackageManager实例
PackageManager	List queryIntentActivities(Intent intent, int flags)	返回ResolveInfo对象的列表，表示可以使用intent支持的活动。可以指定flags参数来限制返回的结果
ResolveInfo		包含描述intent与intent过滤器匹配程度的信息

我们可以使用RecognizerIntent的ACTION_RECOGNIZE_SPEECH常量来构建一个Intent对象，并将该Intent作为queryIntentActivities方法的第一个参数传递。我们传递0作为第二个参数，它不对方法返回的内容施加任何限制。因此，我们可以使用以下模式来测试当前设备是否支持语音识别：

```
Intent intent = new Intent( RecognizerIntent. ACTION_RECOGNIZE_SPEECH );
List<ResolveInfo> list = manager.queryIntentActivities( intent, 0 );
if( list.size( ) > 0 ) {   // 支持语音识别
  //  要求用户说些什么并加以处理
} else {
  //  为用户输入提供另一种方式
}
```

10.2 语音识别 A 部分，应用程序版本 0

在应用程序的版本0中，只有一个活动：要求用户说一个单词，我们在Logcat中提供该单词的可能匹配列表。再次选择Empty Activity模板，当我们向应用添加地图时，这将在版本1中更改。**例10.1**显示了MainActivity类。它分为三种方法：

- 在onCreate方法（第17~32行）中，我们设置内容View并检查是否支持语音识别。如果是，我们调用listen方法。如果不是，我们会显示一条消息。
- 在listen方法（第34~42行）中，我们设置了语音识别活动。
- 在onActivityResult方法（第44~63行）中，我们处理用户说话后设备理解的单词列表。

```java
1    package com.jblearning.showamapv0;
2
3    import android.content.Intent;
4    import android.content.pm.PackageManager;
5    import android.content.pm.ResolveInfo;
6    import android.os.Bundle;
7    import android.speech.RecognizerIntent;
8    import android.support.v7.app.AppCompatActivity;
9    import android.util.Log;
10   import android.widget.Toast;
11   import java.util.ArrayList;
12   import java.util.List;
13
14   public class MainActivity extends AppCompatActivity {
15     private static final int CITY_REQUEST = 1;
16
17     protected void onCreate( Bundle savedInstanceState ) {
18       super.onCreate( savedInstanceState );
19       setContentView( R.layout.activity_main );
20
21       // 测试设备是否支持语音识别
22       PackageManager manager = getPackageManager( );
23       List<ResolveInfo> listOfMatches = manager.queryIntentActivities(
24         new Intent( RecognizerIntent.ACTION_RECOGNIZE_SPEECH ), 0 );
25       if( listOfMatches.size( ) > 0 )
26         listen( );
27       else { // 语音识别不被支持
28         Toast.makeText( this,
29           "Sorry - Your device does not support speech recognition",
30           Toast.LENGTH_LONG ).show( );
31       }
32     }
33
34     private void listen( ) {
35       Intent listenIntent =
36         new Intent( RecognizerIntent.ACTION_RECOGNIZE_SPEECH );
37       listenIntent.putExtra( RecognizerIntent.EXTRA_PROMPT, "What city?" );
38       listenIntent.putExtra( RecognizerIntent.EXTRA_LANGUAGE_MODEL,
39         RecognizerIntent.LANGUAGE_MODEL_FREE_FORM );
40       listenIntent.putExtra( RecognizerIntent.EXTRA_MAX_RESULTS, 5 );
41       startActivityForResult( listenIntent, CITY_REQUEST );
42     }
43
```

```
44    protected void onActivityResult( int requestCode,
45                                     int resultCode, Intent data ) {
46      super.onActivityResult( requestCode, resultCode, data );
47      if( requestCode == CITY_REQUEST && resultCode == RESULT_OK ) {
48        // 检索可能的单词列表
49        ArrayList<String> returnedWords =
50          data.getStringArrayListExtra( RecognizerIntent.EXTRA_RESULTS );
51        // 检索returnedWords的分数数组
52        float [ ] scores = data.getFloatArrayExtra(
53          RecognizerIntent.EXTRA_CONFIDENCE_SCORES );
54
55        // 显示结果
56        int i = 0;
57        for( String word : returnedWords ) {
58          if( scores != null && i < scores.length )
59            Log.w( "MainActivity", word + ": " + scores[i] );
60          i++;
61        }
62      }
63    }
64  }
```

例10.1　MainActivity类，从用户捕获单词，版本0

在第22行，我们得到一个PackageManager参考。使用它，我们在第23~24行调用queryIntent-Activities，传递一个类型为RecognizerIntent.ACTION_RECOGNIZE_SPEECH的Intent引用，并将结果列表分配给listOfMatches。我们测试listOfMatches是否在第25行包含多个元素，这意味着当前设备支持语音识别，如果是，则在第26行调用listen。如果没有，我们会在第28~30行显示一条临时消息。我们使用Toast类，如**表10.3**所示，这是一个方便的类，可以在屏幕上显示一小段时间的快速消息，仍然允许用户与当前活动进行交互。

表10.3　Toast类的常量和选定方法

常量	说明
LENGTH_LONG	使用此常量实现持续3.5秒的Toast
LENGTH_SHORT	使用此常量实现持续2秒的Toast
方法	**说明**
static Toast makeText(Context context, CharSequence message, int duration)	在context中创建Toast的静态方法，显示duration秒的消息
void show( )	显示这个Toast

在listen方法中，在第35~36行，我们创建并实例化listenIntent，一种语音识别intent。在第41行开始它的活动之前，我们通过调用Intent类的putExtra方法在第37~40行为它指定了一些属性，如**表10.4**所示。在第37行，我们分配What city?的值到EXTRA_PROMPT键，使其显示在麦克风旁边的屏幕上。在第38~39行，我们通过将键EXTRA_LANGUAGE_MODEL的值设置为LANGUAGE_MODEL_FREE_FORM来指定预期语音是常规人类语音。在第40行，我们将返回列表中的最大字数设置为5。我们在第41行开始listenIntent的活动，并将它与请求代码1相关联，请求代码1是由常量CITY_REQUEST定义的值（第15行）。完成后，会自动调用onActivityResult方

法，其第一个参数的值应该是该请求代码的值，即1。

表10.4　Intent类的putExtra和get ...Extra方法

方法	说明
Intent putExtra(String key, DataType value)	存储此Intent中的值，将其映射到key
Intent putExtra(String key, DataType [ ] values)	在此Intent中存储数组值，将其映射到key
DataType getDateTypeExtra(String key, DataType defaultValue)	检索映射到key的值。如果没有，则返回defaultValue。DataType是原始数据类型或String型
DataType [ ] getDateTypeArrayExtra(String key)	检索映射到key的数组

在执行listen方法之后，向用户呈现显示麦克风和额外提示的用户界面，在该示例中是What city?，并且有几秒钟说话时间。之后，代码在onActivityResult方法内执行，继承自Activity类。我们在第46行调用super onActivityResult方法，尽管在撰写本书时它是一种无用的方法，但是将来可能会改变。在第47行，我们测试此方法调用是否对应于我们之前的活动请求以及请求是否成功：我们通过检查存储在requestCode参数中的请求代码的值以及存储的结果代码的值来执行此操作在resultCode参数中。如果它们等于1（CITY_REQUEST的值）和RESULT_OK，那么我们知道该方法调用是针对正确的活动并且它是成功的。RESULT_OK是Activity类的常量，其值为-1。它可用于测试活动的结果代码是否成功。该方法的第三个参数是Intent引用。有了它，我们可以检索语音识别过程的结果。我们在第48~50行检索语音识别器理解的可能单词列表，并将其分配给ArrayList returnedWords。我们使用data（方法的Intent参数）调用getStringArrayListExtra方法，并使用表10.1中所示的EXTRA_RESULTS键来检索其对应的值，即Strings的ArrayList。我们检索由语音识别器在第51~53行评估的相应置信度分数的阵列，并将其分配给数组scores。

在这个版本中，我们在第55~61行将returnedWords的元素及其分数输出到Logcat。

我们不需要Hello world!标签。因此，我们编辑activity_main.xml文件并删除TextView元素。

我们不应期望设备的语音识别能力是完美的。有时语音识别器正确理解，有时它不能理解。有时我们可以说同一个词，略有不同或带有不同的口音，并且可以区别对待。**图10.2**显示了运行应用程序并说Washington时可能的Logcat输出，而**图10.3**显示了运行应用程序并说Paris时可能的Logcat输出。

因此，当我们处理用户的演讲时，重要的是要考虑这些可能性。有很多方法可以做到这一点。一种方法是通过在屏幕上书写一个或多个单词来向用户提供反馈，甚至让设备重复一个单词或多个单词以确保设备正确地理解。然而，该过程可能花费额外的时间并且对用户来说是烦人的。我们还可以处理返回列表的所有元素，并将它们与我们期望的单词列表进行比较，并处理第一个匹配的单词。我们在版本1中这样做。另一个策略是尝试一次处理该列表的元素，直到我们成功处理一个。

```
Washington: 0.98762906
```

```
Paris: 0.48488528
parents: 0.0
paradise: 0.0
parent: 0.0
parrot: 0.0
```

图10.2　当用户说Washington时，例10.1中可能的Logcat输出　　图10.3　当用户说Paris时，例10.1中可能的Logcat输出

需要注意的是，如果我们在几秒钟内没有说话，显示麦克风的用户界面就会消失，那么这时再说话就太晚了。如果我们想要为用户提供更多控制，可以在用户界面中包含一个按钮，单击该按钮会触发对listen方法的调用并再次启动麦克风。

10.3 使用谷歌地图活动模板，应用程序版本 1

com.google.android.gms.maps和com.google.android.gms.maps.model包中包含用于显示地图和在其上放置注释的类。根据我们使用的Android Studio版本，可能需要使用SDK管理器更新Google Play服务和Google API。附录C显示了这些步骤。

Google地图活动模板已包含用于显示地图的框架代码。此外，它使build.gradle（Module:app）文件中的项目可以使用必要的Google Play服务库，如附录C所示。创建项目时，我们不像往常那样选择Empty Activity模板，而是选择Google Maps Activity模板（见**图10.4**）。如**图10.5**所示，Activity类、布局XML文件和应用程序标题的默认名称分别是MapsActivity、activity_main.xml和Map。

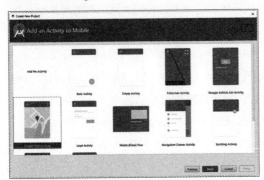

图10.4　选择谷歌地图活动模板

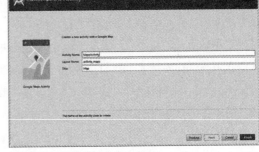

图10.5　由模板创建的主文件的名称

除了常用文件外，还会自动生成google_maps_api.xml文件，该文件位于values目录中，如**例10.2**所示。

```
1   <resources>
2       <!--
3       TODO: Before you run your application, you need a Google Maps API key.
4
5       To get one, follow this link, follow the directions and press "Create"
    at the end:
6
7       https://console.developers.google.com/flows/enableapi?apiid=maps_
    android_backend&keyType=CLIENT_SIDE_ANDROID&r=39:5D:BF:75:02:BE:44:45:3D:
    DE:9B:DA:AC:D5:9C:1B:D7:A7:27:07%3Bcom.jblearning.showamapv1
8
9       You can also add your credentials to an existing key, using this line:
10      39:5D:BF:75:02:BE:44:45:3D:DE:9B:DA:AC:D5:9C:1B:D7:A7:27:07;com.
    jblearning.showamapv1
11
12      Alternatively, follow the directions here:
13        https://developers.google.com/maps/documentation/android/start#get-key
14
15      Once you have your key (it starts with "AIza"), replace the "google_maps_key"
```

```
16          string in this file.
17      -->
18      <string name="google_maps_key" templateMergeStrategy="preserve"
    translatable="false">YOUR_KEY_HERE</string>
19  </resources>
```

例10.2 google_maps_api.xml文件，显示地图应用程序，版本1

在第18行，我们根据附录C中的说明将YOUR_KEY_HERE替换为从Google获得的实际密钥。编辑后，笔者的第18~19行看起来如**图10.6**所示。

```
18      <string name="google_maps_key" templateMergeStrategy="preserve"
19              translatable="false">AIza████████████████████W-Q4</string>
```

图10.6 google_maps_api.xml文件的第18~19行，部分隐藏了密钥

模板自动生成的布局文件称为activity_maps.xml，如**例10.3**所示。通常将地图放在片段内（第1行）。这里使用的片段类型是SupportMapFragment（第2行），Fragment类的子类以及在应用程序中包含地图的最简单方法。它占据整个父视图（第6~7行）并具有id（第1行）。因此，我们可以以编程方式检索它并更改地图的特征，例如，移动地图的中心或向其添加注释。

```
1  <fragment android:id="@+id/map"
2            android:name="com.google.android.gms.maps.SupportMapFragment"
3            xmlns:android="http://schemas.android.com/apk/res/android"
4            xmlns:map="http://schemas.android.com/apk/res-auto"
5            xmlns:tools="http://schemas.android.com/tools"
6            android:layout_width="match_parent"
7            android:layout_height="match_parent"
8            tools:context="com.jblearning.showamapv1.MapsActivity"/>
```

例10.3 activity_maps.xml文件，显示地图应用程序，版本 1

AndroidManifest.xml文件已经包含两个附加元素，即uses-permission和meta-data，用于从Google Play服务中检索地图，如**例10.4**所示。与典型的框架AndroidManifest.xml文件相比，主要的增加如下：

▶ 活动元素的类型为MapsActivity。

▶ 有一个uses-permission元素，指定应用程序可以访问当前设备位置。

▶ 有一个meta-data元素，用于指定关键信息。

要在AndroidManifest.xml文件中请求权限，我们使用以下语法：

`<uses-permission android:name="permission_name"/>`

```
1  <?xml version="1.0" encoding="utf-8"?>
2  <manifest package="com.jblearning.showamapv1"
3            xmlns:android="http://schemas.android.com/apk/res/android">
4    <!--
5      The ACCESS_COARSE/FINE_LOCATION permissions are not required to use
6      Google Maps Android API v2, but you must specify either coarse or
7      fine location permissions for the 'MyLocation' functionality.
8    -->
9    <uses-permission
```

```xml
10        android:name="android.permission.ACCESS_FINE_LOCATION"/>
11
12    <application
13        android:allowBackup="true"
14        android:icon="@mipmap/ic_launcher"
15        android:label="@string/app_name"
16        android:supportsRtl="true"
17        android:theme="@style/AppTheme" >
18
19      <!--
20        The API key for Google Maps-based APIs is defined as a string
21        resource (See the file "res/values/google_maps_api.xml").
22        Note that the API key is linked to the encryption key used to
23        sign the APK.
24        You need a different API key for each encryption key, including
25        the release key that is used to sign the APK for publishing.
26        You can define the keys for the debug and release targets in
27        src/debug/ and src/release/.
28      -->
29      <meta-data
30          android:name="com.google.android.geo.API_KEY"
31          android:value="@string/google_maps_key"/>
32
33      <activity
34          android:name=".MapsActivity"
35          android:label="@string/title_activity_maps" >
36        <intent-filter>
37          <action android:name="android.intent.action.MAIN"/>
38
39          <category android:name="android.intent.category.LAUNCHER"/>
40        </intent-filter>
41      </activity>
42    </application>
43
44 </manifest>
```

例10.4 AndroidManifest.xml文件，显示地图应用程序，版本1

表10.5列出了Manifest.permission类的一些String常量，我们可以将其用作代替permission_name的值。

表10.5 Manifest.permission类的选定常量

常量	说明
INTERNET	允许应用访问互联网
ACCESS_NETWORK_STATE	允许应用访问有关网络的信息
WRITE_EXTERNAL_STORAGE	允许应用写入外部存储
ACCESS_COARSE_LOCATION	允许应用访问从手机信号基站和Wi-Fi得到的设备的大致位置
ACCESS_FINE_LOCATION	允许应用访问从GPS、手机信号基站和Wi-Fi得来的设备的精确位置
RECORD_AUDIO	允许应用录制音频

每个应用都必须声明应用所需的权限。当用户安装应用程序时，将告知用户该应用程序所需

的所有权限,并且如果他或她不愿意授予这些权限,则可以在此时取消安装。

在第9~10行,自动生成的代码包括uses-permission元素,以便应用程序可以使用GPS获取设备位置。在第29~31行,代码包括meta-data元素,用于指定android映射的键的值。在第33~35行,代码定义了MapsActivity活动的activity元素。在第36~40行,我们指定它是应用程序启动时要启动的第一个活动。

com.google.android.gms.maps包为我们提供了显示地图和修改地图的类。**表10.6**显示了一些选定的类。LatLng类是com.google.android.gms.maps.model包的一部分。

表10.6 com.google.android.gms.maps和com.google.android.gms.maps.model包中的选定类

类	说明
SupportMapFragment	包含地图的容器
GoogleMap	管理地图的主要类
CameraUpdateFactory	包含用于创建CameraUpdate对象的静态方法
CameraUpdate	封装相机移动,例如位置、缩放级别更改,或者位置和缩放级别均更改
LatLng	使用纬度和经度封装地球上的位置
RECORD_AUDIO	允许应用录制音频

GoogleMap类是用于修改地图特征和处理地图事件的中心类。我们的出发点是一个SupportMapFragment对象,我们可以通过布局中的id检索它,也可以通过编程方式构造。为了修改SupportMapFragment中包含的地图,我们需要一个GoogleMap参考。我们可以通过调用SupportMapFragment类的getMapAsync方法来获取参数,如**表10.7**所示。

表10.7 SupportMapFragment类的getMapSync方法和OnMapReadyCallback接口的mapReady方法

类或接口	方法	说明
SupportMapFragment	void getMapAsync(OnMapReadyCallback callback)	设置回调,以便在映射准备好时调用其mapReady方法
OnMapReadyCallback	void onMapReady(GoogleMap map)	在实例化映射并准备就绪时调用此方法。需要实现此方法

OnMapReadyCallback接口只包含一个onMapReady方法,如表10.7所示。onMapReady方法接受一个参数,即GoogleMap。调用该方法时,会对其GoogleMap参数进行实例化,并保证不为null。

以下代码序列将从实现OnMapReadyCallback接口的类中的名为fragment的SupportMapFragment获取GoogleMap引用。

```
// 假设 fragment 是对 SupportMapFragment 的引用
GoogleMap map;
// 假设 this 是一个 OnMapReadyCallback
fragment.getMapAsync( this );
public void onMapReady( GoogleMap googleMap ) {
  map = googleMap;
}
```

为了修改地图,例如,它的中心点和缩放级别,我们使用GoogleMap类的animateCamera和moveCamera方法,它们都采用CameraUpdate参数。CameraUpdate类封装了相机移动。相机向我们显示我们正在查看的地图:如果我们移动相机,地图会移动。我们还可以使用addMarker、addCircle和GoogleMap类中的其他方法向地图添加注释。表10.8显示了其中一些方法。

表10.8　GoogleMap类的选定方法

方法	说明
void animateCamera(CameraUpdate update)	从当前位置动画化相机位置(并修改地图)以进行更新
void animateCamera(CameraUpdate update, int ms, GoogleMap.CancelableCallback callback)	从当前位置动画化相机位置(并修改地图)以更新,以毫秒为单位。如果取消任务,则调用onCancel回调方法。如果任务完成,则调用回调的onFinish方法
void moveCamera(CameraUpdate update)	在没有动画的情况下,从当前位置移动相机位置(并修改地图)以进行更新
void setMapType(int type)	设置要显示的地图类型:GoogleMap类的常量MAP_TYPE_NORMAL、MAP_TYPE_SATELLITE、MAP_TYPE_TERRAIN、MAP_TYPE_NONE和MAP_TYPE_HYBRID可作为类型值
Marker addMarker(MarkerOptions options)	向此Map添加标记并返回该标记;options用于定义标记
Circle addCircle(CircleOptions options)	在此Map中添加一个圆圈并将其返回;options用于定义圆圈
Polygon addPolygon(PolygonOptions options)	向此Map添加多边形并返回它;options用于定义多边形
void setOnMapClickListener(GoogleMap.OnMapClickListener listener)	设置当用户点击地图时自动调用的回调方法; listener必须是实现GoogleMap.OnMapClickListener接口并重写其onMapClick(LatLng)方法的类的实例

为了创建CameraUpdate,我们使用CameraUpdateFactory类的静态方法。表10.9显示了其中一些方法。CameraUpdate对象包含位置和缩放级别值。缩放级别从2.0到21.0不等。缩放级别21.0最接近地球并显示最高级别的细节。

表10.9　CameraUpdateFactory类的选定方法

方法	说明
CameraUpdate newLatLng(LatLng location)	返回将地图移动到location位置的CameraUpdate
CameraUpdate newLatLngZoom(LatLng location, float zoom)	返回一个CameraUpdate,它将地图移动到location位置,缩放为zoom级别
CameraUpdate zoomIn( )	返回放大的CameraUpdate
CameraUpdate zoomOut( )	返回缩小的CameraUpdate
CameraUpdate zoomTo(float level)	返回缩放到level缩放级别的CameraUpdate
Circle addCircle(CircleOptions options)	在此Map中添加一个圆圈并将其返回; options用于定义圆圈

通常情况下,我们想要改变地图中心的位置,如果我们知道该点的纬度和经度坐标,则可以使用LatLng类使用此构造函数创建一个:

`LatLng( double latitude, double longitude )`

因此,如果我们引用了一个名为fragment的MapFragment,我们可以使用GoogleMap类的moveCamera方法更改其地图的位置,如下所示:

```
// someLatitute 和 someLongitude 代表地球上的某个位置
GoogleMap map = fragment.getMap( );
LatLng newCenter = new LatLng( someLatitude, someLongitude );
CameraUpdate update1 = CameraUpdateFactory.newLatLng( newCenter );
map.moveCamera( update1 );
```

然后我们可以使用GoogleMap类的zoomIn方法放大，如下所示：

```
CameraUpdate update2 = CameraUpdateFactory.zoomIn( );
map.animateCamera( update2 );
```

如果我们想直接缩放到10级，我们可以使用GoogleMap类的zoomTo方法，如下所示：

```
CameraUpdate update3 = CameraUpdateFactory.zoomTo( 10.0f );
map.animateCamera( update3 );
```

例10.5显示了MapsActivity类。它继承自FragmentActivity（第13行）和OnMapReadyCallback（第14行）。与地图相关的类将在第6~11行导入。此类会使activity_maps.xml布局文件加载，然后在澳大利亚的悉尼放置一个标记。

在第16行声明了GoogleMap实例变量mMap。onCreate方法（第19~27行）在第21行加载XML布局文件，在第24~25行检索地图片段，并在第26行调用getMapSync方法。

```
1    package com.jblearning.showamapv1;
2
3    import android.os.Bundle;
4    import android.support.v4.app.FragmentActivity;
5
6    import com.google.android.gms.maps.CameraUpdateFactory;
7    import com.google.android.gms.maps.GoogleMap;
8    import com.google.android.gms.maps.OnMapReadyCallback;
9    import com.google.android.gms.maps.SupportMapFragment;
10   import com.google.android.gms.maps.model.LatLng;
11   import com.google.android.gms.maps.model.MarkerOptions;
12
13   public class MapsActivity extends FragmentActivity
14                            implements OnMapReadyCallback {
15
16     private GoogleMap mMap;
17
18     @Override
19     protected void onCreate( Bundle savedInstanceState ) {
20       super.onCreate( savedInstanceState );
21       setContentView( R.layout.activity_maps );
22       // 获取SupportMapFragment并获得通知
23       // 在准备好使用地图时
24       SupportMapFragment mapFragment = ( SupportMapFragment )
25         getSupportFragmentManager( ).findFragmentById( R.id.map );
26       mapFragment.getMapAsync( this );
27     }
28
29     /**
30      * Manipulates the map once available.
31      * This callback is triggered when the map is ready to be used.
32      * This is where we can add markers or lines, add listeners or move the
33      * camera. In this case, we just add a marker near Sydney, Australia.
```

```
34       * If Google Play services is not installed on the device, the user
35       * will be prompted to install it inside the SupportMapFragment. This
36       * method will only be triggered once the user has installed Google Play
37       * services and returned to the app.
38       */
39      @Override
40      public void onMapReady( GoogleMap googleMap ) {
41        mMap = googleMap;
42
43        // 在悉尼放置一个标记并移动相机
44        LatLng sydney = new LatLng( -34, 151 );
45        mMap.addMarker( new MarkerOptions( ).position( sydney )
46                                            .title( "Marker in Sydney" ) );
47        mMap.moveCamera( CameraUpdateFactory.newLatLng( sydney ) );
48      }
49    }
```

例10.5　MapsActivity类，显示地图应用程序，版本1

地图准备好后，将自动调用onMapReady方法（第29~48行）。我们将其GoogleMap参数分配给第41行的mMap实例变量。在第44行，我们为澳大利亚的悉尼创建一个纬度和经度值的LatLng参考。在第45~46行，我们使用链式方法调用和匿名MarkerOptions对象在该位置添加标记到标题为"Marker in Sydney"的地图。表10.10显示了MarkerOptions类的构造函数和各种方法。这相当于以下代码序列：

```
MarkerOptions options = new MarkerOptions( );
options.position( sydney );
options.title( "Marker in Sydney" );
mMap.addMarker( options );
```

当用户触摸标记时，标题将在标注中显示。最后，在第47行，我们将相机移动到LatLng参考Sydney定义的地图上的位置，以便以澳大利亚的悉尼为中心的地图显示。

图10.7显示了在平板电脑内运行的应用程序。可以在模拟器中运行，但我们可能需要更新Google Play服务才能执行此操作。

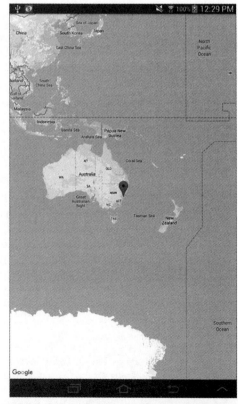

图10.7　显示在平板电脑内运行的地图应用程序版本1

表10.10 MarkerOptions类的选定方法

构造函数	说明
MarkerOptions( )	构造一个MarkerOptions对象
方法	**说明**
MarkerOptions position(LatLng latLng)	设置此MarkerOptions的（纬度，经度）位置
MarkerOptions title(String title)	设置此MarkerOptions的标题
MarkerOptions snippet(String snippet)	设置此MarkerOptions的代码段
MarkerOptions icon(BitmapDescriptor icon)	设置此MarkerOptions的图标

10.4 在地图中添加注释，应用程序版本 2

在版本2中，我们将地图放在华盛顿特区的白宫中心，设置缩放级别，添加标记，并在地图中心周围绘制一个圆圈。受影响项目的唯一部分是MapsActivity类的onMapReady方法。为此，我们使用表10.8中所示的addMarker和addCircle方法。这两种方法类似：addMarker采用MarkerOptions参数，addCircle采用CircleOptions参数。表10.11显示了CircleOptions类的选定方法。

表10.11 CircleOptions类的选定方法

构造函数	说明
CircleOptions( )	构造一个CircleOptions对象
方法	**说明**
CircleOptions center(LatLng latLng)	设置此CircleOptions中心的（纬度，经度）位置
CircleOptions radius(double meters)	设置此CircleOptions的半径（以米为单位）
CircleOptions strokeColor(int color)	设置此CircleOptions的笔触颜色
CircleOptions strokeWidth(float width)	设置此CircleOptions的笔触宽度（以像素为单位）

对于两者，我们首先使用默认构造函数来实例化对象，然后调用适当的方法来定义标记或圆。我们必须指定一个位置，否则在运行时会出现异常，应用程序将停止。两个表中显示的所有方法都返回对调用方法的对象的引用，因此可以链接方法调用。

■ **常见错误**：将标记或圆圈添加到地图时未指定标记或圆圈的位置会在运行时导致NullPointerException，并停止应用程序。

要向名为mMap的GoogleMap添加圆圈，我们可以使用以下代码序列：

```
LatLng whiteHouse = new LatLng( 38.8977, -77.0366 );
CircleOptions options = new CircleOptions( );
options.center( whiteHouse );
options.radius( 500 );
options.strokeWidth( 10.0f );
options.strokeColor( 0xFFFF0000 );
mMap.addCircle( options );
```

因为之前使用的所有CircleOptions方法都返回调用它们的CircleOptions引用，所以我们可以将所有这些语句链接到一处，如下所示：

```
map.addCircle( new CircleOptions( ).center( new LatLng( 38.8977,
-77.0366 ) ).radius( 500 ).strokeWidth( 10.0f ).strokeColor(
0xFFFF0000 ) );
```

第一种格式具有清晰的优点，第二种格式更紧凑。网上的许多例子都使用第二种格式。

例10.6显示了更新的MapsActivity类。在第40~44行，我们在地图上放置一个标记，指定其位置、标题和片段。我们在第40行实例化MarkerOptions options，在第41~43行设置其属性，并在第44行将其添加到地图。

在第46~49行，我们在地图上放置一个圆圈，指定其位置、半径、笔划宽度和颜色。我们在第46~48行实例化CircleOptions对象，并调用center、radius、strokeWidth和strokeColor方法。圆圈的中心位于白宫，半径为500米，线条粗细为10像素，颜色为红色。我们将它添加到第49行的地图中。虽然我们更喜欢第一种编码风格（我们用于标记的编码风格），但是仍有许多开发人员习惯使用第二种编码风格，在一个语句中链接方法调用。因此，这两种编码风格我们都应该熟悉。

图10.8显示了用户触摸标记后在平板电脑内运行的应用程序。标题和摘要仅显示用户是否触摸标记。

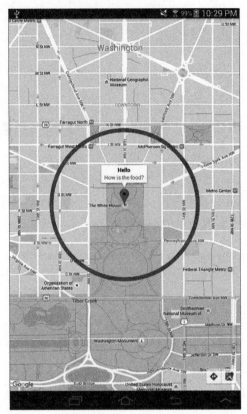

图10.8 带注释的白宫地图，显示地图应用程序，版本2

```
1   package com.jblearning.showamapv2;
2
3   import android.support.v4.app.FragmentActivity;
4   import android.os.Bundle;
5
6   import com.google.android.gms.maps.CameraUpdate;
7   import com.google.android.gms.maps.CameraUpdateFactory;
8   import com.google.android.gms.maps.GoogleMap;
9   import com.google.android.gms.maps.OnMapReadyCallback;
10  import com.google.android.gms.maps.SupportMapFragment;
11  import com.google.android.gms.maps.model.CircleOptions;
12  import com.google.android.gms.maps.model.LatLng;
13  import com.google.android.gms.maps.model.MarkerOptions;
14
15  public class MapsActivity extends FragmentActivity
16                          implements OnMapReadyCallback {
17
18    private GoogleMap mMap;
```

```
19
20      @Override
21      protected void onCreate( Bundle savedInstanceState ) {
22        super.onCreate( savedInstanceState );
23        setContentView( R.layout.activity_maps );
24        // 获取SupportMapFragment并获得通知
25        // 在准备好使用地图时
26        SupportMapFragment mapFragment = ( SupportMapFragment )
27          getSupportFragmentManager( ).findFragmentById( R.id.map );
28        mapFragment.getMapAsync( this );
29      }
30
31      @Override
32      public void onMapReady( GoogleMap googleMap ) {
33        mMap = googleMap;
34
35        LatLng whiteHouse = new LatLng( 38.8977, -77.0366 );
36        CameraUpdate update
37            = CameraUpdateFactory.newLatLngZoom( whiteHouse, 15.5f );
38        mMap.moveCamera( update );
39
40        MarkerOptions options = new MarkerOptions( );
41        options.position( whiteHouse );
42        options.title( "Hello" );
43        options.snippet( "How is the food?" );
44        mMap.addMarker( options );
45
46        CircleOptions circleOptions = new CircleOptions( )
47            .center( whiteHouse ).radius( 500 )
48            .strokeWidth( 10.0f ).strokeColor( 0xFFFF0000 );
49        mMap.addCircle( circleOptions );
50      }
51    }
```

例10.6 MapsActivity类，显示地图应用程序，版本 2

10.5 模型

在版本3中，我们在地图活动前放置语音识别活动：我们希望用户说出几个预定义城市中的一个：华盛顿、巴黎、纽约、罗马和伦敦。我们分析设备理解的单词，并将它们与这五个城市进行比较。如果有匹配，会显示匹配城市的地图。我们还在地图上放置了标记，描述了每个城市的著名景点。仍然使用Google地图活动模板。我们需要修改AndroidManifest.xml文件，将语音识别活动的活动添加为应用程序的启动活动，因此指定地图活动不是启动活动。

我们保持模型简单：将（城市，景点）对存储在哈希表中。**哈希表**是将键映射到值的数据结构。例如，我们可以将整数1~12映射到一年中的月份（1月、2月、3月等），并将它们存储在哈希表中。我们还可以将美国的州名存储在哈希表中：密钥是MD、CA、NJ等，值是马里兰州、加利福尼亚州、新泽西州等。在这个应用程序中，城市（键）是纽约、华盛顿、伦敦、罗马和巴黎，景点（值）是自由女神像、白宫、白金汉宫、斗兽场和艾菲尔铁塔。我们希望将用户说出的单词与模型中的城市进行匹配。如果没有匹配，将华盛顿用作默认城市。

例10.7显示了Cities类，它封装了我们的模型。在第11~13行，我们声明了三个常量来存储String Washington、它的纬度和经度。在第8行，我们声明一个常量CITY_KEY来存储String city。当我们从第一个活动开始到第二个活动时，使用该常数作为语音识别器在我们用于启动活动的intent中理解的城市名称的关键。在第9行，我们声明常量MIN_CONFIDENCE并为它赋值0.5。它定义了一个置信水平的阈值，即语音识别器理解的任何一个词都需要我们将其作为一个有效的城市来处理。在第14行，我们声明了常量MESSAGE。我们在向地图添加标记时使用它。

```
1   package com.jblearning.showamapv3;
2
3   import java.util.ArrayList;
4   import java.util.Enumeration;
5   import java.util.Hashtable;
6
7   public class Cities {
8     public static final String CITY_KEY = "city";
9     public static final float MIN_CONFIDENCE = 0.5f;
10
11    public static final String DEFAULT_CITY = "Washington";
12    public static final double DEFAULT_LATITUDE = 38.8977;
13    public static final double DEFAULT_LONGITUDE = -77.0366;
14    public static final String MESSAGE = "Thanks for visiting";
15
16    private Hashtable<String, String> places;
17
18    public Cities( Hashtable<String, String> newPlaces ) {
19      places = newPlaces;
20    }
21
22    public String firstMatchWithMinConfidence( ArrayList<String> words,
23                                               float [ ] confidLevels ) {
24      if( words == null || confidLevels == null )
25        return DEFAULT_CITY;
26
27      int numberOfWords = words.size( );
28      Enumeration<String> cities;
29      for( int i = 0; i < numberOfWords && i < confidLevels.length; i++ ) {
30        if( confidLevels[i] < MIN_CONFIDENCE )
31          break;
32        String word = words.get( i );
33        cities = places.keys( );
34        while( cities.hasMoreElements( ) ) {
35          String city = cities.nextElement( );
36          if( word.equalsIgnoreCase( city ) )
37            return word;
38        }
39      }
40      return DEFAULT_CITY;
41    }
42
43    public String getAttraction( String city ) {
44      return ( String ) places.get( city ); // 如果city未找到则为空
45    }
46  }
```

例10.7 Cities类，显示地图应用程序，版本2

我们在第16行声明了唯一的实例变量places，一个Hashtable。Hashtable是一个泛型类型，其实际数据类型在声明时指定。<String，String>中的第一个String数据类型是键的数据类型，第二个String是值的数据类型。我们编写一个构造函数，它接受Hashtable作为参数，并将其分配给第18~20行的位置。在第43~45行，getAttraction方法返回映射到places中的给定城市的景点。如果places中没有这样的城市，则返回null。

在第22~41行，firstMatchWithMinConfidence方法采用Strings的ArrayList和floats数组作为参数。ArrayList表示语音识别器提供的单词列表。floats数组存储这些单词的置信度。我们使用双循环来处理参数：外部循环遍历所有单词（第29行），内部循环（第34行）检查其中一个是否与哈希表位置中的键匹配。我们预计置信水平将按降序排列。因此，如果当前值低于MIN_CONFIDENCE（第30行），其余的也将如此，因此我们退出外部循环并在第40行返回DEFAULT_CITY的值。

在内循环中，我们测试当前单词是否与在第36行的哈希表places中作为键列出的城市匹配。如果是，在第37行返回它。

如果我们完成处理外循环，并且没有找到具有可接受置信度的匹配，我们在第40行返回DEFAULT_CITY的值。注意我们处理外循环中的参数words（第29行）和内循环中的places的键（第34行），而不是相反，因为我们希望通过降低置信水平来排序单词。

10.6　基于语音输入显示地图，应用程序版本 3

在第一个活动中，我们要求用户说出一个城市的名称，然后使用Cities类将语音识别器返回的单词列表转换为我们确信的用户说的城市名称。如果没有匹配项，我们使用存储在Cities类的DEFAULT_CITY常量中的默认城市。然后，我们将这些信息存储在启动地图活动之前创建的intent中。在MapsActivity类中，我们可以访问该intent，检索城市名称并显示正确的地图。

我们需要做以下事情：

▶ 创建一个要求用户说话的活动。
▶ 为该活动添加XML布局文件。
▶ 用户说话后，转到地图活动。
▶ 根据用户的说法，显示正确的地图。
▶ 编辑AndroidManifest.xml。

我们仍然使用Google Maps Activity模板自动生成代码，特别是gradle文件、AndroidManifest.xml文件和MapsActivity类。当我们添加一个我们打算作为第一个活动的MainActivity类时，我们修改AndroidManifest.xml文件，以便MainActivity是第一个活动，MapsActivity是第二个活动。

我们从版本0的MainActivity类及其activity_main.xml布局文件开始，在其中删除TextView元素和填充属性。

例10.8显示了更新的MainActivity类。在检索用户所说的城市之后，我们开始第二个活动以显示以该城市为中心的地图。为了分析用户所说的城市，我们使用Cities类。我们在第16行声明cities，一个Cities实例变量，它代表了我们的模型。为方便起见，因为我们需要从MapsActivity类访问它，我们将其声明为public和static。我们使用五个城市的列表在onCreate

方法内的第22~28行实例化它。在onActivityResult方法的第63~65行，我们使用cities调用firstMatchWithMinConfidence方法，以便检索用户所说的城市名称，并将它分配给String变量firstMatch。在第68~69行，我们将firstMatch置于一个intent中，使用putExtra方法（如**表10.12**所示）启动MapsActivity，并将其映射到键city。我们在第70~71行开始活动。

```java
1   package com.jblearning.showamapv3;
2
3   import android.content.Intent;
4   import android.content.pm.PackageManager;
5   import android.content.pm.ResolveInfo;
6   import android.os.Bundle;
7   import android.speech.RecognizerIntent;
8   import android.support.v7.app.AppCompatActivity;
9   import android.widget.Toast;
10  import java.util.ArrayList;
11  import java.util.Hashtable;
12  import java.util.List;
13
14  public class MainActivity extends AppCompatActivity {
15      private static final int CITY_REQUEST = 1;
16      public static Cities cities;
17
18      protected void onCreate( Bundle savedInstanceState ) {
19          super.onCreate( savedInstanceState );
20          setContentView( R.layout.activity_main );
21
22          Hashtable<String, String> places = new Hashtable<String, String>( );
23          places.put( "Washington", "White House" );
24          places.put( "New York", "Statue of Liberty" );
25          places.put( "Paris", "Eiffel Tower" );
26          places.put( "London", "Buckingham Palace" );
27          places.put( "Rome", "Colosseum" );
28          cities = new Cities( places );
29
30          // 测试设备是否支持语音识别
31          PackageManager manager = getPackageManager( );
32          List<ResolveInfo> listOfMatches = manager.queryIntentActivities(
33              new Intent( RecognizerIntent.ACTION_RECOGNIZE_SPEECH ), 0 );
34          if( listOfMatches.size( ) > 0 )
35              listen( );
36          else { // 语音识别不被支持
37              Toast.makeText( this,
38                  "Sorry - Your device does not support speech recognition",
39                  Toast.LENGTH_LONG ).show( );
40          }
41      }
42
43      private void listen( ) {
44          Intent listenIntent =
45              new Intent( RecognizerIntent.ACTION_RECOGNIZE_SPEECH );
46          listenIntent.putExtra( RecognizerIntent.EXTRA_PROMPT, "What city?" );
47          listenIntent.putExtra( RecognizerIntent.EXTRA_LANGUAGE_MODEL,
48              RecognizerIntent.LANGUAGE_MODEL_FREE_FORM );
49          listenIntent.putExtra( RecognizerIntent.EXTRA_MAX_RESULTS, 5 );
50          startActivityForResult( listenIntent, CITY_REQUEST );
```

```
51        }
52
53      protected void onActivityResult( int requestCode,
54                                       int resultCode, Intent data ) {
55        super.onActivityResult( requestCode, resultCode, data );
56        if( requestCode == CITY_REQUEST && resultCode == RESULT_OK ) {
57          // 检索可能的单词列表
58          ArrayList<String> returnedWords =
59              data.getStringArrayListExtra( RecognizerIntent.EXTRA_RESULTS );
60          // 检索returnedWords的分数数组
61          float [ ] scores = data.getFloatArrayExtra(
62              RecognizerIntent.EXTRA_CONFIDENCE_SCORES );
63          // 检索第一个最佳匹配
64          String firstMatch =
65              cities.firstMatchWithMinConfidence( returnedWords, scores );
66          // 为地图创建Intent
67          Intent mapIntent = new Intent( this, MapsActivity.class );
68          // 将firstMatch置于mapIntent中
69          mapIntent.putExtra( Cities.CITY_KEY, firstMatch );
70          // 开始地图活动
71          startActivity( mapIntent );
72        }
73      }
74    }
```

例10.8　MainActivity类，显示地图应用程序，版本3

表10.12　Intent类的putExtra和getStringExtra方法

方法	说明
Intent putExtra(String key, String value)	在此Intent中放置值，将其与key关联；返回此Intent
String getStringExtra(String key)	使用key检索并返回此Intent中放置的值

在MapsActivity类中，我们需要执行以下操作：

▶ 访问此活动的原始intent并检索存储在intent中的城市名称。

▶ 将该城市名称转换为纬度和经度坐标。

▶ 将地图的中心设置为该点。

要检索存储在原始intent中的city名称，我们使用表10.12中显示的getStringExtra方法。

我们需要将城市名称转换为地球上的点（纬度，经度），以便显示以该点为中心的地图。通常情况下，将地址转换为一对纬度和经度坐标的过程称为**地理编码**，从一对纬度和经度坐标到地址的反向称为**反向地理编码**，如**表10.13**所示。

表10.13　地理编码与反向地理编码

地理编码	反向地理编码
街道地址→（纬度，经度）	（纬度，经度）→街道地址
例如：1600 Pennsylvania Avenue, Washington, DC 20500 → (38.8977, -77.0366)	例如：（38.8977，-77.0366）→1600 Pennsylvania Avenue，Washington，DC 20500

Geocoder类提供地理编码和反向地理编码的方法。**表10.14**列出了它的两个方法：getFrom-

LocationName，一种地理编码方法，以及getFromLocation，一种反向地理编码方法。它们都返回了一个Address对象列表，按照匹配置信度级别排序，按降序排列。对于这个应用程序，我们保持简单并处理该列表中的第一个元素。Address类是android.location包的一部分，它存储一个地址，包括街道地址、城市、州、邮政编码、国家等，以及纬度和经度。**表10.15**显示了其getLatitude和getLongitude方法。

表10.14　Geocoder类的选定方法

构造函数	说明
Geocoder(Context context)	构造Geocoder对象
方法	**说明**
List <Address> getFromLocationName (String address, int maxResults)	返回给定地址的Address对象列表。该列表最多具有maxResults元素，按匹配的降序排列。如果address为null，则抛出IllegalArgumentException，如果网络不可用或者存在任何其他IO问题，则抛出IOException
List <Address> getFromLocation(double latitude, double longitude, int maxResults)	给定地球上由纬度和经度定义的点的地址对象列表。该列表最多具有maxResults元素，按匹配的降序排列。如果纬度或经度超出范围，则抛出IllegalArgumentException，如果网络不可用或者存在任何其他IO问题，则抛出IOException

表10.15　Address类的选定方法

方法	说明
double getLatitude( )	返回此地址的纬度（如果此时已知）
double getLongitude( )	如果此时已知，则返回此地址的经度

例10.9显示了从版本2更新的MapsActivity类。我们在第25行声明了city，一个存储城市名称的String实例变量。在第32~36行，我们检索存储在用于的目标中的城市名称开始这个地图活动。我们在第33行获得对intent的引用，调用getStringExtra并检索城市名称，并将其分配给第34行的city。如果city为null（第35行），我们为其分配在Cities类中定义的默认城市36。

```
1   package com.jblearning.showamapv3;
2
3   import android.content.Intent;
4   import android.location.Address;
5   import android.location.Geocoder;
6   import android.os.Bundle;
7   import android.support.v4.app.FragmentActivity;
8
9   import com.google.android.gms.maps.CameraUpdate;
10  import com.google.android.gms.maps.CameraUpdateFactory;
11  import com.google.android.gms.maps.GoogleMap;
12  import com.google.android.gms.maps.OnMapReadyCallback;
13  import com.google.android.gms.maps.SupportMapFragment;
14  import com.google.android.gms.maps.model.CircleOptions;
15  import com.google.android.gms.maps.model.LatLng;
16  import com.google.android.gms.maps.model.MarkerOptions;
17
18  import java.io.IOException;
19  import java.util.List;
```

```java
20
21   public class MapsActivity extends FragmentActivity
22                             implements OnMapReadyCallback {
23
24     private GoogleMap mMap;
25     private String city;
26
27     @Override
28     protected void onCreate( Bundle savedInstanceState ) {
29       super.onCreate( savedInstanceState );
30       setContentView( R.layout.activity_maps );
31
32       // 从原始intent中检索城市名称
33       Intent originalIntent = getIntent( );
34       city = originalIntent.getStringExtra( Cities.CITY_KEY );
35       if( city == null )
36         city = Cities.DEFAULT_CITY;
37
38       // 获取SupportMapFragment并获得通知
39       // 在准备好使用地图时
40       SupportMapFragment mapFragment = ( SupportMapFragment )
41         getSupportFragmentManager( ).findFragmentById( R.id.map );
42       mapFragment.getMapAsync( this );
43     }
44
45     @Override
46     public void onMapReady( GoogleMap googleMap ) {
47       mMap = googleMap;
48
49       // 对城市进行地理编码之前，城市的默认经度和纬度
50       double latitude = Cities.DEFAULT_LATITUDE;
51       double longitude = Cities.DEFAULT_LONGITUDE;
52
53       // 检索城市景点
54       Cities cities = MainActivity.cities;
55       String attraction = cities.getAttraction( city );
56
57       // 检索城市/景点的经度和纬度
58       Geocoder coder = new Geocoder( this );
59       try {
60         // 将城市进行地理编码
61         String address = attraction + ", " + city;
62         List<Address> addresses = coder.getFromLocationName( address, 5 );
63         if( addresses != null ) {
64           latitude = addresses.get( 0 ).getLatitude( );
65           longitude = addresses.get( 0 ).getLongitude( );
66         } else // 地理编码失败；使用默认值
67           city = Cities.DEFAULT_CITY;
68       } catch( IOException ioe ) {
69         // 地理编码失败；使用默认城市、经度和纬度
70         city = Cities.DEFAULT_CITY;
71       }
72
73       // 更新地图
74       LatLng cityLocation = new LatLng( latitude, longitude );
75
76       CameraUpdate update
```

```
77                 = CameraUpdateFactory.newLatLngZoom( cityLocation, 15.5f );
78             mMap.moveCamera( update );
79
80             MarkerOptions options = new MarkerOptions( );
81             options.position( cityLocation );
82             options.title( attraction );
83             options.snippet( Cities.MESSAGE );
84             mMap.addMarker( options );
85
86             CircleOptions circleOptions = new CircleOptions( )
87                 .center( cityLocation ).radius( 500 )
88                 .strokeWidth( 10.0f ).strokeColor( 0xFFFF0000 );
89             mMap.addCircle( circleOptions );
90         }
91     }
```

例10.9 MapsActivity类，显示地图应用程序，版本 3

在onMapReady方法中，我们将用户选择的城市及其景点定义的地址地理编码为其纬度和经度坐标。然后，我们根据这些坐标设置地图，包括版本2中的圆圈和标记。

在第49~51行，我们声明了latitude和longitude两个double变量，用来存储城市的纬度和经度坐标。我们使用存储在Cities类的DEFAULT_LATITUDE和DEFAULT_LONGITUDE常量中的默认值初始化它们。在第53~55行，我们检索城市的景点并将其分配给Stringattraction。

我们在第58行声明并实例化编码器，一个Geocoder对象。例如，如果发生I/O问题，getFromLocationName方法抛出一个IOException，一个已检查的异常，例如与网络相关的问题。因此，我们需要在调用此方法时使用try（第59~67行）和catch（第68~71行）块。我们将地理编码的地址定义为第61行的吸引力和城市的串联。我们在第62行调用getFromLocationName方法，传递address和5以表示我们只需要5个或更少的结果，并将返回值分配给addresses。我们测试addresses在第63行是否为空，然后将第一个元素的纬度和经度数据分配给第64行和65行的latitude和longitude。如果在catch块内部执行，这意味着我们无法得到city的纬度和经度数据，所以我们将city重置为默认值。

之后，我们将地图中心更新为坐标（纬度，经度），并在第73~78行设置缩放级别。我们在第80~84行添加标记，并在第86~89行添加圆圈。

我们需要更新AndroidManifest.xml文件，以便应用程序以语音识别活动开始并包含地图活动。例10.10显示了更新的AndroidManifest.xml文件。在第34行，我们将MainActivity指定为启动器活动。在第43~45行，我们添加了一个MapsActivityactivity元素。

```
 1  <?xml version="1.0" encoding="utf-8"?>
 2  <manifest package="com.jblearning.showamapv3"
 3          xmlns:android="http://schemas.android.com/apk/res/android">
 4    <!--
 5      The ACCESS_COARSE/FINE_LOCATION permissions are not required to use
 6      Google Maps Android API v2, but you must specify either coarse or
 7      fine location permissions for the 'MyLocation' functionality.
 8    -->
 9    <uses-permission
10        android:name="android.permission.ACCESS_FINE_LOCATION" />
```

```
11
12      <application
13          android:allowBackup="true"
14          android:icon="@mipmap/ic_launcher"
15          android:label="@string/app_name"
16          android:supportsRtl="true"
17          android:theme="@style/AppTheme" >
18
19          <!--
20          The API key for Google Maps-based APIs is defined as a string
21          resource (See the file "res/values/google_maps_api.xml").
22          Note that the API key is linked to the encryption key used to
23          sign the APK.
24          You need a different API key for each encryption key, including
25          the release key that is used to sign the APK for publishing.
26          You can define the keys for the debug and release targets in
27          src/debug/ and src/release/.
28          -->
29          <meta-data
30              android:name="com.google.android.geo.API_KEY"
31              android:value="@string/google_maps_key" />
32
33          <activity
34              android:name=".MainActivity"
35              android:label="@string/title_activity_maps">
36              <intent-filter>
37                  <action android:name="android.intent.action.MAIN" />
38
39                  <category android:name="android.intent.category.LAUNCHER" />
40              </intent-filter>
41          </activity>
42
43          <activity
44              android:name=".MapsActivity"  >
45          </activity>
46      </application>
47
48  </manifest>
```

例10.10 AndroidManifest.xml文件，显示地图应用程序，版本 3

最后，**例10.11**显示了activity_main.xml文件，第一个活动的框架RelativeLayout。

```
1   <?xml version="1.0" encoding="utf-8"?>
2   <RelativeLayout xmlns:android="http://schemas.android.com/apk/res/android"
3       xmlns:tools="http://schemas.android.com/tools"
4       android:layout_width="match_parent"
5       android:layout_height="match_parent"
6       tools:context=".MainActivity" >
7
8   </RelativeLayout>
```

例10.11 activity_main.xml文件，显示地图应用程序，版本 3

图10.9显示了在平板电脑内运行的应用版本3的第二个屏幕。在用户说巴黎之后，它显示了法国巴黎的地图。需要注意的是，地图的中心是艾菲尔铁塔，因为我们将景点名称添加到城市名

称，以便地图的中心位于景点位置。

图10.9 在平板电脑内运行的显示地图应用程序版本3

10.7 控制语音输入，应用程序版本 4

需要注意的是，如果我们运行应用程序并且什么也没有说，麦克风就会消失，我们会停留在第一个活动上，现在它是一个空白屏幕。此外，如果我们转到第二个屏幕并返回第一个屏幕，也会有一个空白屏幕。解决此问题的一种方法是无论如何都要启动地图活动。如果用户没有说出单词，则麦克风消失，但onActivityResult仍然执行。我们可以放置代码以在示例10.8的onActivityResult方法的if块之外启动map活动。显示的地图是默认地图。

解决此问题的另一种方法是添加一个按钮，单击该按钮可触发呼叫监听并带回麦克风。这为用户提供了控制的机会，虽然有一个单击按钮的额外步骤。我们在版本4中实现了该功能。我们编辑activity_main.xml以向第一个屏幕添加按钮，并向MainActivity类添加一个方法来处理该单击。

例10.12显示了已编辑的activity_main.xml文件。在第8~14行，我们定义了一个显示在屏幕顶部的按钮。我们在第13行将其id设置为speak，并在第14行指定当用户点击按钮时执行startSpeaking方法。

```
1  <?xml version="1.0" encoding="utf-8"?>
2  <RelativeLayout xmlns:android="http://schemas.android.com/apk/res/android"
3    xmlns:tools="http://schemas.android.com/tools"
4    android:layout_width="match_parent"
5    android:layout_height="match_parent"
```

```
 6      tools:context=".MainActivity">
 7
 8      <Button
 9          android:layout_width="wrap_content"
10          android:layout_height="wrap_content"
11          android:layout_centerHorizontal="true"
12          android:text="@string/click_to_speak"
13          android:id="@+id/speak"
14          android:onClick="startSpeaking" />
15
16  </RelativeLayout>
```

例10.12 activity_main.xml文件，包括一个按钮，显示地图应用程序，版本4

例10.13显示了编辑过的strings.xml文件。click_to_speak字符串在第4行定义。

```
1   <resources>
2     <string name="app_name">ShowAMapV4</string>
3     <string name="title_activity_maps">Map</string>
4     <string name="click_to_speak">Click to start speaking</string>
5   </resources>
```

例10.13 strings.xml文件，显示地图应用程序，版本 4

例10.14显示了编辑过的MainActivity类。它在第20行包含实例变量speak，一个Button。它在第25行分配了activity_main.xml中定义的按钮。如果不支持语音识别，我们在第42行禁用该按钮。startSpeaking方法在第49~51行定义。它在第50行调用listen。注意，如果我们想要设置按钮直接调用listen，就需要为listen添加一个View参数。当listen执行时，我们禁用第54行的按钮，并在onActivityResult完成执行时在第84行重新启用它，这样如果我们停留在这个屏幕上，或者我们在点击后退按钮之后从地图活动回到这个屏幕时，它就被启用。

```
 1  package com.jblearning.showamapv4;
 2
 3  import android.content.Intent;
 4  import android.content.pm.PackageManager;
 5  import android.content.pm.ResolveInfo;
 6  import android.os.Bundle;
 7  import android.speech.RecognizerIntent;
 8  import android.support.v7.app.AppCompatActivity;
 9  import android.view.View;
10  import android.widget.Button;
11  import android.widget.Toast;
12
13  import java.util.ArrayList;
14  import java.util.Hashtable;
15  import java.util.List;
16
17  public class MainActivity extends AppCompatActivity {
18    private static final int CITY_REQUEST = 1;
19    public static Cities cities;
20    private Button speak;
21
22    protected void onCreate( Bundle savedInstanceState ) {
```

```java
23          super.onCreate( savedInstanceState );
24          setContentView( R.layout.activity_main );
25          speak = ( Button ) findViewById( R.id.speak );
26
27          Hashtable<String, String> places = new Hashtable<String, String>( );
28          places.put( "Washington", "White House" );
29          places.put( "New York", "Statue of Liberty" );
30          places.put( "Paris", "Eiffel Tower" );
31          places.put( "London", "Buckingham Palace" );
32          places.put( "Rome",   "Colosseum" );
33          cities = new Cities( places );
34
35          // 测试设备是否支持语音识别
36          PackageManager manager = getPackageManager( );
37          List<ResolveInfo> listOfMatches = manager.queryIntentActivities(
38              new Intent( RecognizerIntent.ACTION_RECOGNIZE_SPEECH ), 0 );
39          if( listOfMatches.size( ) > 0 )
40            listen( );
41          else { // 语音识别不被支持
42            speak.setEnabled( false );
43            Toast.makeText( this,
44                "Sorry - Your device does not support speech recognition",
45                Toast.LENGTH_LONG ).show( );
46          }
47        }
48
49        public void startSpeaking( View v ) {
50          listen( );
51        }
52
53        private void listen( ) {
54          speak.setEnabled( false );
55          Intent listenIntent =
56              new Intent( RecognizerIntent.ACTION_RECOGNIZE_SPEECH );
57          listenIntent.putExtra( RecognizerIntent.EXTRA_PROMPT, "What city?" );
58          listenIntent.putExtra( RecognizerIntent.EXTRA_LANGUAGE_MODEL,
59              RecognizerIntent.LANGUAGE_MODEL_FREE_FORM );
60          listenIntent.putExtra( RecognizerIntent.EXTRA_MAX_RESULTS, 5 );
61          startActivityForResult( listenIntent, CITY_REQUEST );
62        }
63
64        protected void onActivityResult( int requestCode,
65                                         int resultCode, Intent data ) {
66          super.onActivityResult( requestCode, resultCode, data );
67          if( requestCode == CITY_REQUEST && resultCode == RESULT_OK ) {
68            // 检索可能的单词列表
69            ArrayList<String> returnedWords =
70                data.getStringArrayListExtra( RecognizerIntent.EXTRA_RESULTS );
71            // 检索returnedWords的分数数组
72            float [ ] scores = data.getFloatArrayExtra(
73                RecognizerIntent.EXTRA_CONFIDENCE_SCORES );
74            // 检索第一个最佳匹配
75            String firstMatch =
76                cities.firstMatchWithMinConfidence( returnedWords, scores );
77            // 为地图创建Intent
78            Intent mapIntent = new Intent( this, MapsActivity.class );
79            // 将firstMatch置于mapIntent中
```

```
80              mapIntent.putExtra( Cities.CITY_KEY, firstMatch );
81              // 开始地图活动
82              startActivity( mapIntent );
83          }
84          speak.setEnabled( true );
85      }
86  }
```

例10.14 MainActivity类，显示地图应用程序，版本4

如果我们再次运行应用程序，只要第一个屏幕变为空白，我们就可单击按钮并带回麦克风。

10.8 语音识别 B 部分，使用语音移动地图一次，应用程序版本 5

我们已经学会了如何使用语音识别。有些用户可能希望通过语音与应用程序进行交互，但他们可能会发现随之而来的用户界面很烦人。特别是，如果我们允许用户通过语音重复提供输入，则可能希望在不显示麦克风的情况下进行。

SpeechRecognizer类和RecognitionListener接口都是android.speech包的一部分，允许在不使用GUI的情况下收听和处理用户语音。但仍然会发出哔哔声，提醒用户应用程序希望他/她说些什么。在应用程序的版本5中，允许用户根据语音输入移动地图，即用户说出东、南、西或北，则将地图的中心向东、南、西或北移动。MainActivity和activity_main.xml没有变化。

为实现这一点，我们执行以下操作：

▶ 编辑AndroidManifest.xml文件，以便我们请求录制音频的权限。

▶ 添加将单词（由用户说出）与可能方向列表进行比较的功能。

▶ 捕获语音输入并在MapsActivity类中处理它。

为了添加录制音频的权限，我们编辑AndroidManifest.xml文件，如**例10.15**中第12~13行所示。

```
9
10      <uses-permission android:name="android.permission.ACCESS_FINE_LOCATION"/>
11
12      <!-- added  2nd activity, SpeechRecognizer -->
13      <uses-permission android:name="android.permission.RECORD_AUDIO"/>
14
15      <application
```

例10.15 AndroidManifest.xml文件，显示地图应用程序，版本5

为方便起见，我们编写了Directions类，其中包含Directions enum。我们使用它来比较用户输入和Directions中的各种常量。虽然我们可以使用String常量，但使用枚举可以为我们的代码提供更好的自文档。**例10.16**显示了Directions类。

```
1   package com.jblearning.showamapv5;
2
3   public enum Directions { NORTH, SOUTH, WEST, EAST }
```

例10.16 Directions类，显示地图应用程序，版本 5

和以前一样,当捕获语音输入时,我们得到一个可能的匹配单词列表以及一系列置信度分数。在此版本的应用程序中,我们将该列表与enum Directions中的常量进行比较,以评估用户是否说出定义有效方向的单词。为了做到这一点,我们编写了另一个类MatchingUtility,如**例10.17**所示。它包括一个常量MIN_CONFIDENCE,用于定义匹配单词的最小可接受分数,以及一个方法firstMatchWithMinConfidence,用于测试单词列表是否包含与enum Directions中定义的常量之一匹配的String。如果是,则返回String。firstMatchWithMinConfidence方法与前面示例10.7中显示的Cities类的方法非常相似,只是我们将单词列表与枚举列表而不是哈希表中的键列表进行比较。代码的主要区别在于我们如何遍历第18行的enum Directions。通常,要遍历名为EnumName的枚举,我们使用以下for循环标头:

```java
for( EnumName current : EnumName.values( ) ) {
    // 在这里处理 current
}
```

```java
1   package com.jblearning.showamapv5;
2
3   import java.util.ArrayList;
4
5   public class MatchingUtility {
6     public static final float MIN_CONFIDENCE = 0.25f;
7
8     public static String firstMatchWithMinConfidence
9                 ( ArrayList<String> words, float [ ] confidLevels ) {
10      if( words == null || confidLevels == null )
11        return null;
12
13      int numberOfWords = words.size( );
14      for( int i = 0; i < numberOfWords && i < confidLevels.length; i++ ) {
15        if( confidLevels[i] < MIN_CONFIDENCE )
16          break;
17        String word = words.get( i );
18        for( Directions dir : Directions.values( ) ) {
19          if( word.equalsIgnoreCase( dir.toString( ) ) )
20            return word;
21        }
22      }
23      return null;
24    }
25  }
```

例10.17 MatchingUtility类,显示地图应用程序,版本5

为了在没有用户界面的情况下捕获语音输入,我们实现了RecognitionListener接口。它有9个方法都需要被覆盖,如**表10.16**所示。

使用RecognitionListener接口处理语音事件时,我们需要执行以下步骤:

▶ 对实现RecognitionListener接口的语音处理程序类进行编码,并覆盖其所有方法。
▶ 声明并实例化该语音处理程序类的对象。
▶ 声明并实例化SpeechRecognizer对象。
▶ 在SpeechRecognizer对象上注册语音处理程序对象。

▶ 告诉SpeechRecognizer对象开始收听。

表10.16　RecognitionListener接口的方法

方法	调用的时机
void onReadyForSpeech(Bundle bundle)	语音识别器已准备好让用户开始说话
void onBeginningOfSpeech( )	用户开始说话
void onEndOfSpeech( )	用户停止说话
void onPartialResults(Bundle bundle)	部分结果已准备就绪。该方法可以被称为0、1或更多次
void onResults(Bundle bundle)	结果准备就绪
void onBufferReceived(byte [ ] buffer)	刚收到更多声音。可能不会调用此方法
void onEvent(int eventType, Bundle bundle)	目前尚未使用此方法
void onRmsChanged(float rmsdB)	传入声音的声级已经改变。经常调用此方法
void onError(int error)	发生了识别或网络错误

在平板电脑上进行测试时，RecognitionListener接口的各种方法的调用顺序（不包括对onRmsChanged方法的调用）如下：

onReadyForSpeech、onBeginningOfSpeech、onEndOfSpeech、onResults

我们在onResults方法中处理用户输入。它的Bundle参数使我们能够访问可能匹配的单词列表及其相应的置信度分数。表10.17列出了Bundle类的两种方法，我们用它来检索可能匹配的单词列表及其相关的置信度分数。我们使用以下模式：

```
public void onResults( Bundle results ) {
  ArrayList<String> words =
    results.getStringArrayList( SpeechRecognizer.RESULTS_RECOGNITION );
  float [ ] scores =
    results.getFloatArray( SpeechRecognizer.CONFIDENCE_SCORES );
  // 处理单词和分数
```

表10.17　Bundle类的选定方法

方法	说明
ArrayList getStringArrayList(String key)	返回与key关联的字符串的ArrayList，如果没有则返回null
float [] getFloatArray(String key)	返回与key关联的float数组，如果没有则返回null

例10.18显示了MapsActivity类中的编辑。在第27行，我们声明DELTA，这是一个常数，我们用它来根据用户输入改变地图中心的纬度或经度。在第31行，我们声明一个SpeechRecognizer实例变量recognizer。

```
1 package com.jblearning.showamapv5;
2
3 import android.content.Intent;
4 import android.location.Address;
5 import android.location.Geocoder;
```

CHAPTER 10 使用库及其API：语音识别和地图

```
  6  import android.os.Bundle;
  7  import android.speech.RecognitionListener;
  8  import android.speech.RecognizerIntent;
  9  import android.speech.SpeechRecognizer;
 10  import android.support.v4.app.FragmentActivity;
...
 21  import java.io.IOException;
 22  import java.util.ArrayList;
 23  import java.util.List;
 24
 25  public class MapsActivity extends FragmentActivity
 26                           implements OnMapReadyCallback {
 27    public static final double DELTA = 0.01;
 28
 29    private GoogleMap mMap;
 30    private String city;
 31    private SpeechRecognizer recognizer;
...
 51    @Override
 52    public void onReadyForSpeech( Bundle params ){
...
 97      // 开始听语音
 98      listen( );
 99    }
100
101    public void updateMap( LatLng location, float zoomLevel ) {
102      CameraUpdate center = CameraUpdateFactory.newLatLng( location );
103      CameraUpdate zoom = CameraUpdateFactory.zoomTo( zoomLevel );
104      mMap.moveCamera( center );
105      mMap.animateCamera( zoom );
106    }
107
108    public void listen( ) {
109      if( recognizer != null )
110        recognizer.destroy( );
111      recognizer = SpeechRecognizer.createSpeechRecognizer( this );
112      SpeechListener listener = new SpeechListener( );
113      recognizer.setRecognitionListener( listener );
114      recognizer.startListening( new Intent(
115          RecognizerIntent.ACTION_RECOGNIZE_SPEECH ) );
116    }
117
118    private class SpeechListener implements RecognitionListener {
119      public void onBeginningOfSpeech( ){
120      }
121
122      public void onEndOfSpeech( ) {
123      }
124
125      public void onReadyForSpeech( Bundle params ){
126      }
127
128      public void onError( int error ) {
129      }
130
131      public void onResults( Bundle results ) {
132        ArrayList<String> words =
```

```
133          results.getStringArrayList( SpeechRecognizer.RESULTS_RECOGNITION );
134        float [ ] scores =
135          results.getFloatArray( SpeechRecognizer.CONFIDENCE_SCORES );
136
137        String match =
138          MatchingUtility.firstMatchWithMinConfidence( words, scores );
139        LatLng pos = mMap.getCameraPosition( ).target;
140        float zoomLevel = mMap.getCameraPosition( ).zoom;
141
142        if( match != null ) {
143          if( match.equalsIgnoreCase( Directions.NORTH.toString( ) ) )
144            pos = new LatLng( pos.latitude + DELTA, pos.longitude );
145          else if( match.equalsIgnoreCase( Directions.SOUTH.toString( ) ) )
146            pos = new LatLng( pos.latitude - DELTA, pos.longitude );
147          else if( match.equalsIgnoreCase( Directions.WEST.toString( ) ) )
148            pos = new LatLng( pos.latitude, pos.longitude - DELTA );
149          else if( match.equalsIgnoreCase( Directions.EAST.toString( ) ) )
150            pos = new LatLng( pos.latitude , pos.longitude + DELTA );
151
152          updateMap( pos, zoomLevel );
153        }
154        listen( );
155      }
156
157      public void onPartialResults( Bundle partialResults ) {
158      }
159
160      public void onBufferReceived( byte [ ] buffer ) {
161      }
162
163      public void onEvent( int eventType, Bundle params ) {
164      }
165
166      public void onRmsChanged( float rmsdB ) {
167      }
168    }
169  }
```

例10.18 MapsActivity类，显示地图应用程序，版本5

在第118~168行，我们编写私有SpeechListener类，它实现了RecognitionListener。在这个版本的应用程序中，我们只关心处理结果，因此我们将所有方法覆盖为除了onResults之外的do-nothing方法，这是处理语音结果的方法。我们检索可能匹配的单词列表，并将其分配给第132~133行的ArrayList words。我们检索相应置信度分数的数组，并将其分配给第134~135行的数组scores。在第137~138行，我们调用MatchingUtility类的firstMatchWithMinConfidence方法来检索与enum Directions的常量之一的String等效值匹配的words的第一个元素。我们将它分配给String match。需要注意的是，此时match可能为null。

根据match的值，我们更新地图的中心并刷新它。在第139行，我们检索地图的当前中心并将其分配给LatLng变量pos。在第140行，我们检索地图的当前缩放级别并将其分配给浮点变量zoomLevel。我们不打算在此应用程序中通过代码更改缩放级别，但我们的updateMap方法的第二个参数表示缩放级别。如果match不为null（第142行），我们在第143~150行更新pos变量，具体取决于match的值。如果match匹配enum常数NORTH（第143行），我们在第144行增加pos的纬度分量DELTA，依此类推。需要注意的是，为了修改pos引用的对象的纬度或经度，我们每次都重新实例化一个对象。这是因为LatLng类的latitude和longitude实例变量虽然是公开的，但却是最终的。因此，以下代码无法编译：

```
pos.latitude = pos.latitude + DELTA;
```

更新pos后，我们在第152行调用updateMap重绘地图。我们在154行呼叫listen，使用户能够输入更多的语音输入；在显示地图后，最初在第97~98行调用listen。

在第108~116行编码的listen方法设置语音识别。它使用了**表10.18**中列出的SpeechRecognizer类的各种方法。它在第111行初始化recognizer，在第112行实例化SpeechListener对象，并在第113行将其注册在recognizer上。在第114~115行，我们用recognizer调用startListening方法，向其传递语音识别类型的匿名intent。

表10.18　SpeechRecognizer类的选定方法

方法	说明
static SpeechRecognizer createSpeechRecognizer(Context context)	静态方法，用于创建SpeechRecognizer对象并返回对其的引用
void setRecognitionListener(RecognitionListener listener)	将listener设置为将接收所有回调方法调用的侦听器
void startListening(Intent intent)	开始听讲话
void stopListening( )	停止听讲话
void destroy( )	销毁此SpeechRecognizer对象

图10.10显示了在用户说"巴黎"然后说"北"之后平板电脑中运行的应用程序。需要注意的是，如果我们在几秒钟内没有说话，则会使用语音超时错误调用onError方法，并且不再处理语音。如果我们想要防止这种情况发生，可以添加一些逻辑检测来检测这种情况，并重新启动一个新的语音识别器。我们在版本6中这样做。

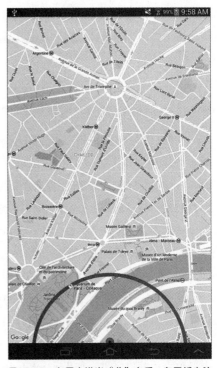

图10.10　在用户说出"北"之后，在平板电脑内运行的显示地图应用程序，版本5

10.9 语音识别 C 部分，连续使用语音移动地图，应用程序版本 6

在应用程序的版本6中，我们希望继续倾听用户说话，并根据用户诉说的内容不断更新地图，即使用户在一段时间内没有通话。如果发生这种情况，则调用onError方法并且语音识别器停止侦听，此时我们需要重新启动它。因此，我们在onError方法中调用listen方法（**例10.19**的第129行）来执行此操作。通过这种方式，我们可以在继续讲话的同时更新地图。

```
...
127
128      public void onError( int error ) {
129        listen( );
130      }
131
```

例10.19　MapsActivity类的onError方法，显示地图应用程序，版本 6

本章小结

- RecognizerIntent类包括支持可用于创建intent的语音识别的常量。
- 要创建语音识别intent，我们使用ACTION_RECOGNIZE_SPEECH常量作为Intent构造函数的参数。
- 我们可以使用android.content.pm包中的PackageManager类来检索与设备上安装的应用程序包相关的信息。
- Context类中的getPackageManager方法返回PackageManager实例。
- 我们可以使用Intent类中的getStringArrayListExtra方法来检索语音识别器可能理解的可能单词列表。
- 我们可以使用Intent类中的getFloatArrayExtra方法来检索语音识别器可能理解的可能单词列表的置信度分数数组。
- 地图类不是标准Android开发工具包的一部分。如果Android Studio不是最新版本，则可能需要下载和导入它们。此外，我们需要Google提供的密钥才能使用地图。
- 由于地图图块由地图图块组成，因此我们需要在AndroidManifest.xml文件中指定位置访问权限。
- 地图通常显示在片段内。
- com.google.android.gms.maps包中包含许多有用的与地图相关的类，例如GoogleMap、CameraUpdate、CameraUpdateFactory、LatLng、CircleOptions、MarkerOptions等。
- LatLng类封装地球上的一个点，由其纬度和经度定义。
- SpeechRecognizer类和RecognitionListener接口都是android.speech包的一部分，允许我们在不使用GUI的情况下收听和处理用户语音。

练习、问题和项目

多项选择练习

1. 使用什么常量来创建语音识别intent?
   - ACTION_SPEECH
   - RECOGNIZE_SPEECH
   - ACTION_RECOGNIZE_SPEECH
   - ACTION_RECOGNITION_SPEECH

2. 什么类包括语音识别常数?
   - Activity
   - RecognizerIntent
   - Intent
   - Recognizer

3. 将问题2中的类的哪个常量传递给Intent类的getStringArrayListExtra方法,以便从识别出的语音中检索可能的单词?
   - RESULTS
   - EXTRA_RESULTS
   - RECOGNIZED_WORDS
   - WORDS

4. 将问题2中的类的哪个常量传递给Intent类的getFloatArrayExtra方法,以便检索问题3中单词的置信度分数?
   - SCORES
   - EXTRA_CONFIDENCE_SCORES
   - CONFIDENCE_SCORES
   - CONFIDENCE_WORDS

5. 可以使用什么类来确定当前设备是否支持语音识别?
   - Manager
   - PackageManager
   - SpeechRecognition
   - Intent

6. 在AndroidManifest.xml文件中,用什么元素来表示这个应用程序需要一些权限,例如上网?
   - need-permission
   - uses-permission
   - has-permission

- permission-needed

7. 可以使用什么类来根据该点的地址检索对应的纬度和经度？
   - Geocoder
   - Address
   - GetLatitudeLongitude
   - LatitudeLongitude

8. moveCamera和animateCamera方法在以下哪个类中？
   - Camera
   - CameraFactory
   - CameraUpdate
   - GoogleMap

9. 什么类封装了由纬度和经度定义的地球上的一个点？
   - Point
   - EarthPoint
   - LatitudeLongitude
   - LatLng

10. 可以使用哪些工具在没有任何用户界面的情况下收听语音？
    - SpeechRecognizer类和RecognitionListener接口
    - SpeechRecognizer接口和RecognitionListener类
    - SpeechRecognizer类和RecognitionListener类
    - SpeechRecognizer接口和RecognitionListener接口

填写代码

11. 写一条声明以创建识别语音的intent。
12. 假设您已创建名为myIntent的Intent引用来识别语音，请编写一个语句来为其启动活动。
13. 您正在onActivityResult方法内执行，编写代码以检索捕获的语音有多少可能匹配的单词。

    ```
    protected void onActivityResult( int requestCode, int resultCode,
                                     Intent data ) {
        // 代码从这里开始


    }
    ```

14. 您正在onActivityResult方法内执行，编写代码以计算有多少可能匹配的单词具有至少25%的置信度。

    ```
    protected void onActivityResult( int requestCode, int resultCode,
                                     Intent data )
        // 代码从这里开始
    ```

}

15. 在AndroidManifest.xml文件中写一行语句，以实现此应用程序请求访问位置的权限。
16. 地图显示在屏幕上，我们有一个名为myMap的GoogleMap参考。编写代码将其缩放级别设置为7。
17. 地图显示在屏幕上，我们有一个名为myMap的GoogleMap参考。编写代码以移动地图，使其以纬度75.6和经度-34.9的点为中心。
18. 地图显示在屏幕上，我们有一个名为myMap的GoogleMap参考。编写代码以移动地图，使其位于1600 Amphitheatre Parkway, Mountain View, CA 94043的点上。
19. 地图显示在屏幕上，我们有一个名为myMap的GoogleMap参考。编写代码以显示半径为100米的蓝色圆圈，并以地图中心为中心。
20. 地图显示在屏幕上，我们有一个名为myMap的GoogleMap参考。编写代码以显示位于地图中心的注释。如果用户点击它，则显示"欢迎"字样。
21. 地图显示在屏幕上，我们有一个名为myMap的GoogleMap参考。使地图移动，使其中心的纬度增加0.2，其中心的经度增加0.3。
22. 您将覆盖RecognitionListener接口的onResults方法。如果其中一个匹配的单词是NEW YORK，则将USA输出到Logcat。

```
public void onResults( Bundle results ) {
    // 代码从这里开始




}
```

23. 您将覆盖RecognitionListener接口的onResults方法。如果至少有一个匹配单词的置信度至少为25%，则将YES输出到Logcat。

```
public void onResults( Bundle results ) {
    // 代码从这里开始




}
```

编写一款应用程序

24. 编写一个应用程序，以缩放级别14显示您居住的城市，并添加两个圆圈和注释以突出显示感兴趣的内容。
25. 编写一个应用程序，显示您居住的城市并突出显示一些有吸引力的地方（纪念碑、体育场等），使用不同于圆形或别针的东西（例如，使用多边形）。
26. 编写一个应用程序，要求用户在多个TextView中输入地址。当用户点击按钮时，应用会显示以该地址为中心的地图。
27. 编写一个应用程序，要求用户在多个TextView中输入地址。当用户点击按钮时，应用会显示以该地址为中心的地图。当用户说出一个数字时,地图会在该级别放大或缩小。如果该数字不是有效级别,则地图不会更改。

28. 编写一个应用程序,该游戏的工作方式如下:应用程序生成1~10之间的随机数,用户尝试使用语音输入进行猜测。用户有三次尝试猜测它,应用程序为每个猜测提供一些反馈。如果用户赢或输(三次尝试后),请不要让用户再次说话。

29. 编写一个应用程序,以您选择的颜色在屏幕上的某个随机位置绘制圆圈。应从语音输入中捕获圆的半径。

30. 编写一个显示3×3 tic-tac-toe网格的应用程序。如果用户说X,则将X放在网格上的随机位置。如果用户说O,则在网格上的随机位置放置一个O。

31. 编写一个基于语音输入动画内容(形状或图像)的应用程序。如果用户说左、右、上或下,则将该对象向左、向右、向上或向下移动10个像素。

32. 编写一个从英语翻译成另一种语言的小型翻译应用程序。包含至少10个由翻译人员识别的单词。当用户用英语说出单词时,应用程序会显示翻译后的单词。

33. 编写一个模拟猜字游戏的应用程序。用户试图通过说出该字母一次猜一个字。使用七个不正确的字母后(用于头部、身体、两条臂、两条腿和一只脚),用户将会失败。

34. 编写一个数学游戏的应用程序。该应用程序使用1~9之间的两位数生成一个简单的加法公式。用户必须通过语音提交答案,并且应用程序会检查答案是否正确。

35. 编写一个数学游戏的应用程序。首先,我们要求用户(通过语音)设置游戏使用什么类型的操作:加法或乘法。然后,应用程序使用1~9之间的两个数字生成一个简单的等式。用户必须通过语音提交答案,并且应用程序检查答案是否正确。

36. 编写一个显示棋盘的应用程序。当应用程序启动时,所有方块都是黑色和白色,颜色交替。当用户说出C8(或另一个方块)时,该方块用红色显示。

37. 编写一个应用程序,使用户能够通过语音玩井字游戏。包括模型。

CHAPTER 11

使用GPS和定位服务

本章目录

内容简介

- 11.1 访问Google Play服务，GPS应用程序，版本0
- 11.2 使用GPS检索我们的位置，GPS应用程序，版本1
- 11.3 到达目的地的距离和时间的模型
- 11.4 到达目的地的距离和时间，GPS应用程序，版本2
- 11.5 更新到达目的地的距离和时间，GPS应用程序，版本3

本章小结

练习、问题和项目

内容简介

如今，许多应用都使用Android设备的位置服务。例如Uber，人们用来找车去某个地方并付费的应用程序。该应用程序使用该设备的**全球定位系统（GPS）**来定位我们的位置，并找到附近的注册汽车司机。它使用卫星提供位置和时间信息。

11.1 访问 Google Play 服务，GPS 应用程序，版本 0

在这个应用程序中，我们打算检索设备的位置，询问用户目的地，并计算目的地的距离和时间。为了让应用程序使用其GPS检索设备的位置，它需要访问Google Play服务。我们为此应用使用Empty Activity模板。在此应用的版本0中，我们会展示如何检查设备是否可以访问Google Play服务。我们需要做以下事情：

- 编辑build.gradle文件，以便在编译过程中包含Google Play服务。
- 编辑MainActivity类以访问Google Play服务。

例11.1显示了build.gradle（Module:app）文件。我们对其进行编辑，以便为应用提供Google Play服务库（请注意，有两个build.gradle文件）。唯一的补充是在第26行：我们包含适当版本的Google Play服务库。在撰写本书时，它是9.4.0。

```
21
22   dependencies {
23       compile fileTree( dir: 'libs', include: ['*.jar'])
24       testCompile 'junit:junit:4.12'
25       compile 'com.android.support:appcompat-v7:23.4.0'
26       compile 'com.google.android.gms:play-services:9.4.0'
27   }
```

例11.1 build.gradle（Module:app）文件

编辑build.gradle文件后，我们应该单击工具栏上的"使用Gradle文件同步项目"图标，如图11.1所示。

在MainActivity类中，我们执行以下操作：

- 尝试从设备访问Google Play服务。
- 如果不能并且问题可以解决，我们会尝试解决它。否则，退出应用程序。
- 检索当前位置并显示它。

图11.1 带有Gradle文件的同步项目图标

来自com.google.android.gms.common.api包的GoogleApiClientabstract类是Google Play服务的主要入口点。它包括与Google Play服务建立连接并对其进行管理的功能。由于它是abstract，我们不能使用new运算符实例化该类的对象。它包括一个静态内部类Builder，其中包括指定GoogleApiClient属性的方法和创建一个属性的build方法。表11.1列出了其中一些方法。除了build方法之外，这些方法返回调用它们的GoogleApiClient.Builder引用，以便可以链接方法调用。build方法返回GoogleApiClient引用。

表11.1 GoogleApiClient.Builder类的选定方法

方法	说明
GoogleApiClient.Builder(Context context)	构造一个GoogleApiClient对象
GoogleApiClient.Builder addConnectionCallbacks(GoogleApiClient.ConnectionCallbacks listener)	注册侦听器listener以接收连接事件。返回此GoogleApiClient.Builder引用，以便可以链接方法调用
GoogleApiClient.Builder addOnConnectionFailedListener(GoogleApiClient.ConnectionFailedListener listener)	注册侦听器listener以接收失败的连接事件。返回此GoogleApiClient.Builder引用，以便可以链接方法调用
GoogleApiClient.Builder addApi(API<? extends Api.ApiOptions.NotRequiredOptions> api)	将api指定为此应用程序请求的API。我们应该使用LocationServices的API常量。返回此GoogleApiClient.Builder引用，以便可以链接方法调用
GoogleApiClient build( )	构建并返回GoogleApiClient对象，以便与Google API进行通信

GoogleApiClient类包括ConnectionCallbacks和OnConnectionFailedListener静态内部接口。ConnectionCallbacks提供了在我们连接或断开与Google服务的连接时自动调用的回调方法。OnConnectionFailedListener提供了一种回调方法，如果连接尝试失败，会自动调用该方法。**表11.2**列出了它们。可以针对ConnectionCallbacks接口的CAUSE_SERVICE_DISCONNECTED和CAUSE_NETWORK_LOST常量测试onConnectionSuspended方法的int参数，以确定断开的原因。

表11.2 ConnectionCallbacks和OnConnectionFailedListener接口及其方法

接口	方法	说明
ConnectionCallbacks	void onConnected(Bundle connectionHint)	通过使用GoogleApiClient引用调用connect方法成功完成连接请求后自动调用
ConnectionCallbacks	void onConnectionSuspended(int cause)	连接丢失时自动调用。GoogleApiClient对象将自动尝试恢复连接
OnConnectionFailedListener	void onConnectionFailed(ConnectionResult result)	连接到服务器出错时自动调用

因此，假设我们在实现ConnectionCallbacks和OnConnectionFailedListener接口的Activity类中，我们可以使用以下序列实例化GoogleApiClient对象：

```
// 假设我们在 Activity 类中
// 并且它实现 ConnectionCallbacks 和 OnConnectionFailedListener
GoogleApiClient.Builder builder = new GoogleApiClient.Builder( this );
builder.addConnectionCallbacks( this );
builder.addOnConnectionFailedListener( this );
builder.addApi( LocationServices.API );
GoogleApiClient gac = builder.build( );
```

因为我们在Activity类中，所以我们可以将this用作GoogleApiClient.Builder构造函数的参数。由于Activity类实现了两个接口，我们也可以将this作为addConnectionCallbacks和addOnConnectionFailedListener的参数。我们使用LocationServices类的API常量（如**表11.3**所示）作为addApi方法的参数。或者，由于这三个方法返回调用它们的GoogleApiClient.Builder引用，我们可以按如下链接方法调用：

```
GoogleApiClient gac = new GoogleApiClient.Builder( this )
                 .addConnectionCallbacks( this )
                 .addOnConnectionFailedListener( this )
                 .addApi( LocationServices.API ).build( );
```

表11.3 LocationServices类的选定字段

常量	说明
API	在构建GoogleApiClient的过程中，应该使用常量传递给GoogleApi.Builder类的addApi方法
FusedLocationAPI	FusedLocationProviderAPI类型的静态常量，该接口包含检索设备位置和管理位置更新的方法

一旦我们有了一个GoogleApiClient引用，并假设其名称是gac，我们可以尝试通过调用GoogleApiClient的connect方法来建立连接，如**表11.4**所示，如下面的代码所示：

```
// 假设 gac 是 GoogleApiClient 引用
gac.connect( );
```

表11.4 GoogleApiClient类的选定方法

方法	说明
void connect( )	建立与Google Play服务的连接。如果成功，则调用ConnectionCallbacks的onConnected方法。如果不成功，则调用onConnectionFailed
void disconnect( )	关闭与Google Play服务的连接

如果连接成功，将自动调用ConnectionCallbacks接口的onConnected方法。在该方法中，我们可以检索设备的位置。

如果设备无法连接到Google Play服务，则会调用onConnectionFailed回调方法。我们想检查是否可以解决该问题（例如，可能需要在设备上更新Google Play服务），则可以通过使用onConnectionFailed的ConnectionResult参数调用hasResolution方法来实现。如果该方法返回false，则无法解决问题，我们可以退出应用程序。如果该方法返回true，则可以解决该问题，并且我们希望尝试解决该问题。我们可以通过调用ConnectionResult的startResolutionForResult方法来实现。**表11.5**显示了这两种方法，这需要用户交互。结束后，将调用Activity类的onActivityResult方法。在该方法中，我们可以检查问题是否已解决。如果是，我们可以尝试再次连接到Google Play服务。

表11.5 ConnectionResult类的选定方法

方法	说明
boolean hasResolution( )	如果存在可以启动以尝试解决连接问题的解决方案，则返回true
void startResolutionForResult(Activity activity, int requestCode)	启动尝试解决连接问题的intent。这需要用户交互

我们可以使用以下伪代码实现：

```
// 在 onConnectionFailed 方法中
if( there is a possible resolution to the issue )
  call startResolutionForResult to try to resolve it
```

```
else
  exit the app
// 在 onActivityResult 中
if( the problem was resolved )
  try to connect again
```

例11.2显示了MainActivity类。它实现了ConnectionCallbacks和OnConnectionFailedListener接口(第14~15行)。我们在第18行声明了一个GoogleApiClient实例变量,在第25~28行实例化它。onStart方法在onCreate执行后自动调用。如果gac不为null(第66行),我们尝试在第67行建立连接。如果成功,则触发对onConnected方法的调用(第31~34行)。在这个版本中,我们只是向Logcat输出一些反馈。如果连接尝试失败,我们在onConnectionFailed内部执行(第41~54行)。在第44行,我们测试是否可能解决该问题。如果可以,我们尝试在第46行开始一个活动来解决它。如果不能,我们在显示Toast后退出应用程序(第48~51行)。如果我们成功启动活动以尝试解决连接问题,并且在与用户交互后,应用程序将在onActivityResult方法内继续执行(第56~62行)。如果解决方案成功(第58行),我们会尝试在第60行再次连接到Google Play服务。

运行GPS应用程序版本0时,Logcat内部的输出显示我们已连接。

```
1   package com.jblearning.gpsv0;
2
3   import android.content.Intent;
4   import android.content.IntentSender;
5   import android.os.Bundle;
6   import android.support.v7.app.AppCompatActivity;
7   import android.util.Log;
8   import android.widget.Toast;
9   import com.google.android.gms.common.ConnectionResult;
10  import com.google.android.gms.common.api.GoogleApiClient;
11  import com.google.android.gms.location.LocationServices;
12
13  public class MainActivity extends AppCompatActivity
14         implements GoogleApiClient.ConnectionCallbacks,
15                    GoogleApiClient.OnConnectionFailedListener {
16    public static final String MA = "MainActivity";
17    private final static int REQUEST_CODE = 100;
18    private GoogleApiClient gac;
19
20    @Override
21    protected void onCreate( Bundle savedInstanceState ) {
22      super.onCreate( savedInstanceState );
23      setContentView( R.layout.activity_main );
24
25      gac = new GoogleApiClient.Builder( this )
26              .addConnectionCallbacks( this )
27              .addOnConnectionFailedListener( this )
28              .addApi( LocationServices.API ).build( );
29    }
30
31    public void onConnected( Bundle hint ) {
32      Log.w( MA, "connected" );
33      // 在这里提出请求
34    }
35
```

```
36    public void onConnectionSuspended( int cause ) {
37      Log.w( MA, "connection suspended" );
38      // 我们的GoogleApiClient会自动尝试恢复连接
39    }
40
41    public void onConnectionFailed( ConnectionResult result ) {
42      // 在这里测试结果
43      Log.w( MA, "connection failed" );
44      if( result.hasResolution( ) ) { // 可以开始解决问题
45        try {
46          result.startResolutionForResult( this, REQUEST_CODE );
47        } catch( IntentSender.SendIntentException sie ) {
48          // Intent已被取消或无法执行,退出应用程序
49          Toast.makeText( this, "Google Play services problem, exiting",
50              Toast.LENGTH_LONG ).show( );
51          finish( );
52        }
53      }
54    }
55
56    public void onActivityResult( int requestCode,
57                                  int resultCode, Intent data ) {
58      if( requestCode == REQUEST_CODE && resultCode == RESULT_OK ) {
59        // 问题解决了,再次尝试连接
60        gac.connect( );
61      }
62    }
63
64    protected void onStart( ) {
65      super.onStart( );
66      if( gac != null )
67        gac.connect( );
68    }
69  }
```

例11.2 MainActivity类,GPS应用程序,版本0

11.2 使用 GPS 检索我们的位置,GPS 应用程序,版本 1

在版本1中,我们检索设备的位置并将其显示在TextView中。由于应用程序访问GPS,它将无法在模拟器中工作,尽管我们可以使用模拟器对纬度和经度数据进行硬编码。要使用我们当前的位置,我们需要在设备上运行它。由于该应用使用了Google提供的位置服务,因此我们需要在AndroidManifest.xml文件中指定该服务。因此,我们需要做以下事情:

▶ 在AndroidManifest.xml文件中,指定我们使用位置服务并添加有关此应用使用的Google Play服务版本的元数据。

▶ 在MainActivity类中,捕获当前位置并显示它。

例11.3显示了AndroidManifest.xml文件。在第5~6行,我们指定此应用程序访问设备的大致位置。Manchanst.permission类的ACCESS_COARSE_LOCATION和ACCESS_FINE_LOCATION字符串常量可分别用于指定近似或精确位置。在第15~17行,我们指定了此应用使用的Google

Play服务版本。为简单起见，我们只允许应用程序以垂直方向工作（第20行）。

```xml
1   <?xml version="1.0" encoding="utf-8"?>
2   <manifest xmlns:android="http://schemas.android.com/apk/res/android"
3     package="com.jblearning.gpsv1">
4
5    <uses-permission android:name
6      ="android.permission.ACCESS_COARSE_LOCATION" />
7
8    <application
9      android:allowBackup="true"
10     android:icon="@mipmap/ic_launcher"
11     android:label="@string/app_name"
12     android:supportsRtl="true"
13     android:theme="@style/AppTheme" >
14
15     <meta-data
16       android:name="com.google.android.gms.version"
17       android:value="@integer/google_play_services_version" />
18
19     <activity android:name=".MainActivity"
20       android:screenOrientation="portrait">
21       <intent-filter>
22         <action android:name="android.intent.action.MAIN" />
23
24         <category android:name="android.intent.category.LAUNCHER" />
25       </intent-filter>
26     </activity>
27   </application>
28
29 </manifest>
```

例11.3 AndroidManifest.xml文件

在MainActivity类中，我们执行以下操作：

▶ 与Google Play服务建立关联。

▶ 检索位置。

▶ 显示位置。

Location类是android.location包的一部分，它封装了地球上的地理位置。位置通常由其纬度和经度来标识。**表11.6**列出了Location类的一些方法。请注意，Location类使用公制系统，并且当按方法计算时，距离以米为单位返回。

表11.6 Location类的选定方法

方法	说明
double getLatitude()	返回此位置的纬度
double getLongitude()	返回此位置的经度
float getAccuracy()	返回此位置的精度，以米为单位
float distanceTo(Location destination)	返回此位置和目标之间的距离（以米为单位）

FusedLocationProviderApi接口的lastLocation方法将设备的当前位置作为Location引用返回。

11.2 使用GPS检索我们的位置，GPS应用程序，版本1

它接受GoogleApiClient参数，如**表11.7**所示。我们使用此方法来检索设备的位置。因此，为了调用该方法，我们需要一个FusedLocationProviderApi引用来调用它，并且一个GoogleApiClient引用作为唯一参数传递。如表11.3所示，LocationServices类（com.google.android.gms.location包的一部分）包含名为FusedLocationApi的FusedLocationProviderApi常量。因此，假设我们有一个名为gac的GoogleApiClient引用，我们可以使用以下序列检索当前位置：

```
// 假设 gac 是 GoogleApiClient 引用
FusedLocationProviderApi flpa = LocationServices.FusedLocationApi;
Location location = flpa.getLastLocation( gac );
```

表11.7 FusedLocationProviderApi接口的getLastLocation方法

方法	说明
Location getLastLocation(GoogleApiClient gac)	返回最近的位置，如果没有可用的位置，则返回null

获得当前位置的Location参考后，我们可以通过调用getLatitude和getLongitude方法检索该位置的纬度和经度，如下所示：

```
double latitude = location.getLatitude( );
double longitude = location.getLongitude( );
```

例11.4显示了MainActivity类。我们在第23~24行声明了两个额外的实例变量：location，一个存储当前位置的Location；locationTV，一个显示位置的TextView。在onCreate中，我们在第30行实例化TextView。这假设在activity_main.xml中有一个id为location_tv的TextView。在onConnected方法中，我们在第52行调用displayLocation方法。displayLocation方法（第38~48行）在第39~40行检索当前设备位置。如果位置不为空（第41行），我们检索其纬度和经度，在TextView（第44行）中显示它们，并将它们输出到Logcat（第45行）。

```
1   package com.jblearning.gpsv1;
2
3   import android.content.Intent;
4   import android.content.IntentSender;
5   import android.location.Location;
6   import android.os.Bundle;
7   import android.support.v7.app.AppCompatActivity;
8   import android.util.Log;
9   import android.widget.TextView;
10  import android.widget.Toast;
11  import com.google.android.gms.common.ConnectionResult;
12  import com.google.android.gms.common.api.GoogleApiClient;
13  import com.google.android.gms.location.FusedLocationProviderApi;
14  import com.google.android.gms.location.LocationServices;
15
16  public class MainActivity extends AppCompatActivity
17          implements GoogleApiClient.ConnectionCallbacks,
18                  GoogleApiClient.OnConnectionFailedListener {
19    public static final String MA = "MainActivity";
20    private final static int REQUEST_CODE = 100;
21
22    private GoogleApiClient gac;
```

```java
23      private Location location;
24      private TextView locationTV;
25
26      @Override
27      protected void onCreate( Bundle savedInstanceState ) {
28        super.onCreate( savedInstanceState );
29        setContentView( R.layout.activity_main );
30        locationTV = ( TextView ) findViewById( R.id.location_tv );
31
32        gac = new GoogleApiClient.Builder( this )
33                .addConnectionCallbacks( this )
34                .addOnConnectionFailedListener( this )
35                .addApi( LocationServices.API ).build( );
36      }
37
38      public void displayLocation( ) {
39        FusedLocationProviderApi flpa = LocationServices.FusedLocationApi;
40        location = flpa.getLastLocation( gac );
41        if( location != null ) {
42          double latitude = location.getLatitude( );
43          double longitude = location.getLongitude( );
44          locationTV.setText( latitude + ", " + longitude );
45          Log.w( MA, "latitude = " + latitude + "; longitude = " + longitude );
46        } else
47          locationTV.setText( "Error locating the device" );
48      }
49
50      public void onConnected( Bundle hint ) {
51        Log.w( MA, "connected" );
52        displayLocation( );
53      }
54
55      public void onConnectionSuspended( int cause ) {
56        Log.w( MA, "connection suspended" );
57        // 我们的GoogleApiClient会自动尝试恢复连接
58      }
59
60      public void onConnectionFailed( ConnectionResult result ) {
61        // 在这里测试结果
62        Log.w( MA, "connection failed" );
63        if( result.hasResolution( ) ) { // 可以开始解决问题
64          try {
65            result.startResolutionForResult( this, REQUEST_CODE );
66          } catch( IntentSender.SendIntentException sie ) {
67            // Intent已被取消或无法执行，退出应用程序
68            Toast.makeText( this, "Google Play services problem, exiting",
69                  Toast.LENGTH_LONG ).show( );
70            finish( );
71          }
72        }
73      }
74
75      public void onActivityResult( int requestCode,
76                                    int resultCode, Intent data ) {
77        if( requestCode == REQUEST_CODE && resultCode == RESULT_OK ) {
78          // 问题解决了，再次尝试连接
79          gac.connect( );
```

11.2 使用GPS检索我们的位置，GPS应用程序，版本1

```
80         }
81     }
82
83     protected void onStart( ) {
84       super.onStart( );
85       if( gac != null )
86         gac.connect( );
87     }
88   }
```

例11.4 MainActivity类，GPS应用程序，版本1

例11.5显示了activity_main.xml文件。TextView的id在第13行分配。例11.6显示了styles.xml文件，它在第5行指定字体大小为22。

```
 1   <?xml version="1.0" encoding="utf-8"?>
 2   <RelativeLayout xmlns:android="http://schemas.android.com/apk/res/android"
 3       xmlns:tools="http://schemas.android.com/tools"
 4       android:layout_width="match_parent"
 5       android:layout_height="match_parent"
 6       android:paddingBottom="@dimen/activity_vertical_margin"
 7       android:paddingLeft="@dimen/activity_horizontal_margin"
 8       android:paddingRight="@dimen/activity_horizontal_margin"
 9       android:paddingTop="@dimen/activity_vertical_margin"
10       tools:context="com.jblearning.gpsv1.MainActivity" >
11
12       <TextView
13           android:id="@+id/location_tv"
14           android:layout_width="wrap_content"
15           android:layout_height="wrap_content" />
16   </RelativeLayout>
```

例11.5 activity_main.xml文件，GPS应用程序，版本1

```
 1   <resources>
 2
 3       <!-- Base application theme. -->
 4       <style name="AppTheme" parent="Theme.AppCompat.Light.DarkActionBar">
 5           <item name="android:textSize">22sp</item>
 6           <item name="colorPrimary">@color/colorPrimary</item>
 7           <item name="colorPrimaryDark">@color/colorPrimaryDark</item>
 8           <item name="colorAccent">@color/colorAccent</item>
 9       </style>
10
11   </resources>
```

例11.6 styles.xml文件，GPS应用程序，版本1

图11.2显示了Logcat内部应用程序的输出，显示了纬度和经度数据。请注意，我们必须在连接的设备（具有GPS）上运行此应用程序，而不是模拟器。

```
connected
latitude = 39.567567567567565; longitude = -76.71181039801893
```

图11.2 GPS应用程序版本1的Logcat输出

11.3 到达目的地的距离和时间的模型

在版本2中,我们要求用户输入他或她的目的地的地址,并且我们提供一个按钮来显示到达目的地的距离和时间。在为它构建GUI和控制器之前,我们添加了TravelManager类,即应用程序的Model,如例11.7所示。它包括用于存储目标的Location实例变量(第9行)以及计算从当前位置到目标位置的距离和时间的方法。为了简化这个应用程序,我们假设用户以每小时55英里的速度行驶(第6行)。

```
1   package com.jblearning.gpsv2;
2
3   import android.location.Location;
4
5   public class TravelManager {
6     public static float DEFAULT_SPEED = 55.0f; // 英里每小时
7     public static int METERS_PER_MILE = 1600;
8
9     private Location destination;
10
11    public void setDestination( Location newDestination ) {
12      destination = newDestination;
13    }
14
15    // 以米为单位返回从当前位置到目的地的距离
16    public float distanceToDestination( Location current ) {
17      if( current!= null && destination != null )
18        return current.distanceTo( destination );
19      else
20        return -1.0f;
21    }
22
23    // 以英里为单位返回从当前位置到目的地的距离
24    public String milesToDestination( Location current ) {
25      int distance =
26        ( int ) ( distanceToDestination( current ) / METERS_PER_MILE );
27      if( distance > 1 )
28        return distance + " miles";
29      else
30        return "0 mile";
31    }
32
33    // 以小时和分钟为单位返回从当前位置到目的地的时间
34    public String timeToDestination( Location current ) {
35      // 从当前位置到目的地的米数
36      float metersToGo = distanceToDestination( current );
37      // 以默认速度从当前位置到目的地的小时数
38      float timeToGo = metersToGo / ( DEFAULT_SPEED * METERS_PER_MILE );
39
40      String result = "";
41      int hours = ( int ) timeToGo;
42      if( hours == 1 )
43        result += "1 hour ";
44      else if( hours > 1 )
45        result += hours + " hours ";
46      int minutes = ( int ) ( ( timeToGo - hours ) * 60 );
```

```
47       if( minutes == 1 )
48         result += "1 minute ";
49       else if( minutes > 1 )
50         result += minutes + " minutes";
51       if( hours <= 0 && minutes <= 0 )
52         result = "less than a minute left";
53       return result;
54     }
55   }
```

例11.7　TravelManager类，GPS应用程序，版本2

在distanceToDestination方法（第15~21行）中，我们调用表11.6中所示的Location类的distanceTo方法，以计算其Location参数和destination之间的距离。如果其中一个为null，则返回-1。否则，我们返回它们之间的距离。milesToDestination方法（第23~31行）将该距离转换并返回表示英里数的字符串。

timeToDestination方法（第33~54行）计算并返回从其Location参数和目的地开始所需的时间，假设速度为每小时55英里。在第35~36行，我们以米的Location参数计算到目的地的距离。在37~38行，我们计算以小时为单位的时间（浮点数），以每小时55英里的速度驶完该距离。然后，我们将该值转换为Stringresult，该结果表示第40~52行的小时数和分钟数。请注意，如果时间为0或负数（第51行），我们在第52行分配不到一分钟的结果。

11.4　到达目的地的距离和时间，GPS 应用程序，版本 2

我们在GUI中包含以下元素，所有元素都居中并垂直排列：

▶ 一个EditText，供用户输入目标地址。

▶ 两个TextView显示到目的地的距离和时间。

▶ 一个按钮：当用户点击它时，我们会更新两个TextView中的目标距离和时间。

例11.8显示了更新的activity_main.xml文件。我们给所有元素一个id（第13行、18行、23行、28行），这样就可以根据需要在MainActivity类中定位并检索它们。我们想为所有元素的宽度和高度指定WRAP_CONTENT值，还希望它们之间有20个像素并水平居中。因此，我们在styles.xml中定义WrappedAndCentered样式（例11.9的第11~16行），并将它用于所有四个元素（第15行、20行、25行、32行）。在第14行，我们为EditText添加了一个Enter destination的提示，该提示是在strings.xml文件中定义的（例11.10的第3行）。在第30行，我们将按钮内的文本定义为String Update，还有例11.10的第4行。在第31行，我们指定在用户单击Button时调用updateTrip方法。

```
1   <?xml version="1.0" encoding="utf-8"?>
2   <RelativeLayout xmlns:android="http://schemas.android.com/apk/res/android"
3       xmlns:tools="http://schemas.android.com/tools"
4       android:layout_width="match_parent"
5       android:layout_height="match_parent"
6       android:paddingBottom="@dimen/activity_vertical_margin"
7       android:paddingLeft="@dimen/activity_horizontal_margin"
```

```xml
        android:paddingRight="@dimen/activity_horizontal_margin"
        android:paddingTop="@dimen/activity_vertical_margin"
        tools:context="com.jblearning.gpsv2.MainActivity" >

        <EditText
            android:id="@+id/destination_et"
            android:hint="@string/enter_destination"
            style="@style/WrappedAndCentered" />

        <TextView
            android:id="@+id/distance_tv"
            android:layout_below="@id/destination_et"
            style="@style/WrappedAndCentered" />

        <TextView
            android:id="@+id/time_left_tv"
            android:layout_below="@id/distance_tv"
            style="@style/WrappedAndCentered" />

        <Button
            android:id="@+id/miles_time_button"
            android:layout_below="@id/time_left_tv"
            android:text="@string/button_text"
            android:onClick="updateTrip"
            style="@style/WrappedAndCentered" />
</RelativeLayout>
```

例11.8　activity_main.xml文件，GPS应用程序，版本2

```xml
<resources>

    <!-- Base application theme. -->
    <style name="AppTheme" parent="Theme.AppCompat.Light.DarkActionBar">
        <item name="android:textSize">22sp</item>
        <item name="colorPrimary">@color/colorPrimary</item>
        <item name="colorPrimaryDark">@color/colorPrimaryDark</item>
        <item name="colorAccent">@color/colorAccent</item>
    </style>

    <style name="WrappedAndCentered" parent="AppTheme">
        <item name="android:layout_width">wrap_content</item>
        <item name="android:layout_height">wrap_content</item>
        <item name="android:layout_centerHorizontal">true</item>
        <item name="android:layout_marginTop">20dp</item>
    </style>

</resources>
```

例11.9　styles.xml文件，GPS应用程序，版本2

```xml
<resources>
    <string name="app_name">GpsV2</string>
    <string name="enter_destination">Enter destination</string>
    <string name="button_text">Update</string>
</resources>
```

例11.10　strings.xml文件，GPS应用程序，版本2

11.4 到达目的地的距离和时间，GPS应用程序，版本2

在MainActivity类中，我们需要进行以下编辑：

▶ 添加适当的import语句。

▶ 添加TravelManager实例变量，以便我们可以访问模型的功能。

▶ 为EditText和GUI的两个TextView添加实例变量，并使用String来存储目标地址。

▶ 删除displayLocation方法：我们不再对显示位置感兴趣。

▶ 添加updateTrip方法。

▶ 删除onConnected方法的主体：我们希望在执行任何操作之前等待用户输入目标地址。

例11.11显示了更新的MainActivity类。我们在第29~33行声明了另外5个实例变量。TravelManager和三个GUI组件在第39~42行的onCreate中实例化。在updateTrip方法（第50~79行）中，我们检索用户输入，必要时更新模型，通过调用模型的方法来计算离开目的地的距离和时间，并相应地更新视图。

```
1  package com.jblearning.gpsv2;
2
3  import android.content.Intent;
4  import android.content.IntentSender;
5  import android.location.Address;
6  import android.location.Geocoder;
7  import android.location.Location;
8  import android.os.Bundle;
9  import android.support.v7.app.AppCompatActivity;
10 import android.view.View;
11 import android.widget.EditText;
12 import android.widget.TextView;
13 import android.widget.Toast;
14
15 import com.google.android.gms.common.ConnectionResult;
16 import com.google.android.gms.common.api.GoogleApiClient;
17 import com.google.android.gms.location.FusedLocationProviderApi;
18 import com.google.android.gms.location.LocationServices;
19
20 import java.io.IOException;
21 import java.util.List;
22
23 public class MainActivity extends AppCompatActivity
24         implements GoogleApiClient.ConnectionCallbacks,
25                    GoogleApiClient.OnConnectionFailedListener {
26   private final static int REQUEST_CODE = 100;
27
28   private GoogleApiClient gac;
29   private TravelManager manager;
30   private EditText addressET;
31   private TextView distanceTV;
32   private TextView timeLeftTV;
33   private String destinationAddress = "";
34
35   @Override
36   protected void onCreate( Bundle savedInstanceState ) {
37     super.onCreate( savedInstanceState );
38     setContentView( R.layout.activity_main );
39     manager = new TravelManager( );
```

```java
40       addressET = ( EditText ) findViewById( R.id.destination_et );
41       distanceTV = ( TextView ) findViewById( R.id.distance_tv );
42       timeLeftTV = ( TextView ) findViewById( R.id.time_left_tv );
43
44       gac = new GoogleApiClient.Builder( this )
45               .addConnectionCallbacks( this )
46               .addOnConnectionFailedListener( this )
47               .addApi( LocationServices.API ).build( );
48   }
49
50   public void updateTrip( View v ) {
51     String address = addressET.getText( ).toString( );
52     boolean goodGeoCoding = true;
53     if( ! address.equals( destinationAddress ) ) {
54       destinationAddress = address;
55       Geocoder coder = new Geocoder( this );
56       try {
57         // 将目的地进行地理编码
58         List<Address> addresses
59                 = coder.getFromLocationName( destinationAddress, 5 );
60         if( addresses != null ) {
61           double latitude = addresses.get( 0 ).getLatitude( );
62           double longitude = addresses.get( 0 ).getLongitude( );
63           Location destinationLocation = new Location( "destination" );
64           destinationLocation.setLatitude( latitude );
65           destinationLocation.setLongitude( longitude );
66           manager.setDestination( destinationLocation );
67         }
68       } catch ( IOException ioe ) {
69         goodGeoCoding = false;
70       }
71     }
72
73     FusedLocationProviderApi flpa = LocationServices.FusedLocationApi;
74     Location current = flpa.getLastLocation( gac );
75     if( current != null && goodGeoCoding ) {
76       distanceTV.setText( manager.milesToDestination( current ) );
77       timeLeftTV.setText( manager.timeToDestination( current ) );
78     }
79   }
80
81   public void onConnected( Bundle hint ) {
82   }
83
84   public void onConnectionSuspended( int cause ) {
85   }
86
87   public void onConnectionFailed( ConnectionResult result ) {
88     if( result.hasResolution( ) ) { // 可以开始解决问题
89       try {
90         result.startResolutionForResult( this, REQUEST_CODE );
91       } catch( IntentSender.SendIntentException sie ) {
92         // Intent已被取消或无法执行,退出应用程序
93         Toast.makeText( this, "Google Play services problem, exiting",
94                 Toast.LENGTH_LONG ).show( );
95         finish( );
96       }
```

```
 97         }
 98       }
 99
100       public void onActivityResult( int requestCode,
101                                     int resultCode, Intent data ) {
102         if( requestCode == REQUEST_CODE && resultCode == RESULT_OK ) {
103           // 问题解决了，再次尝试连接
104           gac.connect( );
105         }
106       }
107
108       protected void onStart( ) {
109         super.onStart( );
110         if( gac != null )
111           gac.connect( );
112       }
113     }
```

例11.11 MainActivity类，GPS应用程序，版本2

我们首先检索用户在第51行输入的目的地地址。如果目的地地址与当前目的地地址不同（第53行），更新当前目的地地址（第54行）。然后我们尝试将其地理编码为Location对象（第57~59行）。地理编码是将街道地址转换为（纬度，经度）坐标的过程。**表11.8**显示了Geocoder类的构造函数和getFromLocationName方法。如果地理编码成功（第60行），则将Location分配给TravelManager的destination实例变量（第66行）。我们使用状态变量goodGeocoding跟踪地理编码是否成功。在第52行将其初始化为true，如果在第69行的catch块中结束，则将其切换为false。在第73~74行检索当前位置。如果成功检索当前位置并且地理编码成功（第75行），将更新两个TextView，显示第76~77行留给目的地的距离和时间。manager实例变量调用milesToDestination和timeToDestination方法，传递当前位置。

图11.3显示了用户输入白宫地址并点击更新后在平板电脑内运行的应用程序。

图11.3 在平板电脑内部运行的GPS应用程序，版本2

表11.8 Geocoder类的选定方法

方法	说明
Geocoder(Context context)	构造一个地理编码器
List getFromLocationName(String locationName, int maxResults)	返回与locationName匹配的Address对象列表。抛出IllegalArgumentException和IOException

11.5 更新到达目的地的距离和时间，GPS 应用程序，版本 3

在版本3中，我们希望自动更新到目的地的距离和时间，而无需单击Update按钮。我们保留更新按钮，以防用户想要即时更新。因此，用户界面与版本2中的用户界面相同。

LocationListener接口是com.google.android.gms.location包的一部分，它提供了一个回调方法onLocationChanged，它根据各种指定的参数自动调用，如频率和行进距离，如**表11.9**所示。这与事件处理非常相似，我们需要做以下事情：

- 创建一个实现LocationListener的私有类（并覆盖onLocationChanged）。
- 声明并实例化该类的对象。
- 在融合位置提供程序（FusedLocationProviderApi引用）上注册该对象。

或者，我们可以执行以下操作：

- 让Activity类实现LocationListener（并覆盖onLocationChanged）。
- 在融合位置提供程序（FusedLocationProviderApi引用）上注册this。

表11.9　LocationListener类的onLocationChanged方法

方法	说明
void onLocationChanged(Location location)	由LocationRequest定义的自动调用的回调方法; location代表最近的位置

我们选择实施第二个战略。**表11.10**显示了FusedLocationProviderApi接口的requestLocationUpdates方法之一。它请求其LocationListener参数通过onLocationChanged方法提供位置更新，该方法由其LocationRequest参数定义。因此，假设我们在实现LocationListener接口的Activity类中，已定义了一个名为request的LocationRequest，我们可以使用以下代码序列请求位置更新：

```
// 我们在一个实现 LocationListener 的 Activity 类中
// 因此, this 是一个 LocationListener
// gac 是 GoogleApiClient 参考
// request 是 LocationRequest 引用
FusedLocationProviderApi flpa = LocationServices.FusedLocationApi;
flpa.requestLocationUpdates( gac, request, this );
```

表11.10　FusedLocationProviderApi接口的选定方法

方法	说明
PendingResult requestLocationUpdates(GoogleApiClient gap, LocationRequest request, LocationListener listener)	请求侦听器listener根据请求侦听位置更新
PendingResult removeLocationUpdates(GoogleApiClient gap, LocationListener listener)	停止监听器listener的位置更新

此时，我们将接收更新，并且将以LocationRequest指定的频率调用onLocationChanged方法。其Location参数存储最近的位置，如下所示：

```
public void onLocationChanged( Location location ) {
    // location 是最近的位置
}
```

LocationRequest类通过指定更新频率、准确性等，提供定义位置更新请求的功能。

表11.11显示了LocationRequest类的两个最重要的方法。我们使用setInterval方法指定位置更新所需的频率（以毫秒为单位）。位置更新消耗功率，频繁更新可能会耗尽设备的电池电量。我们使用setPriority方法指定所需的准确度级别，这反过来暗示了使用什么来源，GPS或Wi-Fi和手机信号基站。但是，其他因素（例如当前位置和可用性或此类源）以及设备本身可能会影响返回位置的准确性。LocationRequest类的所有set方法都返回调用它们的LocationRequest引用，以便我们可以链接方法调用。如果我们不想要更新——如果我们没有移动最小距离——我们可以使用setSmallestDisplacement方法并指定两个连续更新之间的最小距离。例如，在旅行应用中，如果用户堵在路上并且没有移动，则不需要更新距离。

表11.11　LocationRequest类的选定方法

方法	说明
LocationRequest setInterval(long ms)	设置位置更新的间隔（以毫秒为单位）。返回此LocationRequest，因此可以链接方法调用
LocationRequest setPriority(int priority)	设置此请求的优先级。LocationRequest类包含可用作参数的常量（见表11.12）。返回此LocationRequest，因此可以链接方法调用
LocationRequest setSmallestDisplacement(float meters)	设置连续更新之间的最小距离。返回此LocationRequest，因此可以链接方法调用

以下代码序列显示了如何定义LocationRequest：

```
LocationRequest request = new LocationRequest( );
request.setInterval( 30000); // 间隔30秒
request.setPriority( LocationRequest.PRIORITY_HIGH_ACCURACY );
request.setSmallestDisplacement(100); // 最少100米
```

表11.12显示了LocationRequest类的常量，我们可以将其用作setPriority方法的参数。要求的精度越高，电池使用率越高。如果不通过调用setPriority专门设置优先级，则使用PRIORITY_BALANCED_POWER_ACCURACY定义的默认优先级。如果我们构建一个测量到针脚距离的高尔夫应用程序，希望精确到最近的码数或米，所以我们指定最高的准确度。对于此旅行应用程序，默认准确性是足够的。

表11.12　LocationRequest类的优先级常量

常量	值	说明
PRIORITY_HIGH_ACCURACY	100	最高的可用精度
PRIORITY_BALANCED_POWER_ACCURACY	102	默认值，块级精度，约100米
PRIORITY_LOW_POWER	104	城市级精度，约10公里
PRIORITY_NO_POWER	105	精度最差，不要求功耗

例11.12显示了MainActivity类的变化。如果成功连接，我们只想设置位置更新。因此，在onConnected方法中执行此操作（第98~108行）。在第100~103行创建并定义LocationRequest。我们添加了对setPriority和setSmallestDisplacement的调用以说明它们，但是将它们注释掉了。实际

CHAPTER 11 使用GPS和定位服务

上，如果我们在不移动的情况下测试应用程序，我们不希望为位置更新设置最小距离。我们可能会在onConnected方法的中间断开连接，在这种情况下，当我们尝试设置位置更新时，应用程序将崩溃。因此，我们在设置位置更新（第105行）之前测试我们是否已连接（第104行）。如果丢失了连接，我们会尝试建立另一个连接（第107行）。

```
  9
 10   import android.util.Log;
...
 19   import com.google.android.gms.location.LocationListener;
 20   import com.google.android.gms.location.LocationRequest;
...
 26   public class MainActivity extends AppCompatActivity
 27           implements GoogleApiClient.ConnectionCallbacks,
 28                      GoogleApiClient.OnConnectionFailedListener,
 29                      LocationListener {
...
 54     public void onLocationChanged( Location location ) {
 55       float accuracy = location.getAccuracy( );
 56       long nanos = location.getElapsedRealtimeNanos( );
 57       Log.w( "MainActivity", "accuracy " + accuracy + ", nanos = " + nanos );
 58       updateTrip( null );
 59     }
...
 92     protected void onPause( ) {
 93       super.onPause( );
 94       FusedLocationProviderApi flpa = LocationServices.FusedLocationApi;
 95       flpa.removeLocationUpdates( gac, this );
 96     }
 97
 98     public void onConnected( Bundle connectionHint ) {
 99       FusedLocationProviderApi flpa = LocationServices.FusedLocationApi;
100       LocationRequest request = new LocationRequest( );
101       request.setInterval( 30000 );
102       // request.setPriority( LocationRequest.PRIORITY_HIGH_ACCURACY );
103       // request.setSmallestDisplacement( 100 );
104       if( gac.isConnected( ) ) // in case connection was just lost !!
105         flpa.requestLocationUpdates( gac, request, this );
106       else
107         gac.connect( );
108     }
...
139   }
```

例11.12 MainActivity类，GPS应用程序，版本3

在onLocationChanged方法（第54~59行）中，我们在第58行调用updateTrip，以便更新两个TextView，显示离开目的地的距离和时间。为了反馈，我们输出有关onLocationChanged自动调用的准确性和时间线的Logcat信息。表11.13显示了getAccuracy和getElapsedRealtimeNanos方法。getElapsedRealtimeNanos方法需要API级别17。因此，我们相应地更新build.gradle文件。

如果应用程序正在运行并在后台运行，我们希望停止请求位置更新。发生这种情况时，会自动调用onPause方法（第92~96行）。我们通过调用removeLocationUpdates方法在第95行禁用位置更新（如表11.10所示）。当应用程序返回到前台时，会调用onStart，必要时重新连接到Google

Play服务，并在onConnected执行时再次请求位置更新。

表11.13　Location类的选定方法

方法	说明
float getAccuracy()	以米为单位返回此位置的精度
long getElapsedRealtimeNanos()	返回自上次启动以来的时间，以纳秒为单位

图11.4显示了在笔者平板电脑上运行时应用程序的Logcat输出。输出显示GPS返回的位置的准确度可能因测量而异。在这种情况下，它从30米到64.5米不等。1纳秒等于10^{-9}秒。测量的间隔频率始终非常接近指定的30秒。它在30.016秒（最后一次和最后一次测量之间经过的时间）和30.034秒（第三次和第四次测量之间经过的时间）之间变化。当应用程序启动时，两个TextView显示0英里和剩余的秒数。如果我们输入地址并等待，在没有单击Update按钮的情况下该位置的距离和时间在不到30秒后自动更新的话，说明此时已调用onLocationChanged方法。

```
accuracy 36.0, nanos = 43096038000000
accuracy 40.5, nanos = 43126109000000
accuracy 31.5, nanos = 43156156000000
accuracy 31.5, nanos = 43186190000000
accuracy 31.5, nanos = 43216241000000
accuracy 34.5, nanos = 43246275000000
accuracy 37.5, nanos = 43276291000000
```

图11.4　在平板电脑内部运行时，GPS应用程序版本3的Logcat输出

精度也可以取决于设备和位置。当使用PRIORITY_HIGH_ACCURACY设置优先级时（通过在例11.12中取消注释第102行），在笔者家中对其平板电脑的进一步测试显示从12米到36米的准确度。

本章小结

- GoogleApiClient类是Google Play服务的切入点。
- 如果Google Play服务不可用，则可以通过用户互动提供这些服务。
- GoogleApiClient的Builder静态内部类使我们能够构建GoogleApiClient。
- 可以通过调用FusedLocationProviderApi接口的lastLocation方法来获取设备的当前位置。
- LocationServices有一个名为FusedLocationApi的FusedLocationProviderApi静态常量字段。
- Location类的getLatitude和getLongitude方法返回位置的纬度和经度。
- Location类的distanceTo方法返回调用它的Location引用与参数Location引用之间的距离（以米为单位）。
- 如果应用访问Google Play服务以检索设备的位置，我们应在AndroidManifest.xml文件中添加uses-permission元素，并指定ACCESS_COARSE_LOCATION或ACCESS_FINE_LOCATION，这是Manifest.permission类的两个常量。
- Geocoder类提供了将地址转换为Location对象（纬度和经度）的方法，反之亦然。
- 我们可以通过实现LocationListener接口定期获取位置更新。LocationListener包含一个回调

方法onLocationChanged。它需要一个Location参数来表示设备的当前位置。
- 我们使用requestLocationUpdates方法在FusedLocationProviderApi上注册LocationListener，使用LocationRequest参数定义更新的各种参数。此类注册会触发对LocationListener的onLocationChanged方法的自动调用。
- LocationRequest最重要的属性是更新频率和优先级，这转换为检索位置的准确性。

练习、问题和项目

多项选择练习

1. 如何获得GoogleApiClient参考？
   - 使用GoogleApiClient的构造函数
   - 使用GoogleApiClient的getInstance方法
   - 创建GoogleApiClient.Builder并调用构建方法
   - 做不到

2. LocationServices的FusedLocationProviderApi常量的名称是什么？
   - Api
   - FusedLocationApi
   - FusedApi
   - Fused

3. Location类封装了地球上的一个位置。可以使用什么方法来检索其纬度？
   - latitude
   - getLat
   - getLatitude
   - locationLatitude

4. Location类的distanceTo方法以如下何种单位返回距离？
   - 码
   - 米
   - 英里
   - 公里

5. 什么类包含将地址转换为位置的方法，反之亦然？
   - Geocoder
   - LocationCoder

- Mapping
- Geography

6. 如果希望定期获得位置更新，应该实现什么接口？
   - Listener
   - UpdateListener
   - GeoListener
   - LocationListener

7. 问题6的接口的onLocationChanged方法的Location参数的含义是什么？
   - 它存储随机位置
   - 它存储最近的位置
   - 它存储下一个位置
   - 它为空

8. 我们调用FusedLocationProviderApi接口的requestLocationUpdates来请求定期更新位置。它的其中两个参数是GoogleApiClient和LocationListener。第三个参数是什么类型的？
   - double
   - Request
   - Time
   - LocationRequest

编写代码

9. 声明并实例化一个侦听连接成功和失败的GoogleApiClient。
10. 位置参考myLocation存储位置。输出到Logcat的准确性。
11. 字符串地址存储地址。将其纬度和经度输出到Logcat。使用为此进行地理编码的第一个地址。
12. MyActivity类希望获取位置更新。写出它的类标题。
13. 对onLocationChanged方法进行编码，以便在TextView名称MyTV中显示当前位置的纬度和经度。
14. 构建LocationRequest，可用于每100秒触发更新，并具有尽可能高的准确性。
15. 在一个实现LocationListener的Activity类中编码。我们已经实例化了名为providerApi的FusedLocationProviderApi、名为clientApi的GoogleClientApi和名为requestRequest的LocationRequest。编写一个语句，以便我们获取此Activity类中的请求所定义的位置更新。

编写一款应用程序

16. 使用最后两次位置更新之间的速度计算剩余时间，而不是每小时55英里，从而扩展本章中的应用程序。
17. 使用最后五次位置更新之间的平均速度计算剩余时间，而不是每小时55英里，从而扩展本章中的应用程序。如果还没有五个位置更新，请使用每小时55英里。

18. 编写一个应用程序，用于标识用户在五个位置之间的最近位置。这五个位置可以在应用程序的模型中进行硬编码。
19. 编写一个应用程序，用于标识用户距离五个位置的距离。这五个位置可以在应用程序的模型中进行硬编码。当用户移动时，应定期更新五个距离。该应用程序应让用户决定更新的频率和位置的准确性（优先级）。
20. 编写一个应用程序，使用户能够选择列表中的朋友，检索他或她的地址，并计算该朋友的距离。列表应存储在文件中或可以硬编码。包括模型。
21. 与问题20相同，但列表不是硬编码的，是持久的并且是可扩展的。用户可以添加到列表中。
22. 与问题21相同，但用户也可以从列表中删除和更新朋友的数据。
23. 写一个1洞高尔夫应用程序。该应用程序允许用户只需单击按钮即可输入绿色中间的位置。该数据应存储在设备上。该应用程序允许用户计算从用户所在位置到绿色位置中间的距离（先前存储的）。
24. 与问题23相同，但该应用程序是一个18洞高尔夫应用程序，而不是1洞高尔夫应用程序。
25. 编写一个应用程序，用于存储设备上的位置和描述列表。用户可以输入位置的描述（用户所在的位置），并且可以单击按钮以检索当前位置并向设备的存储器写入描述和位置。该应用程序还允许用户检索描述和位置列表并显示它们。
26. 编写一个发送电子邮件的应用程序，包含用户在电子邮件正文中的位置的经度和纬度。
27. 与问题26相同，但将当前位置转换为地址，并在电子邮件正文中包含当前地址。
28. 编写一个应用程序，帮助用户检索他或她的汽车的停车位置。当用户停放他或她的汽车时，可以点击按钮来存储汽车的位置。如果用户想知道他或她的汽车在哪里，该应用程序会显示一个带有两个圆圈的地图，显示汽车和用户位置。

CHAPTER 12

在一款应用程序中使用其他应用程序：拍照、调为灰度模式和发送邮件

本章目录

内容简介

12.1 调用相机应用程序并拍摄照片，照片应用程序，版本0

12.2 模型：将照片调为灰度模式，照片应用程序，版本1

12.3 使用SeekBars定义灰度阴影，照片应用程序，版本2

12.4 改进用户界面，照片应用程序，版本3

12.5 存储图片，照片应用程序，版本4

12.6 使用电子邮件应用程序：将灰度图片发送给朋友，照片应用程序，版本5

本章小结

练习、问题和项目

内容简介

在一个应用中，可以启动另一个应用进行处理。同一个设备中，不同应用程序之间进行通信协作已经越来越常见。例如，我们可能需要访问某款应用的电话簿，或查找照片、视频。照片应用程序在智能手机用户中广受欢迎，这类应用具有将彩色图片转换为黑白图片、为图片添加相框、发布图片到社交媒体网站等功能。在本章中，我们将学习如何在一个应用程序中使用其他应用程序——学习如何在一个应用程序中调用相机和电子邮件应用程序。我们创建一个应用程序，这个应用程序将会调用设备中的相机应用程序（或至少一个此类应用），拍照并处理照片，然后使用电子邮件应用程序将其发送给朋友。单纯的Android Studio环境中没有真实的摄像头，因此我们需要使用真实的设备，如手机或平板电脑，来测试本章中创建的应用程序。

12.1 调用相机应用程序并拍摄照片，照片应用程序，版本0

如果我们想在应用中拍摄照片，有两种选择：

▶ 访问相机应用程序并处理其照片。
▶ 使用Camera API并调用摄像头。

在本章中，我们将使用相机应用程序。在应用程序的版本0中，我们做三件事：

▶ 让用户能够使用相机应用拍摄照片。
▶ 捕捉拍摄的照片。
▶ 显示图片。

我们可以使用PackageManager类来收集设备上安装的应用程序包的信息：我们可以使用PackageManager参考来检查设备是否有后置摄像头、前置摄像头、麦克风、GPS、指南针、陀螺仪，是否支持蓝牙、Wi-Fi等功能。

我们可以通过调用PackageManager类的hasSystemFeature方法，通过传递与该功能对应的PackageManager类的常量，测试设备是否具有某项功能，如果设备上存在常量描述的功能，则该方法返回true，如果不是，则返回false。hasSystemFeature方法具有以下API：

```
public boolean hasSystemFeature( String feature )
```

我们通常使用PackageManager类的String常量来代替feature参数。表12.1展示了其中一些String常量。

我们使用继承于Activity类的Context类的getPackageManager方法，来获取PackageManager引用。假设我们在Activity类中，下面的伪代码序列说明了前面的内容：

```
// 在 Activity 类中
PackageManager manager = getPackageManager( );
if( manager.hasSystemFeature( PackageManager.DESIRED_FEATURE_CONSTANT ) )
    // 出现需要的特征，可以使用
else
    // 通知用户此应用无法使用
```

为了运行相机应用程序，或者更确切地说是"其中一款"相机应用程序，我们首先检查设备是否含有相机应用程序。表12.1展示了我们可以使用的两个常量。我们可以通过调用PackageManager类的getSystemFeature方法，测试设备是否含有摄像头应用程序，并传递PackageManager类的FEATURE_CAMERA常量，代码序列如下：

```
// 在 Activity 类中
PackageManager manager = getPackageManager( );
if( manager.hasSystemFeature( PackageManager.FEATURE_CAMERA ) )
    // 存在 Camera（相机）应用程序，可以使用
else
    // 通知用户此应用无法使用
```

表12.1　PackageManager类的常量

常量	说明
FEATURE_BLUETOOTH	用于检查设备是否支持蓝牙
FEATURE_CAMERA	用于检查设备是否有摄像头
FEATURE_CAMERA_FRONT	用于检查设备是否有前置摄像头
FEATURE_LOCATION_GPS	用于检查设备是否具有GPS
FEATURE_MICROPHONE	用于检查设备是否有麦克风
FEATURE_SENSOR_COMPASS	用于检查设备是否是指南针
FEATURE_SENSOR_GYROSCOPE	用于检查设备是否具有陀螺仪
FEATURE_WIFI	用于检查设备是否支持Wi-Fi

一旦确认设备具有我们想要使用的功能，就可以启动activity来调用该功能。在这种情况下，我们还需要捕获拍摄的照片并将其显示在屏幕中。通常，如果我们想要启动一个activity并需要访问该activity的结果，则可以使用Activity类的startActivityForResult和onActivityResult方法，如**表12.2**所示。onActivityResult将在startActivityForResult的Intent参数定义的activity执行完成后开始执行。

表12.2　Activity类的startActivityForResult和onActivityResult方法

方法	说明
void startActivityForResult (Intent intent, int requestCode)	为intent启动一个Activity。如果requestCode >= 0，则它将作为onActivityResult方法的第一个参数返回
void onActivityResult (int requestCode, int resultCode, Intent data)	requestCode是提供给startActivityForResult的请求代码。数据是activity返回给调用者的Intent

在创建Intent来调用设备的功能时，我们可以采用以下Intent构造函数：

```
public Intent( String action )
```

String action描述了我们要使用的设备功能。一旦创建了Intent，我们就可以通过调用Activity类的startActivityForResult方法为其启动activity。下面的代码序列展示了如何在应用程序中启动另一个应用程序：

```
// 创建 Intent
Intent otherAppIntent = new Intent( otherAppAppropriateArgument );
```

```
// actionCode 是一个整数
startActivityForResult( otherAppIntent, actionCode );
```

为了创建Intent以调用相机应用程序，我们将MediaStore类的ACTION_IMAGE_CAPTURE常量传递给Intent构造函数。采用以下代码序列启动相机应用程序activity：

```
// 在 Activity 类中
Intent takePictureIntent = new Intent
    ( MediaStore.ACTION_IMAGE_CAPTURE );
// actionCode 是一个整数
startActivityForResult( takePictureIntent, actionCode );
```

执行完activity后，即在Activity类的onActivityResult方法内执行。其中Intent参数包含刚刚执行的Activity的结果，在本例中是用户刚刚拍摄的Bitmap格式照片对象。下面的代码展示了如何在onActivityResult方法中访问拍摄的Bitmap格式图片。如第一个注释所示，我们应该检查requestCode的值是否与传递给startActivityForResult方法的请求代码相同，resultCode值能够反映出activity是否已正常执行。

我们使用**表12.3**中展示的getExtras方法检索Intent的Bundle对象。Bundle对象中存储了Intent中的键/值对的映射。使用该Bundle对象，我们可以调用get方法传递密钥数据以检索Bitmap，该方法由Bundle继承于BaseBundle类，如表12.3中所示。get方法将返回一个Object，我们期望返回的是一个Bitmap对象，因此我们需要设定返回的值类型为Bitmap。

```
protected void onActivityResult( int requestCode,
                                 int resultCode, Intent data ) {
    // 检查请求代码是否正确，结果代码是否正常
    Bundle extras = data.getExtras( );
    Bitmap bitmap = ( Bitmap ) extras.get( "data" );
    // 在这里处理位图
}
```

表12.3	Intent和BaseBundle类的getExtras和get方法	
类	方法	说明
Intent	Bundle getExtras ( )	返回一个Bundle对象，它封装了放置在此Intent中的内容的映射（键/值对）
Base	BundleObject get (String key)	返回映射到key的Object

ImageView类是android.widget包的一部分，可用于显示图片并进行缩放。**表12.4**展示了该类的一些方法。

表12.4	ImageView类的方法
方法	说明
ImageView (Context context)	构造一个ImageView对象
void setImageBitmap (Bitmap bitmap)	设置此ImageView内容为bitmap格式
void setImageDrawable (Drawable drawable)	设置此ImageView内容为drawable
void setImageResource (int resource)	将resource设置为此ImageView的内容
void setScaleType (ImageView.ScaleType scaleType)	将scaleType设置为此ImageView的缩放模式

在这个应用程序中，当用户使用相机应用程序拍照时，会在应用程序运行时动态获取拍摄的图像。拍摄照片时，我们使用BaseBundle类的get方法检索增加的图像内容，然后检索相应的Bitmap对象。在此应用程序中，使用setImageBitmap方法调用相机应用程序拍摄的图像来填充ImageView。如果我们已经有了一个名为bitmap的Bitmap引用，则可以使用以下语句将图像放在名为imageView的ImageView中：

```
imageView.setImageBitmap( bitmap );
```

我们需要通知用户此应用将调用相机。因此，我们要在AndroidManifest.xml文件的manifest元素中定义一个uses-feature元素，如下所示：

```xml
<uses-feature android:name="android.hardware.camera2" />
```

为了简单起见，我们只允许此应用程序在屏幕上以垂直方向运行，因此我们在activity元素中添加如下代码：

```
android:screenOrientation="portrait"
```

例12.1展示了activity_main.xml文件。我们使用具有垂直方向的LinearLayout（第10行），因为我们要在应用程序的其他版本中在View的底部添加元素。在第13~17行，我们添加了一个ImageView元素来存储图片。我们在第17行为图片设置id，这样我们就可以使用findViewById方法从MainActivity类中检索它。

```xml
1   <?xml version="1.0" encoding="utf-8"?>
2   <LinearLayout xmlns:android="http://schemas.android.com/apk/res/android"
3     xmlns:tools="http://schemas.android.com/tools"
4     android:layout_width="match_parent"
5     android:layout_height="match_parent"
6     android:paddingLeft="@dimen/activity_horizontal_margin"
7     android:paddingRight="@dimen/activity_horizontal_margin"
8     android:paddingTop="@dimen/activity_vertical_margin"
9     android:paddingBottom="@dimen/activity_vertical_margin"
10    android:orientation="vertical"
11    tools:context="com.jblearning.photograyingv0.MainActivity">
12
13    <ImageView
14      android:layout_width="match_parent"
15      android:layout_height="match_parent"
16      android:scaleType="fitCenter"
17      android:id="@+id/picture" />
18
19  </LinearLayout>
```

例12.1　activity_main.xml文件，照片应用程序，Version 0

利用android:scaleType XML属性，我们可以指定如何在ImageView中缩放和定位图片。ScaleType enum是ImageView类的一部分，包含可在ImageView中缩放和定位图片的值。表12.5中列出了一些可能的值。在第16行，我们使用值fitCenter来完美地缩放图片，将其放置在ImageView的中间并保持适合状态。在第6~9行，提供了一些在dimens.xml文件中定义的填充。

表12.5 ImageView.ScaleType的enum值和相应的XML属性值

Enum值	XML属性值	说明
CENTER	center	将图像置于ImageView内部，无需进行任何缩放
CENTER_INSIDE	centerInside	根据需要缩小图像，使其适合ImageView内部并居中，保持图像的纵横比
FIT_CENTER	fitCenter	根据需要向下或向上缩放图像，使其与ImageView内部完全匹配（至少沿一个轴）并居中，保持图像的纵横比

例**12.2**展示了MainActivity类。在第14~15行，我们声明了两个实例变量：bitmap和imageView，即Bitmap和ImageView变量。在需要更改图片时，我们会访问这两个变量，这样能够直观地缩放图片。在onCreate方法（第17~32行）中，我们在第20行初始化imageView。在第22行得到一个PackageManager引用，并测试第23行是否有相机应用。如果有，将在第24~25行创建一个Intent来调用相机应用，在第26行启用相机应用activity，并传递存储在PHOTO_REQUEST常量中的值。如果没有相机应用程序（第27行），则会在第28~30行通过Toast向用户提供快速反馈。

```
1   package com.jblearning.photograyingv0;
2
3   import android.content.Intent;
4   import android.content.pm.PackageManager;
5   import android.graphics.Bitmap;
6   import android.os.Bundle;
7   import android.provider.MediaStore;
8   import android.support.v7.app.AppCompatActivity;
9   import android.widget.ImageView;
10  import android.widget.Toast;
11
12  public class MainActivity extends AppCompatActivity {
13    private static final int PHOTO_REQUEST = 1;
14    private Bitmap bitmap;
15    private ImageView imageView;
16
17    protected void onCreate( Bundle savedInstanceState ) {
18      super.onCreate( savedInstanceState );
19      setContentView( R.layout.activity_main );
20      imageView = ( ImageView ) findViewById( R.id.picture );
21
22      PackageManager manager = this.getPackageManager( );
23      if( manager.hasSystemFeature( PackageManager.FEATURE_CAMERA ) ) {
24        Intent takePictureIntent
25          = new Intent( MediaStore.ACTION_IMAGE_CAPTURE );
26        startActivityForResult( takePictureIntent, PHOTO_REQUEST );
27      } else {
28        Toast.makeText( this,
29          "Sorry - Your device does not have a camera",
30          Toast.LENGTH_LONG ).show( );
31      }
32    }
33
34    protected void onActivityResult( int requestCode,
35                                     int resultCode, Intent data ) {
36      super.onActivityResult( requestCode, resultCode, data );
37      if( requestCode == PHOTO_REQUEST && resultCode == RESULT_OK ) {
```

```
38              Bundle extras = data.getExtras( );
39              bitmap = ( Bitmap ) extras.get( "data" );
40              imageView.setImageBitmap( bitmap );
41          }
42      }
43  }
```

例12.2　MainActivity类，照片应用程序，Version 0

当用户运行应用程序并拍照时，将在onActivityResult方法内部执行，编码位于第34~42行。从第38行的Intent参数数据中检索Bundle。由于创建了Intent以调用相机应用程序拍摄照片，因此与该Intent相关联的Bundle需要包含存储该图片的Bitmap。Bundle类的get方法将在传递String数据时返回该Bitmap。我们在第39行进行检索。在第40行，我们将imageView中的图像设置为该Bitmap。

当我们运行应用程序时，相机应用程序即启动。**图12.1**展示了用户拍照后的应用程序界面。**图12.2**展示了用户点击Save按钮后的应用程序界面，此时照片即显示在屏幕上。

图12.1　照片应用程序，版本0，拍照后应用程序界面

图12.2　照片应用程序，版本0，点击Save按钮后应用程序界面

12.2　模型：将照片调为灰度模式，照片应用程序，版本1

在应用程序的版本1中，我们使用硬编码公式将图片调为灰度。这个应用程序的模型采用BitmapGrayer类，其中封装了一个Bitmap和一个可用于该Bitmap的灰度方案。

在RGB颜色系统中，有256种灰度。灰色是由相同数量的红色、绿色和蓝色混合形成的。因此，RGB色值由（x, x, x）表示，其中x是0~255之间的整数。（0, 0, 0）是黑色，（255, 255, 255）是白色。

表12.6中列出了android.graphics包的Color类的一些静态方法。我们要注意不要将该类与java.awt包的Color类混淆。

表12.6 android.graphics包的Color类的方法

方法	说明
static int argb（int alpha，int red，int green，int blue）	返回由alpha（透明度）、red（红色）、green（绿色）和blue（蓝色）参数定义的颜色整数值
static int alpha（int color）	以0~255之间的整数形式返回颜色的alpha分量
static int red（int color）	以0~255之间的整数形式返回颜色的红色分量
static int green（int color）	以0~255之间的整数形式返回颜色的绿色分量
static int blue（int color）	以0~255之间的整数形式返回颜色的蓝色分量

通常情况下，要将一张彩色图片转换为黑白图片，则需要将图片中每个像素的颜色转换为灰色。我们可以使用几种公式来对图片进行灰度化处理，方法如下：

- 保持每个像素的alpha分量相同。
- 调整像素的红色、绿色和蓝色分量，形成灰色阴影。
- 使用相同的变换公式为每个像素生成灰色阴影。

例如，假设red、green和blue表示单个像素的红色、绿色和蓝色的数量，我们可以应用以下加权平均公式，使该像素的新颜色为（x, x, x）：

```
x = red * redCoeff + green * greenCoeff + blue * blueCoeff
```

而

```
redCoeff、 greenCoeff 和 blueCoeff 介于 0 ~ 1之间。
```

并且

```
redCoeff + greenCoeff + blueCoeff <= 1
```

这样就能保证x值为0~255之间，并且每个像素的颜色为灰色阴影。对于图片中的所有像素，其颜色转换是一致的。

另外，如果我们想设置像素的红色、绿色和蓝色权重为0.5、0.3和0.2，可以使用以下语句来生成这种灰色：

```
int shade = ( int ) ( 0.5 * Color.red( color ) + 0.3 * Color.green( color )
                    + 0.2 * Color.blue( color ) );
```

每个Bitmap类可以存储一张图片。**表12.7**中展示了Bitmap类的一些方法，它们可以遍历Bitmap对象的所有像素，访问每个像素的颜色并进行更改。在这个应用程序中，我们将获取一张图像相应的位图，将颜色更改为灰色阴影，然后将位图重新放回图像，从而将该图像变为黑白图像。

12.2 模型：将照片调为灰度模式，照片应用程序，版本1

表12.7　Bitmap类的方法

方法	说明
int getWidth ( )	返回此Bitmap的宽度
int getHeight ( )	返回此Bitmap的高度
int getPixel (int x, int y)	返回此位图中坐标（x，y）处像素颜色的整数表示形式
void setPixel (int x, int y, int color)	将此位图中坐标（x，y）处的像素颜色设置为color
Bitmap.Config getConfig ( )	返回此Bitmap的配置。Bitmap.Config类封装了像素在Bitmap中的存储方式
static Bitmap createBitmap (int w, int h, Bitmap.Config config)	返回宽度为w、高度为h的可变位图，并使用config创建位图

为了访问名为bitmap的Bitmap的每个像素，我们使用以下双循环：

```
for( int i = 0; i < bimap.getWidth( ); i++ ) {
  for( int j = 0; j < bitmap.getHeight( ); j++ ) {
    int color = bitmap.getPixel( i, j );
    // 处理颜色
  }
}
```

例12.3中展示了BitmapGrayer类，该类有4个实例变量（第7~10行）：originalBitmap，1个Bitmap，redCoeff、greenCoeff、blueCoeff，以及三个浮点值，其值介于0~1之间。这三个浮点值正是我们为rawBitmap的每个像素生成灰色阴影需要设置的红色、绿色和蓝色的数量。

```
1   package com.jblearning.photograyingv1;
2
3   import android.graphics.Bitmap;
4   import android.graphics.Color;
5
6   public class BitmapGrayer {
7     private Bitmap originalBitmap;
8     private float redCoeff;
9     private float greenCoeff;
10    private float blueCoeff;
11
12    public BitmapGrayer( Bitmap bitmap, float newRedCoeff,
13                        float newGreenCoeff, float newBlueCoeff ) {
14      originalBitmap = bitmap;
15      setRedCoeff( newRedCoeff );
16      setGreenCoeff( newRedCoeff );
17      setBlueCoeff( newRedCoeff );
18    }
19
20    public float getRedCoeff( ) {
21      return redCoeff;
22    }
23
24    public float getGreenCoeff( ) {
25      return greenCoeff;
26    }
27
28    public float getBlueCoeff( ) {
```

```
29          return blueCoeff;
30        }
31
32        public void setRedCoeff( float newRedCoeff ) {
33          if( newRedCoeff >= 0 && newRedCoeff <= 1 ) {
34            if( greenCoeff + blueCoeff + newRedCoeff <= 1 )
35              redCoeff = newRedCoeff;
36            else
37              redCoeff = 1 - greenCoeff - blueCoeff;
38          }
39        }
40
41        public void setGreenCoeff( float newGreenCoeff ) {
42          if( newGreenCoeff >= 0 && newGreenCoeff <= 1 ) {
43            if( redCoeff + blueCoeff + newGreenCoeff <= 1 )
44              greenCoeff = newGreenCoeff;
45            else
46              greenCoeff = 1 - redCoeff - blueCoeff;
47          }
48        }
49
50        public void setBlueCoeff( float newBlueCoeff ) {
51          if( newBlueCoeff >= 0 && newBlueCoeff <= 1 ) {
52            if( redCoeff + greenCoeff + newBlueCoeff <= 1 )
53              blueCoeff = newBlueCoeff;
54            else
55              blueCoeff = 1 - redCoeff - greenCoeff;
56          }
57        }
58
59        public Bitmap grayScale( ) {
60          int width = originalBitmap.getWidth( );
61          int height = originalBitmap.getHeight( );
62          Bitmap.Config config = originalBitmap.getConfig( );
63          Bitmap bitmap = Bitmap.createBitmap( width, height, config );
64          for( int i = 0; i < width; i++ ) {
65            for( int j = 0; j < height; j++ ) {
66              int color = originalBitmap.getPixel( i, j );
67              int shade = ( int ) ( redCoeff * Color.red( color )+
68                                    greenCoeff * Color.green( color )+
69                                    blueCoeff * Color.blue( color ) ) ;
70              color = Color.argb( Color.alpha( color ), shade, shade, shade );
71              bitmap.setPixel( i, j, color );
72            }
73          }
74          return bitmap;
75        }
76      }
```

例12.3 BitmapGrayer类，照片应用程序，版本1

在第32~39行、41~48行和50~57行编码的三个变换器强制执行以下约束：

▶ redCoeff、greenCoeff和blueCoeff介于0~1之间

▶ redCoeff+ greenCoeff + blueCoeff <= 1

如果newRedCoeff参数介于0.0~1.0之间（第33行），则第32~39行的setRedCoeff增变器仅更新

12.2 模型：将照片调为灰度模式，照片应用程序，版本1

redCoeff。如果newRedCoeff值使得greenCoeff、blueCoeff和newRedCoeff的总和为1或更小（第34行），则将newRedCoeff分配给redCoeff（第35行）。否则，设置redCoeff的值，使得greenCoeff、blueCoeff和redCoeff的总和等于1（第37行）。另外两个变换器遵循相同的逻辑。

第59~75行编码的grayScale方法返回具有以下特征的位图：

▶ 与originalBitmap具有相同的宽度和高度。

▶ 每个像素都是灰色的。

▶ 如果red、green和blue参数采用originalBitmap（原始位图）中给定像素的红色、绿色和蓝色数量，则返回的位图中，相同x和y坐标处的像素的颜色为灰色，且灰色阴影的值为 red*redCoeff +green*greenCoeff +blue*blueCoeff。

我们在第60~61行检索originalBitmap的宽度和高度。在第62行检索originalBitmap的配置，调用getConfig方法（参见表12.7）。我们调用createBitmap（参见表12.7）在第63行创建originalBitmap的可变副本，采用与originalBitmap相同的宽度、高度和配置。

在第64~73行，我们使用双循环来定义位图中每个像素的颜色。我们在第66行检索originalBitmap中当前像素的颜色。在第67~69行的位图中计算相应像素的灰度，在第70行用它创建一个颜色，然后在71行为该像素指定该颜色。在第74行返回位图。

例12.4中展示了MainActivity类。版本1与版本0的唯一变化是我们将imageView内的图片变为灰色。我们在第14行声明了一个BitmapGrayer实例变量grayer。在onActivityResult中，为实现灰度转换，我们在第41行用bitmap（位图）实例化grayer，以及红色、绿色和蓝色三个系数的默认值。需要注意的是，在onCreate方法中实例化grayer为时尚早，因为我们需要拍摄图片，以便为该图片提供Bitmap对象。在第42行，我们使用grayer调用grayScale方法，并将生成的Bitmap分配给位图。

图12.3中展示了用户点击Save按钮后在平板电脑上运行的应用程序效果。现在图像变为黑白色。

图12.3 点击Save按钮后的照片应用程序版本1界面，显示了灰色图片

```
 1  package com.jblearning.photograyingv1;
 2
 3  import android.content.Intent;
 4  import android.content.pm.PackageManager;
 5  import android.graphics.Bitmap;
 6  import android.os.Bundle;
 7  import android.provider.MediaStore;
 8  import android.support.v7.app.AppCompatActivity;
 9  import android.widget.ImageView;
10  import android.widget.Toast;
11
```

```java
12  public class MainActivity extends AppCompatActivity {
13    private static final int PHOTO_REQUEST = 1;
14    private BitmapGrayer grayer;
15    private Bitmap bitmap;
16    private ImageView imageView;
17
18    protected void onCreate( Bundle savedInstanceState ) {
19      super.onCreate( savedInstanceState );
20      setContentView( R.layout.activity_main );
21      imageView = ( ImageView ) findViewById( R.id.picture );
22
23      PackageManager manager = this.getPackageManager( );
24      if( manager.hasSystemFeature( PackageManager.FEATURE_CAMERA ) ) {
25        Intent takePictureIntent
26          = new Intent( MediaStore.ACTION_IMAGE_CAPTURE );
27        startActivityForResult( takePictureIntent, PHOTO_REQUEST );
28      } else {
29        Toast.makeText( this,
30          "Sorry - Your device does not have a camera",
31          Toast.LENGTH_LONG ).show( );
32      }
33    }
34
35    protected void onActivityResult( int requestCode,
36                                     int resultCode, Intent data ) {
37      super.onActivityResult( requestCode, resultCode, data );
38      if( requestCode == PHOTO_REQUEST && resultCode == RESULT_OK ) {
39        Bundle extras = data.getExtras( );
40        bitmap = ( Bitmap ) extras.get( "data" );
41        grayer = new BitmapGrayer( bitmap, .34f, .33f, .33f );
42        bitmap = grayer.grayScale( );
43        imageView.setImageBitmap( bitmap );
44      }
45    }
46  }
```

例12.4　MainActivity类，照片应用程序，版本1

12.3　使用SeekBars定义灰度阴影，照片应用程序，版本2

在版本1中，为位图中的每个像素生成灰度阴影的公式使用了0.34、0.33和0.33系数进行硬编码。在版本2中，我们允许用户指定公式中的系数。我们在用户界面中设置了三个搜索栏，通常称为滑块，用于设置每个像素的灰度阴影的红色、绿色和蓝色系数。

SeekBar类是android.widget包的一部分，它封装了一个搜索栏。图12.4中展示了它的继承层次结构。

在视觉上，搜索栏包括进度条和按钮，默认的布局为一条线（用作进度条）和一个圆圈（用作按钮）。我们可以使用元素SeekBar在布局XML文件中定义搜索栏。表12.8中展示了可以用来定义使用XML搜索栏的一些

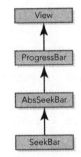

图12.4　SeekBar的继承层次结构

XML属性，以及我们通过代码控制搜索栏的相应方法。我们可以使用android：progress属性或setProgress方法设置搜索栏的当前值，即progress。它的最小值为0，我们可以使用android：max属性或setMax方法定义其最大值。

表12.8 ProgressBar和AbsSeekBar的XML属性和相应方法

类	XML属性	相应方法
ProgressBar	android:progressDrawable	void setProgressDrawable（Drawable drawable）
ProgressBar	android:progress	void setProgress（int progress）
ProgressBar	android:max	void setMax（int max）
AbsSeek	Barandroid:thumb	void setThumb（Drawable drawable）

进度条和按钮默认为浅蓝色。我们可以用可绘制资源替换进度条或按钮来自定义搜索栏，例如来自文件或形状的图像，在XML布局文件中或以编程方式可执行此操作。在这个应用程序中，由于每个搜索栏代表特定颜色的系数，因此我们自定义搜索栏中按钮以反映它们所代表的三种颜色：红色、绿色和蓝色。我们定义了三个可绘制资源，分别为红色、绿色和蓝色，并应用在activity_main.xml文件中。

在drawable目录中，我们创建了三个文件：red_thumb.xml、green_thumb.xml和blue_thumb.xml。

例12.5中展示了red_thumb.xml文件。该文件定义了红色搜索栏按钮的形状。它定义了一个宽度和高度相等（第5~7行）的椭圆（第4行），即一个圆圈。在第8~9行，我们定义了圆圈内的颜色，即完全的红色。在第10~12行，我们定义厚度（第11行）和圆形轮廓的颜色（第12行），同样是红色，但有一定的透明度。

```
1   <?xml version="1.0" encoding="utf-8"?>
2   <shape
3       xmlns:android="http://schemas.android.com/apk/res/android"
4       android:shape="oval" >
5       <size
6           android:width="30dp"
7           android:height="30dp" />
8       <solid
9           android:color="#FF00" />
10      <stroke
11          android:width="20dp"
12          android:color="#AF00" />
13  </shape>
```

例12.5 red_thumb.xml文件，照片应用程序，版本2

green_thumb.xml和blue_thumb.xml文件类似，使用颜色＃F0F0和＃F00F，具有与red_thumb.xml.file中相同的不透明度值。

为了访问名为abc.xml的可绘制资源，我们在XML布局文件中使用值@drawable/abc。如果我们想以编程方式访问资源，则使用表达式R.drawable.abc。

我们需要在XML布局文件中添加三个SeekBar元素。除了id和按钮之外，这些SeekBar元素是相同的，因此我们使用样式来定义它们的一些属性。我们编辑styles.xml文件，并为SeekBar元素添加样式元素。**例12.6**中展示了styles.xml文件。在第11~18行定义的seekBarStyle在activity_main.xml中用于设置搜索栏的样式。它定义了搜索栏共有的所有属性。

```xml
 1  <resources>
 2
 3      <!-- Base application theme. -->
 4      <style name="AppTheme" parent="Theme.AppCompat.Light.DarkActionBar">
 5        <!-- Customize your theme here. -->
 6          <item name="colorPrimary">@color/colorPrimary</item>
 7          <item name="colorPrimaryDark">@color/colorPrimaryDark</item>
 8          <item name="colorAccent">@color/colorAccent</item>
 9      </style>
10
11      <style name="seekBarStyle">
12        <item name="android:layout_weight">1</item>
13        <item name="android:layout_width">wrap_content</item>
14        <item name="android:layout_height">wrap_content</item>
15        <item name="android:layout_gravity">center_vertical</item>
16        <item name="android:progress">0</item>
17        <item name="android:max">100</item>
18      </style>
19
20  </resources>
```

例12.6 styles.xml文件，照片应用程序，版本2

在第12行，我们使用seekBarStyle为所有元素分配相同大小的水平空间，并在第15行将它们垂直居中。我们使用seekBarStyle初始化所有搜索栏，在第16行将初始值设为0，并在第17行设置其最大值为100。

例12.7中展示了activity_main.xml文件。它将屏幕分为两部分：顶部的ImageView（第13~18行）占据屏幕的五分之四（第14行），底部的LinearLayout（第20~39行）占据屏幕的五分之一（第22行），水平布局其组件（第21行），其中包含了三个搜索栏（第26~29行、30~33行、34~37行）。

我们为每个搜索栏定义一个id（第27行、31行、35行），这样就可以使用findViewById方法进行检索了。在第28行、32行和36行，我们通过将其按钮设置为red_thumb.xml、green_thumb.xml和blue_thumb.xml中定义的形状，来自定义三个搜索栏。我们在第29行、33行和37行使用seekBarStyle为搜索栏设置样式。

```xml
 1  <?xml version="1.0" encoding="utf-8"?>
 2  <LinearLayout xmlns:android="http://schemas.android.com/apk/res/android"
 3    xmlns:tools="http://schemas.android.com/tools"
 4    android:layout_width="match_parent"
 5    android:layout_height="match_parent"
 6    android:paddingLeft="@dimen/activity_horizontal_margin"
 7    android:paddingRight="@dimen/activity_horizontal_margin"
 8    android:paddingTop="@dimen/activity_vertical_margin"
 9    android:paddingBottom="@dimen/activity_vertical_margin"
10    android:orientation="vertical"
11    tools:context="com.jblearning.photograyingv2.MainActivity">
```

```
12
13      <ImageView
14        android:layout_weight="4"
15        android:layout_width="match_parent"
16        android:layout_height="0dp"
17        android:scaleType="fitCenter"
18        android:id="@+id/picture" />
19
20      <LinearLayout
21        android:orientation="horizontal"
22        android:layout_weight="1"
23        android:layout_width="match_parent"
24        android:layout_height="0dp" >
25
26        <SeekBar
27          android:id="@+id/red_bar"
28          android:thumb="@drawable/red_thumb"
29          style="@style/seekBarStyle" />
30        <SeekBar
31          android:id="@+id/green_bar"
32          android:thumb="@drawable/green_thumb"
33          style="@style/seekBarStyle" />
34        <SeekBar
35          android:id="@+id/blue_bar"
36          android:thumb="@drawable/blue_thumb"
37          style="@style/seekBarStyle" />
38
39      </LinearLayout>
40
41    </LinearLayout>
```

例12.7 activity_main.xml文件，照片应用程序，版本2

我们需要实现用户设定搜索栏功能，应用程序要处理该交互事件。为此，我们需要实现OnSeekBarChangeListener接口，这是SeekBar类的公共静态内部接口。该接口有三种方法，如**表12.9**所示。在这个应用程序中，我们只关心用户调整滑块时的最终数值。因此，我们将onStartTrackingTouch和onStopTrackingTouch方法覆盖为do-nothing方法，并将我们的事件处理代码放在onProgressChanged方法中。第一个参数seekBar是对用户正在交互的SeekBar的引用，使我们能够确定用户是否正在更改灰度公式的红色、绿色或蓝色系数。第二个参数progress存储了seekBar的数值——用它来设置相应颜色的系数。第三个参数fromUser，返回true或false值，如果因用户交互而调用该方法，则为true；如果以编程方式调用该方法，则为false。每个滑块的按钮位置反映其相应系数的实际值，由于灰度公式的三个系数有所约束，因此用户不能自由地操纵滑块。三个系数的总和必须始终为1或更小。例如，红色和绿色滑块不能同时显示为75%的值，因为这意味着红色、绿色和蓝色系数的总和将至少为1.5，违反了约束关系。因此，对于这种不允许出现的情况，我们需要通过代码重置每个滑块的位置，然后触发对onProgressChanged方法的调用。

为了设置SeekBar的事件处理，我们需要执行以下操作：

▶ 对实现SeekBar.OnSeekBarChangeListener接口的私有处理程序类进行编码。

▶ 声明并实例化该类的处理程序对象。

▶ 在SeekBar组件上注册该处理程序。

表12.9　SeekBar.OnSeekBarChangeListener接口的方法

方法	说明
void onStartTrackingTouch（SeekBar seekBar）	当用户开始触摸滑块时调用此方法。
void onStopTrackingTouch（SeekBar seekBar）	当用户停止触摸滑块时调用此方法。
void onProgressChanged（SeekBar seekBar，int progress，boolean fromUser）	当用户移动滑块时连续调用此方法。

例12.8中展示了版本2中的MainActivity类。在第57~82行，我们编写了GrayChangeHandler类，来实现SeekBar.OnSeekBarChangeListener接口。在第18行将3个SeekBar引用——redBar、greenBar和blueBar，定义为实例变量。在第25~27行onCreate方法中，我们将activity_main.xml布局文件中定义的三个SeekBar分配给这三个实例变量。在第29行，我们声明并实例化一个GrayChangeHandler对象。在30~32行将其注册在redBar、greenBar和blueBar上，作为监听器。

```java
1   package com.jblearning.photograyingv2;
2
3   import android.content.Intent;
4   import android.content.pm.PackageManager;
5   import android.graphics.Bitmap;
6   import android.os.Bundle;
7   import android.provider.MediaStore;
8   import android.support.v7.app.AppCompatActivity;
9   import android.widget.ImageView;
10  import android.widget.SeekBar;
11  import android.widget.Toast;
12
13  public class MainActivity extends AppCompatActivity {
14    private static final int PHOTO_REQUEST = 1;
15    private BitmapGrayer grayer;
16    private Bitmap bitmap;
17    private ImageView imageView;
18    private SeekBar redBar, greenBar, blueBar;
19
20    protected void onCreate( Bundle savedInstanceState ) {
21      super.onCreate( savedInstanceState );
22      setContentView( R.layout.activity_main );
23      imageView = ( ImageView ) findViewById( R.id.picture );
24
25      redBar = ( SeekBar ) findViewById( R.id.red_bar );
26      greenBar = ( SeekBar ) findViewById( R.id.green_bar );
27      blueBar = ( SeekBar ) findViewById( R.id.blue_bar );
28
29      GrayChangeHandler gch = new GrayChangeHandler( );
30      redBar.setOnSeekBarChangeListener( gch );
31      greenBar.setOnSeekBarChangeListener( gch );
32      blueBar.setOnSeekBarChangeListener( gch );
33
34      PackageManager manager = this.getPackageManager( );
35      if( manager.hasSystemFeature( PackageManager.FEATURE_CAMERA ) ) {
36        Intent takePictureIntent
37          = new Intent( MediaStore.ACTION_IMAGE_CAPTURE );
38        startActivityForResult( takePictureIntent, PHOTO_REQUEST );
39      } else {
```

```
40          Toast.makeText( this,
41            "Sorry - Your device does not have a camera",
42            Toast.LENGTH_LONG ).show( );
43        }
44      }
45
46      protected void onActivityResult( int requestCode,
47                                       int resultCode, Intent data )  {
48        super.onActivityResult( requestCode, resultCode, data );
49        if( requestCode == PHOTO_REQUEST && resultCode == RESULT_OK ) {
50          Bundle extras = data.getExtras( );
51          bitmap = ( Bitmap ) extras.get( "data" );
52          grayer = new BitmapGrayer( bitmap, 0.0f, 0.0f, 0.0f );
53          imageView.setImageBitmap( bitmap );
54        }
55      }
56
57      private class GrayChangeHandler
58              implements SeekBar.OnSeekBarChangeListener {
59        public void onProgressChanged( SeekBar seekBar,
60                                       int progress, boolean fromUser ) {
61          if( fromUser ) {
62            if( seekBar == redBar ) {
63              grayer.setRedCoeff( progress / 100.0f );
64              redBar.setProgress( ( int ) ( 100 * grayer.getRedCoeff( ) ) );
65            } else if( seekBar == greenBar ) {
66              grayer.setGreenCoeff( progress / 100.0f );
67              greenBar.setProgress( ( int ) ( 100 * grayer.getGreenCoeff( ) ) );
68            } else if( seekBar == blueBar ) {
69              grayer.setBlueCoeff( progress / 100.0f );
70              blueBar.setProgress( ( int ) ( 100 * grayer.getBlueCoeff( ) ) );
71            }
72            bitmap = grayer.grayScale( );
73            imageView.setImageBitmap( bitmap );
74          }
75        }
76
77        public void onStartTrackingTouch( SeekBar seekBar ) {
78        }
79
80        public void onStopTrackingTouch( SeekBar seekBar ) {
81        }
82      }
83    }
```

例12.8 MainActivity类，照片应用程序，版本2

在onActivityResult方法（第46~55行）中，我们在第52行使用默认值（0,0,0）实例化grayer。在版本1中，我们使用硬编码公式对图片进行灰度化处理。在版本2中，我们保留图片原样，保留其颜色，并等待用户与三个滑块交互以使图片变灰。

在第59~75行编码onProgressChanged方法，并测试是否是由第61行的用户交互触发对该方法的调用。如果不是（fromUser为false），则不做任何处理；如果是（fromUser为true），则还要测试哪个滑块触发了该事件。如果是红色滑块（第62行），则调用setRedCoeff，并在第63行缩小进度值至0~1范围。新的redCoeff值可能是三个系数之和1或者更小。在这种情况下，我们要防止搜索栏的按钮超过相应的redCoeff值（redCoeff值的100倍）。无论哪种方式，我们都会在第64行调用setProgress方法，基于redCoeff的值来定位按钮。如果滑动的搜索栏是绿色或蓝色搜索栏，处理方法相同，参见第65~67行和第68~70行。最后，我们检索由第72行的新系数生成的Bitmap，并在第73行将图片重置为该Bitmap。

图12.5展示了在用户点击Save按钮，并且用户与搜索栏进行交互后运行的应用程序界面。

图12.5 照片应用程序，版本2，点击Save按钮后进行用户交互的程序界面

12.4 改进用户界面，照片应用程序，版本3

版本2为用户提供了自定义使图片转为灰色的能力，但是在搜索栏中无法精确设置每个颜色系数的值。在版本3中，我们将在三个SeekBar组件下面添加三个TextView以精确显示颜色系数。

对于用户来说，在小数点后显示多位数字是很不方便的，因此我们将小数点后的位数限制为2。为了实现这个目的，我们使用静态方法keepTwoDigits构建一个实用程序类MathRounding，它接受float参数并返回小数点只有两位数的float。

例12.9中展示了MathRounding类。在第4~7行编码中的keepTwoDigits方法将参数f乘以100，并将结果转换为第5行的int。然后将该int转换为float，将其除以100，并在第6行返回结果。我们将int转换为浮点数以执行浮点除法。

```
1   package com.jblearning.photograyingv3;
2
3   public class MathRounding {
4     public static float keepTwoDigits( float f ) {
5       int n = ( int ) ( 100 * f );
6       return ( ( float ) n ) / 100;
7     }
8   }
```

例12.9 MathRounding类，照片应用程序，版本3

我们可以在BitmapGrayer类或MainActivity类中使用此方法。由于这个特性与显示方式有关，而与应用程序的功能无关，所以我们在应用程序的Controller内部MainActivity类中使用该方法，而不是Model（模型）BitmapGrayer类中。因此，BitmapGrayer类不会更改。

我们需要在XML布局文件中添加三个TextView元素。这三个TextView元素只是id不同，因此我们使用同样的样式。编辑styles.xml文件并为TextView添加样式元素。**例12.10**中展示了styles.xml文件。

```xml
1   <resources>
2
3       <!-- Base application theme. -->
4       <style name="AppTheme" parent="Theme.AppCompat.Light.DarkActionBar">
5           <!-- Customize your theme here. -->
6           <item name="colorPrimary">@color/colorPrimary</item>
7           <item name="colorPrimaryDark">@color/colorPrimaryDark</item>
8           <item name="colorAccent">@color/colorAccent</item>
9       </style>
10
11      <style name="seekBarStyle">
12          <item name="android:layout_weight">1</item>
13          <item name="android:layout_width">wrap_content</item>
14          <item name="android:layout_height">wrap_content</item>
15          <item name="android:layout_gravity">center_vertical</item>
16          <item name="android:progress">0</item>
17          <item name="android:max">100</item>
18      </style>
19
20      <style name="textStyle" parent="@android:style/TextAppearance">
21          <item name="android:layout_weight">1</item>
22          <item name="android:layout_width">0dp</item>
23          <item name="android:layout_height">match_parent</item>
24          <item name="android:gravity">center</item>
25          <item name="android:textStyle">bold</item>
26          <item name="android:textSize">30sp</item>
27          <item name="android:text">0.0</item>
28      </style>
29
30  </resources>
```

例12.10 styles.xml文件，照片应用程序，版本3

在第20~28行，textStyle样式定义了三个TextView元素的样式。在第26行指定字体大小为30，这应该适用于大多数设备，并在第24行指定文本居中，在第25行设置为粗体，并在第27行将其初始化为0.0。

例12.11中展示了activity_main.xml文件。屏幕仍然采用垂直LinearLayout进行布局。现在包含三个部分：ImageView（第13~18行）占据屏幕的十分之八（第14行），LinearLayout（第20~39行）占据屏幕的十分之一（第22行），另一个是LinearLayout（第41~57行）也占据了屏幕的十分之一（第43行）。在第26~37行定义的三个SeekBar元素现在只占据屏幕的十分之一。

```xml
1   <?xml version="1.0" encoding="utf-8"?>
2   <LinearLayout xmlns:android="http://schemas.android.com/apk/res/android"
3       xmlns:tools="http://schemas.android.com/tools"
4       android:layout_width="match_parent"
5       android:layout_height="match_parent"
6       android:paddingLeft="@dimen/activity_horizontal_margin"
7       android:paddingRight="@dimen/activity_horizontal_margin"
8       android:paddingTop="@dimen/activity_vertical_margin"
```

```xml
9       android:paddingBottom="@dimen/activity_vertical_margin"
10      android:orientation="vertical"
11      tools:context="com.jblearning.photograyingv3.MainActivity">
12
13      <ImageView
14          android:layout_weight="8"
15          android:layout_width="match_parent"
16          android:layout_height="0dp"
17          android:scaleType="fitCenter"
18          android:id="@+id/picture" />
19
20      <LinearLayout
21          android:orientation="horizontal"
22          android:layout_weight="1"
23          android:layout_width="match_parent"
24          android:layout_height="0dp" >
25
26          <SeekBar
27              android:id="@+id/red_bar"
28              android:thumb="@drawable/red_thumb"
29              style="@style/seekBarStyle" />
30          <SeekBar
31              android:id="@+id/green_bar"
32              android:thumb="@drawable/green_thumb"
33              style="@style/seekBarStyle" />
34          <SeekBar
35              android:id="@+id/blue_bar"
36              android:thumb="@drawable/blue_thumb"
37              style="@style/seekBarStyle" />
38
39      </LinearLayout>
40
41      <LinearLayout
42          android:orientation="horizontal"
43          android:layout_weight="1"
44          android:layout_width="match_parent"
45          android:layout_height="0dp" >
46
47          <TextView
48              android:id="@+id/red_tv"
49              style="@style/textStyle" />
50          <TextView
51              android:id="@+id/green_tv"
52              style="@style/textStyle" />
53          <TextView
54              android:id="@+id/blue_tv"
55              style="@style/textStyle" />
56
57      </LinearLayout>
58
59  </LinearLayout>
```

例12.11 activity_main.xml文件，照片应用程序，版本3

在第47~55行定义三个TextView元素。在第48行、51行和54行，为每个元素提供一个id，以便我们使用MainActivity类中的findViewById方法访问它们。在第49行、52行和55行用textStyle设置这三个元素的样式。

例12.12中展示了版本3中MainActivity类的变化。在第11行导入TextView类，在第20行声明三个TextView实例变量：redText、greenText和blueText。在第31~33行onCreate方法中将其初始化。

```java
10
11    import android.widget.TextView;
...
14    public class MainActivity extends AppCompatActivity {
...
20        private TextView redTV, greenTV, blueTV;
21
22        protected void onCreate( Bundle savedInstanceState ) {
...
31            redTV = ( TextView ) findViewById( R.id.red_tv );
32            greenTV = ( TextView ) findViewById( R.id.green_tv );
33            blueTV = ( TextView ) findViewById( R.id.blue_tv );
...
50        }
...
63        private class GrayChangeHandler
64                implements SeekBar.OnSeekBarChangeListener {
65            public void onProgressChanged( SeekBar seekBar,
66                                           int progress, boolean fromUser ) {
67                if( fromUser ) {
68                    if( seekBar == redBar ) {
69                        grayer.setRedCoeff( progress / 100.0f );
70                        redBar.setProgress( ( int ) ( 100 * grayer.getRedCoeff( ) ) );
71                        redTV.setText( ""
72                            + MathRounding.keepTwoDigits( grayer.getRedCoeff( ) ) );
73                    } else if( seekBar == greenBar ) {
74                        grayer.setGreenCoeff( progress / 100.0f );
75                        greenBar.setProgress( ( int ) ( 100 * grayer.getGreenCoeff( ) ) );
76                        greenTV.setText( ""
77                            + MathRounding.keepTwoDigits( grayer.getGreenCoeff( ) ) );
78                    } else if( seekBar == blueBar ) {
79                        grayer.setBlueCoeff( progress / 100.0f );
80                        blueBar.setProgress( ( int ) ( 100 * grayer.getBlueCoeff( ) ) );
81                        blueTV.setText( ""
82                            + MathRounding.keepTwoDigits( grayer.getBlueCoeff( ) ) );
83                    }
84                    bitmap = grayer.grayScale( );
85                    imageView.setImageBitmap( bitmap );
86                }
87            }
88
89            public void onStartTrackingTouch( SeekBar seekBar ) {
90            }
91
92            public void onStopTrackingTouch( SeekBar seekBar ) {
93            }
94        }
95    }
```

例12.12 MainActivity类，照片应用程序，版本3

每当用户与其中一个搜索栏交互时，我们都需要更新相应的TextView。在第71~72行、76~77行和81~82行中，根据用户交互的搜索栏的最新值更新grayer，之后即更新相应的TextView。

图12.6中展示了用户点击Save按钮,然后与搜索栏进行交互时,应用程序运行情况。

图12.6 照片应用程序,版本3,点击Save按钮并进行交互后的应用程序界面

12.5 存储图片,照片应用程序,版本4

在版本0、版本1、版本2和版本3中,应用程序通过调用相机应用程序进行拍照。默认情况下,使用相机拍摄的任何照片都存储在图库中。但是,版本0、版本1、版本2和版本3中未实现存储灰度图片的功能。在版本4中,我们的应用程序将实现存储灰度图片到设备上的功能。通常情况下,我们可以将数据存储在**内部存储**或**外部存储**中。在早期Android设备中,内部存储指的是设备内固定的存储器,外部存储指的是可移动存储介质。现在的Android设备中,存储空间本身就分为两个区域,即内部存储和外部存储。我们可以将数据保存在内部存储空间或外部存储空间中。

默认情况下,内部存储始终可用,保存在某些内部存储目录中的文件则只能由编写它们的应用程序访问。当用户卸载应用程序时,将自动删除位于内部存储中的应用程序相关的文件。外部存储通常也是可用的,但不同的设备可能有所不同,任何应用程序都可以访问位于外部存储中的文件。当用户卸载应用程序时,只有当位于外部存储中的应用程序相关文件位于Context类的getExternalFilesDir方法返回的目录中时,才会自动删除这些文件。**表12.10**中总结了内部存储和外部存储之间的一些差异,包括Context类的方法。

表12.10 内部存储、外部存储和Context类的方法		
	内部存储	外部存储
默认文件访问权限	应用可访问	均可访问
何时使用	如果我们想限制文件访问	如果我们不需要限制文件访问
获取目录	getFilesDir()或getCacheDir()	getExternalFilesDir(String type)
清单中的权限	不需要	需要;WRITE_EXTERNAL_STORAGE
当用户卸载应用程序时	应用程序相关文件将被删除	仅当应用程序相关文件位于使用getExternalFilesDir获取的目录中时,才会删除它们

12.5 存储图片，照片应用程序，版本4

在版本4中，我们将灰度图片保存在外部存储中。为了实现此功能，我们执行以下操作：

▶ 在activity_main.xml布局文件中添加一个按钮。
▶ 编辑MainActivity类，以便在用户点击按钮时保存图片。
▶ 创建一个实用程序类StorageUtility，其中包含一个将Bitmap写入外部存储的方法。

例12.13中展示了版本4中activity_main.xml文件。在第59~72行，我们为用户界面添加了一个按钮。在第70行，指定在用户点击该按钮时调用savePicture方法。我们稍微改变了图片所占屏幕的百分比。在第14行，我们将ImageView元素的android:layout_weight属性值设置为7，使其占据屏幕的70%，SeekBar元素仍占据10%（第22行），TextView元素仍占据10%（第43行），按钮占据屏幕的10%（第61行）。

```xml
1    <?xml version="1.0" encoding="utf-8"?>
2    <LinearLayout xmlns:android="http://schemas.android.com/apk/res/android"
3      xmlns:tools="http://schemas.android.com/tools"
4      android:layout_width="match_parent"
5      android:layout_height="match_parent"
6      android:paddingLeft="@dimen/activity_horizontal_margin"
7      android:paddingRight="@dimen/activity_horizontal_margin"
8      android:paddingTop="@dimen/activity_vertical_margin"
9      android:paddingBottom="@dimen/activity_vertical_margin"
10     android:orientation="vertical"
11     tools:context="com.jblearning.photograyingv4.MainActivity" >
12
13     <ImageView
14       android:layout_weight="7"
15       android:layout_width="match_parent"
16       android:layout_height="0dp"
17       android:scaleType="fitCenter"
18       android:id="@+id/picture" />
19
20     <LinearLayout
21       android:orientation="horizontal"
22       android:layout_weight="1"
23       android:layout_width="match_parent"
24       android:layout_height="0dp" >
25
26       <SeekBar
27         android:id="@+id/red_bar"
28         android:thumb="@drawable/red_thumb"
29         style="@style/seekBarStyle" />
30       <SeekBar
31         android:id="@+id/green_bar"
32         android:thumb="@drawable/green_thumb"
33         style="@style/seekBarStyle" />
34       <SeekBar
35         android:id="@+id/blue_bar"
36         android:thumb="@drawable/blue_thumb"
37         style="@style/seekBarStyle" />
38
39     </LinearLayout>
40
41     <LinearLayout
42       android:orientation="horizontal"
```

```xml
            android:layout_weight="1"
            android:layout_width="match_parent"
            android:layout_height="0dp" >

        <TextView
            android:id="@+id/red_tv"
            style="@style/textStyle" />
        <TextView
            android:id="@+id/green_tv"
            style="@style/textStyle" />
        <TextView
            android:id="@+id/blue_tv"
            style="@style/textStyle" />

    </LinearLayout>

    <LinearLayout
        android:orientation="horizontal"
        android:layout_weight="1"
        android:layout_width="match_parent"
        android:layout_height="0dp"
        android:gravity="center" >

        <Button
            android:layout_width="wrap_content"
            android:layout_height="wrap_content"
            android:text="SAVE PICTURE"
            android:onClick="savePicture" />

    </LinearLayout>

</LinearLayout>
```

例12.13 activity_main.xml文件，照片应用程序，版本4

例12.14中展示了StorageUtility类。它只包含一个静态方法writeToExternalStorage，位于第13~62行：该方法将Bitmap写入外部存储中的文件并返回对该文件的引用。如果在该过程中发生了问题，则会抛出IOException。这里返回File引用而不是true或false，是因为我们需要在版本5中访问该文件，当我们通过电子邮件将图片发送给朋友时，将该文件添加为附件。除了Bitmap参数之外，此方法还采用Activity参数，我们可以使用该参数访问外部存储的目录。

```java
package com.jblearning.photograyingv4;

import android.app.Activity;
import android.graphics.Bitmap;
import android.os.Environment;
import android.os.SystemClock;
import java.io.File;
import java.io.FileOutputStream;
import java.io.IOException;
import java.util.Date;

public class StorageUtility {
    /*
```

```java
14      * This method write its bitmap parameter to external storage
15      *       in the Pictures directory
16      * @param activity, an Activity
17      * @param bitmap, a Bitmap reference
18      * @return returns the File it wrote bitmap to
19      */
20    public static File writeToExternalStorage
21       ( Activity activity, Bitmap bitmap ) throws IOException {
22       // 获取外部存储的状态
23       String storageState = Environment.getExternalStorageState( );
24
25       File file = null;
26       if( storageState.equals( Environment.MEDIA_MOUNTED ) ) {
27          // 获取外部存储的目录
28          File dir
29             = activity.getExternalFilesDir( Environment.DIRECTORY_PICTURES );
30          // 生成一个唯一的文件名称
31          Date dateToday = new Date( );
32          long ms = SystemClock.elapsedRealtime( );
33          String filename = "/" + dateToday + "_" + ms + ".png";
34
35          // 创建一个将写入的文件
36          file = new File( dir + filename );
37          long freeSpace = dir.getFreeSpace( ); // 以bytes为单位
38          int bytesNeeded = bitmap.getByteCount( ); // 以bytes为单位
39          if( bytesNeeded * 1.5 < freeSpace ) {
40          // 其中有存储bitmap文件的空间
41             try {
42                FileOutputStream fos = new FileOutputStream( file );
43                // 写入文件
44                boolean result
45                   = bitmap.compress( Bitmap.CompressFormat.PNG , 100,  fos );
46                fos.close( );
47                if( result )
48                   return file;
49                else
50                  throw new IOException( "Problem compressing the Bitmap"
51                                       + " to the output stream" );
52             } catch( Exception e ) {
53               throw new IOException( "Problem opening the file for writing" );
54             }
55          }
56          else
57             throw new IOException( "Not enough space in external storage"
58                                  + " to write Bitmap" );
59       }
60       else
61          throw new IOException( "No external storage found" );
62    }
63  }
```

例12.14 StorageUtility类

Environment类是一个实用程序类,提供对环境变量的访问。其getExternalStorageState静态方法返回表示设备上外部存储状态的String。getExternalStorageState的API如下:

```java
public static String getExternalStorageState( )
```

如果String等于Environment类的MEDIA_MOUNTED常量的值，如**表12.11**所示，则表示设备上有外部存储，并且它具有读写访问权限。我们可以使用以下代码序列测试是否存在外部存储：

```
String storageState = Environment.getExternalStorageState( );
if( storageState.equals( Environment.MEDIA_MOUNTED ) ) {
    // 这是外部存储
```

表12.11　Environment类的常量

常量	说明
MEDIA_MOUNTED	外部存储具有读写访问权限时，由getExternalStorageState方法返回的值
DIRECTORY_PICTURES	目录名称是Pictures
DIRECTORY_DOWNLOADS	目录名称为Download
DIRECTORY_MUSIC	目录名称是Music
DIRECTORY_MOVIES	目录名称是Movies

在第22~23行获取存储状态，并在第26行测试设备上是否有外部存储。如果没有，则在第61行抛出IOException。如果有，则在第27~29行通过调用Context类的getExternalFilesDir方法获取外部存储的目录路径，该Context类通过Activity类继承自MainActivity类。**表12.12**中展示了getExternalFilesDir方法。在作者的平板电脑上，如果参数为null，则返回的目录路径为：

/storage/emulated/0/Android/data/com.jblearning.photograyingv4/files

如果参数是MyGrayedPictures，则返回的目录路径为：

/storage/emulated/0/Android/data/com.jblearning.photograyingv4/files/MyGrayedPictures

表12.12　Context类的getExternalFilesDir方法

方法	说明
File getExternalFilesDir（String type）	返回应用程序可以放置文件的外部存储目录的绝对路径。这取决于应用程序。如果type不为null，则创建一个以type值命名的子目录

Environment类包含一些可以用作目录标准名称的常量。表12.11中列出了其中一部分。需要注意的是，我们并不是必须要使用名为Music的目录来存储音乐文件，但这样做是比较好的习惯。在第29行，我们使用DIRECTORY_PICTURES常量，其值为Pictures（图片）。

■ **软件工程**：使用Environment类提供的相应常量来命名应用程序外部存储目录中的子目录以存储文件。

因为writeToExternalStorage方法可能会被多次调用，所以我们需要在每次调用时创建一个新文件，而不是覆盖原有文件。也不能要求用户每次都输入文件名，因为这对用户来说可能很烦人。因此，我们需要动态生成文件名。由于不能覆盖原有文件，所以我们选择一种文件命名机制，以确保每次都生成唯一的文件名。一种方法是使用当天的日期和系统时钟。**表12.13**中展示的SystemClock类的elapsedRealtime静态方法返回自上次引导以来的毫秒数。我们可以将它与当天的日期结合起来以生成文件名。用户不可能在毫秒之内两次修改搜索栏并点击SAVE PICTURE按钮。因此，我们的命名策略能够在每次生成文件名时确保文件名的唯一性。我们在第30~33行生成该唯一文件名。在第35~36行，我们使用该文件名创建一个文件，该文件位于外部存储目录中。

表12.13　SystemClock类的elapsedRealtime方法

方法	说明
static long elapsedRealtime（）	以毫秒为单位返回自上次启动以来的时间，包括休眠时间

我们使用**表12.14**所示的bitmap类的getByteCount方法，在第37行检索该文件将存入的目录中的可用空间量，在第38行将位图写入该文件。我们测试目录中是否有足够的空间用于存储需要的字节数（为了安全起见，应当有所需空间的1.5倍剩余空间）。如果没有足够的空间，则在第57~58行抛出一个IOException。如果有足够的空间，则会在第42行尝试打开该文件以便存储，并在第43~45行写入bitmap。如果由于某种原因我们未能成功写入，则在catch块内执行操作，并在第53行抛出一个IOException。FileOutputStream构造函数可以抛出多个异常，所以在第52行捕获一个通用的Exception即可。

表12.14　Bitmap类的getByteCount和compress方法

方法	说明
public final int getByteCount（）	返回存储此Bitmap（位图）所需的最小字节数
public boolean compress（Bitmap.Compress.Format format，int quality，OutputStream stream）	使用format格式将此Bitmap的压缩版本写入流，由quality（质量）指定压缩质量，quality范围介于0（最低质量）至100（最高质量）之间。PNG这样无损格式会忽略quality数值

为了将Bitmap bitmap写入文件中，我们使用Bitmap类的compress方法，如表12.14所示。compress方法的第一个参数是文件压缩格式。Bitmap.CompressFormat枚举可用于指定此类格式的常量，如**表12.15**所示。compress方法的第二个参数是压缩的质量。

表12.15　Bitmap.CompressFormat枚举的常量

常量	说明
JPEG	JPEG格式
PNG	PNG格式
WEBP	WebP格式

某些压缩算法（例如PNG格式的压缩算法）是无损的，并忽略该参数的值。compress方法的第三个参数是输出流。如果要写入文件，可以使用FileOutputStream引用，因为FileOutputStream是OutputStream的子类。在第45行，我们指定PNG格式，压缩质量等级为100（虽然这里压缩质量并不重要）。

在第46行关闭文件后，我们在第47行测试compress方法是否返回true（Bitmap正确写入文件）。如果返回true，则在第48行返回文件，否则在第50~51行抛出IOException。

例12.15中展示了版本4中的MainActivity类。当用户点击SAVE PICTURE按钮时，将调用

savePicture方法（第65~74行）。在第68行，我们调用writeToExternalStorage方法，传递this和bitmap。我们不使用返回的File引用，因此我们不捕获它。用户可能会多次更改灰度参数并保存许多灰度图片，由于我们使用唯一名称命名文件，因此可以保存很多的灰度图片。

```
8
9   import android.view.View;
...
14  import java.io.IOException;
15
16  public class MainActivity extends AppCompatActivity {
...
65    public void savePicture( View view ) {
66      // 保存照片并给出反馈
67      try {
68        StorageUtility.writeToExternalStorage( this, bitmap );
69        Toast.makeText( this, "Your picture has been saved",
70            Toast.LENGTH_LONG ).show( );
71      } catch( IOException ioe ) {
72        Toast.makeText( this, ioe.getMessage( ), Toast.LENGTH_LONG ).show( );
73      }
74    }
...
108 }
```

例12.15 MainActivity类，照片应用程序，版本4

由于应用程序写入外部存储，因此必须告知用户，并在AndroidManifest.xml文件的清单元素中添加uses-permission元素，如下所示：

```
<uses-permission android:name="android.permission.WRITE_EXTERNAL_STORAGE" />
```

■ **常见错误：** 对于写入外部存储的应用程序，如果未在AndroidManifest.xml文件中添加uses-permission元素，将导致没有可用于写入文件的存储空间。

图12.7 中展示了用户与搜索栏交互后运行的应用程序。点击SAVE PICTURE按钮，可以保存灰度图像。

当我们运行应用程序并保存图片时，应用程序会提供Toast反馈。用户还可以打开外部存储中应用程序存储图片的目录，并查找需要的文件。**图12.8** 中展示了导航到数据目录之后，依次点击My Files本机应用程序和左窗格中storage、emulated、0、Android、data之后的截图。接下来，我们点击com.jblearning.photograyingv4目录（位于右上方），然后点击文件和图片。现在即可看到我们的照片了。

如果我们将例12.14中的第28~29行更改为：

```
File dir = activity.getExternalFilesDir( "MyPix" );
```

我们再次运行应用程序，然后导航到Pictures目录旁边的MyPix目录，MyPix中包含了应用程序生成的新灰度图片。

图12.7 照片应用程序，版本4，点击Save按钮并进行用户交互后的界面

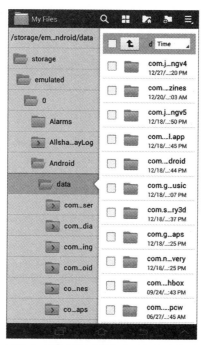

图12.8 导航查找存储的灰度图片时平板电脑的屏幕截图

12.6 使用电子邮件应用程序：将灰度图片发送给朋友，照片应用程序，版本 5

现在我们知道如何将图片保存到文件中了，我们还可以将该文件用作电子邮件的附件发送给别人。在版本5中，我们将使用SEND PICTURE替换按钮内的SAVE PICTURE文本，通过该按钮用户可以共享图片或将其作为电子邮件的附件发送给朋友。

修改activity_main.xml文件中按钮的代码，如**例12.16**所示。

```
65
66        <Button
67          android:layout_width="wrap_content"
68          android:layout_height="wrap_content"
69          android:text="SEND PICTURE"
70          android:onClick="sendEmail" />
71
72      </LinearLayout>
73
74    </LinearLayout>
```

例12.16 activity_main.xml文件，照片应用程序，版本5

例12.17中展示了MainActivity类的sendEmail方法（第67~87行）和新的import语句（第6行和第15行）。用sendEmail方法替换了示例12.16中版本4照片应用程序的savePicture方法。

```
5
6  import android.net.Uri;
```

```
 ...
  15  import java.io.File;
 ...
  18  public class MainActivity extends AppCompatActivity {
 ...
  67    public void sendEmail( View view ) {
  68      // 发送照片并给出反馈
  69      try {
  70        File file = StorageUtility.writeToExternalStorage( this, bitmap );
  71        Uri uri = Uri.fromFile( file );
  72        Intent emailIntent = new Intent( Intent.ACTION_SEND );
  73        emailIntent.setType( "text/plain" );
  74        // String [] recipients = { "abc@xyz.com" };
  75        // emailIntent.putExtra( Intent.EXTRA_EMAIL, recipients );
  76        emailIntent.putExtra( Intent.EXTRA_SUBJECT,
  77            "Photo sent from my Android" );
  78        // emailIntent.putExtra( Intent.EXTRA_TEXT, "Hello from XYZ" );
  79        emailIntent.putExtra( Intent.EXTRA_STREAM, uri );
  80
  81        startActivity( Intent.createChooser( emailIntent,
  82            "Share your picture" ) );
  83      } catch( IOException ioe ) {
  84        Toast.makeText( this, ioe.getMessage( )
  85            + "; could not send it", Toast.LENGTH_LONG ).show( );
  86      }
  87    }
 ...
 121  }
```

例12.17　MainActivity类，照片应用程序，版本5

在第70行，我们将bitmap写入外部存储器，返回File引用文件。在第71行，我们调用Uri类的fromFile方法，如**表12.16**所示，并创建文件的Uri引用uri。我们需要Uri引用才能将文件附加到电子邮件中。注意，不要将来自android.net包的Uri类与java.net包中的URI类混淆，两类封装了统一资源标识符（URI）。

表12.16　Uri类的fromFile静态方法

方法	说明
static Uri fromFile（File file）	从文件创建并返回一个Uri，编码字符除外

在第72~79行中，我们使用**表12.17**中所示的Intent类的常量创建并定义一个Intent来发送一些数据。在第72行，我们使用ACTION_SEND常量来创建一个Intent以发送数据。我们使用**表12.18**中所示的setType方法在第73行设置Intent的多用途Internet邮件扩展（MIME）数据类型。在第76~77行定义一个主题行，将其映射到EXTRA_SUBJECT的值。在第79行将uri作为额外内容添加到Intent，将其映射到EXTRA_STREAM的值，这意味着当我们发送数据时，file表示的文件将成为附件。我们添加并注释了第74~75行和第78行，展示如何使用EXTRA_EMAIL和EXTRA_TEXT常量添加收件人列表和电子邮件正文。对于此应用程序，最好在用户打开电子邮件应用时保持空白状态。

在第81~82行，我们调用Intent类的createChooser方法，如表12.18所示，并调用startActivity，

12.6 使用电子邮件应用程序：将灰度图片发送给朋友，照片应用程序，版本5

表12.17　Intent类的常量

常量	说明
ACTION_SEND	用作Intent将某些数据发送给某人
EXTRA_EMAIL	用于指定电子邮件地址列表
EXTRA_STREAM	与ACTION_SEND一起使用，以指定包含与Intent关联的数据流的URI
EXTRA_SUBJECT	用于指定消息中的主题行
EXTRA_TEXT	与ACTION_SEND一起使用，以定义要发送的文本

表12.18　Intent类的setType和createChooser方法

方法	说明
Intent setType（String type）	设置此Intent的MIME数据类型：返回此Intent，以便链接方法调用
Intent putExtra（String name, dataType value）	向此Intent添加数据。name是数据的关键词，value是数据。putExtra方法有很多种，且具有各种数据类型。返回此Intent，以便链接方法调用
static Intent createChooser（Intent target, CharSequence title）	创建一个动作选择器Intent，以便用户通过用户界面选择要执行的多个活动。title是用户界面的标题

传递返回的Intent引用。createChooser方法返回一个Intent引用，这样当我们用它启动一个activity时，会向用户提供与Intent匹配的应用程序选项。由于我们使用SEND_ACTION常量来创建原始Intent，因此将向用户呈现发送数据的应用程序，例如email、Gmail或其他应用程序。

图12.9中展示了用户与搜索栏交互后运行的应用程序。通过SEND PICTURE按钮用户可以保存并发送灰度图像。

图12.10中展示了用户点击SEND PICTURE按钮后运行的应用程序。可以调用所有与Intent相匹配的可用应用程序以发送数据。

图12.11中展示了用户选择电子邮件后运行的应用程序。现在位于电子邮件应用程序内部，用户可以编辑电子邮件。

图12.9　用户与搜索栏交互后的照片应用程序，版本5

图12.10　用户点击SEND PICTURE后的照片应用程序，版本5

图12.11　选择电子邮件应用程序后的照片应用程序，版本5

本章小结

- 可以在一个应用程序中调用其他应用程序。
- 为了调用某项设备功能或其他应用程序,我们可以在AndroidManifest.xml文件中添加uses-feature元素。
- PackageManager类的hasSystemFeature方法能够检查Android设备上是否具有某项功能或安装了某个应用程序。
- 我们可以使用Intent类的ACTION_IMAGE_CAPTURE常量来打开相机应用程序。
- 我们可以使用ImageView类作为容器来显示图片。
- Bitmap类封装了基于PNG或JPEG等格式存储的图像。
- 如果图片存储在Bitmap(位图)中,我们可以访问图片的每个像素的颜色。
- 来自android.widget包的SeekBar类封装了一个滑块。
- 我们可以通过实现SeekBar.OnSeekBarChangeListener接口来捕获和处理SeekBar事件。
- Android设备具有内部存储,通常也具有外部存储,但有的设备不具有外部存储。
- Context类提供了可用于检索外部存储的目录路径的方法。
- 若要写入外部存储,必须在AndroidManifest.xml文件中添加uses-permission元素。
- 我们可以使用Bitmap类的compress方法将Bitmap写入文件。
- 使用Uri类的fromFile方法将File转换为Uri。
- 我们可以使用Intent类中的ACTION_SEND常量创建一个Intent,从而调用现有的电子邮件应用程序发送电子邮件。
- 我们可以使用Intent类的createChooser静态方法根据给定的Intent显示相匹配的多个可用应用程序。

 练习、问题和项目

多项选择练习

1. 可以使用PackageManager类的哪种方法来检查Android设备上是否安装了应用程序?
   - IsInstalled
   - isAppInstalled
   - hasSystemFeature
   - hasFeature
2. 可以使用哪个MediaStore类常量创建Intent以调用相机应用程序?
   - ACTION_CAMERA

- IMAGE_CAPTURE
- ACTION_ CAPTURE
- ACTION_IMAGE_CAPTURE

3. 可以用什么类作为图片的容器？
   - PictureView
   - ImageView
   - BitmapView
   - CameraView

4. 问题3中的类的哪个方法用于将Bitmap对象放在容器中？
   - setBitmap
   - setImage
   - setImageBitmap
   - putBitmap

5. 用什么关键词来检索存储在相机应用程序Intent的附加组件中的Bitmap？
   - camera（相机）
   - picture（图片）
   - data（数据）
   - bitmap（位图）

6. 使用什么方法来检索像素的颜色？
   - getPixel
   - getColor
   - getPixelColor
   - getPoint

7. 使用什么方法来修改像素的颜色？
   - setPixel
   - setColor
   - setPixelColor
   - setPoint

8. 问题7中的方法有几个参数？
   - 0
   - 1
   - 2
   - 3

9. 封装滑块的类的名称是什么？
   - Slider
   - Bar

- SeekBar
- SliderView

10. Android设备上的存储类型有哪些?
    - 内部和外部
    - 仅有内部
    - 仅有外部
    - Android设备上没有存储空间

11. Context类的哪个方法返回外部存储目录的绝对路径?
    - getExternalPath
    - getInternalPath
    - getExternalFiles
    - getExternalFilesDir

12. 可以使用什么方法将Bitmap类写入文件?
    - writeToFile
    - compress
    - write
    - format

13. 使用什么静态方法从文件创建Uri?
    - fromFile
    - 构造函数
    - createFromFile
    - createUriFromFile

14. 使用Intent类的什么常量创建Intent以发送数据?
    - ACTION_SEND
    - DATA_SEND
    - EMAIL_SEND
    - SEND

编写代码

15. 编写代码,检测设备上相机应用程序是否可用并输出到Logcat。
16. 编写代码,将名为myBitmap的Bitmap放在名为myImageView的ImageView中。
17. 编写代码,将名为myBitmap的位图中的所有像素更改为红色。
18. 编写代码,将名为myBitmap的位图中的所有像素更改为灰色,采用以下红色、绿色和蓝色系数: 0.5、0.2、0.3。
19. 编写代码,根据当前设备上是否有可用的外部存储器,将代码输出到Logcat EXTERNAL STORAGE或显示NO EXTERNAL STORAGE。

20. 编写代码，向Logcat输出名为myBitmap的Bitmap中的字节数。
21. 编写代码，使用JPEG格式将名为myBitmap的Bitmap写入文件，压缩质量级别为50。

    ```
    // 假设该文件是 File 对象引用
    // 之前已正确定义
    try {
      FileOutputStream fos = new FileOutputStream( file );
      // 代码如下

    }
    catch( Exception e ) {
    }
    ```

22. 编写代码，创建Intent以发送电子邮件至mike@yahoo.com，主题行为HELLO，并显示消息SEE PICTURE ATTACHED。将存储在myFile目录中的File对象附加到邮件中。

编写一个应用程序

23. 编写一个应用程序，用户可以拍照和显示图片，其中含有一个按钮，能够消除图片的所有像素中的红色分量。添加一个模型。
24. 编写一个应用程序，用户可以拍照和显示图片，其中含有三个单选按钮，以消除图片的所有像素中的红色、绿色或蓝色分量。添加一个模型。
25. 编写一个应用程序，用户可以拍照和显示图片，其中含有一个按钮，能够将图片更改为镜像显示（图片的左侧和右侧切换）。如果用户点击该按钮两次，该应用程序将再次显示原始图片。添加一个模型。
26. 编写一个应用程序，用户可以拍照和显示图片，其中含有一个按钮，能够在图片周围显示（您选择的）相框。可以为相框定义颜色和厚度的像素数。添加一个模型。
27. 与问题26相同，但添加一个按钮可以电子邮件形式发送带有相框的图片。添加一个模型。
28. 编写一个应用程序，用户可以拍照和显示图片，其中含有一个按钮，能够同时在图像周围显示多个不同颜色的相框（至少添加三个单选按钮用来选择颜色）。添加一个模型。
29. 编写一个应用程序，用户可以拍摄照片，并类似于GIF动画那样在同一个ImageView容器中显示两张照片：图片1显示一秒钟，然后图片2显示一秒钟，然后图片1显示一秒钟，如此循环。
30. 与问题29相同，但添加一个按钮可以电子邮件形式发送两张图片。
31. 编写一个应用程序，用户可以拍照和显示图片，并在图片上添加需要的文本。可以使用Canvas和Paint类，尤其是将Bitmap作为参数的Canvas构造函数。
32. 与问题31相同，但添加一个气泡（您可以对气泡的图形进行硬编码），使文字进入泡沫。
33. 编写一个应用程序，用户可以拍照和显示图片，并添加晕影效果。晕影效果是通过降低图像周边区域的饱和度来实现的。添加一个模型。

CHAPTER 13

XML和内容型应用程序

本章目录

内容简介

- 13.1 解析XML、DOM和SAX解析器，Web Content应用程序，版本0
- 13.2 将XML解析为列表，Web Content应用程序，版本1
- 13.3 解析远程XML文档，Web Content应用程序，版本2
- 13.4 Web Content应用程序在ListView中显示结果，版本3
- 13.5 在应用程序内部打开Web浏览器，Web Content应用程序，版本4

本章小结

练习、问题和项目

内容简介

智能手机和平板电脑上都有浏览器,让用户可以在网上冲浪。然而,常规网页在小屏幕上可能无法全部显示。**内容型应用程序(Content apps)**是能够选择显示网站中内容的应用程序,这样就可以管理信息量的显示,用户体验也会达到最佳状态。很多网站都有这样的内容型应用程序,尤其是社交媒体网站和新闻网站。通常,网站会提供经常更新、格式一致的信息,这些信息对外部世界,尤其是应用程序开发人员可用。这种格式化的信息中的一种称为**简易信息聚合(Really Simple Syndication,RSS)文件**。典型的RSS文件(一般称为RSS Feed)不仅可用XML格式化,还经常使用通用元素,如item、title、link、description或pubDate。为了构建特定站点的内容应用程序,我们需要了解该站点RSS文件的格式,并且需要能够解析该站点公开的XML文件,以便显示其内容。

13.1 解析 XML、DOM 和 SAX 解析器,Web Content 应用程序,版本 0

XML文档通常伴随着**文档类型声明(DTD)**文档:它包含XML文档应该遵循的规则。例如,它可以指定rss元素可以包含0个或多个item元素,它可以指定item元素必须恰好包含一个title元素和一个link元素,它还可以指定title元素必须包含纯文本。本章中,我们只关注XML,不考虑DTD。假设我们解析的任何XML文档都是正确格式的,并符合其DTD规则。

解析XML文档有两种解析器:

- **DOM**解析器
- **SAX**解析器

文档对象模型(DOM,Document Object Model)解析器将XML文件转换为树。一旦XML被转换为树,我们就可以通过树来修改元素、添加元素、删除元素、检索元素或值。这类似于浏览器对HTML文档的处理方法:它构建一个驻留在内存中的树状结构,可以通过JavaScript来访问、检索或修改。

如果我们使用XML文档代替数据库,并且想要访问和修改该数据库,那么使用DOM解析器是一个不错的选择。内容应用程序一般不会这样做。内容应用程序通常将XML文档转换为列表,并允许用户与列表交互。该列表包含指向url的链接。

为了将XML文档转换为列表,我们使用**Simple API for XML(SAX)**解析器。SAX解析器在读取XML文档时构建一个列表。该列表的元素是对象。相比于DOM,SAX是一种速度更快、更有效的方法。

例如,假设我们要解析示**例13.1**中显示的XML文档:

```
<?xml version="1.0" encoding="utf-8" ?>
<rss>
  <item>
    <title>Facebook</title>
    <link>http://www.facebook.com</link>
  </item>
```

```
    <item>
      <title>Twitter</title>
      <link>http://www.twitter.com</link>
    </item>
    <item>
      <title>Google</title>
      <link>http://www.google.com</link>
    </item>
</rss>
```

例13.1　一个简单的XML文档

DOM解析器将把XML文档转换为类似于**图13.1**所示的树状结构。实际上树中的分支比图13.1显示得要多一些，因为元素之间的空字符串也是树的分支。

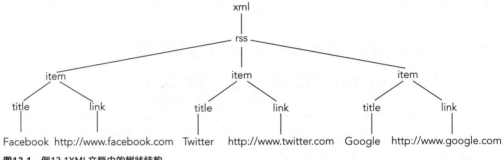

图13.1　例13.1 XML文档中的树状结构

与其将XML文档看作树，我们还可以将其看作三项列表。在这个文档中，每个项目都有一个title和一个link。我们可以用两个字符串实例变量title和link来编写Item类。SAX解析器将把XML文档转换为包含三个元素的项列表，如**图13.2**所示。

```
{ { title: Facebook; link: http://www.facebook.com }, { title:
Twitter; link: http://www.twitter.com }, { title: Google; link:
http://www.google.com } }
```

图13.2　例13.1 XML文档中的元素列表

在应用程序的版本0中，主要涉及使用SAX解析器进行XML解析的过程。我们使用现有的SAX解析器来解析例13.1中的XML文档，并将解析过程反馈到Logcat输出。为此，我们构建了两个类：

▶ SAXHandler类处理XML文档的各种元素，例如开始标记、结束标记和标记之间的文本，因为SAX解析器会扫描到它们。

▶ MainActivity类。

我们将在res目录中创建一个原始目录，并在里面放一个名为test.xml的文件，其中包含例13.1中的XML文档。在本章后面，我们会从动态URL读取XML文档。此时，还没有创建Item类。我们会在版本1中创建。

DefaultHandler类是SAX 2级事件处理程序的基类。Default-Handler类实现四个接口：EntityResolver、DTDHandler、ContentHandler和ErrorHandler。它实现了从这四个接口继承的所有方法作为do-nothing方法。**表13.1**显示了这四个接口及其方法。

表13.1 EntityResolver、DTDHandler、ContentHandler和ErrorHandler接口

接口	接收通知	方法名称
EntityResolver	Entity相关事件	resolveEntity
DTDHandler	DTD相关事件	notationDcl、unparsedEntityDcl
ContentHandler	Logic相关事件	startDocument、endDocument、startElement、endElement、字符和其他方法
ErrorHandler	Errors和警告	Error、fatalError、警告

使用SAX解析器解析XML文件时，可能会发生许多事件。例如，只要解析器遇到开始标记、结束标记或文本，就是一个事件。DefaultHandler类包含许多在解析文档和事件发生时自动调用的方法。**表13.2**显示了其中一些方法。例如，当解析器遇到开始标记时，将调用startElement方法。当解析器遇到结束标记时，将调用endElement方法。当解析器遇到文本时，将调用characters方法。这些方法实现空方法。为了处理这些事件，需要继承DefaultHandler类并重载我们感兴趣的方法。

表13.2 DefaultHandler类的方法

方法	说明
void startElement（String uri，String localName，String startElement，Attributes attributes）	解析器遇到start标记时调用。uri是名称空间uri，localName是其本地名称。startElement是开始标记的名称。attributes包含在startElement标记内找到的（名称、值）对的列表中
void endElement（String uri，String localName，String endElement）	解析器遇到end标记时调用
void characters（char[] ch，int start，int length）	解析器遇到字符数据时调用。ch存储字符，start是起始索引，length是要从ch读取的字符数

XML文档可以包含**实体引用**。实体引用使用特殊语法& nameOfTheEntity;。例如，"是一个实体引用，表示双引号（"），<表示小于号（<），&表示符号（&）。这些是部分预定义实体引用。我们还可以在DTD中添加用户定义的实体引用。简单起见，我们假设本章中解析的XML文档不包含实体引用。

要解析XML文档，需要调用SAXParser类的一个解析方法。**表13.3**列出了其中一些。它们指定DefaultHandler参数，该参数用于处理解析过程中遇到的事件。当重载DefaultHandler类时，我们需要重载它的方法，以便可以在这些方法中构建项目列表。**例13.2**显示了版本0的SAXHandler类。我们重载startElement、endElement和characters方法，它们都抛出SAXException异常。在这些方法内部，会输出一些参数的值。SAX的相关类在org.xml.sax和org.xml.sax.helpers包中。这些类在第3~5行导入。

表13.3 SAXParser类的解析方法

方法	说明
void parse（InputStream is，DefaultHandler dh）	解析XML输入流的内容，并使用dh处理事件
void parse（File f，DefaultHandler dh）	解析XML文件的内容，并使用dh处理事件
void parse（String uri，DefaultHandler dh）	解析位于uri的XML文件的内容，并使用dh处理事件

```
1   package com.jblearning.webcontentv0;
2
3   import org.xml.sax.Attributes;
4   import org.xml.sax.SAXException;
5   import org.xml.sax.helpers.DefaultHandler;
6   import android.util.Log;
7
8   public class SAXHandler extends DefaultHandler {
9     public SAXHandler( ) {
10    }
11
12    public void startElement( String uri, String localName,
13                              String startElement, Attributes attributes )
14                              throws SAXException {
15      Log.w( "MainActivity", "Inside startElement, startElement = "
16             + startElement );
17    }
18
19    public void endElement( String uri, String localName,
20                            String endElement ) throws SAXException {
21      Log.w( "MainActivity", "Inside endElement, endElement = "
22             + endElement );
23    }
24
25    public void characters( char ch [], int start,
26                            int length ) throws SAXException {
27      String text = new String( ch, start, length );
28      Log.w( "MainActivity", "Inside characters, text = " + text );
29    }
30  }
```

例13.2 SAXHandler类,版本0

如表13.1所示,DefaultHandler类包括其他方法,例如,当遇到XML文档中的错误时调用error()或fatalError()。简单起见,我们假设XML和DTD文档中没有任何类型的错误,这样我们就不需要处理XML错误。

SAXParser类是抽象的,因此我们无法实例化对象。SAXParserFactory类(也是抽象的)提供了创建SAXParser对象的方法。表13.4列出了两种方法。静态newInstance方法,创建一个SAXParserFactory对象并返回它的引用;newSAXParser方法,创建一个SAXParser对象并返回它的引用。

表13.4 SAXParserFactory类的方法

方法	说明
SAXParserFactory newInstance ( )	创建并返回SAXParserFactory的静态方法
SAXParser newSAXParser ( )	创建并返回SAXParser

要创建SAXParser对象,我们可以使用以下语句:

```
SAXParserFactory factory = SAXParserFactory.newInstance( );
SAXParser saxParser = factory.newSAXParser( );
```

在版本0中,我们将硬编码的XML文档存储在res目录下的raw目录的文件中。因此,如果文件名为test.xml,我们可以使用R.raw.test来访问。我们可以将该资源转换为输入流,并使用表13.3中列出的第一个解析方法。

由Activity类继承的Context类的getResources方法返回对应用程序包的Resources引用。使用该Resources引用,可以调用**表13.5**中列出的openRawResource方法,以打开并获取对InputStream的引用,以便可以读取该资源中的数据。

表13.5 Resources类的openRawResource方法

方法	说明
InputStream openRawResource(int id)	打开并返回一个InputStream,以读取id为id的资源的数据

我们可以链接到getResources和openRawResource的方法调用,来打开输入流以从文件test.xml读取数据,如下所示:

```
InputStream is= getResources().openRawResource(R.raw.test);
```

为了解析名为InputStream,它包含一个名为saxParser的SAXParser XML文档,它使用名为handler的DefaultHandler引用来处理事件,我们调用parse方法如下:

```
saxParser.parse(is, handler);
```

例13.3显示了MainActivity类。SAXParser和SAXParserFactory类都是javax.xml.parsers包的一部分,在第7~8行导入。许多异常由我们使用的各种方法抛出:

newSAXParse 方法抛出 ParserConfigurationException 和 SAXException 异常。
openRawResource 方法抛出一个 Resources.NotFoundException 异常。
parse 方法抛出 IllegalArgumentException、IOException 和 SAXException 异常。

```
1   package com.jblearning.webcontentv0;
2
3   import android.os.Bundle;
4   import android.support.v7.app.AppCompatActivity;
5   import android.util.Log;
6   import java.io.InputStream;
7   import javax.xml.parsers.SAXParser;
8   import javax.xml.parsers.SAXParserFactory;
9
10  public class MainActivity extends AppCompatActivity {
11    protected void onCreate( Bundle savedInstanceState ) {
12      super.onCreate( savedInstanceState );
13      setContentView( R.layout.activity_main );
14      try {
15        SAXParserFactory factory = SAXParserFactory.newInstance( );
16        SAXParser saxParser = factory.newSAXParser( );
17        SAXHandler handler = new SAXHandler( );
18        InputStream is = getResources( ).openRawResource( R.raw.test );
19        saxParser.parse( is, handler );
20      } catch ( Exception e ) {
21        Log.w( "MainActivity", "e = " + e.toString( ) );
22      }
```

```
23        }
24   }
```

例13.3 MainActivity类，版本0

      这些异常中的一些已经过检查，而另一些是未经检查的。简单起见，我们在第14~20行使用try{}块并在第20行捕获异常。在try{}块中，第15~16行创建了SAXParser，在第17行声明并实例化一个名为handler的SAXHandler。第18行，打开一个输入流来读取位于res目录的raw目录中的test.xml文件中的数据，第19行开始用处理程序解析该输入流。解析触发对saxhandler从defaulthandler继承的各种方法的多次调用，尤其对在例13.2中重写的三种方法。

      图13.3显示了运行应用程序时的Logcat输出。我们观察到以下情况：

- 每当遍历到开始标记时，在startElement方法内部执行，而startElement参数的值是标记的名称。
- 每当遍历到结束标记时，在endElement方法内执行，endElement参数的值是标记的名称。
- 在同一元素的开始和结束标记之间，在characters方法内执行，数组ch在开始和结束标记之间存储字符（也称为元素内容）。
- 在元素的结束标记和另一个元素的开始标记之间，在characters方法内执行，文本只包含空白字符。

```
Inside startElement, startElement = rss
Inside characters, text =
Inside characters, text =
Inside startElement, startElement = item
Inside characters, text =
Inside characters, text =
Inside startElement, startElement = title
Inside characters, text = Facebook
Inside endElement, endElement = title
Inside characters, text =
Inside characters, text =
Inside startElement, startElement = link
Inside characters, text = http://www.facebook.com
Inside endElement, endElement = link
Inside characters, text =
Inside characters, text =
Inside endElement, endElement = item
Inside characters, text =
Inside characters, text =
Inside startElement, startElement = item
Inside characters, text =
Inside characters, text =
Inside startElement, startElement = title
Inside characters, text = Twitter
Inside endElement, endElement = title
Inside characters, text =
Inside characters, text =
Inside startElement, startElement = link
Inside characters, text = http://www.twitter.com
Inside endElement, endElement = link
Inside characters, text =
Inside characters, text =
Inside endElement, endElement = item
```

```
    Inside characters, text =
    Inside characters, text =
    Inside startElement, startElement = item
    Inside characters, text =
    Inside characters, text =
    Inside startElement, startElement = title
    Inside characters, text = Google
    Inside endElement, endElement = title
    Inside characters, text =
    Inside characters, text =
    Inside startElement, startElement = link
    Inside characters, text = http://www.google.com
    Inside endElement, endElement = link
    Inside characters, text =
    Inside characters, text =
    Inside endElement, endElement = item
    Inside characters, text =
    Inside endElement, endElement = rss
```

图13.3 Web Content应用程序的Logcat输出，版本0

13.2 将 XML 解析为列表，Web Content 应用程序，版本 1

在版本1中，我们解析test.xml文件并将其转换为列表。我们将Item类编码为Model的一部分。Item类封装了XML文档中的一个项，它有两个String型实例变量——title和link。在SAXHandler类中，我们构建了一个Item对象的ArrayList，它反映我们在XML文档中找到的内容。

例13.4显示了Item类。它包括第7~10行的重载构造函数，第12~13行的存器和第14~15行的访问器。在第16行，我们添加了一个toString方法，主要是为了检查解析的正确性。

```
1   package com.jblearning.webcontentv1;
2
3   public class Item {
4     private String title;
5     private String link;
6
7     public Item( String newTitle, String newLink ) {
8       setTitle( newTitle );
9       setLink( newLink );
10    }
11
12    public void setTitle( String newTitle ) { title = newTitle; }
13    public void setLink( String newLink ) { link = newLink; }
14    public String getTitle( ) { return title; }
15    public String getLink( ) { return link; }
16    public String toString( ) { return title + "; " + link; }
17  }
```

例13.4 Item类，Web Content应用程序，版本1

在如例13.5中所示的SAXHandler类版本1中，我们构建了Item对象的ArrayList。当调用startElement方法时，如果标记是item，我们需要实例化一个新的Item对象。如果标记是title或link，我们将在characters方法中读取的文本为当前Item对象的title或link实例变量的值。当调用

endElement方法时，如果标记是item，我们就完成了当前Item对象的处理，需要将它添加到列表中。

```java
1   package com.jblearning.webcontentv1;
2
3   import java.util.ArrayList;
4   import org.xml.sax.Attributes;
5   import org.xml.sax.SAXException;
6   import org.xml.sax.helpers.DefaultHandler;
7
8   public class SAXHandler extends DefaultHandler {
9     private boolean validText;
10    private String element = "";
11    private Item currentItem;
12    private ArrayList<Item> items;
13
14    public SAXHandler( ) {
15      validText = false;
16      items = new ArrayList<Item>( );
17    }
18
19    public ArrayList<Item> getItems( ) { return items; }
20
21    public void startElement( String uri, String localName,
22                              String startElement, Attributes attributes )
23                              throws SAXException {
24      validText = true;
25      element = startElement;
26      if( startElement.equals( "item" ) ) //开始当前item
27        currentItem = new Item( "", "" );
28    }
29
30    public void endElement( String uri, String localName,
31                            String endElement ) throws SAXException {
32      validText = false;
33      if( endElement.equals( "item" ) ) // 将当前item加入items
34        items.add( currentItem );
35    }
36
37    public void characters( char ch [ ], int start,
38                            int length ) throws SAXException {
39      if( currentItem != null && element.equals( "title" ) && validText )
40        currentItem.setTitle( new String( ch, start, length ) );
41      else if( currentItem != null && element.equals( "link" ) && validText )
42        currentItem.setLink( new String( ch, start, length ) );
43    }
44  }
```

例13.5　SAXHandler类，Web Content应用程序，版本1

我们需要注意在characters方法中，处理正确的数据。在XML文档中，标记之间通常存在空白，例如在结束标记和开始标记之间，注意不要处理它们。我们需要处理的是位于开始标记和对应的结束标记之间的字符数据。我们使用状态变量validText来评估在characters()内处理的字符数据是否是我们想要处理的数据。当遇到开始标记时，我们将validText设置为true。当遇到结束标记时，我们将validText设置为false。如果validText为true，只处理characters方法中的字符数据。

13.2 将XML解析为列表，Web Content应用程序，版本1

在第9~12行声明了四个实例变量：

- validText，一个boolean状态变量。如果它的值为true，在characters方法中处理字符数据，否则不处理。
- element，一个String，存储当前元素（此示例中为xml、rss、item、title或link）。
- currentItem，一个Item，存储当前的Item对象。
- items，一个ArrayList，存储我们构建的Item对象列表。

第14~17行，构造函数，在第15行将validText初始化为false，在第16行实例化items。在第19行编码items的访问器，以便我们可以从外部类访问。

startElement方法（第21~28行），在第24行将validText设置为true，并将startElement（开始标记内的文本）赋值给第25行的element。如果start标记等于item（第26行），就实例化一个新的Item对象，在第27行，赋值对currentItem的引用。

> **常见错误：** 每次遇到值为item的开始标记时，重新实例化一个新的Item对象很重要。否则，我们将继续重载相同的Item对象，且列表中的所有对象最终都是相同的。

如果开始标记后面有结束标记，则接下来调用字符方法。如果currentItem不为null，validText为true，element的值为title或link（第39行和41行），则构建当前Item对象。如果element等于title或link，则将当前Item对象的title或link实例变量的值设置为读取的字符（第40行和42行）。

调用startElement和characters方法后，将调用endElement方法（第30~35行）。我们在第32行为validText赋值false。这样，在结束标记之后和开始标记之前找到的任何文本都不会被characters方法处理。如果element的值是item（第33行），我们将处理当前的Item对象，并将它添加到第34行的items中。

例13.6显示了MainActivity类版本1。在第22行，我们检索解析列表的项并将其赋值给ArrayList items。第23~24行，我们遍历它并将其输出到Logcat，以检查解析的正确性。

```
1    package com.jblearning.webcontentv1;
2
3    import android.os.Bundle;
4    import android.support.v7.app.AppCompatActivity;
5    import android.util.Log;
6    import java.io.InputStream;
7    import java.util.ArrayList;
8    import javax.xml.parsers.SAXParser;
9    import javax.xml.parsers.SAXParserFactory;
10
11   public class MainActivity extends AppCompatActivity {
12     protected void onCreate( Bundle savedInstanceState ) {
13       super.onCreate( savedInstanceState );
14       setContentView( R.layout.activity_main );
15       try {
16         SAXParserFactory factory = SAXParserFactory.newInstance( );
17         SAXParser saxParser = factory.newSAXParser( );
18         SAXHandler handler = new SAXHandler( );
19         InputStream is = getResources( ).openRawResource( R.raw.test );
20         saxParser.parse( is, handler );
```

```
21          ArrayList<Item> items = handler.getItems( );
22          for( Item item : items )
23            Log.w( "MainActivity", item.toString( ) );
24        } catch ( Exception e ) {
25          Log.w( "MainActivity", "e = " + e.toString( ) );
26        }
27      }
28    }
29  }
```

例13.6　MainActivity类，Web Content应用程序，版本1

图13.4显示了运行应用程序版本1时Logcat的内部输出。我们可以检查ArrayList items是否包含test.xml文件中列出的三个Item对象。

```
Facebook; http://www.facebook.com
Twitter; http://www.twitter.com
Google; http://www.google.com
```

图13.4　Web Content应用程序的Logcat输出，版本1

13.3　解析远程 XML 文档，Web Content 应用程序，版本 2

在版本2中，我们从远程网站解析XML文档。不是从test.xml文件中读取数据，而是从Jones & Bartlett Learning的计算机科学博客的RSS FEED中提取数据。该URL为http://www.blogs.jblearning.com/computer-science/feed/。访问Internet网，打开URL，读取该URL的数据。从3.0版开始，Android不允许应用程序在其主线程中打开URL。线程是在现有进程内执行的一系列代码。现有流程通常称为主线程。对于Android应用程序，也称为用户界面线程。可以在同一进程内执行多个线程。线程可以共享资源，例如内存。

当启动应用程序时，代码在主线程中执行，因此我们需要在不同的线程中打开该URL。此外，在尝试使用主线程中的数据填充列表之前，我们需要在辅助线程中完成XML解析，因为我们使用在辅助线程中读取的数据作为列表。来自android.os包的AsyncTask类允许我们执行后台操作，然后访问主线程以传达其结果。它旨在执行持续几秒或更短时间的短任务，不应该用于启动长时间运行的线程。AsyncTask是抽象的，因此我们必须对其进行子类化并实例化子类的对象才能使用。附录D详细解释了AsyncTask，它还包括一个使用AsyncTask的非常简单的应用程序。

我们创建了ParseTask类，它是AsyncTask类的子类，以便从远程服务器解析rss文件。我们执行以下步骤：

▶ 创建了ParseTask，它是AsyncTask的子类。
▶ 重载doInBackground方法，以便它解析我们感兴趣的XML文档。
▶ 在ParseTask中，包含一个实例变量，它是对启动任务的活动的引用。这使我们能够从ParseTask调用activity类的方法。
▶ 重载onPostExecute方法并调用activity类的方法，以使用刚刚完成的任务的结果更新活动。
▶ 在活动中，我们创建并实例化ParseTask的对象。

- 将对此活动的引用传递给ParseTask对象。
- 调用AsyncTask的execute方法，传递一个URL，开始执行任务。

AsyncTask类使用三种通用类型，我们在扩展它时必须指定它们。子类的类头如下：

AccessModifier ClassName 扩展了 AsyncTask <Params, Progress, Result>

Params、Progress和Result是实际类名的占位符，具有以下含义：
- Params是数组的数据类型，当我们调用它时，它会传递给AsyncTask的execute方法。
- Progress是任务在后台执行时用于进度单位的数据类型。如果我们选择报告进度，则该数据类型通常为Integer或Long。
- Result是执行任务时返回的值的数据类型。

在这个应用程序中，我们希望能够传递一个字符串数组（表示URL）作为execute方法的参数，我们不关心进度，该任务返回Item对象的ArrayList。因此，我们使用以下类头：

public ParseTask 扩展了 AsyncTask <String, Void, ArrayList <Item >>

为了使用AsyncTask类启动任务，我们执行以下操作：
- 创建AsyncTask的子类。
- 声明并实例化该子类的对象。
- 使用该对象，调用execute方法以启动任务。

在使用ParseTask引用调用execute方法之后，doInBackground方法执行，其参数与我们传递给执行的参数相同。它的返回值成为onPostExecute的参数，在doInBackground完成后自动调用。**表13.6**显示了这三种方法。execute和doInBackground方法标题显示它们都接受可变数量的参数。

表13.6　AsyncTask类的方法

方法	说明
AsyncTask execute（Params ... params）	params表示Params类型的值的数组，这是一种泛型类型
Result doInBackground（Params ... params）	params是调用该方法时传递给execute的参数
void onPostExecute（Result result）	在doInBackground完成后自动调用该方法。结果是doInBackground返回的值

当我们调用execute方法时，AsyncTask类的以下方法按以下顺序执行：onPreExecute、doInBackground和onPostExecute。

在任务执行之前，如果想要执行一些初始化，我们可以将该代码放在onPreExecute方法中。我们将要执行的任务的代码放在doInBackground方法中。该方法是抽象的，必须重写。自动传递给doInBackground方法的参数与我们调用它时传递给execute方法的参数相同。在doInBackground里面，当任务正在执行时，如果我们想要向主线程报告进度，可以调用publishProgress方法。反过来这触发了对onProgressUpdate方法的调用，我们可以重载它：例如，我们可以更新用户界面线程中的进度条。当doInBackground方法完成执行时，将调用onPostExecute方法。我们可以重载它以使用刚刚完成的任务的结果更新用户界面。自动传递给onPostExecute方法的参数是doInBackground方法返回的值。

为了总结数据流，我们传递给execute的参数传递给doInBackground，doInBackground的返回值作为onPostExecute的参数传递。

在我们的ParseTask类中，Params数据类型是String，Result数据类型是ArrayList。因此，doInBackground方法具有以下方法标头：

```
protected ArrayList <Item> doInBackground( String ... urls )
```

例13.7显示了ParseTask类。在类头（第9行）中，我们将String指定为Params数据类型，将Void指定为Progress数据类型，因为我们不报告此应用程序中的进度，而ArrayList指定为Result数据类型。

```
1   package com.jblearning.webcontentv2;
2
3   import android.os.AsyncTask;
4   import android.util.Log;
5   import java.util.ArrayList;
6   import javax.xml.parsers.SAXParser;
7   import javax.xml.parsers.SAXParserFactory;
8
9   public class ParseTask extends AsyncTask<String, Void, ArrayList<Item>> {
10    private MainActivity activity;
11
12    public ParseTask( MainActivity fromActivity ) {
13      activity = fromActivity;
14    }
15
16    protected ArrayList<Item> doInBackground( String... urls ) {
17      try {
18        SAXParserFactory factory = SAXParserFactory.newInstance( );
19        SAXParser saxParser = factory.newSAXParser( );
20        SAXHandler handler = new SAXHandler( );
21        saxParser.parse( urls[0], handler );
22        return handler.getItems( );
23      } catch( Exception e ) {
24        Log.w( "MainActivity", e.toString( ) );
25        return null;
26      }
27    }
28
29    protected void onPostExecute ( ArrayList<Item> returnedItems ) {
30      activity.displayList( returnedItems );
31    }
32  }
```

例13.7　ParseTask类，Web Content应用程序，版本2

在第10行，我们声明了活动实例变量，即对MainActivity的引用。构造函数（第12~14行）接受MainActivity参数并将其分配给activity。当我们从MainActivity类调用该构造函数时，我们将其作为参数传递。

在第16~27行重载doInBackground方法。方法头指定它返回Item对象的ArrayList（Result数据类型），并且它接受Strings作为参数（Params数据类型）。

解析XML的代码与例13.6中的代码基本相同，不同之处在于使用parse方法，第一个参数是表示第21行的URL的String，而不是之前的InputStream。我们希望只有一个参数传递给该方法，

13.3 解析远程XML文档，Web Content应用程序，版本2

因此只处理第一个参数，使用表达式urls[0]访问它。我们不希望url在那一点上为null，但即使它是，在第23行捕获该异常。在第22行，返回解析XML文档时生成的Item对象的ArrayList。

在第29~31行重载onPostExecute方法。在doInBackground方法完成执行后自动调用它时，其参数returnedItems的值是doInBackground返回的Item对象的ArrayList。我们使用activity实例变量调用MainActivity类的displayList方法，在第30行传递returnedItems。在MainActivity类中，我们需要编写displayList方法的代码。

由于应用程序访问Internet，我们需要在AndroidManifest.xml文件的manifest元素中添加适当的权限代码，如下所示：

```
<uses-permission android: name ="android.permission.INTERNET" />
<uses-permission android: name ="android.permission.ACCESS_NETWORK_STATE" />
```

例13.8显示了MainActivity类。在第9~10行声明一个名为URL的String常量来存储RSS文件的URL。在第15行，我们声明并实例化一个ParseTask对象，并在第16行调用execute方法，传递URL。由于execute方法接受可变数量的参数，因此我们可以传递0、1或更多参数。或者我们可以传递一个只包含一个元素URL的字符串数组，如下所示：

```
task.execute(new String [] {URL});
```

```
1    package com.jblearning.webcontentv2;
2
3    import android.os.Bundle;
4    import android.support.v7.app.AppCompatActivity;
5    import android.util.Log;
6    import java.util.ArrayList;
7
8    public class MainActivity extends AppCompatActivity {
9      private final String URL
10           = "http://blogs.jblearning.com/computer-science/feed/";
11
12     protected void onCreate( Bundle savedInstanceState ) {
13       super.onCreate( savedInstanceState );
14       setContentView( R.layout.activity_main );
15       ParseTask task = new ParseTask( this );
16       task.execute( URL );
17     }
18
19     public void displayList( ArrayList<Item> items ) {
20       if( items != null ) {
21         for( Item item : items )
22           Log.w( "MainActivity", item.toString( ) );
23       }
24     }
25   }
```

例13.8 MainActivity类，Web Content应用程序，版本2

在第19~24行，我们编写displayList方法。此时，它将其参数项的内容输出到Logcat。Items项可以为null，因此我们在for循环之前的第20行测试它。

需要注意的是，当我们使用AsyncTask时，我们的代码排序很重要。在第16行执行调用之后，如果在第16行之后有语句，则执行将在onCreate方法内继续执行。在这种情况下，这些语句与在ParseTask类中执行的语句之间将存在交错执行。如果我们试图在onCreate方法内的第16行之后检索Item对象的ArrayList，那么它很可能是null。处理任务结果的正确方法是在onPostExecute方法中执行此操作。

图13.5显示了当我们运行应用程序版本2时Logcat内部的部分输出。需要注意的是，这是一个实时博客，因此内容可能每天更改，可能与图中的输出不匹配。

```
The Essentials of Computer Organization and Architecture Wins Third
Texty Award; http://blogs.jblearning.com/computer-science/2015/02/27/the-
essentials-of-computer-organization-and-architecture-wins-third-texty-award/

Computer Science Careers Among 2015 Best Jobs; http://
blogs.jblearning.com/computer-science/2015/02/17/
computer-science-careers-among-2015-best-jobs/

Now Available: Computer Science Illuminated, Sixth Edition Includes
Navigate 2 Advantage Access; -navigate-2-advantage-access/

...
```

图13.5 Web Content应用程序的Logcat输出，版本2

13.4 Web Content 应用程序在 ListView 中显示结果，版本 3

在版本0、版本1和版本2中，没有任何用户界面。在版本3中，显示了从屏幕上的XML文档中检索到的所有标题的列表。

为了简化这个例子，我们只允许应用程序在竖屏运行。因此，我们将以下内容添加到activity元素内的AndroidManifest.xml文件中：

android:screenOrientation=**"portrait"**

要在屏幕上将标题显示为列表，我们在activity_main.xml文件中使用ListView元素。ListView包含任意数量的字符串。我们在定义ListView时不必指定多少元素。因此，我们可以动态地构建Item对象的ArrayList，并以编程方式将相应的标题列表放在ListView中。

例13.9显示了activity_main.xml文件，版本3。替换显示Hello World的TextView！在第12~16行的ListView元素的框架文件中。在第12行给它一个id，这样我们就可以使用findViewById方法通过代码访问它并用数据填充它。我们在第15~16行使用android:divider和android:dividerHeight属性，在显示的项目之间添加一条红色的2像素宽的分界线。

```
1   <?xml version="1.0" encoding="utf-8"?>
2   <RelativeLayout xmlns:android="http://schemas.android.com/apk/res/android"
3       xmlns:tools="http://schemas.android.com/tools"
4       android:layout_width="match_parent"
5       android:layout_height="match_parent"
6       android:paddingBottom="@dimen/activity_vertical_margin"
```

13.4 Web Content应用程序在ListView中显示结果，版本3

```xml
 7        android:paddingLeft="@dimen/activity_horizontal_margin"
 8        android:paddingRight="@dimen/activity_horizontal_margin"
 9        android:paddingTop="@dimen/activity_vertical_margin"
10        tools:context="com.jblearning.webcontentv3.MainActivity" >
11
12        <ListView android:id="@+id/list_view"
13            android:layout_width="match_parent"
14            android:layout_height="match_parent"
15            android:divider="#FF00"
16            android:dividerHeight="2dp" />
17
18    </RelativeLayout>
```

例13.9　Web Content应用程序的activity_main.xml文件，版本3

例13.10显示了ParseTask类，版本3。在第24~25行，我们使用Toast语句将输出语句替换为例13.7第24行的Logcat。除了在第4行导入Toast的语句外，这些是唯一的更改。

```java
 1   package com.jblearning.webcontentv3;
 2
 3   import android.os.AsyncTask;
 4   import android.widget.Toast;
 5   import java.util.ArrayList;
 6   import javax.xml.parsers.SAXParser;
 7   import javax.xml.parsers.SAXParserFactory;
 8
 9   public class ParseTask extends AsyncTask<String, Void, ArrayList<Item>> {
10     private MainActivity activity;
11
12     public ParseTask( MainActivity fromActivity ) {
13       activity = fromActivity;
14     }
15
16     protected ArrayList<Item> doInBackground( String... urls ) {
17       try {
18         SAXParserFactory factory = SAXParserFactory.newInstance( );
19         SAXParser saxParser = factory.newSAXParser( );
20         SAXHandler handler = new SAXHandler( );
21         saxParser.parse( urls[0], handler );
22         return handler.getItems( );
23       } catch( Exception e ) {
24         Toast.makeText( activity, "Sorry - There was a problem parsing",
25                 Toast.LENGTH_LONG ).show( );
26         return null;
27       }
28     }
29
30     protected void onPostExecute ( ArrayList<Item> returnedItems ) {
31       activity.displayList( returnedItems );
32     }
33   }
```

例13.10　Web Content应用程序的ParseTask类，版本3

例13.11显示了MainActivity类，版本3。我们在第13行包含一个ListView实例变量listView。

```java
1   package com.jblearning.webcontentv3;
2
3   import android.os.Bundle;
4   import android.support.v7.app.AppCompatActivity;
5   import android.widget.ArrayAdapter;
6   import android.widget.ListView;
7   import android.widget.Toast;
8   import java.util.ArrayList;
9
10  public class MainActivity extends AppCompatActivity {
11    private final String URL
12        = "http://blogs.jblearning.com/computer-science/feed/";
13    private ListView listView;
14
15    protected void onCreate( Bundle savedInstanceState ) {
16      super.onCreate( savedInstanceState );
17      setContentView( R.layout.activity_main );
18      listView = ( ListView ) findViewById( R.id.list_view );
19      ParseTask task = new ParseTask( this );
20      task.execute( URL );
21    }
22
23    public void displayList( ArrayList<Item> items ) {
24      if( items != null ) {
25        // 构建要显示的标题的ArrayList
26        ArrayList<String> titles = new ArrayList<String>( );
27        for( Item item : items )
28          titles.add( item.getTitle( ) );
29
30        ArrayAdapter<String> adapter = new ArrayAdapter<String>( this,
31            android.R.layout.simple_list_item_1, titles );
32        listView.setAdapter( adapter );
33      } else
34        Toast.makeText( this, "Sorry - No data found",
35            Toast.LENGTH_LONG ).show( );
36    }
37  }
```

例13.11 Web Content应用程序的MainActivity类，版本3

在displayList方法（第23~36行）中，我们使用ArrayList项中的所有标题填充listView。我们生成标题，一个包含第25~28行中项目标题的字符串ArrayList。在第30~31行，我们创建了一个包含标题的ArrayAdapter。我们使用**表13.7**中列出的构造函数，传递三个参数。第一个参数是this，对此活动的引用（Activity继承自Context）。第二个参数是android.R.layout.simple_list_item_1，它是R.layout类的常量。这是一个简单的布局，我们可以用来显示一些文字。第三个参数是titles，一个ArrayList，因此是List。

表13.7 ArrayAdapter类的构造函数

构造函数	说明
ArrayAdapter（Context context，int textViewResourceId，List<T> objects）	Context是当前环境，textViewResourceId是包含TextView的布局资源的id，objects是T类型的对象列表

我们使用第18行的id检索activity_main.xml中定义的ListView,并将其分配给listView。在第32行,我们将标题列表分配为listView中显示的列表,调用ListView类的setAdapter方法,如**表13.8**所示。适配器引用实际上是一个ArrayAdapter,因此是ListAdapter,因为ArrayAdapter继承自ListAdapter接口。ListAdapter是ListView及其数据列表之间的桥梁。

表13.8　ListView类的setAdapter方法	
方法	说明
void setAdapter（ListAdapter adapter）	将此ListView的ListAdapter设置为adapter。adapter存储支持此ListView的数据列表,并为数据列表中的每个项生成一个View

此时,我们没有设置任何列表事件处理,我们在版本4中这样做。如果items为null,我们在第34~35行显示Toast。

图13.6所示在模拟器中运行的Web Content应用程序,版本3。

图13.6　在模拟器中运行的Web Content应用程序,版本3

13.5　在应用程序内部打开 Web 浏览器, Web Content 应用程序, 版本 4

在版本4中,我们从列表中的用户选择的URL打开浏览器。为此,我们执行以下操作:

▶ 当用户从列表中选择项目时实施事件处理。

▶ 检索与该项关联的链接。

▶ 在链接中包含的URL处打开浏览器。

在版本3中,列表显示了我们生成的解析XML文档的Item对象的ArrayList的标题。在版本4中,需要访问链接值。为了检索给定Item对象的链接,我们向MainActivity类添加一个实例变量，该类表示Item对象的列表。当用户从列表中选择一个项目时，我们检索其索引，从该索引处的ArrayList检索Item对象，并检索该Item的链接实例变量的值。

例13.12显示了MainActivity类，版本4。在第18行，我们声明了listItems实例变量，Item对象的ArrayList。在displayList中，在第29行，我们将其items参数分配给listItems。

```java
1   package com.jblearning.webcontentv4;
2
3   import android.content.Intent;
4   import android.net.Uri;
5   import android.os.Bundle;
6   import android.support.v7.app.AppCompatActivity;
7   import android.view.View;
8   import android.widget.AdapterView;
9   import android.widget.ArrayAdapter;
10  import android.widget.ListView;
11  import android.widget.Toast;
12  import java.util.ArrayList;
13
14  public class MainActivity extends AppCompatActivity {
15    private final String URL
16          = "http://blogs.jblearning.com/computer-science/feed/";
17    private ListView listView;
18    private ArrayList<Item> listItems;
19
20    protected void onCreate( Bundle savedInstanceState ) {
21      super.onCreate( savedInstanceState );
22      setContentView( R.layout.activity_main );
23      listView = ( ListView ) findViewById( R.id.list_view );
24      ParseTask task = new ParseTask( this );
25      task.execute( URL );
26    }
27
28    public void displayList( ArrayList<Item> items ) {
29      listItems = items;
30      if( items != null ) {
31        // 构建要显示的标题的ArrayList
32        ArrayList<String> titles = new ArrayList<String>( );
33        for( Item item : items )
34          titles.add( item.getTitle( ) );
35
36        ArrayAdapter<String> adapter = new ArrayAdapter<String>( this,
37                android.R.layout.simple_list_item_1, titles );
38        listView.setAdapter( adapter );
39
40        ListItemHandler lih = new ListItemHandler( );
41        listView.setOnItemClickListener( lih );
42      } else
43        Toast.makeText( this, "Sorry - No data found",
44              Toast.LENGTH_LONG ).show( );
45    }
46
47    private class ListItemHandler
48           implements AdapterView.OnItemClickListener {
49      public void onItemClick( AdapterView<?> parent, View view,
50                               int position, long id ) {
```

```
51              Item selectedItem = listItems.get( position );
52              Uri uri = Uri.parse( selectedItem.getLink( ) );
53              Intent browserIntent = new Intent( Intent.ACTION_VIEW, uri );
54              startActivity( browserIntent );
55          }
56      }
57  }
```

例13.12 MainActivity类，Web Content应用程序，版本4

OnItemClickListener是AdapterView类的公共内部接口。它包括一个抽象回调方法onItem-Click。如果OnItemClickListener对象正在侦听该列表上的事件，则当用户从与AdapterView关联的列表中选择项目时，将自动调用该方法。**表13.9**显示了onItemClick方法。

表13.9　OnItemClickListener接口	
方法	说明
void onItemClick（AdapterView <?> parent，View view，int position，int id）	在列表中选择项时调用此方法：parent是AdapterView；view是已选择的AdapterView中的视图；position是AdapterView中视图的位置；id是所选项目的行索引

为了实现列表事件处理，我们执行以下操作：

▶ 我们编写一个私有处理程序类，在第47~56行扩展OnItemClickListener，并在第49~55行重载它唯一的抽象方法onItemClick。
▶ 我们在第40行声明并实例化该类的对象。
▶ 我们在第41行的ListView上注册该处理程序，以便它监听列表事件。

onItemClick方法的参数position存储用户选择的列表中项的索引。我们使用它在第51行的索引处的listItems中检索Item对象。在第52行，我们使用Uri类的静态解析方法，如**表13.10**所示，创建一个Uri对象，其中String存储在链接实例中该Item对象的变量。在第53行，我们创建一个Intent来打开该Uri的Web浏览器。我们将Intent类的ACTION_VIEW常量和Uri对象传递给Intent构造函数。在第54行，我们用Intent开始一个新的活动。由于活动是打开浏览器，因此没有与该活动关联的布局文件和类。

图13.7显示了用户从列表中选择项目后，在模拟器中运行的应用程序版本4。如果我们单击模拟器的后退按钮，我们将返回到链接列表，然后该链接将成为活动堆栈顶部的活动。

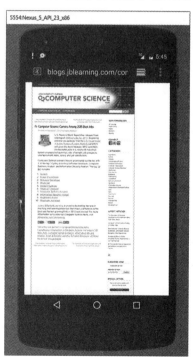

图13.7 用户从列表中选择项目后，在模拟器中运行的Web Content应用程序，版本4

表13.10　Uri类的解析方法	
方法	说明
static Uri parse（String uriString）	创建一个解析uriString并返回对它的引用的Uri

本章小结

- 有两种类型的XML解析器：DOM和SAX。
- DOM解析器将XML文档转换为树。SAX解析器按顺序读取XML文档并报告它找到的内容。我们可以使用它将XML文档转换为对象列表。
- 我们可以使用SAXParserFactory类来获取SAXParser引用。
- SAXParser类包含几种解析XML文档的方法。
- 我们可以扩展DefaultHandler类以使用SAX解析器解析XML文档。
- DefaultHandler类包括在解析XML文档时自动调用的回调方法。例如，当解析器遇到开始标记时，将调用startElement方法。
- 最新版本的Android不允许我们在应用程序的主线程上打开URL。我们需要在一个单独的线程上执行此操作。
- 我们可以扩展AsyncTask类以提供线程功能。
- 对AsyncTask类的execute方法的调用会按顺序触发preExecute、doInBackground和postExecute方法的执行。
- 传递给execute的参数又传递给doInBackground，然后doInBackground的返回值作为postExecute的参数传递。
- 为了从应用程序访问Internet，我们需要在AndroidManifest.xml文件中包含一个uses-permission元素。
- 我们可以使用ListView来显示项目列表。
- 要在ListView上执行事件处理，我们可以实现AdapterView类的OnItemClickListener内部接口并重载其onItemClick方法。
- Uri类封装了统一资源标识符。
- 我们可以使用Intent类的ACTION_VIEW常量和Uri对象创建打开浏览器的意图。

练习、问题和项目

多项选择练习

1. DOM代表什么？
   - Direct Object Model
   - Document Object Model
   - Document Oriented Model
   - Direct Oriented Model

2. SAX代表什么？
   - Super Adapter XML
   - Simple API eXtension
   - Simple API for XML
   - Simple Android for XML

3. 解析器遇到开始标记时调用DefaultHandler类的哪种方法？
   - startElement
   - startTag
   - start
   - tag

4. 解析器遇到结束标记时，会调用DefaultHandler类的哪种方法？
   - endElement
   - endTag
   - end
   - tag

5. 解析器遇到字符数据时调用DefaultHandler类的哪种方法？
   - data
   - characterData
   - foundCharacters
   - character

6. 调用AsyncTask类的哪种方法来启动任务？
   - start
   - run
   - execute
   - startTask

7. 问题7中方法的论证成为哪种方法的论据？
   - preExecute

- doInBackground
- postExecute
- publishProgress

8. doInBackground方法的返回值成为哪个方法的参数？
   - preExecute
   - doInBackground
   - postExecute
   - publishProgress

9. 可以使用什么常量的Intent类来创建打开浏览器的意图？
   - ACTION_BROWSER
   - ACTION_VIEW
   - WEB_VIEW
   - WEB_BROWSER

填写代码

10. 此代码使用DefaultHandler myHandler开始解析位于res目录的raw目录中的名为myFile.xml的文件（假设SAXHandler扩展了DefaultHandler）。

```
SAXParserFactory factory = SAXParserFactory.newInstance();
SAXParser saxParser = factory.newSAXParser();
SAXHandler myHandler = new SAXHandler();
// 代码从这里开始
```

11. 在DefaultHandler类的characters方法内，将名为myString的String分配给解析器所读取的字符。

```
public void characters(char ch [], int start, int length)
    抛出 SAXException {
  String myString;
  // 代码从这里开始
}
```

12. 我们编写了一个名为MyTask的类，扩展了AsyncTask。我们希望将一个Integers数组传递给execute方法，我们希望doInBackground方法返回一个Doubles的ArrayList。我们不关心报告进度。编写MyTask的类头。

13. 我们编写了一个名为MyTask2的类，扩展了AsyncTask。我们希望将Double传递给execute方法，我们希望doInBackground方法返回一个String。我们希望以整数形式报告进度。编写MyTask2的类头。

14. 我们已经编写了一个名为MyTask的类，扩展了AsyncTask。doInBackground接受可变数量的整数作为参数。开始执行任务，传递一个或多个值。

    // 我们在一个活动类里面

```
MyTask myTask = new MyTask(this);
// 代码从这里开始（只有一个陈述）
```

15. 编写一个实现OnItemClickListener接口的私有类，并将其方法重载为空方法。
16. 在活动内部，编写代码以在http://www.google.com上打开浏览器。

编写一款应用程序

17. 编写一款类似于本章中的应用程序的应用程序：使用不同的URL并显示已发布的日期以及标题。
18. 编写一款类似于本章中的应用程序的应用程序：使用不同的URL并仅显示过去30天内发布的标题。
19. 编写类似于本章中的应用程序的应用程序：使用不同的URL并添加文本字段，以便用户指定他们希望数据的最新状态。例如，如果用户输入45，则仅显示发布日期在过去45天内的结果。
20. 编写类似于本章中的应用程序的应用程序：使用不同的URL并添加带有文本字段的前端活动，以便用户指定搜索词，让显示的标题包含该搜索词。
21. 编写一个应用程序，在ListView中向用户显示您选择的网站列表。当用户点击一个时，浏览器会打开该网站。

CHAPTER 14

制作Android小部件

本章目录

内容简介

14.1 制作小部件的操作步骤：温度小部件，版本0

14.2 设置小部件样式：温度小部件，版本1

14.3 更新小部件的数据：温度小部件，版本2

14.4 通过单击更新小部件的数据：温度小部件，版本3

14.5 检索远程源中的温度数据：温度小部件，版本4

14.6 使用Activity自定义小部件：温度小部件，版本5

14.7 在锁屏屏幕上托管小部件：温度小部件，版本6

本章小结

练习、问题和项目

内容简介

应用程序小部件（也称为小部件）是嵌入在其他应用程序中的小应用程序，容纳小部件的应用程序称为应用程序小部件主机。主屏幕和锁屏屏幕就是一种应用程序小部件主机。我们还可以制作自己的应用程序小部件主机，但这超出了本章的内容范围。小部件可以定期接收更新数据并相应地更新其视图，自动定期更新的最低频率为30分钟。许多Android设备都随机安装了小部件。众所周知的常见小部件是来自www.accuweather.com的天气应用小部件。在本章中，我们将创建一个小部件，安装之后将显示用户指定区域的当前温度。

14.1 制作小部件的操作步骤：温度小部件，版本 0

在创建小部件前，我们首先要使用Empty Activity模板创建标准的Android应用程序项目。虽然可以重用（和修改）现有的activity_main.xml文件，但本例中我们选择在布局目录中为小部件新建一个布局文件，将其命名为widget_layout.xml。

android.appwidget包中包含能够创建和管理小部件的类。**表14.1**列出了其中一些类。

若要创建小部件，我们要执行以下操作：

- 在AndroidManifest.xml文件的application元素中添加receiver元素。
- 在位于res/xml目录中的可扩展标记语言（XML）资源中定义AppWidgetProviderInfo对象。
- 在res/layout目录中的XML文件中定义应用程序小部件布局。
- 扩展AppWidgetProvider类或BroadcastReceiver类。

在版本0中，我们创建一个非常简单的小部件，显示硬编码的String对象。

表14.1 android.appwidget包的类	
类	说明
AppWidgerProvider	可以扩展此类，以实现小部件提供程序。此类包含了可以覆盖的小部件life-cycle方法
AppWidgetProviderInfo	描述小部件提供程序中的元数据，例如图标、最小宽度和高度、更新频率等
AppWidgetManager	管理小部件及其小部件提供程序

首先，我们更新AndroidManifest.xml文件。使用以下模式在AndroidManifest.xml文件的application元素中添加一个receiver元素：

```xml
<receiver android:name="AppWidgetProviderClassName" >
  <intent-filter>
    <action android:name="android.appwidget.action.APPWIDGET_UPDATE" />
  </intent-filter>
  <meta-data android:name="android.appwidget.provider"
          android:resource="@xml/name_of_widget_info_file" />
  </meta-data>
</receiver>
```

在此例中，TemperatureProvider是扩展AppWidgetProvider类的名称，而widget_info.xml则是res\xml目录中包含小部件信息（如大小和更新频率）的文件的名称。

例14.1中展示了AndroidManifest.xml文件。在第12~22行，receiver元素替换默认activity元

素。第12行的receiver元素内的android:name属性是必需的，它的值是扩展AppWidgetProvider类的名称。intent-filter元素中的action元素（第14~15行）是必需的，并且必须具有android:name属性，其值等于AppWidgetManager类的ACTION_APPWIDGET_UPDATE常量。这意味着，此小部件以widget_info.xml文件中指定的频率接收更新广播。在第18~20行，meta-data（元数据）元素通过其android:name和android:resource属性指定AppWidgetProviderInfo信息，两者都是强制性的。

- android:name属性指定元数据名称：android.appwidget.provider值用于将元数据标识为AppWidgetProviderInfo类型（第19行）。
- android:resource属性指定包含AppWidgetProviderInfo信息的xml文件的资源位置和名称（第20行）。

```xml
1   <?xml version="1.0" encoding="utf-8"?>
2   <manifest package="com.jblearning.temperaturewidgetv0"
3            xmlns:android="http://schemas.android.com/apk/res/android">
4
5     <application
6         android:allowBackup="true"
7         android:icon="@mipmap/ic_launcher"
8         android:label="@string/app_name"
9         android:supportsRtl="true"
10        android:theme="@style/AppTheme">
11
12      <receiver android:name="TemperatureProvider">
13        <intent-filter>
14          <action android:name=
15            "android.appwidget.action.APPWIDGET_UPDATE" />
16        </intent-filter>
17
18        <meta-data
19            android:name="android.appwidget.provider"
20            android:resource="@xml/widget_info" />
21
22      </receiver>
23    </application>
24
25  </manifest>
```

例14.1　AndroidManifest.xml文件

例14.2中展示了widget_info.xml文件，在XML资源中定义AppWidgetProviderInfo对象。**表14.2**中展示了AppWidgetProviderInfo类的一些公共实例变量和相应的XML属性。

```xml
1   <?xml version="1.0" encoding="utf-8"?>
2   <appwidget-provider
3       xmlns:android="http://schemas.android.com/apk/res/android"
4       android:initialLayout="@layout/widget_layout"
5       android:minHeight="50dp"
6       android:minWidth="200dp"
7       android:updatePeriodMillis="1800000">
8   </appwidget-provider>
```

例14.2　widget_info.xml文件

表14.2 AppWidgetProviderInfo类的公共实例变量和XML属性

公共实例变量	XML属性	说明
int minWidth	android:minWidth	添加到主机的小部件的宽度,以dp为单位
int minHeight	android:minHeight	添加到主机时小部件的高度,以dp为单位
int minResizeWidth	android:minResizeWidth	可以调整小部件的最小宽度,以dp为单位
int minResizeHeight	android:minResizeHeight	可以调整小部件的最小高度,以dp为单位
int updatePeriodMillis	android:updatePeriodMillis	小部件的更新频率,以毫秒为单位,最低频率为30分钟
int widgetCategory	android:widgetCategory	指定此小部件是否可以显示在主屏幕、锁屏屏幕或同时显示在二者上

默认情况下,res目录中不包含xml目录,因此我们需要先完成创建。由于我们在例14.1中的AndroidManifest.xml文件中指定了widget_info作为定义AppWidgetProviderInfo对象的xml文件的名称,因此我们在xml目录中添加一个名为widget_info.xml的xml文件。该文件必须包含单个appwidget-provider元素。在例14.2的第2~8行中定义了该元素。在第4行,我们将位于res/layout目录中的widget_layout.xml指定为小部件的布局资源。在第5~6行,我们将其最小高度和宽度设置为50像素和200像素。在创建小部件并添加到主机时,将采用上述设定的宽度和高度。Android主屏幕是按照单元格网格形式布局的,每个单元格中可以放置小部件(和图标)。具体的网格布局可能因设备而异。

例如,手机可能采用4×4网格形式布局,平板电脑可能采用8×7网格形式布局。小部件占用的水平或垂直单元格数,就是容纳minWidth或minHeight像素所需的最小单元格数。**表14.3**中展示了Google的相关建议。例如,如果有一个小部件,其minWidth值为200、minHeight值为70,则其图形将需要占用2×4矩形单元格:200dp需要占用4个垂直单元格,70dp需要占用2个水平单元格。

表14.3 小部件尺寸与占用的单元格数量

占用单元格数	小部件最大尺寸(以dp为单位)
n	70 * n-30
1	40
2	110
3	180
4	250

在第7行,我们将更新频率设置为1800000毫秒,即30分钟。这是小部件可以自动更新的最低频率。但是,我们可以通过代码在小部件上设置一些事件处理来触发小部件更新,例如,当用户触摸小部件时更新数据。我们将在版本2中实现这样的功能。

例14.2中的第4行指定在widget_layout.xml文件中定义小部件的布局。虽然小部件通常很小且具有简单的GUI,但在一些限制条件下小部件是可以具有复杂GUI的。**表14.4**中列出了小部件可以使用的视图和布局管理器。

例14.3中展示了widget_layout.xml文件。其中,在LinearLayout(第2行)中进行布局,仅添加一个TextView(第7~12行),在此版本中,使用字符串资源city_and_temp(第11行)显示一些

表14.4	可以在小部件中使用的视图和布局管理器
视图	AnalogClock、Button、Chronometer、ImageButton、ImageView、ProgressBar、TextView、ViewFlipper、ListView、GridView、StackView、AdapterViewFlipper
布局管理器	FrameLayout、LinearLayout、RelativeLayout、GridLayout

硬编码文本。在strings.xml中定义city_and_temp，如下所示：

```
<string name="city_and_temp">New York, NY\n75\u00B0F</string>
```

使用Unicode字符\u00B0来编码度数符号（°）。在strings.xml中，将app_name字符串的值从TemperatureWidgetV0更改为TemperatureV0。

```
 1  <?xml version="1.0" encoding="utf-8"?>
 2  <LinearLayout xmlns:android="http://schemas.android.com/apk/res/android"
 3                android:orientation="vertical"
 4                android:layout_width="match_parent"
 5                android:layout_height="match_parent">
 6
 7    <TextView
 8        android:layout_width="match_parent"
 9        android:layout_height="match_parent"
10        style="@android:style/TextAppearance.Large"
11        android:text="@string/city_and_temp" >
12    </TextView>
13
14  </LinearLayout>
```

例14.3　widget_layout.xml文件

我们现在来创建一个扩展AppWidgetProvider的类。如例14.1中的AndroidManifest.xml文件中所指定的，我们将其命名为TemperatureProvider。**表14.5**中展示了AppWidgetProvider类的一些life-cycle（生命周期）方法。第2列中的常量来自AppWidgetManager类。我们需要覆盖onUpdate方法，以便显示小部件。onUpdate方法提供了如下三个参数：

▶ 一个Context引用：对AppWidgetProvider正在运行的环境的引用。
▶ 一个AppWidgetManager：使我们能够更新当前类型的一个或多个小部件。
▶ 一组小部件ID：需要更新的该提供程序中的小部件ID。

我们之所以引用一个小部件ID数组，而不是一个小部件ID，是因为用户可能已经安装了该类的多个小部件。例如，如果小部件需要基于定位自定义显示信息，那么我们就需要安装一个可以显示纽约温度信息的小部件，而在加利福尼亚州帕洛阿尔托则需要另一个能显示当地的温度信息的小部件。

在onUpdate方法中，我们遍历所有类型为TemperatureProvider的小部件ID，并使用AppWidgetManager参数更新它们的数据。

需要注意的是，我们可以选择仅使用onUpdate方法的appWidgetIds参数，只更新需要更新的小部件。

表14.6中展示了AppWidgetManager类的一些方法。

表14.5 AppWidgetProvider类的方法

方法	BROADCAST类型（或Intent动作值）	说明
void onUpdate（Context context，AppWidget-Manager manager，int [] appWidgetIds）	ACTION_APPWIDGET_UPDATE	在这个小部件首次运行时以及更新时（更新频率在updatePeriodMillis中）调用该方法
void onAppWidgetOptionsChanged（Context context，AppWidgetManager manager，int appWidgetId，Bundle newOptions）	ACTION_APPWIDGET_OPTIONS_CHANGED	调整此小部件的大小时调用该方法
void onEnabled（）	ACTION_APPWIDGET_ENABLED	将该类型的第一个小部件添加到主机屏幕时调用该方法
void onDeleted（）	ACTION_APPWIDGET_DELETED	从主机屏幕删除该类型的小部件时调用该方法
void onDisabled（）	ACTION_APPWIDGET_DISABLED	从主机屏幕删除该类型的最后一个小部件时调用该方法
void onReceive（Context context，Intent intent）	在配置小部件之前和在配置小部件的activity完成之后，在onUpdate方法之前自动调用该方法。	重写此方法以调用此类的其他方法

表14.6 AppWidgetManager类的方法

方法	说明
int [] getAppWidgetIds（ComponentName provider）	为AppWidgetProvider提供程序类型的小部件返回小部件ID列表
void updateAppWidget（int appWidgetId，RemoteViews views）	将id为appWidgetId的小部件的视图设置为RemoteView

来自android.widget包的RemoteViews类描述了可以显示的视图层次结构，其中还包括可以管理视图层次结构内容的方法。**表14.7**中展示了RemoteViews类的构造函数。

表14.7 RemoteViews类的方法

构造函数	说明
RemoteViews（String packageName，int layoutResourceId）	从名为packageName的包中的layoutResourceId标识的资源创建并返回RemoteView

例14.4中展示了TemperatureProvider类。onUpdate方法位于第9~17行。在第13~14行，我们为widget_layout.xml文件中定义的布局实例化一个RemoteViews对象。appWidgetIds参数中存储了需要更新的小部件的ID。在第15~16行，我们使用appWidgetManager参数遍历所有这些参数。

```
 1    package com.jblearning.temperaturewidgetv0;
 2
 3    import android.appwidget.AppWidgetManager;
 4    import android.appwidget.AppWidgetProvider;
 5    import android.content.Context;
 6    import android.widget.RemoteViews;
 7
 8    public class TemperatureProvider extends AppWidgetProvider {
 9      @Override
10      public void onUpdate ( Context context,
```

```
11        AppWidgetManager appWidgetManager, int [ ] appWidgetIds ) {
12        super.onUpdate( context, appWidgetManager, appWidgetIds );
13        RemoteViews remoteViews = new RemoteViews(
14            context.getPackageName( ), R.layout.widget_layout );
15        for ( int widgetId : appWidgetIds )
16          appWidgetManager.updateAppWidget( widgetId, remoteViews );
17      }
18    }
```

例14.4　TemperatureProvider类

　　如果设备上安装了多个相同提供程序类的小部件，则很可能是用户在不同时间安装了这些小部件。在例14.4中，我们只更新那些需要更新的小部件内容。我们也可以更新所有这些小部件，使其同步，而不考虑哪些小部件需要更新，哪些小部件不需要更新。在本章后面操作中我们将采取这样的做法。

　　我们可以在模拟器中测试小部件。点击应用程序图标，然后点击小部件预览图标（参见图14.1），再点击小部件（参见图14.2），即可以看到小部件的预览效果（参见图14.3）。

　　在像平板电脑这样的设备上运行例14.4后，还需要在平板电脑上安装小部件。为此，我们需要执行以下操作：

- 长按屏幕以显示图14.4所示的菜单（也可以点击应用程序图标）。
- 选择Apps and widgets（应用程序和小部件）命令，然后点击屏幕顶部的Widgets（小部件）选项卡。根据设备上已安装的小部件数量，我们可能需要滑动屏幕才能找到需要的小部件，如图14.5所示。
- 若要安装该小部件，则按住该小部件，并将其移动到我们想要的位置。释放时，小部件即可运行。

　　图14.6中展示了主屏幕上运行的小部件。需要注意的是，我们可以重复该操作，并在主屏幕上安装同一提供程序类的其他小部件。

图14.1　模拟器中的应用程序图标，包括小部件预览图标

图14.2　模拟器中的小部件列表

14.2 设置小部件样式：温度小部件，版本1

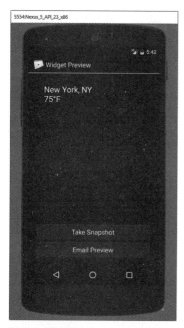

图14.3 模拟器中TemperatureWidgetV0小部件的预览效果

图14.4 长按平板电脑屏幕将弹出下拉菜单

图14.5 平板电脑上显示了Temperature-Widget版本0小部件

图14.6 在平板电脑主屏幕上运行的TemperatureWidgetV0小部件

14.2 设置小部件样式：温度小部件，版本 1

在版本1中，我们设置小部件的样式，使其外观更符合我们的习惯，不过在这个版本中我们先不改进其功能。我们采用两种方式来设计其外观：

- 为其添加背景。
- 设置显示文本的TextView的样式。

若要定义背景,我们需要在drawable目录中创建一个XML文件,并定义一个矩形形状(第3行),如**例14.5**所示。在第5行,我们指定矩形的每个角为半径10的圆角。在第7~9行,我们指定矩形的轮廓:其宽度为2像素(第8行),其颜色为海泡石绿(第9行)。在第11~14行,我们指定矩形的渐变填充。渐变的起始颜色为象牙色(第12行),结束颜色是蓝绿色(第13行),并指定两种不同的不透明度。渐变类型为从45°角开始从左到右的线性渐变(从第14行)。

```xml
1  <?xml version="1.0" encoding="utf-8"?>
2  <shape xmlns:android="http://schemas.android.com/apk/res/android"
3         android:shape="rectangle" >
4
5    <corners android:radius="10dp" />
6
7    <stroke
8        android:width="2dp"
9        android:color="#FFA6FF9B" />
10
11   <gradient
12       android:startColor="#FFFFFFF0"
13       android:endColor="#AA008080"
14       android:angle="45" />
15
16 </shape>
```

例14.5 widget_shape.xml文件

  Google建议在小部件的边界矩形和小部件框架的边缘之间留出边距,并在小部件的框架内添加一些填充,如**图14.7**所示。红色外部矩形是小部件的边界矩形或边界框。蓝色矩形是小部件的框架。小部件内容,尤其是Views(视图),位于黑色矩形内。

  例14.6中展示了已更新的widget_layout.xml文件。widget_layout.xml文件使用LinearLayout元素来定义小部件的布局。在第7行,我们将值@drawable/widget_shape分配给android:background XML属性,以指定LinearLayout元素的背景由widget_shape.xml文件定义。在第6行将边距设置为5像素。在第14行,将TextView元素中的文本水平和垂直居中。在第15行将填充设置为5像素。由于在版本2及之后的版本中,我们需要通过代码访问TextView,因此我们在第10行给出了一个id。

```xml
1  <?xml version="1.0" encoding="utf-8"?>
2  <LinearLayout xmlns:android="http://schemas.android.com/apk/res/android"
3                android:orientation="vertical"
4                android:layout_width="match_parent"
5                android:layout_height="match_parent"
6                android:layout_margin="5dp"
7                android:background="@drawable/widget_shape">
8
9    <TextView
10       android:id="@+id/display"
11       android:layout_width="match_parent"
12       android:layout_height="match_parent"
13       style="@android:style/TextAppearance.Large"
14       android:gravity="center_horizontal|center_vertical"
15       android:padding="5dp"
```

```
16              android:text="@string/city_and_temp" >
17        </TextView>
18
19   </LinearLayout>
```

例14.6　widget_layout.xml文件

图**14.8**中展示了版本1小部件与版本0小部件共同在平板电脑中运行的效果。

图14.7　小部件的边距和填充　　　　图14.8　平板电脑主屏幕内的版本0和版本1小部件

14.3　更新小部件的数据：温度小部件，版本 2

在版本2中，我们将使小部件动态更新数据：从设备动态检索日期和时间，并在小部件中显示出来。为了实现此功能，我们需要执行以下操作：

- ▶ 通过代码检索日期和时间，并构建包含这些信息的String（字符串）。
- ▶ 使用该String更新小部件中的TextView。

java.util包的Date类能够动态地检索数据和时间。java.text包的DateFormat类能够将该日期和时间格式化为String。

RemoteViews类包含的方法能够管理小部件中的Views，就像我们管理应用程序内的Views一样。**表14.8**中展示了RemoteViews类的一些方法以及与之功能相同的适用于应用程序的方法和类。RemoteViews的方法包含一个附加参数，用于标识方法调用主题的View。该参数通常是View的id。

例如，如果小部件的布局XML文件为widget_layout.xml，并且其中包含一个id为display的TextView，我们可以将TextView的文本设置为Hello Widget，将其颜色设置为绿色，将其大小设置为32，如下所示：

```
RemoteViews remoteViews = new RemoteViews( context.getPackageName( ),
```

```
                                                   R.layout.widget_layout );
remoteViews.setTextViewText( R.id.display, "Hello Widget");
remoteViews.setTextColor( R.id.display, Color.parseColor("#00FF00"));
remoteViews.setTextViewTextSize( R.id.display, TypedValue.COMPLEX_
    UNIT_SP, 32.0f );
```

表14.8 RemoteViews类的方法及其等效方法（及其所属的类）

RemoteViews类的方法	等效方法	所属的类
void addView (int viewId, RemoteViews nestedView)	void addView (View child)	ViewGroup
void setTextViewText (int viewId, CharSequence text)	void setText (CharSequence text)	TextView
void setTextViewTextSize (int viewId, int units, float size)	void setTextSize (int units, float size)	TextView
void setTextColor (int viewId, int color)	void setTextColor (int color)	TextView

例14.7中展示了更新后的TemperatureProvider类。在第9~10行，导入DateFormat和Date类。在第17行，获取今天日期的引用dateToday。在第18行，将其格式化为更简单的字符串today，删除星期几和时区信息。在第19行，获取一个Resources引用，这样我们可以将city_and_temp String资源转换为字符串（第21行）。在第6行导入Resources。在第20~21行，将today和默认的城市、州及温度链接到displayString字符串中。在第25行，将id为display的TextView中的文本更改为displayString字符串。

```
1   package com.jblearning.temperaturewidgetv2;
2
3   import android.appwidget.AppWidgetManager;
4   import android.appwidget.AppWidgetProvider;
5   import android.content.Context;
6   import android.content.res.Resources;
7   import android.widget.RemoteViews;
8
9   import java.text.DateFormat;
10  import java.util.Date;
11
12  public class TemperatureProvider extends AppWidgetProvider {
13    @Override
14    public void onUpdate ( Context context,
15      AppWidgetManager appWidgetManager, int [ ] appWidgetIds ) {
16      super.onUpdate( context, appWidgetManager, appWidgetIds );
17      Date dateToday = new Date( );
18      String today = DateFormat.getDateTimeInstance( ).format( dateToday );
19      Resources resources = context.getResources( );
20      String displayString
21          = today + "\n" + resources.getString( R.string.city_and_temp );
22
23      RemoteViews remoteViews = new RemoteViews(
24          context.getPackageName( ), R.layout.widget_layout );
25      remoteViews.setTextViewText( R.id.display, displayString );
26      for ( int widgetId : appWidgetIds )
27        appWidgetManager.updateAppWidget( widgetId, remoteViews );
28    }
29  }
```

例14.7 TemperatureProvider类，版本2

图14.9中展示了在平板电脑中运行版本0、版本1和版本2小部件的效果。

图14.9 平板电脑主屏幕内运行的版本0、版本1和版本2小部件

14.4 通过单击更新小部件的数据：温度小部件，版本 3

小部件可以按指定频率自动更新数据，最低自动更新频率为30分钟。很多情况下，用户不想等待30分钟再更新，而是需要强制立即更新。在版本3中，我们将实现这一功能。通过设置事件处理，从而在单击小部件时，即调用onUpdate方法进行更新。

RemoteViews类的setOnClickPendingIntent方法（如**表14.9**所示）能够指定一个已创建的挂起的intent，在用户单击由id标识的RemoteViews层次结构中的View时，将立即启动该intent。

表14.9 RemoteViews类的setOnClickPendingIntent方法

方法	说明
void setOnClickPendingIntent（int viewId，PendingIntent pendingIntent）	当用户单击id为viewId的View时，将启动pendingIntent

PendingIntent类中封装了**挂起的intent**的概念。挂起的intent包括intent和启动intent时要执行的操作。可以使用PendingIntent类的getBroadcast静态方法创建PendingIntent，如**表14.10**所示，并且可以连接一些常量，如**表14.11**所示。

表14.10 PendingIntent类的getBroadcast方法

方法	说明
static PendingIntent getBroadcast（Context context，int requestCode，Intent intent，int flags）	在环境context中创建并返回PendingIntent。当前未使用requestCode（使用0作为默认值）。Intent内容为broadcast，flags可以是FLAG等常量

表14.11　PendingIntent类的常量

常量	说明和使用方法
FLAG_UPDATE_CURRENT	挂起的intent（如果存在）可以重用，但其附加内容将替换为新intent的附加内容
FLAG_ONE_SHOT	挂起的intent只能使用一次
FLAG_CANCEL_CURRENT	在生成新intent之前取消挂起的intent（如果存在）

例**14.8**中展示了更新后的TemperatureProvider类。在第29~33行，创建TemperatureProvider类型的意图intent（第30行），设置其执行的操作，使其能更新由TemperatureProvider类定义的小部件（第31行），并将小部件ID数组作为附加内容放入其中（第32~33行）。启动intent时，会触发对TemperatureProvider的onUpdate方法的调用。

在第35~36行，使用intent创建PendingIntent（在第3行导入PendingIntent类），指定重用当前intent，仅更新extras，extras中包含了小部件ID数组。我们可能会删除现有的小部件或在设备上安装更多的TemperatureProvider类型的小部件，因此小部件ID列表是可变化的。在第37行，我们指定单击id为display的View时将触发启动挂起的intent。

图**14.10**中展示了在平板电脑上运行版本0、版本1、版本2和版本3（左起第二个）小部件的效果。与版本0、版本1和版本2的静态数据不同，我们触摸版本3小部件时，数据和时间会即时更新。

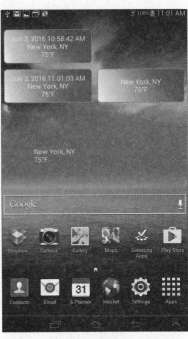

图14.10　平板电脑主屏幕内运行的版本0、版本1、版本2和版本3小部件

```
1    package com.jblearning.temperaturewidgetv3;
2
3    import android.app.PendingIntent;
4    import android.appwidget.AppWidgetManager;
5    import android.appwidget.AppWidgetProvider;
6    import android.content.Context;
7    import android.content.Intent;
8    import android.content.res.Resources;
9    import android.widget.RemoteViews;
10
11   import java.text.DateFormat;
12   import java.util.Date;
13
14   public class TemperatureProvider extends AppWidgetProvider {
15     @Override
16     public void onUpdate ( Context context,
17       AppWidgetManager appWidgetManager, int [ ] appWidgetIds ) {
18       super.onUpdate( context, appWidgetManager, appWidgetIds );
19       Date dateToday = new Date( );
20       String today = DateFormat.getDateTimeInstance( ).format( dateToday );
21       Resources resources = context.getResources( );
22       String displayString
```

```
23              = today + "\n" + resources.getString( R.string.city_and_temp );
24
25          RemoteViews remoteViews = new RemoteViews(
26              context.getPackageName( ), R.layout.widget_layout );
27          remoteViews.setTextViewText( R.id.display, displayString );
28          for ( int widgetId : appWidgetIds ) {
29              // 设置用户单击部件时的事件处理
30              Intent intent = new Intent( context, TemperatureProvider.class );
31              intent.setAction( AppWidgetManager.ACTION_APPWIDGET_UPDATE );
32              intent.putExtra( AppWidgetManager.EXTRA_APPWIDGET_IDS,
33                      appWidgetIds );
34
35              PendingIntent pendingIntent = PendingIntent.getBroadcast( context,
36                  0, intent, PendingIntent.FLAG_UPDATE_CURRENT );
37              remoteViews.setOnClickPendingIntent( R.id.display, pendingIntent );
38
39              appWidgetManager.updateAppWidget( widgetId, remoteViews );
40          }
41      }
42  }
```

例14.8 TemperatureProvider类，应用程序版本3

14.5 检索远程源中的温度数据：温度小部件，版本 4

在版本4中，我们将实时显示从远程源检索的温度数据。为此，我们需要执行以下操作：

▶ 确定远程源以提供需要查找的数据。

▶ 确定要传递的数据以及如何将其传递到远程源。

▶ 了解远程源返回的数据及其格式。

▶ 从远程源检索数据：

■ 连接到远程源。

■ 将数据从远程源读取到适当的数据结构中。

▶ 解析该数据结构，以便检索想要的数据。

▶ 在小部件（或应用程序）中显示所需的数据。

气象站负责气象数据的收集，在美国大约有2000个气象站，每个气象站都有id以及相关的地理数据，如地址、纬度、经度等。**美国国家气象局（NWS）**提供大量的免费天气数据。为了获取特定位置的天气数据，我们首先从NWS检索靠近该位置的气象站列表，计算从该位置到每个气象站的距离，选择最接近的气象站，并读取那个气象站的数据。

除了NWS之外，还有许多可用的天气数据来源：有一些是免费的，有一些则不是；有一些需要密钥才能进入，有一些则不需要密钥。这些数据源可能能接受一种或多种类型的输入信息，例如邮政编码、城市或经纬度坐标，它们使用不同的方式来格式化数据，例如XML或**JavaScript Object Notation（JSON）**。JSON是一种轻量级的格式化数据方式，通常用于格式化通过Internet在服务器和客户端之间传输的数据，因为它不像XML那么麻烦并且易于解析。

JSON字符串可以包含两个数据结构：

▶ 表示哈希表的对象。

▶ 一个数组。

其中对象用大括号（{}）括起来，用逗号（,）分隔名称/值对列表，用冒号（:）分隔名称和值。值可以是用双引号引用的字符串、数字、true、false、null、对象或数组（这两个数据结构可以嵌套）。数组是用方括号（[]）括起来的用逗号分隔的值列表。以下是有效JSON字符串的示例：

```
{ "name": "mike", "age": 22 }
{ "states": { "MD": "Maryland", "CA": "California", "TX": "Texas" } }
[ "Chicago", "New York", "Palo Alto" ]
{ "countries": [ "USA", "Mexico", "China" ] }
```

在这个应用程序中，我们使用openweathermap.org作为天气数据来源。获得密钥非常容易，而且可以免费限量使用。URL接受简单的输入方式，例如城市、国家的字符串，其输出的是JSON字符串。其中一种查询该网站的URL格式是：

```
http://api.openweathermap.org/data/2.5/weather?q=city,country&appid=your_key
```

密钥是由十六进制数字组成的长字符串，例如：

```
8f4fc1b7ccx025gga22ac2db344a3hj8z
```

问号字符（?）后面的字符串（例如本例中q=city，country&appid=key）称为查询字符串。

例如，我们可以使用：

```
http://api.openweathermap.org/data/2.5/weather?q=London,UK&appid=YOUR_KEY
http://api.openweathermap.org/data/2.5/weather?q=New York,NY&appid=YOUR_KEY
http://api.openweathermap.org/data/2.5/weather?q=Baltimore,MD&appid=YOUR_KEY
```

如果我们打开浏览器并将这三个示例中的第一个（使用真实密钥）粘贴到URL字段中，浏览器将显示**图14.11**中所示的JSON字符串。

```
{"coord":{"lon":-0.13,"lat":51.51},"weather":[{"id":520,"main":"Rain",
"description":"light intensity shower rain","icon":"09d"},{"id":311,"main":
"Drizzle","description":"rain and drizzle","icon":"09d"}],"base":"cmc stations",
"main":{"temp":283.09,"pressure":994,"humidity":93,"temp_min":282.15,"temp_max":
284.15},"wind":{"speed":7.2,"deg":140},"rain":{"1h":2.29},"clouds":{"all":90},
"dt":1451744717,"sys":{"type":1,"id":5168,"message":0.005,"country":"GB",
"sunrise":1451721962,"sunset":1451750600},"id":2643743,"name":"London","
cod":200}
```

图14.11 来自英国伦敦的openweathermap.org的JSON字符串

返回的信息比我们实际需要用到小部件中的信息要多。我们需要保持小部件的简洁，只显示当前温度数据。图14.11中显示温度为283.09，即temp字段值。温度以开为单位。**表14.12**中展示了各种温度标准之间的转换公式。

表14.12 开尔文、摄氏度和华氏度之间的温度转换		
开尔文	摄氏度	华氏度
K	C = K-273.15	F = (C * 9/5) + 32
273.15	0	32
298.15	25	77

在构建模型来解析这样的JSON字符串时，我们注意到模型依赖于接收到的数据的格式。虽然我们预计数据源不会经常更改其数据格式，但最好还是订阅来自数据源的通知，以便在数据有所变化时，能够尽快修改代码以适应数据及其格式的变化。JSONObject类是org.json包的一部分，其中包含了解析JSON字符串的方法。**表14.13**中展示了其中一些方法。

表14.13　JSONObject类的方法

构造函数和方法	说明
JSONObject（String json）	为json创建JSONObject对象
JSONObject getJSONObject（String name）	返回按名称映射的JSONObject（如果有），即JSONObject
JSONArray getJSONArray（String name）	返回按名称映射的JSONArray（如果有），即JSONArray
int getInt（String name）	返回按名称映射的int值（如果有），并且可以转换为int
double getDouble（String name）	返回按名称映射的double值（如果有），并且可以强制转换为double
String getString（String name）	返回按名称映射的String值（如果有）

在图14.11中，映射到coord的值是一个JSONObject，映射到weather的值是一个JSONArray，映射到name的值是一个String，即London。表14.13中的构造函数和方法能抛出JSONException，这是一个经过检测的异常，因此在调用这些方法时必须使用try和catch块。假设我们使用图14.11中所示的JSON字符串创建了一个名为jsonObject的JSONObject，可以按如下方式检索这些值：

```
// jsonObject 是一个从图 14.11 中的 String 创建的 JSONObject
try {
  JSONObject coordJSONObject = jsonObject.getJSONObject( "coord" );
  JSONArray weatherJSONArray = jsonObject.getJSONArray( "weather" );
  String city = jsonObject.getString( "name" );
} catch( JSONException jsonE ) {
  // 在这里处理异常
}
```

为了检索图14.11中JSON字符串里的当前温度数据，我们可以使用以下代码序列：

```
// jsonObject 是一个从图 14.11 中的 String 创建的 JSONObject
try {
  JSONObject mainJSONObject = jsonObject.getJSONObject( "main" );
  double temperature = mainJSONObject.getDouble( "temp" );
  // 在这里处理 temperature
} catch( JSONException jsonE ) {
  // 在这里处理异常
}
```

例14.9中展示了TemperatureParser类，它是这个应用程序模型的一部分，它的主要功能是从JSON字符串中提取温度数据。在第13~18行，构造函数将jsonObject实例化，它是唯一的实例变量，调用JSONObject构造函数并传递其String参数。第20~27行的getTemperatureK方法返回与temp相关联的值，temp是json对象内的main关联值。需要注意的是，在第24行捕获的是一个通用的Exception，而不是JSONException，因为jsonObject可以为null。实例化TemperatureParsing对象时，如果传递给构造函数的参数无法转换为JSONObject，则jsonObject为null。使用null引用调用getJSONObject方法将导致NullPointerException。通过捕获通用的Exception，我们可以捕获

NullPointerException或JSONException。如果此时发生异常,则在第25行采用默认值25摄氏度。getTemperatureC(第29~31行)和getTemperatureF(第33~35行)方法分别以舍入整数形式返回Celsius和Fahrenheit温度。

```java
package com.jblearning.temperaturewidgetv4;

import org.json.JSONObject;
import org.json.JSONException;

public class TemperatureParser {
  public static final double ZERO_K = -273.15;
  private final String MAIN_KEY = "main";
  private final String TEMPERATURE_KEY = "temp";

  private JSONObject jsonObject;

  public TemperatureParser( String json ) {
    try {
      jsonObject = new JSONObject( json );
    } catch( JSONException jsonException ) {
    }
  }

  public double getTemperatureK( ) {
    try {
      JSONObject jsonMain = jsonObject.getJSONObject( MAIN_KEY );
      return jsonMain.getDouble( TEMPERATURE_KEY );
    } catch( Exception jsonException ) {
      return 25 - ZERO_K;
    }
  }

  public int getTemperatureC( ) {
    return ( int ) ( getTemperatureK( ) + ZERO_K + 0.5 );
  }

  public int getTemperatureF( ) {
    return ( int ) ( ( getTemperatureK( ) + ZERO_K ) * 9 / 5 + 32 + 0.5 );
  }
}
```

例14.9 TemperatureParser类,应用程序版本4

除了TemperatureParser类之外,我们还在Model中添加了一个从远程位置读取数据的类RemoteDataReader。该类是一个实用程序类,从如下两个字符串定义的远程位置读取数据:基本URL和查询字符串。

为了从远程位置读取数据,我们需要执行以下操作:

▶ 连接到远程位置。

▶ 从该远程位置获取输入流。

▶ 将该输入流读入String。

表14.14中展示了用于执行这些步骤的各种类和方法。HttpURLConnection是URLConnection的子类,其中增加了对HTTP协议的支持。InputStreamReader是Reader的子类,因此是一个可以

用作BufferedReader构造函数的参数的InputStreamReader引用。

表14.14 从远程位置读取数据的类和方法

类	构造函数或方法	说明
URL	URL（String url）	为url创建URL
URL	URLConnection openConnection（）	使用此URL创建并返回URLConnection
URLConnection	InputStream getInputStream（）	返回从此URLConnection读取的InputStream
URLConnection	void setDoInput（boolean doInputFlag）	如果需要读取，则使用参数true调用此方法，如果不需要读取，则调用false（默认值为true）
URLConnection	void setDoOutput（boolean doOutputFlag）	如果需要写入，则使用参数true调用此方法，如果不需要写入，则调用false（默认值为false）
HttpURLConnection（inherits from URLConnection）	void setRequestMethod（String method）	将此请求的方法设置为GET或POST，默认为GET
HttpURLConnection（inherits from URLConnection）	void disconnect（）	断开此HttpURLConnection的URL的服务器的连接
InputStream	void close（）	关闭此InputStream并释放与其关联的内存资源
InputStreamReader（inherits from Reader）	InputStreamReader（InputStream is）	构造一个InputStreamReader以从输入流中读取
BufferedReader	BufferedReader（Reader r）	构造一个BufferedReader，并使用缓冲来提高读取效率
BufferedReader	String readLine（）	读取并返回一行文本
BufferedReader	void close（）	关闭输入流并释放与其关联的内存资源

例14.10中展示了RemoteDataReader类。在第12行声明的实例变量urlString表示一个完整的URL。在第14~25行中的构造函数构造了urlString，将其四个String参数连接起来：第二个参数是查询字符串，可能包含被认为不安全且需要编码的字符，例如空格或逗号字符。如果从该URL读取数据不需要密钥，则第三和第四参数可以为null。在将第二个参数连接到baseUrl之前，我们在第18行将第二个参数编码为URL标准。如果第三个和第四个参数不为null（第19行），则添加&字符，对其进行编码，并将它们连接起来以形成完整的URL。在版本5小部件中，第二个String参数应该表示用户输入的信息，因此我们要确保特殊字符能够编码，尤其是肯定会有用户输入的空格字符。

```
1   package com.jblearning.temperaturewidgetv4;
2
3   import java.io.BufferedReader;
4   import java.io.InputStream;
5   import java.io.InputStreamReader;
6   import java.io.UnsupportedEncodingException;
7   import java.net.HttpURLConnection;
8   import java.net.URL;
9   import java.net.URLEncoder;
10
11  public class RemoteDataReader {
12    private String urlString;
```

```
13
14      public RemoteDataReader( String baseUrl, String cityString,
15                               String keyName, String key ) {
16        try {
17          urlString = baseUrl
18                  + URLEncoder.encode( cityString, "UTF-8" );
19          if( keyName != null && key != null )
20            urlString += URLEncoder.encode( "&", "UTF-8" )
21                    + keyName + "=" + key;
22        } catch( UnsupportedEncodingException uee ) {
23          urlString = "";
24        }
25      }
26
27      public String getData( ) {
28        try {
29          // 建立连接
30          URL url = new URL( urlString );
31          HttpURLConnection con = ( HttpURLConnection ) url.openConnection( );
32          con.connect( );
33
34          // 获取输入流以备读取
35          InputStream is = con.getInputStream( );
36          BufferedReader br =
37              new BufferedReader( new InputStreamReader( is ) );
38
39          // 读取数据
40          String dataRead = new String( );
41          String line = br.readLine( );
42          while ( line != null ) {
43            dataRead += line;
44            line = br.readLine( );
45          }
46
47          is.close( );
48          con.disconnect( );
49          return dataRead;
50        } catch( Exception e ) {
51          return "";
52        }
53      }
54    }
```

例14.10 RemoteDataReader类，应用程序版本4

第27~53行的getData方法从urlString表示的URL位置读取并返回数据。在第29~32打开一个连接，并在第34~37行创建一个BufferedReader对象，用于读取该URL位置的数据。在第40行，我们初始化dataRead，这是一个能够积累第41行读取的数据的String（字符串）。在第42~45行使用while循环读取数据并写入dataRead，在第49行返回dataRead。在第50行，我们抓取整个处理过程中可能发生的任何异常，如果发生异常，则返回第51行的空字符串。

我们已完成此版本的模型。现在需要为小部件编辑Controller，它属于TemperatureProvider类。此版本的小部件将访问Internet并从远程服务器检索一些数据，因此，我们在清单元素内的AndroidManifest.xml文件中添加两个uses-permission元素，如下所示：

```
<uses-permission android:name="android.permission.INTERNET"/>
<uses-permission android:name="android.permission.ACCESS_NETWORK_STATE"/>
```

访问Internet的行为需要在单独的线程上执行。我们创建TemperatureTask类，它是AsyncTask类的子类，以便从远程服务器读取温度数据。附录D中详细讲解了AsyncTask。AsyncTask类使用三种泛型类型，在进行扩展时必须指定类型。子类的类头如下：

AccessModifier ClassName **extends** AsyncTask<Params, Progress, Result>

Params、Progress和Result是实际类名的占位符，具有以下含义：

- Params是数组的数据类型，在调用该方法时会传递给AsyncTask的execute方法。
- Progress是任务在后台执行时表示进度的数据类型。如果我们选择报告进度，则该数据类型通常为Integer或Long。
- Result是执行任务时返回的值的数据类型。

我们当然希望数据检索速度很快，因此，我们不打算向用户提供有关进度任何反馈信息。为任务输入的信息是一个URL字符串，任务输出的是一个从远程服务器检索的String。因此，TemperatureTask的类头如下：

public class TemperatureTask **extends** AsyncTask<String, Void, String>

在使用TemperatureTask引用调用execute方法之后，执行doInBackground方法，其参数与我们传递给execute的参数相同。其返回值成为onPostExecute的参数，在doInBackground完成后自动调用。**表14.15**中展示了这三种方法。execute和doInBackground方法头显示它们都接受可变数量的参数。

表14.15　AsyncTask类的方法

方法	说明
AsyncTask execute（Params ... params）	params表示Params类型的值数组，这是一种泛型类型
Result doInBackground（Params ... params）	params是调用该方法时传递的参数
void onPostExecute（Result result）	在doInBackground完成后自动调用该方法。result是doInBackground返回的值

我们需要实例化一个TemperatureTask对象，并从TemperatureProvider类的onCreate方法调用其execute方法。执行doInBackground方法，其返回值成为postExecute方法的参数。因此，我们需要从postExecute方法内部更新小部件。但是，为了更新小部件，我们需要使用onCreate方法的参数。为了能够访问onPostExecute中的这些参数，我们将它们传递给TemperatureTask构造函数，并分配给TemperatureTask类的实例变量。从postExecute方法开始，我们即可以调用TemperatureProvider类的方法，并将这些引用传递给该方法，以便更新小部件。需要注意的是，为了调用TemperatureProvider类的方法，我们还需要对TemperatureProvider对象的引用，该引用也可以传递给TemperatureTask构造函数并分配给实例变量。

例14.11中展示了TemperatureTask类。我们声明了三个实例变量，以匹配第9~11行的TemperatureProvider的onCreate方法的三个参数。在第8行声明了一个TemperatureProvider实例变量，这样我们就可以用它来调用TemperatureProvider类的方法。第13~21行的构造函数为这四个实例变量分配了四个参数引用。我们将从TemperatureProvider类的onCreate方法调用构造函数，并将this作为第一个参数，将onCreate方法的三个参数作为函数的其他三个参数。

```
1   package com.jblearning.temperaturewidgetv4;
2
3   import android.appwidget.AppWidgetManager;
4   import android.content.Context;
5   import android.os.AsyncTask;
6
7   public class TemperatureTask extends AsyncTask<String, Void, String> {
8     private TemperatureProvider provider;
9     private Context context;
10    private AppWidgetManager appWidgetManager;
11    private int [ ] appWidgetIds;
12
13    public TemperatureTask( TemperatureProvider fromTemperatureProvider,
14                            Context fromContext,
15                            AppWidgetManager fromAppWidgetManager,
16                            int [ ] fromAppWidgetIds ) {
17      provider = fromTemperatureProvider;
18      context = fromContext;
19      appWidgetManager = fromAppWidgetManager;
20      appWidgetIds = fromAppWidgetIds;
21    }
22
23    protected String doInBackground( String... urlParts ) {
24      String baseUrl = "", cityString = "", keyName = "", key = "";
25      if( urlParts != null ) {
26        baseUrl = urlParts[0];
27        cityString = urlParts[1];
28        keyName = urlParts[2];
29        key = urlParts[3];
30      }
31
32      RemoteDataReader rdr =
33        new RemoteDataReader( baseUrl, cityString, keyName, key );
34      String json = rdr.getData( );
35      return json;
36    }
37
38    protected void onPostExecute ( String returnedJSON ) {
39      TemperatureParser parser = new TemperatureParser( returnedJSON );
40      provider.updateWidget( parser.getTemperatureF( ), context,
41                             appWidgetManager, appWidgetIds );
42    }
43  }
```

例14.11 TemperatureTask类，应用程序版本4

在第23~30行编写doInBackground方法代码，该方法在调用execute方法后自动调用，传递给该方法的参数与传递给execute方法的参数相同。在第32~33行实例化RemoteDataReader对象，并将该URL位置的数据读入名为json的字符串（第34行），并返回该字符串。

在第38~42行，postExecute方法在第39行使用其String参数（由doInBackground方法返回的String）实例化一个TemperatureParser对象。它以华氏温度标准检索温度值，并在第40~41行调用

TemperatureProvider类的updateWidget方法，传递温度数据和引用onCreate方法三个参数的三个实例变量。

例14.12中展示了TemperatureProvider类。在第14~16行添加常量DEGREE和STARTING_URL。我们没有指定city，而是在第19行声明一个名为city的实例变量。在版本5中，我们会用到city实例变量，以允许用户修改城市。为第17行和第20行的键名和键值声明一个常量和一个实例变量。需要注意的是，出于隐私和安全原因，我们已经将键值替换为YOUR KEY HERE。

```java
1   package com.jblearning.temperaturewidgetv4;
2
3   import android.app.PendingIntent;
4   import android.appwidget.AppWidgetManager;
5   import android.appwidget.AppWidgetProvider;
6   import android.content.Context;
7   import android.content.Intent;
8   import android.widget.RemoteViews;
9
10  import java.text.DateFormat;
11  import java.util.Date;
12
13  public class TemperatureProvider extends AppWidgetProvider {
14    public static final char DEGREE = '\u00B0';
15    public static final String STARTING_URL
16       = "http://api.openweathermap.org/data/2.5/weather?q=";
17    public static final String KEY_NAME = "appid";
18
19    private String city = "New York, NY";
20    private String key = "YOUR KEY HERE";
21
22    @Override
23    public void onUpdate ( Context context,
24        AppWidgetManager appWidgetManager, int [ ] appWidgetIds ) {
25      super.onUpdate( context, appWidgetManager, appWidgetIds );
26      // 执行task以获取城市的当前temperature（温度）
27      TemperatureTask task = new TemperatureTask( this, context,
28         appWidgetManager, appWidgetIds );
29      task.execute( STARTING_URL, city, KEY_NAME, key );
30    }
31
32    public void updateWidget( int temp, Context context,
33        AppWidgetManager appWidgetManager, int [ ] appWidgetIds ) {
34      Date dateToday = new Date( );
35      String today = DateFormat.getDateTimeInstance( ).format( dateToday );
36      String displayString = today + "\n" + city + "\n";
37      displayString += new String( temp + "" + DEGREE + "F" );
38
39      RemoteViews remoteViews = new RemoteViews( context.getPackageName( ),
40         R.layout.widget_layout );
41
42      remoteViews.setTextViewText( R.id.display, displayString );
43      for( int widgetId : appWidgetIds ) {
44        // 设置用户单击部件时的事件处理
45        Intent intent = new Intent( context, TemperatureProvider.class );
46        intent.setAction( AppWidgetManager.ACTION_APPWIDGET_UPDATE );
47        intent.putExtra( AppWidgetManager.EXTRA_APPWIDGET_IDS,
```

```
48                        appWidgetIds );
49
50       PendingIntent pendingIntent = PendingIntent.getBroadcast( context,
51          0, intent, PendingIntent.FLAG_UPDATE_CURRENT );
52       remoteViews.setOnClickPendingIntent( R.id.display, pendingIntent );
53
54       appWidgetManager.updateAppWidget( widgetId, remoteViews );
55     }
56   }
57 }
```

例14.12　TemperatureProvider类，应用程序版本4

onUpdate方法（第22~30行）在第27~28行实例化TemperatureTask对象，并在第29行调用其execute方法。execute的四个参数自动传递给TemperatureTask类的doInBackground方法。

updateWidget方法位于第32~56行。它由TemperatureTecute类的postExecute调用，其中检索的温度数据作为第一个参数，onUpdate的参数作为其他三个参数。在第34~37行，该方法构建要显示的String，其中包括温度。其余代码与版本3的onUpdate方法的代码相同。

表14.16中展示了版本4小部件的各种组件：Model由RemoteDataReader和TemperatureParser类组成，都可以在其他项目中重用。View即是widget_layout.xml文件。TemperatureProvider和TemperatureTask类组成了Controller。

表14.16　Model-View-Controller类和文件，版本4

Model	RemoteDataReader.java、TemperatureParser.java
View	widget_layout.xml
Controller	TemperatureProvider.java、TemperatureTask.java

图14.12中展示了版本4（左起第三位）以及版本0、版本1、版本2和版本3小部件同时在平板电脑上运行的效果。需要注意的是，与先前版本的硬编码温度值不同，版本4中显示实时温度数据（77°F）。

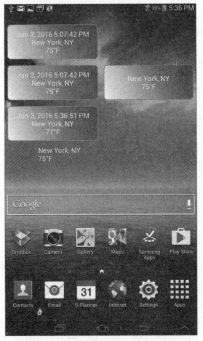

图14.12　平板电脑主屏幕内运行的版本0、版本1、版本2、版本3和版本4小部件

14.6 使用 Activity 自定义小部件：温度小部件，版本 5

在版本4中，区域位置以硬编码形式指定为纽约州纽约市。在版本5中，我们允许用户指定显示哪个区域的当前温度。当用户安装小部件时，可以设置城市和州或城市和国家。通过这种方式，用户可以配置小部件。可以通过添加Activity来实现此目的。此Activity首先运行并收集用户输入的信息。在本例中，我们使用用户输入的城市和州（或城市和国家）来设置小部件提供程序的参数。在本例中，我们在TemperatureProvider类中设置city变量的值。

为了配置小部件，我们按如下方式修改项目：

▶ 在AndroidManifest.xml文件中添加一个activity元素。
▶ 为收集用户输入的信息，为activity创建布局XML文件。
▶ 将android:configure属性添加到AppWidgetProviderInfo XML文件中。
▶ 为activity创建一个类。
▶ 提供一种将数据从activity传递到TemperatureProvider类的机制。
▶ 根据需要更新TemperatureProvider类。

例**14.13**中展示了更新后的AndroidManifest.xml文件。在第16~21行，我们在application元素内部以及小部件的receiver元素之前添加一个activity元素。在第16行，我们指定.TemperatureWidgetConfigure作为activity元素的android:name属性的值。这意味着用于扩展Activity类的类名称是TemperatureWidgetConfigure。其前面的点（.）表示它位于当前包中。在第18~19行，我们指定intent的动作是通过将AppWidgetManager类（参见**表14.17**）的ACTION_APPWIDGET_CONFIGURE常量的值分配给action元素的android:name属性来配置小部件。Action元素隶属于activity元素的intent-filter元素。小部件主机（在本例中为主屏幕）使用ACTION_APPWIDGET_CONFIGURE操作启动activity，因此我们需要在清单中指定此操作。

```xml
1   <?xml version="1.0" encoding="utf-8"?>
2   <manifest package="com.jblearning.temperaturewidgetv5"
3            xmlns:android="http://schemas.android.com/apk/res/android">
4
5     <uses-permission android:name="android.permission.INTERNET"/>
6     <uses-permission
7         android:name="android.permission.ACCESS_NETWORK_STATE"/>
8
9     <application
10        android:allowBackup="true"
11        android:icon="@mipmap/ic_launcher"
12        android:label="@string/app_name"
13        android:supportsRtl="true"
14        android:theme="@style/AppTheme">
15
16      <activity android:name=".TemperatureWidgetConfigure">
17        <intent-filter>
18          <action
19            android:name="android.appwidget.action.APPWIDGET_CONFIGURE"/>
20        </intent-filter>
21      </activity>
```

```xml
22
23      <receiver android:name="TemperatureProvider">
24        <intent-filter>
25          <action
26            android:name="android.appwidget.action.APPWIDGET_UPDATE" />
27        </intent-filter>
28
29        <meta-data
30          android:name="android.appwidget.provider"
31          android:resource="@xml/widget_info" />
32
33      </receiver>
34    </application>
35  </manifest>
```

例14.13　AndroidManifest.xml文件，应用程序版本5

表14.17　AppWidgetManager类的常量

常量	说明
ACTION_APPWIDGET_CONFIGURE	发送的操作用于启动AppWidgetProviderInfo元数据中指定的activity
EXTRA_APPWIDGET_ID	使用此常量可从intent的附加内容中检索小部件ID
INVALID_APPWIDGET_ID	值为0，此时AppWidgetManager永远不会返回有效小部件的ID值

我们在布局目录中创建的widget_config.xml文件定义了用于配置小部件的activity的布局。用户界面中包括用于输入数据的文本字段和用于处理输入数据的按钮。**例14.14**中展示了widget_config.xml文件。在第6~10行，我们编写一个TextView元素，来告诉用户该做什么。在第11~15行定义EditText元素，并在第12行给出id city_input，以便通过代码使用findViewById方法进行检

```xml
1   <?xml version="1.0" encoding="utf-8"?>
2   <LinearLayout xmlns:android="http://schemas.android.com/apk/res/android"
3       android:orientation="vertical"
4       android:layout_width="match_parent"
5       android:layout_height="match_parent" >
6       <TextView
7           android:layout_width="match_parent"
8           android:layout_height="wrap_content"
9           style="@android:style/TextAppearance.Large"
10          android:text="Enter city,country or city,state" />
11      <EditText
12          android:id="@+id/city_input"
13          android:layout_width="match_parent"
14          android:layout_height="wrap_content"
15          style="@android:style/TextAppearance.Large" />
16      <Button
17          android:layout_width="wrap_content"
18          android:layout_height="wrap_content"
19          android:layout_gravity="center"
20          android:onClick="configure"
21          android:text="CONFIGURE WIDGET" />
22  </LinearLayout>
```

例14.14　widget_config.xml文件，应用程序版本5

索。在第16~21行定义按钮。在第20行，我们将configure指定为用户单击按钮时执行的方法。

我们必须使用android:configure属性在AppWidgetProviderInfo XML文件中声明activity。因此，需要更新widget_info.xml文件，如**例14.15**所示。在第8~9行中，我们将com.jblearning.temperaturewidgetv5包的TemperatureWidgetConfigure类指定为appwidget-provider元素的android:configure属性的值。

```xml
1   <?xml version="1.0" encoding="utf-8"?>
2   <appwidget-provider
3       xmlns:android="http://schemas.android.com/apk/res/android"
4       android:initialLayout="@layout/widget_layout"
5       android:minHeight="50dp"
6       android:minWidth="200dp"
7       android:updatePeriodMillis="1800000"
8       android:configure=
9           "com.jblearning.temperaturewidgetv5.TemperatureWidgetConfigure" >
10  </appwidget-provider>
```

例14.15 widget_info.xml文件，应用程序版本 5

接下来，我们创建TemperatureWidgetConfigure，它是配置小部件的activity类。为了在activity中配置小部件，我们需要执行以下操作：

▶ 根据需要获取用户输入的数据。

▶ 获取小部件ID。

▶ 更新小部件。

▶ 创建返回intent。

▶ 将用户输入的数据传递给AppWidgetProvider类。

▶ 退出activity。

当我们使用配置activity来自定义小部件时，更新小部件是activity的首要任务。此外，配置activity应返回一个结果，该结果应包含由启动activity的intent传递的小部件ID。

例14.16中展示了TemperatureWidgetConfigure类。在第15行，我们将结果设置为Activity类的RESULT_CANCELED常量的值，如**表14.18**所示。当结果设置为RESULT_CANCELED时，如果用户未完成配置activity，则无法安装小部件。

```java
1   package com.jblearning.temperaturewidgetv5;
2
3   import android.app.Activity;
4   import android.appwidget.AppWidgetManager;
5   import android.widget.EditText;
6   import android.widget.RemoteViews;
7   import android.content.Intent;
8   import android.content.Context;
9   import android.os.Bundle;
10  import android.view.View;
11
12  public class TemperatureWidgetConfigure extends Activity {
13      protected void onCreate( Bundle savedInstanceState ) {
14          super.onCreate( savedInstanceState );
```

```java
15       setResult( RESULT_CANCELED );
16       setContentView( R.layout.widget_config );
17     }
18
19     public void configure( View view ) {
20       // 获取用户输入的数据
21       EditText cityText = ( EditText ) findViewById( R.id.city_input );
22       String cityInput = cityText.getText( ).toString( );
23
24       // 更新city变量TemperatureProvider
25       TemperatureProvider.city = cityInput;
26
27       // 获取部件id
28       Intent intent = getIntent( );
29       Bundle extras = intent.getExtras( );
30       int appWidgetId = AppWidgetManager.INVALID_APPWIDGET_ID;
31       if ( extras != null )
32         appWidgetId =
33             extras.getInt( AppWidgetManager.EXTRA_APPWIDGET_ID,
34                            AppWidgetManager.INVALID_APPWIDGET_ID );
35
36       if( appWidgetId != AppWidgetManager.INVALID_APPWIDGET_ID ) {
37         // 更新部件
38         Context context = TemperatureWidgetConfigure.this;
39         AppWidgetManager appWidgetManager =
40             AppWidgetManager.getInstance( context );
41         RemoteViews views = new RemoteViews( context.getPackageName( ),
42                                              R.layout.widget_layout );
43         appWidgetManager.updateAppWidget( appWidgetId, views );
44
45         // 创建返回的intent
46         Intent resultIntent = new Intent( );
47
48         resultIntent.putExtra( AppWidgetManager.EXTRA_APPWIDGET_ID,
49                                appWidgetId );
50         setResult( RESULT_OK, resultIntent );
51       }
52
53       // 退出此activity
54       finish( );
55     }
56   }
```

例14.16 TemperatureWidgetConfigure类，应用程序版本5

表14.18 Activity类的常量

常量	说明
RESULT_CANCELED	0: 表示activity已取消
RESULT_OK	-1: 表示activity成功结束

在第20~22行，我们检索用户输入的数据。我们通常使用Intent类的putExtra和getExtra方法将简单数据从一个activity传递到另一个activity。但是，没有与AppWidgetProvider类关联的intent，因此我们不能在此处使用上述策略。此外，AppWidgetProvider类的默认构造函数将会自动调用，

并将实例变量重新初始化为默认值。因此，将小部件数据存储在其值可能随时间变化的实例变量中是不可行的。在版本4中，我们使用示例14.12的第19行中声明的TemperatureProvider类的实例变量city来存储城市和州（或国家）名，虽然它在该版本中被硬编码为New York, NY（纽约州纽约）。在版本5中，我们通过将变量指定为public和static，使该变量成为全局变量，以便我们访问它并从TemperatureWidgetConfigure类修改它。这是一种将数据从activity类传递到小部件提供程序类的非常简单方便的方法。在第24~25行，我们访问TemperatureProvider类的公共静态变量city，并使用用户输入的数据将其更新。

在第27~34行，我们从传入的intent中检索小部件ID。在第30行，将其默认值设置为0（INVALID_APPWIDGET_ID常量的值，如表14.17所示）。在第31行，我们测试是否有一些数据存储在传入intent的Bundle中。如果有，则在第32~34行尝试检索小部件ID。如果Bundle extras的输入值等于AppWidgetManager类的EXTRA_APPWIDGET_ID常量的值（参见表14.17），则将该输入值映射到小部件id值，并通过调用getInt返回该小部件id值。如果不相等，则调用getInt返回第二个参数，即INVALID_APPWIDGET_ID的值（即0）。

在第36行，测试小部件id值是否有效。如果有效，则在第37~43行更新小部件，在第45~46行创建返回intent，在第48~49行将小部件ID值放置其中，并且在第50行将结果设置为RESULT_OK的值。完成之后，或者如果小部件ID值无效，在第53~54行终止activity。

例14.17中展示了TemperatureProvider类。在第19行，我们将city变量从private改为public和static，这样我们可以在TemperatureWidgetConfigure类中修改其值（见例14.16的第25行）。

```
1    package com.jblearning.temperaturewidgetv5;
2
3    import android.app.PendingIntent;
4    import android.appwidget.AppWidgetManager;
5    import android.appwidget.AppWidgetProvider;
6    import android.content.Context;
7    import android.content.Intent;
8    import android.widget.RemoteViews;
9
10   import java.text.DateFormat;
11   import java.util.Date;
12
13   public class TemperatureProvider extends AppWidgetProvider {
14     public static final char DEGREE = '\u00B0';
15     public static final String STARTING_URL
16         = "http://api.openweathermap.org/data/2.5/weather?q=";
17     public static final String KEY_NAME = "appid";
18
19     public static String city = "New York, NY";
20     private String key = "YOUR KEY HERE";
21
22     @Override
23     public void onUpdate ( Context context,
24           AppWidgetManager appWidgetManager, int [ ] appWidgetIds ) {
25       super.onUpdate( context, appWidgetManager, appWidgetIds );
26       // 执行task以获取城市的当前temperature（温度）
27       TemperatureTask task = new TemperatureTask( this, context,
28           appWidgetManager, appWidgetIds );
```

```
29        task.execute( STARTING_URL, city, KEY_NAME, key );
30      }
31
32      public void updateWidget( int temp, Context context,
33              AppWidgetManager appWidgetManager, int [ ] appWidgetIds ) {
34        Date dateToday = new Date( );
35        String today = DateFormat.getDateTimeInstance( ).format( dateToday );
36        String displayString = today + "\n" + city + "\n";
37        displayString += new String( temp + "" + DEGREE + "F" );
38
39        RemoteViews remoteViews = new RemoteViews( context.getPackageName( ),
40            R.layout.widget_layout );
41
42        remoteViews.setTextViewText( R.id.display, displayString );
43        for( int widgetId : appWidgetIds ) {
44          // 设置用户单击部件时的事件处理
45          Intent intent = new Intent( context, TemperatureProvider.class );
46          intent.setAction( AppWidgetManager.ACTION_APPWIDGET_UPDATE );
47          intent.putExtra( AppWidgetManager.EXTRA_APPWIDGET_IDS,
48                       appWidgetIds );
49
50          PendingIntent pendingIntent = PendingIntent.getBroadcast( context,
51              0, intent, PendingIntent.FLAG_UPDATE_CURRENT );
52          remoteViews.setOnClickPendingIntent( R.id.display, pendingIntent );
53
54          appWidgetManager.updateAppWidget( widgetId, remoteViews );
55        }
56      }
57
58      public void onReceive( Context context, Intent intent ) {
59        super.onReceive( context, intent );
60        AppWidgetManager appWidgetManager =
61            AppWidgetManager.getInstance( context );
62        int appWidgetId =
63            intent.getIntExtra( AppWidgetManager.EXTRA_APPWIDGET_ID,
64              AppWidgetManager.INVALID_APPWIDGET_ID );
65
66        if( appWidgetId != AppWidgetManager.INVALID_APPWIDGET_ID ) {
67          int [ ] appWidgetIds = { appWidgetId };
68          onUpdate( context, appWidgetManager,  appWidgetIds );
69        }
70      }
71    }
```

例14.17 TemperatureProvider类，应用程序版本5

在TemperatureWidgetConfigure activity完成后，将自动调用AppWidgetProvider类的onReceive方法。该方法代码位于第58~70行。在第62~64行，我们使用其Intent参数来检索小部件ID。如果是有效的小部件ID（第66行），则在第68行调用onUpdate方法来更新小部件。**表14.19**中展示了方法调用的顺序和方式。

表14.20中展示了版本5小部件的Model，View和Controller状态。与版本4相比，模型并未改变。我们将widget_config.xml文件添加到了View以定义配置小部件的activity的布局，我们添加了TemperatureWidgetConfigure类并修改了Controller中的TemperatureProvider类。

表14.19 安装版本5小部件时的方法调用顺序

事件和方法调用顺序	小部件ID	调用方式
安装小部件		
TemperatureProvider:onReceive	无效	自动
TemperatureProvider:onUpdate		自动
TemperatureWidgetConfigure:onCreate		自动
输入城市和州，单击CONFIGURE WIDGET		
TemperatureWidgetConfigure:configure	有效	事件处理
TemperatureProvider:onReceive	有效	自动
TemperatureProvider:onUpdate		由onReceive调用

表14.20 Model-View-Controller类和文件，版本5

Model	RemoteDataReader.java、TemperatureParser.java
View	widget_layout.xml、**widget_config.xml**
Controller	TemperatureProvider.java、TemperatureTask.java、**TemperatureWidgetConfigure.java**

图14.13中，用户在安装版本5小部件时配置城市和州。图14.14中展示了版本5和版本0、版本1、版本2、版本3、版本4小部件同时在平板电脑中运行的效果。版本5小部件中的城市和州（加利福尼亚州旧金山）与其他小部件不同，同时也显示了版本4中的实时温度数据。

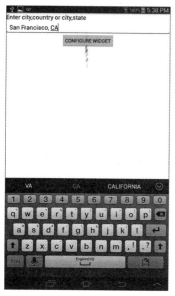

图14.13 安装版本5小部件时的配置界面

图14.14 在平板电脑主屏幕内运行的版本0、版本1、版本2、版本3、版本4和版本5小部件

14.7 在锁屏屏幕上托管小部件：温度小部件，版本 6

从Android 4.2版开始，可以在锁屏屏幕上托管小部件，也称为Keyguard。将值keyguard分配给小部件信息文件中appwidget-provider元素的android:widgetCategory属性，即可在锁屏屏幕上托

管小部件，如下所示：

```
android:widgetCategory="keyguard"
```

根据我们是否允许锁屏屏幕、主屏幕或者二者均可作为小部件主机屏幕，将值keyguard、home_screen或keyguard | home_screen分配给android:widgetCategory属性。如果未指定，则小部件的默认主机为主屏幕。这些值对应于AppWidgetProviderInfo类的WIDGET_CATEGORY_KEYGUARD和WIDGET_CATEGORY_HOME_SCREEN常量，如**表14.21**所示。

表14.21 AppWidgetProviderInfo类的常量

常量	说明
WIDGET_CATEGORY_HOME_SCREEN	具有值1。小部件可以显示在主屏幕上
WIDGET_CATEGORY_KEYGUARD	具有值2。小部件可以显示在锁屏屏幕上

例14.18中展示了更新后的widget_info.xml文件。在第8行，我们指定小部件可以托管在主屏幕或锁定屏幕上。

```xml
1  <?xml version="1.0" encoding="utf-8"?>
2  <appwidget-provider
3      xmlns:android="http://schemas.android.com/apk/res/android"
4      android:initialLayout="@layout/widget_layout"
5      android:minHeight="50dp"
6      android:minWidth="200dp"
7      android:updatePeriodMillis="1800000"
8      android:widgetCategory="keyguard|home_screen"
9      android:configure=
10         "com.jblearning.temperaturewidgetv6.TemperatureWidgetConfigure" >
11 </appwidget-provider>
```

例14.18 widget_info.xml文件，应用程序版本6

我们可以设计小部件在锁屏屏幕和主屏幕上具有不同的外观。为此，我们需要再为小部件创建在锁定屏幕上托管时的XML布局文件。我们还需要在AppWidgetProviderInfo XML文件中指定该文件的名称。如果锁屏屏幕的XML布局文件的名称是widget_layout_keyguard.xml，那么我们在AppWidgetProviderInfo XML文件的appwidget-provider元素中添加以下属性/值对。

```
android:initialKeyguardLayout="@layout/widget_layout_keyguard"
```

在AppWidgetProvider类中，我们可以测试小部件主机是主屏幕还是锁屏屏幕。主机信息存储在与小部件关联的Bundle中。在AppWidgetProvider类的onUpdate方法中，有一个AppWidgetManager引用可以作为该方法的参数。我们可以通过调用AppWidgetManager类的getAppWidgetOptions方法来检索该Bundle（参见**表14.22**），传递小部件ID作为该方法的唯一参数。使用Bundle引用，我们可以调用getInt方法，如**表14.23**所示，传递AppWidgetManager类的OPTION_APPWIDGET_HOST_CATEGORY常量（参见表14.22），并以int格式检索小部件主机类别。然后，可以将该整数值与AppWidgetProviderInfo类的WIDGET_CATEGORY_HOME_SCREEN和WIDGET_CATEGORY_KEYGUARD常量进行比较（参见表14.21），以测试小部件所在的主机，这两个常量值分别为1和2。

表14.22　OPTION_APPWIDGET_HOST_CATEGORY常量和AppWidgetManager类的getApp-WidgetOptions方法

常量和方法	说明
OPTION_APPWIDGET_HOST_CATEGORY	这是一个字符串常量，用于检索存储为extra的小部件主机类别的值
Bundle getAppWidgetOptions（int widgetId）	返回一个Bundle，其中存储了id为widgetId的小部件的附加内容

表14.23　由Bundle继承的BaseBundle类的getInt方法

方法	说明
int getInt（String key）	返回与key关联的整数值，如果没有，则返回0

我们可以使用以下代码序列来测试主机是主屏幕还是锁屏屏幕：

```
Bundle bundle = appWidgetManager.getAppWidgetOptions( widgetId );
int host =
  bundle.getInt( AppWidgetManager.OPTION_APPWIDGET_HOST_CATEGORY, -1);
if( host == AppWidgetProviderInfo.WIDGET_CATEGORY_KEYGUARD ) {
  // 主机为锁屏屏幕代码
} else if( host == AppWidgetProviderInfo.WIDGET_CATEGORY_HOME_SCREEN )
{
  // 主机为主屏幕代码
}
```

练习设计一个在锁屏屏幕和主屏幕上外观和操作不同的小部件。

本章小结

- 应用程序小部件（也称为小部件）是嵌入在其他应用程序中的小应用程序，容纳小部件的应用程序称为小部件主机。
- 主屏幕和锁屏屏幕就是一种应用程序小部件主机。
- 我们可以扩展AppWidgetProvider类并覆盖其onUpdate方法，来创建小部件。
- 小部件信息文件位于res目录的xml目录中，它定义了一个appwidget-provider元素，用于指定小部件的特征，例如尺寸和更新的频率。
- 并非所有视图和布局管理器类都适用于小部件。
- 小部件可以使用可绘制资源作为其背景。
- 小部件可以以特定频率自动更新显示数据。最低频率为30分钟。
- 可以通过用户与小部件的交互来更新小部件，例如点击。
- 可以动态更新小部件显示的数据。可以在本地或从远程源检索该数据。
- 用户可以在安装时通过添加捕获用户输入数据的activity来自定义小部件。
- 不仅可以在主屏幕上安装小部件，还可以在锁定屏幕上安装小部件。

练习、问题和项目

多项选择练习

1. 我们覆盖AppWidgetProvider的什么方法来更新小部件？
   - update
   - onUpdate
   - widgetUpdate
   - broadcast

2. 问题1中方法的第三个参数是什么？
   - 一个Context引用
   - 一个AppWidgetManager引用
   - 一个小部件ID
   - 一组小部件ID

3. 使用什么类来管理小部件中的View层次结构？
   - Views
   - View
   - RemoteViews
   - Remotes

4. 在小部件信息XML文件中定义哪些元素？
   - appwidget
   - Appwidget-provider
   - provider
   - Widget-info

5. 小部件ID的数据类型是什么？
   - Char
   - String
   - Int
   - AppWidgetInfo

6. 小部件自动更新的最低频率是多少？
   - 1秒
   - 30秒
   - 60秒
   - 30分钟

7. 可以通过用户交互来更新小部件吗？

- 不，那是不可能的
- 是的，例如点击它
- 是的，但只能每60秒一次
- 是的，但只能每30分钟一次

8. 小部件显示的数据有哪个特点？

- 无法改变
- 可以更改，但仅使用存储在设备内的数据
- 可以用从外部源检索的数据来更改
- 每30分钟只能更改一次

9. 如何在安装时自定义小部件？

- 这不可能
- 可以在安装时运行一个activity，以捕获用户输入的数据来自定义小部件
- 使用android.widget包的CustomizeWidget类
- 使用android.widget包的SpecializeWidget类

10. 小部件的主机屏幕有哪些？

- 小部件没有主机屏幕
- 主屏幕，仅有主屏幕
- 锁屏屏幕，只有锁屏屏幕
- 主屏幕和锁屏屏幕

编写代码

11. 编写代码，使小部件的更新频率为1小时。

```xml
<?xml version="1.0" encoding="utf-8"?>
<appwidget-provider
    xmlns:android="http://schemas.android.com/apk/res/android"
    android:initialLayout="@layout/widget_layout"
    android:minHeight="40dp"
    android:minWidth="180dp"
    <!-- your code goes here -->


</appwidget-provider>
```

12. 在AppWidgetProvider类的onUpdate方法内，更新该AppWidgetProvider类的所有类型的小部件。

```java
public void onUpdate ( Context context,
        AppWidgetManager appWidgetManager, int[ ] appWidgetIds ){
    super.onUpdate( context, appWidgetManager, appWidgetIds );
    RemoteViews views = new RemoteViews( context.getPackageName( ),
                            R.layout.widget_layout );
        // 代码填写在此处
```

}

13. 编写代码，将TextView内部的文本设置为HELLO WIDGET，TextView的id为my_view。

```
RemoteViews remoteViews = new RemoteViews( context.getPackageName( ),
                                            R.layout.widget_layout );
// 代码填写在此处
```

14. 在MyProvider类的onUpdate方法内部，编写代码，在用户单击小部件中id为my_view的View时更新小部件。

```
RemoteViews remoteViews = new RemoteViews( context.getPackageName( ),
                                            R.layout.widget_layout );
// widgetId 是当前窗口小部件的 id
Intent intent = new Intent( context, MyProvider.class );
intent.setAction( AppWidgetManager.ACTION_APPWIDGET_UPDATE );
intent.putExtra( AppWidgetManager.EXTRA_APPWIDGET_IDS, appWidgetIds );
// 代码填写在此处

appWidgetManager.updateAppWidget( widgetId, remoteViews );
```

15. 考虑使用以下名为json的JSON字符串，编写代码以检索国家（如意大利）的数据。

```
{"coord":{"lon":12.495800018311,"lat":41.903049468994},"sys":{"country":
"Italy","sunrise":1374033016,"sunset":1374086531 } };
```

// 代码从这里开始

16. 编写代码，使用名为MyActivity的activity配置小部件，该activity位于com.xyz.q16包中。

```
<?xml version="1.0" encoding="utf-8"?>
<appwidget-provider
    xmlns:android="http://schemas.android.com/apk/res/android"
    android:initialLayout="@layout/widget_layout"
    android:minHeight="40dp"
    android:minWidth="180dp"
    <!-- your code goes here -->

</appwidget-provider>
```

17. 在配置activity中编写代码，将current_widget_id（小部件ID）作为附加内容存储在Intent resultIntent中。

```
// 应用程序 widget 的 id 为 widget_id
Intent resultIntent = new Intent( );
// 代码填写在此处
```

18. 编写代码，使小部件可以在主屏幕或锁屏屏幕上安装。

```
<?xml version="1.0" encoding="utf-8"?>
<appwidget-provider
```

```
xmlns:android="http://schemas.android.com/apk/res/android"
android:initialLayout="@layout/widget_layout"
android:minHeight="40dp"
android:minWidth="180dp"
<!-- your code goes here -->
```

`</appwidget-provider>`

编写一个小部件

19. 修改本章实例的版本4，以显示不同的内容，例如湿度级别。
20. 修改本章实例的版本4，使其显示两个与温度不同的数据，例如压力和湿度级别。
21. 修改本章实例的版本5，以显示两个城市的温度，而非一个城市。
22. 修改本章实例的版本5，以显示两个城市的数据，而非一个城市，并且该数据与温度不同，例如湿度级别。
23. 修改本章实例的版本5，以便用户自定义温度的显示方式，而不是区域位置。用户可以选择摄氏度或华氏度方式显示温度数据。
24. 修改本章实例的版本5，以便用户自定义小部件的背景颜色，而不是区域位置。
25. 创建一个小部件，从远程源中提取数据。
26. 创建一个小部件，从远程源中提取数据，并由用户自定义小部件。
27. 修改本章实例的版本5，使用本章14.5节开头描述的策略，从NWS中提取数据。

CHAPTER 15

在应用程序中添加广告

本章目录

内容简介
  15.1 视图：Stopwatch应用程序，版本0
  15.2 控制器：运行Stopwatch应用程序，版本1
  15.3 改进Stopwatch应用程序，版本2
  15.4 植入广告Stopwatch应用程序，版本3

  15.5 把广告嵌入碎片中：Stopwatch应用程序，版本4
  15.6 AdView生命周期的管理：Stopwatch应用程序，版本5

本章小结
练习、问题和项目

内容简介

构建应用程序时，一个很重要的问题就是如何通过它获利。现在有那么多的应用程序，只要有可能，大多数人都会首选免费的应用程序。Android SDK为开发人员提供了将广告嵌入到应用程序的功能，并利用Google的广告资源在运行时上传广告。

15.1 视图：Stopwatch 应用程序，版本 0

我们想要构建一个Stopwatch应用程序，让用户能够进行启动、停止、重置、重启时钟等控制操作。在版本0中，我们只需构建GUI，并在底部预留一个放置广告横幅的空间即可。**图15.1**显示了在模拟器中运行的应用程序的版本3。程序界面分为三个部分：

- 顶部，有时钟。
- 中间，有一个START/STOP开关按钮和一个reset按钮。
- 底部，有广告横幅。

对于两个圆形按钮，我们使用三个drawable对象，如**例15.1**、**例15.2**和**例15.3**所示。把它们放在drawable目录中。对于START/STOP按钮，我们将在start_button.xml和stop_button.xml文件之间切换按钮背景。START按钮用一个绿色的圆圈表示，而STOP按钮用一个红色的圆圈表示（见例15.1和例15.2的第6行）。RESET按钮则用灰色圆圈表示（见例15.3的第6行）。

图15.1 Stopwatch应用程序，版本3

```
1    <?xml version="1.0" encoding="utf-8"?>
2    <shape
3        xmlns:android="http://schemas.android.com/apk/res/android"
4        android:shape="oval">
5        <solid android:color="#FFFF" />
6        <stroke android:width="2dp" android:color="#F0F0" />
7    </shape>
```

例15.1 start_button.xml文件，Stopwatch应用程序，版本0

```
1    <?xml version="1.0" encoding="utf-8"?>
2    <shape
3        xmlns:android="http://schemas.android.com/apk/res/android"
4        android:shape="oval">
5        <solid android:color="#FFFF" />
6        <stroke android:width="2dp" android:color="#FF00" />
7    </shape>
```

例15.2 stop_button.xml文件，Stopwatch应用程序，版本0

```
1    <?xml version="1.0" encoding="utf-8"?>
```

```
2    <shape
3        xmlns:android="http://schemas.android.com/apk/res/android"
4        android:shape="oval" >
5        <solid android:color="#FFFF" />
6        <stroke android:width="2dp" android:color="#F444" />
7    </shape>
```

例15.3 reset_button.xml文件，Stopwatch应用程序，版本0

为了能够显示秒表界面，我们使用计时器Chronometer。Chronometer类继承TextView，并封装了运行时钟的功能。我们想为Chronometer设置样式，所以在styles.xml文件的第11~15行编码为textViewStyle样式，如**例15.4**所示。

```
1    <resources>
2    
3        <!-- Base application theme. -->
4        <style name="AppTheme" parent="Theme.AppCompat.Light.DarkActionBar">
5            <!-- Customize your theme here. -->
6            <item name="colorPrimary">@color/colorPrimary</item>
7            <item name="colorPrimaryDark">@color/colorPrimaryDark</item>
8            <item name="colorAccent">@color/colorAccent</item>
9        </style>
10   
11       <style name="textViewStyle" parent = "@android:style/TextAppearance">
12           <item name = "android:gravity">center</item>
13           <item name = "android:textStyle">bold</item>
14           <item name = "android:textSize">96sp</item>
15       </style>
16   
17   </resources>
```

例15.4 styles.xml文件，Stopwatch应用程序，版本0

例15.5显示了布局GUI的activity_main.xml文件。垂直（第10行）LinearLayout（第2行）将界面分为三个部分：

- 计时器（第13~18行）。
- 水平（第21行）LinearLayout（第20~59行）包含START/STOP和RESET按钮。
- 另一个LinearLayout（第61~67行），广告横幅的占位符（我们稍后将此LinearLayout更改为Google推荐）。

```
1    <?xml version="1.0" encoding="utf-8"?>
2    <LinearLayout xmlns:android="http://schemas.android.com/apk/res/android"
3        xmlns:tools="http://schemas.android.com/tools"
4        android:layout_width="match_parent"
5        android:layout_height="match_parent"
6        android:paddingBottom="@dimen/activity_vertical_margin"
7        android:paddingLeft="@dimen/activity_horizontal_margin"
8        android:paddingRight="@dimen/activity_horizontal_margin"
9        android:paddingTop="@dimen/activity_vertical_margin"
10       android:orientation="vertical"
11       tools:context="com.jblearning.stopwatchv0.MainActivity">
12   
```

```
13          <Chronometer
14              android:layout_weight="4"
15              android:layout_width="match_parent"
16              android:layout_height="0dp"
17              android:id="@+id/stop_watch"
18              style="@style/textViewStyle" />
19
20          <LinearLayout
21              android:orientation="horizontal"
22              android:layout_weight="4"
23              android:layout_width="match_parent"
24              android:layout_height="0dp"
25              android:gravity="center" >
26
27              <LinearLayout
28                  android:orientation="vertical"
29                  android:layout_width="0dp"
30                  android:layout_weight="1"
31                  android:layout_height="match_parent"
32                  android:gravity="center" >
33                  <Button
34                      android:id="@+id/start_stop"
35                      android:layout_width="150dp"
36                      android:layout_height="150dp"
37                      android:text="START"
38                      android:textSize="36sp"
39                      android:background="@drawable/start_button"
40                      android:onClick="startStop" />
41              </LinearLayout>
42
43              <LinearLayout
44                  android:orientation="vertical"
45                  android:layout_width="0dp"
46                  android:layout_weight="1"
47                  android:layout_height="match_parent"
48                  android:gravity="center" >
49                  <Button
50                      android:id="@+id/reset"
51                      android:layout_height="150dp"
52                      android:layout_width="150dp"
53                      android:text="RESET"
54                      android:textSize="36sp"
55                      android:background="@drawable/reset_button"
56                      android:onClick="reset" />
57              </LinearLayout>
58
59          </LinearLayout>
60
61          <LinearLayout
62              android:orientation="horizontal"
63              android:layout_weight="1"
64              android:layout_width="match_parent"
65              android:layout_height="0dp"
66              android:background="#FDDD" >
67          </LinearLayout>
68
69      </LinearLayout>
```

例15.5 activity_main.xml文件，Stopwatch应用程序，版本0

我们将屏幕界面的4/9（第14行）分配给计时器元件，4/9分配给按钮（第22行），将1/9（第63行）分配给底部LinearLayout。在第17行给Chronometer赋予了一个id，需要通过MainActivity类来访问它，在第18行设计了样式。

屏幕中间的水平界面布局LinearLayout包含两个LinearLayouts（第27~41行和第43~57行），每个LinearLayout包含一个按钮（第33~40行和第49~56行）。每个按钮的直径大小为150像素（第35~36行和第51~52行），文本大小为36。硬编码维度值不是一个好习惯，但我们在这里这样做只是为了使示例简单化。此外，这些尺寸相当小，预计可在任何设备上使用。在第39行和55行，我们将每个按钮的背景设置为相应的可绘制资源。单击"START/STOP"按钮将触发对startStop()方法的调用（第40行），单击"RESET"按钮将触发对reset()方法的调用（第56行）。

在此版本中，我们将底部的LinearLayout用浅灰色（第66行）进行着色，以可视化广告横幅的走向。

我们向MainActivity类中添加空的startStop()和reset()方法（例15.6），使得用户点击任一按钮时，应用程序不会崩溃。

图15.2界面中显示了运行环境中Stopwatch应用程序的预览，版本0。

图15.2 Stopwatch应用程序预览界面，版本0

```
1   package com.jblearning.stopwatchv0;
2
3   import android.support.v7.app.ActionBarActivity;
4   import android.os.Bundle;
5   import android.view.View;
6
7   public class MainActivity extends ActionBarActivity {
8
9     @Override
10    protected void onCreate( Bundle savedInstanceState ) {
11      super.onCreate( savedInstanceState );
12      setContentView( R.layout.activity_main );
13    }
14
15    public void startStop( View view ) {
16    }
17
18    public void reset( View view ) {
19    }
20  }
```

例15.6 Stopwatch应用程序的MainActivity类，版本0

15.2 控制器：运行 Stopwatch 应用程序，版本 1

在版本1中，我们将编写startStop和reset方法的代码，以便为应用程序提供相应的功能。因此，我们使用Chronometer类的功能设计，它代表了这个应用程序的模型：Chronometer类的

15.2 控制器：运行Stopwatch应用程序，版本1

start()、stop()和setBase()方法，如**表15.1**所示，使我们能够启动、停止和重置计时器。

表15.1 Chronometer类中的方法

方法	说明
void start ( )	开始计数（或重新开始计数）
void stop ( )	停止计数
void setBase (long base)	设置计数的引用时间

我们通常使用SystemClock类的elapsedRealtime()方法来设置setBase()的参数base。其API为：

public static long elapsedRealtime ( )

elapsedRealTime()方法以毫秒为单位返回自上次开始以来的时间量，包括休眠时间。

例15.7显示了更新后的MainActivity类。由于START/STOP按钮在两种状态之间切换，我们使用一个布尔实例变量Start（第12行）来跟踪该状态。由于我们需要在这两个方法中访问Chronometer类，所以为它添加了一个实例变量chrono（第11行）。在第18行，onCreate()方法中，我们使用findViewbyId()方法进行了实例化。

```java
1    package com.jblearning.stopwatchv1;
2
3    import android.os.Bundle;
4    import android.os.SystemClock;
5    import android.support.v7.app.ActionBarActivity;
6    import android.view.View;
7    import android.widget.Button;
8    import android.widget.Chronometer;
9
10   public class MainActivity extends ActionBarActivity {
11     private Chronometer chrono;
12     private boolean started = false;
13
14     @Override
15     protected void onCreate( Bundle savedInstanceState ) {
16       super.onCreate( savedInstanceState );
17       setContentView( R.layout.activity_main );
18       chrono = ( Chronometer ) findViewById( R.id.stop_watch );
19     }
20
21     public void startStop( View view ) {
22       Button startStopButton = ( Button ) findViewById( R.id.start_stop );
23       if( started ) {
24         chrono.stop( );
25         started = false;
26         startStopButton.setText( "START" );
27         startStopButton.setBackgroundResource( R.drawable.start_button );
28       } else {
29         chrono.start( );
30         started = true;
31         startStopButton.setText( "STOP" );
32         startStopButton.setBackgroundResource( R.drawable.stop_button );
```

```
33        }
34    }
35
36    public void reset( View view ) {
37        if( !started )
38            chrono.setBase( SystemClock.elapsedRealtime( ) );
39    }
40 }
```

例15.7　Stopwatch应用程序的MainActivity类，版本1

在第21~34行，对startStop()方法进行编码。如果计时器已经启动（第23行），则START/STOP按钮处于"started"状态，我们执行以下操作：

- ▶ 停止计时器：在第24行，通过调用stop.chrono()来完成此操作。
- ▶ 将started设置为false（第25行）以指定按钮现在处于"stopped"状态。
- ▶ 将按钮文本更改为START（第26行）。
- ▶ 将按钮的背景切换到start_button.xml中定义的drawable属性（第27行）。

否则（第28行），当计时器尚未启动或停止，按钮处于"start"状态时，我们执行以下操作：

- ▶ 启动计时器：在第29行，通过调用start.chrono()来完成此操作。
- ▶ 将start设置为true（第30行）以指定按钮现在处于"started"状态。
- ▶ 将按钮文本更改为STOP（第31行）。
- ▶ 将按钮的背景切换到stop_button.xml中定义的drawable（第32行）。

reset()方法（第36~39行）通过调用setBase()方法将实例变量chrono重置为00:00，并以毫秒为单位传递当前时间。因此，当我们在时间t重置时，00:00则被认为是时间t。

图15.3显示了在模拟器中运行的版本1的Stopwatch应用程序。时钟正在运行，START/STOP按钮是个红色的圆圈，显示为STOP。

图15.3　Stopwatch应用程序，版本1

15.3　改进 Stopwatch 应用程序，版本 2

版本1存在一个问题：如果我们停止时钟后再重新启动它，重新启动后的时间并不是我们停止计时的时间。实际上，当我们停止计时器时，它会在后台继续运行。在版本2中，我们解决了这个问题，当我们在时间t停止计时器时，它会在时间t重新启动。

为了实现这一点，当我们启动或重新启动计时器时，我们需要从elapsedRealtime()返回的值中减去停止计时器后经过的时间。如例15.8所示，我们不是在MainActivity类内部执行此操作，而是创建一个实用程序类ClockUtility类。此时，该应用程序模型包含了Chronometer类和ClockUtility类。另外，ClockUtility类的功能具有可复用性。

```
1    package com.jblearning.stopwatchv2;
2
3    public class ClockUtility {
4      /*
5       * This method computes and returns the equivalent number of milliseconds
6       *   for its parameter, a String that represents a clock
7       * @param   clock, a String, expected to look like mm:ss or hh:mm:ss
8       * @return a long, the equivalent number of milliseconds to clock
9       */
10     public static long milliseconds( String clock ) {
11       long ms = 0;
12       String [ ] clockArray = clock.split( ":" );
13
14       // 计算毫秒数
15       try {
16          if( clockArray.length == 3 ) {
17            ms = Integer.parseInt( clockArray[0] ) * 60 * 60 * 1000
18              + Integer.parseInt( clockArray[1] ) * 60 * 1000
19              + Integer.parseInt( clockArray[2] ) * 1000;
20          } else if ( clockArray.length == 2 ) {
21            ms = Integer.parseInt( clockArray[0] ) * 60 * 1000
22              + Integer.parseInt( clockArray[1] ) * 1000;
23          }
24       } catch( NumberFormatException nfe ) {
25          // 如果时钟格式准确，则永远不会执行到此处
26       }
27       return ms;
28     }
29   }
```

例15.8 Stopwatch应用程序中的ClockUtility类，版本2

ClockUtility类包含一个静态方法，millseconds()，它将计时器上显示的字符串转换为等效的毫秒数。String clock（第10行）的格式应为hh：mm：ss或mm：ss其中hh表示小时数（00~23），mm表示分钟数（00~59），ss表示秒数（00~59）。为了将String clock转换为毫秒数，我们使用Integer类的parseInt()方法，该方法抛出一个数字格式异常。这只是出现异常的一种可能性，并不一定会发生这种异常，相对而言，这种情况我们更喜欢使用try{...}catch(){...}语句来表达（第15~26行）。

第12行，我们将clock转换为数组。如果该数组中有三个元素（第16行），则毫秒数等于hh*60*60*1000+mm*60*1000+ss*1000（第17~19行）。如果该数组中有两个元素（第20行），毫秒数等于mm*60*1000+ss*1000（第21~22行）。如果格式不正确，则返回0。

例15.9显示了更新后的MainActivity类。在startStop()方法中，如果重新启动计时器Chronometer（第29~33行），首先通过调用resetChrono方法，将其重置到之前在第29行停止的位置。在resetChrono方法（第42~46行）中，第43~44行将chrono的当前显示值转换为毫秒数。第45行，当它停止时，我们重置它的基数（它的起始值）到它停止时的值。**表15.2**显示了用户单击START时elapsedRealtime()和milliseconds()方法可能返回的值，然后在chrono计时显示为10:00时停止，然后再次单击START。

```
1    package com.jblearning.stopwatchv2;
```

```java
 2
 3   import android.os.SystemClock;
 4   import android.support.v7.app.ActionBarActivity;
 5   import android.os.Bundle;
 6   import android.view.View;
 7   import android.widget.Button;
 8   import android.widget.Chronometer;
 9
10   public class MainActivity extends ActionBarActivity {
11     private Chronometer chrono;
12     private boolean started = false;
13
14     @Override
15     protected void onCreate( Bundle savedInstanceState ) {
16       super.onCreate( savedInstanceState );
17       setContentView( R.layout.activity_main );
18       chrono = ( Chronometer ) findViewById( R.id.stop_watch );
19     }
20
21     public void startStop( View view ) {
22       Button startStopButton = ( Button ) findViewById( R.id.start_stop );
23       if( started ) {
24         chrono.stop( );
25         started = false;
26         startStopButton.setText( "START" );
27         startStopButton.setBackgroundResource( R.drawable.start_button );
28       } else {
29         resetChrono( );
30         chrono.start( );
31         started = true;
32         startStopButton.setText( "STOP" );
33         startStopButton.setBackgroundResource( R.drawable.stop_button );
34       }
35     }
36
37     public void reset( View view ) {
38       if( !started )
39         chrono.setBase( SystemClock.elapsedRealtime( ) );
40     }
41
42     public void resetChrono( ) {
43       String chronoText = chrono.getText( ).toString( );
44       long idleMilliseconds = ClockUtility.milliseconds( chronoText );
45       chrono.setBase( SystemClock.elapsedRealtime( ) - idleMilliseconds );
46     }
47   }
```

例15.9 Stopwatch应用程序中更新后的MainActivity类，版本2

表15.2 按顺序单击START、STOP、START时elapsedRealtime()和 milliseconds ()的返回值

动作	计时	时间	byelapsedRealtime返回的值	milliseconds返回的值
Start	00:00	t1	695064	0
Stop	00:10	t2	705777	10000
Start	00:10	t3	859134	10000

现在，当我们运行应用程序时，可以停止计时器，重启后，它会在停止的时间继续计时。例如，如果计时器在我们停止时是00:15并且在点击START/STOP按钮之前等待10秒，则再次点击START时，计时器将在00:15处启动计时，而不是00:25。

15.4 植入广告 Stopwatch 应用程序，版本 3

在版本3中，我们会在屏幕界面的底部放置一个广告。com.google.android.gms.ads包提供了一组用于显示广告和管理广告的类。**表15.3**显示了其中的一些类。

表15.3 com.google.android.gms.ads包中的类

类	说明
AdView	View的子类，用于显示广告横幅
AdSize	封装横幅广告的大小
AdRequest	封装一组营销特征，例如位置、生日、关键字等，以便广告可以精准推送给相关的人群

然而，com.google.android.gms.ads包不是标准Android SDK的一部分，但它是Google Play服务的一部分。因此，我们编辑了build.gradle文件来使用它，且需要同步此项，如**例15.10**所示。

```
1   apply plugin: 'com.android.application'
2
3   android {
4       compileSdkVersion 23
5       buildToolsVersion "23.0.2"
6
7       defaultConfig {
8           applicationId "com.jblearning.stopwatchv3"
9           minSdkVersion 15
10          targetSdkVersion 23
11          versionCode 1
12          versionName "1.0"
13      }
14      buildTypes {
15          release {
16              minifyEnabled false
17              proguardFiles getDefaultProguardFile('proguard-android.txt'),
18                  'proguard-rules.pro'
19          }
20      }
21  }
22
23  dependencies {
24      compile fileTree( dir: 'libs', include: ['*.jar'])
25      testCompile 'junit:junit:4.12'
26      compile 'com.android.support:appcompat-v7:23.4.0'
27      compile 'com.google.android.gms:play-services:9.4.0'
28  }
```

例15.10 编辑后的build.gradle文件

编辑activity_main.xml文件，为放置广告的最后一个LinearLayout赋予一个id，如**例15.11**中的第60行所示。由于将要植入的广告尺寸大小我们无法完全控制,所以要最大化屏幕界面的宽度。我们删除例15.5的第7行和第8行,这样整个LinearLayout左右就没有任何填充了。

```
58
59      <LinearLayout
60          android:id="@+id/ad_view"
61          android:orientation="horizontal"
62          android:layout_weight="1"
63          android:layout_width="match_parent"
64          android:layout_height="0dp"
65          android:background="#FDDD" >
66      </LinearLayout>
67  </LinearLayout>
```

例15.11 activity_main.xml文件尾码

AdSize类封装了横幅广告的尺寸,提供了能够匹配各种行业标准的尺寸常量,以及宽度和高度的相对常量。**表15.4**显示了其中一些常量。我们可以使用FULL_WIDTH和AUTO_HEIGHT常量通过AdSize构造函数来创建AdSize对象,使用其他常量(如SMART_BANNER)来指定预制的AdSize对象。

表15.4 AdSize类的常量

常量	数据类型	说明
AUTO_HEIGHT	int	使广告的高度根据设备的高度进行缩放
FULL_WIDTH	int	使广告的宽度与设备的宽度相匹配
BANNER	AdSize	移动营销协会的广告尺寸为320×50dip
SMART_BANNER	AdSize	动态调整大小为全宽,且自动调整高度

AdView类包括用于创建和管理横幅广告的方法。它的直接超类是ViewGroup,其本身是View的子类。因此,AdView类继承自View。**表15.5**显示了AdView类的一些方法。

表15.5 AdView类的方法

方法	说明
public AdView(Context context)	构造AdView
public void setAdSize(AdSize adSize)	设置横幅广告的大小。参数可以是AdSize类的常量之一
public void setAdUnitId(String adUnitId)	设置广告单元ID
public void loadAd(AdRequest request)	在后台线程上加载广告

我们必须先设置好AdView的尺寸和广告单元ID,然后才能将广告加载到AdView中。否则,当我们尝试加载广告时,将抛出不合法参数异常(IllegalStateException)。想要从Google获取广告单元ID,首先必须是Android注册的开发者。另外,开发者还要使用广告单元ID来生成广告收入。广告单元ID是我们从**AdMob**获取的字符串,AdMob是Google用于管理广告的平台,网址如下:

```
https://support.google.com/admob/v2/answer/3052638
```

15.4 植入广告Stopwatch应用程序，版本3

AdMob广告单元ID具有以下格式：

ca- 应用程序 -pub-XXXXXXXXXXXXXXXX/NNNNNNNNNN

对于未注册且想要测试包含AdView应用的开发者，Google会提供测试广告单元ID。我们将它放在strings.xml文件中，如**例15.12**（第3~4行）所示。实际上，我们不在版本3中使用该字符串，但我们会在版本4和版本5中使用。

```
1    <resources>
2        <string name="app_name">StopWatchV3</string>
3        <string name="banner_ad_unit_id">
4            ca-app-pub-3940256099942544/6300978111
5    </resources>
```

例15.12 Stopwatch应用程序的strings.xml文件，版本3

假设我们在Activity类中创建AdView，设置其尺寸大小及其广告单元ID，代码显示如下：

```
// 创建一个横幅广告；假设这是一个 Activity 引用
AdView adView = new AdView( this );
// 设置广告尺寸
dView.setAdSize( AdSize.SMART_BANNER );
// 设置广告单元 ID, 使用 Google 默认字符串
String adUnitId = "ca- 应用程序 -pub-3940256099942544/6300978111";
adView.setAdUnitId( adUnitId );
```

在创建了AdView、设置了其尺寸和广告单元ID之后，我们需要创建广告请求并将其加载到AdView中。AdRequest类封装了广告请求的概念。它包含一个静态内部类Builder，可以用来设置AdRequest的特征。**表15.6**显示了AdRequest.Builder类的一些方法。addKeyword()允许我们添加与应用程序相关的关键字，每个方法调用一个关键字，使广告可以更好地定向于该应用程序的典型用户。setGender()方法允许我们将广告定位到女性、男性或两者。AdRequest类提供了三个整型常量，GENDER_FEMALE、GENDER_MALE和GENDER_UNKNOWN，我们可以将其作为该方法的参数。我们可以使用setLocation()方法根据位置来定位广告。该应用可以访问GPS，动态检索用户的位置，并将其包含在广告请求中，以便Google服务能够更好地使用该位置选择和定位广告。所有这些方法都返回调用它们的AdRequest.Builder引用，从而可以链接方法调用。一旦设置了广告请求的所有特征，我们就可以使用build()方法来创建AdRequest对象。

以下显示了创建AdRequest并将其加载到AdView的代码行：

```
// 使用 AdRequest.Builder 对象创建广告请求
AdRequest.Builder adRequestBuilder = new AdRequest.Builder();
// 定义 adRequest 的目标数据（这是可选的）
adRequestBuilder.setGender(AdRequest.GENDER_UNKNOWN);
adRequestBuilder. addKeyword("fitness");
adRequestBuilder. addKeyword("workout");
// 创建 AdRequest
AdRequest adRequest = adRequestBuilder.build( );
// 加载广告
adView.loadAd( adRequest );
```

表15.6 AdRequest.Builder类的方法

方法	说明
public AdRequest.Builder()	默认构造函数
public AdRequest.Builder addKeyword(String keyword)	为定位目标添加关键字，可以多次调用以添加多个关键字
public AdRequest.Builder setGender(int gender)	设置用户的性别以进行定位
public AdRequest.Builder setBirthday(Date birthday)	设置用户的生日以进行定位
public AdRequest.Builder setLocation(Location location)	设置用户的位置以进行定位
public AdRequest.Builder addTestDevice(String deviceId)	设置设备以接收测试广告而不是实时广告。采用AdRequest类中的常量DEVICE_ID_EMULATOR来使用模拟器
public AdRequest build()	使用此AdRequest.Builder指定的属性构造并返回AdRequest

如果想使用模拟器测试应用程序，我们需要在调用build()之前添加此行以创建AdRequest：

adRequestBuilder.addTestDevice(AdRequest.DEVICE_ID_EMULATOR);

如果是注册开发者，并且已经从Google获得了有效的广告单元ID，可以在调用build()创建AdRequest之前添加此行，以便测试。在应用程序的最终版本中，应该在将应用程序提交到Google Play之前删除该行或将其注释掉。

我们可以获取用来测试应用程序设备的ID，一个32位十六进制字符串。可以通过在连接的设备上运行应用程序时查看Logcat输出来获取。作者设备ID的Logcat输出界面如**图15.4**所示（如果在Logcat中找不到它，请使用Ads标签屏蔽消息）：

使用 AdRequest.Builder.addTestDevice("DE4??????????????7A") 获取设备上的测试广告。

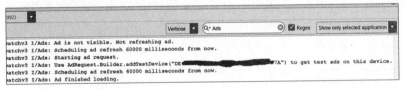

图15.4 Logcat输出显示设备ID

因此，对于作者的设备，我们可以包含以下代码来测试平板电脑上的应用程序（出于安全和隐私考虑，图15.4中的设备ID部分字符用"?"填充隐藏了）。

```
String deviceId ="DE4 ???????????????"
adRequestBuilder.addTestDevice(deviceId)
```

例15.13显示了更新后的MainActivity类，其中包含创建AdView、AdRequest，以及加载广告。唯一的编辑是在onCreate方法的第25~48行。在第25~30行，默认使用Google提供的广告单元ID，使用SMART_BANNER和广告单元ID创建AdView并设置其尺寸。在第32~41行，创建并定义了AdRequest。所投放的广告将定向到对健身（fitness）和锻炼（workout）感兴趣的用户（第36~37行）。如果在模拟器上运行广告，我们会要求发送测试广告，而不是实时广告（第38~39行）。第41行，使用adRequestBuilder.build()来创建AdRequest。在第43~45行，检索ID为ad_view的LinearLayout来放置AdView。在第47~48行，我们在AdView中加载符合adRequest的广告。

```java
1   package com.jblearning.stopwatchv3;
2
3   import android.os.Bundle;
4   import android.os.SystemClock;
5   import android.support.v7.app.ActionBarActivity;
6   import android.view.View;
7   import android.widget.Button;
8   import android.widget.Chronometer;
9   import android.widget.LinearLayout;
10
11  import com.google.android.gms.ads.AdRequest;
12  import com.google.android.gms.ads.AdSize;
13  import com.google.android.gms.ads.AdView;
14
15  public class MainActivity extends ActionBarActivity {
16    private Chronometer chrono;
17    private boolean started = false;
18
19    @Override
20    protected void onCreate( Bundle savedInstanceState ) {
21      super.onCreate( savedInstanceState );
22      setContentView( R.layout.activity_main );
23      chrono = ( Chronometer ) findViewById( R.id.stop_watch );
24
25      // 创建横幅广告ad
26      AdView adView = new AdView( this );
27      // 设置ad尺寸和单位
28      adView.setAdSize( AdSize.SMART_BANNER );
29      String adUnitId = "ca-app-pub-3940256099942544/6300978111";
30      adView.setAdUnitId( adUnitId );
31
32      // 定义ad的request对象
33      AdRequest.Builder adRequestBuilder = new AdRequest.Builder( );
34      // 为ad的request对象定义目标数据
35      adRequestBuilder.setGender( AdRequest.GENDER_UNKNOWN );
36      adRequestBuilder.addKeyword( "fitness" );
37      adRequestBuilder.addKeyword ( "workout" );
38      // request为模拟器测试（非实时）广告
39      adRequestBuilder.addTestDevice( AdRequest.DEVICE_ID_EMULATOR );
40      // 构建AdRequest
41      AdRequest adRequest = adRequestBuilder.build( );
42
43      // 将AdView添加到LinearLayout
44      LinearLayout adLayout = ( LinearLayout ) findViewById( R.id.ad_view );
45      adLayout.addView( adView );
46
47      // 将ad载入AdView
48      adView.loadAd( adRequest );
49    }
50
51    public void startStop( View view ) {
52      Button startStopButton = ( Button ) findViewById( R.id.start_stop );
53      if( started ) {
54        chrono.stop( );
55        started = false;
56        startStopButton.setText( "START" );
57        startStopButton.setBackgroundResource( R.drawable.start_button );
```

```
58        } else {
59          resetChrono( );
60          chrono.start( );
61          started = true;
62          startStopButton.setText( "STOP" );
63          startStopButton.setBackgroundResource( R.drawable.stop_button );
64        }
65      }
66
67      public void reset( View view ) {
68        if( !started )
69          chrono.setBase( SystemClock.elapsedRealtime( ) );
70      }
71
72      public void resetChrono( ) {
73        String chronoText = chrono.getText( ).toString( );
74        long idleMilliseconds = ClockUtility.milliseconds( chronoText );
75        chrono.setBase( SystemClock.elapsedRealtime( ) - idleMilliseconds );
76      }
77    }
```

例15.13　Stopwatch应用程序的MainActivity类，版本3

要添加到AndroidManifest.xml文件要做三件事，如**例15.14**所示。users-permission元素用于访问网络（第5~6行），meta-data元素用来使用Google服务（第15~17行），另一个activity元素如第29~32行所示。需要注意的是，第30行和第31行在AndroidManifest.xml文件中应该自占一行。

```xml
1   <?xml version="1.0" encoding="utf-8"?>
2   <manifest xmlns:android="http://schemas.android.com/apk/res/android"
3     package="com.jblearning.stopwatchv3" >
4
5     <!-- required permissions for Google Mobile Ads -->
6     <uses-permission android:name="android.permission.INTERNET"/>
7
8     <application
9       android:allowBackup="true"
10      android:icon="@mipmap/ic_launcher"
11      android:label="@string/app_name"
12      android:supportsRtl="true"
13      android:theme="@style/AppTheme" >
14
15      <!--required meta-data tag to use Google Play Services.-->
16      <meta-data android:name="com.google.android.gms.version"
17          android:value="@integer/google_play_services_version" />
18
19      <activity
20        android:name=".MainActivity"
21        android:screenOrientation="portrait" >
22        <intent-filter>
23
24          <action android:name="android.intent.action.MAIN" />
25          <category android:name="android.intent.category.LAUNCHER" />
26        </intent-filter>
27      </activity>
28
```

```
29      <activity android:name="com.google.android.gms.ads.AdActivity"
30          android:configChanges="keyboard|keyboardHidden|orientation|
31              screenLayout|uiMode|screenSize|smallestScreenSize"
32          android:theme="@android:style/Theme.Translucent" />
33
34    </application>
35
36  </manifest>
```

例15.14 Stopwatch应用程序中的AndroidManifest.xml文件，版本3

在本章开头的图15.1中，显示了正在运行的Stopwatch应用程序版本3界面，包含了屏幕底部的横幅广告。如果我们是注册开发人员并使用自己的应用单元ID，则不应点击实时广告进行测试——这样做违反Google政策。如果我们想测试横幅广告的功能，那么应该使用测试广告，我们可以通过以下方式获得：

- 使用Google提供的测试广告单元ID
- 使用AdRequest.Builder.addTestDevice请求测试广告

在这两种情况下，都可以在模拟器或设备上运行。

> **常见错误**：请确保显示广告的视图足够大。指定设备的整个宽度和WRAP_CONTENT的高度，或通过在许多设备或模拟器上测试您的应用程序是否有足够的空间来正确载入广告。

15.5 把广告嵌入碎片中：Stopwatch 应用程序，版本 4

Google建议使用碎片（Fragment）放置AdView。有一个好处是碎片的XML布局文件在其他应用程序中可重用。在版本4中，我们将AdView放在碎片中而不是LinearLayout中。从版本3到版本4包含以下步骤：

- 为fragment创建XML布局文件。
- 将activity_main.xml文件中的最后一个LinearLayout更改为fragment。
- 对fragment类进行编码。
- 更新MainActivity类。

例15.15显示了fragment的XML布局文件。我们将AdView元素（第7~15行）放在RelativeLayout元素（第2行）中。在第8行，给AdView赋值一个id，这样我们就可以使用findViewById方法在fragment类中检索它。在第13~14行，设定AdView的尺寸和广告单元ID。在第11~12行，我们将AdView在RelativeLayout中水平垂直居中。

```
1   <?xml version="1.0" encoding="utf-8"?>
2   <RelativeLayout xmlns:android="http://schemas.android.com/apk/res/android"
3       xmlns:ads="http://schemas.android.com/apk/res-auto"
4       android:layout_width="match_parent"
5       android:layout_height="match_parent" >
6
```

```xml
7   <com.google.android.gms.ads.AdView
8       android:id="@+id/ad_view"
9       android:layout_width="match_parent"
10      android:layout_height="wrap_content"
11      android:layout_centerHorizontal="true"
12      android:layout_centerVertical="true"
13      ads:adSize="SMART_BANNER"
14      ads:adUnitId="@string/banner_ad_unit_id" >
15  </com.google.android.gms.ads.AdView>
16
17  </RelativeLayout>
```

例15.15 Stopwatch应用程序中的fragment_ad.xml文件,版本4

例15.16显示了更新后的activity_main.xml文件:我们用fragment元素替换了最后一个LinearLayout元素(第59~64行)。在第60行,赋予一个id;在第61行,指定它为AdFragment类的实例。虽然在这个应用程序中我们没有使用它的id,但是如果我们不给fragment定义一个ID或标签,应用程序将会在运行时崩溃。

```xml
1   <?xml version="1.0" encoding="utf-8"?>
2   <LinearLayout xmlns:android="http://schemas.android.com/apk/res/android"
3       xmlns:tools="http://schemas.android.com/tools"
4       android:layout_width="match_parent"
5       android:layout_height="match_parent"
6       android:paddingBottom="@dimen/activity_vertical_margin"
7       android:paddingTop="@dimen/activity_vertical_margin"
8       android:orientation="vertical"
9       tools:context="com.jblearning.stopwatchv4.MainActivity" >
10
11      <Chronometer
12          android:layout_weight="4"
13          android:layout_width="match_parent"
14          android:layout_height="0dp"
15          android:id="@+id/stop_watch"
16          style="@style/textViewStyle" />
17
18      <LinearLayout
19          android:orientation="horizontal"
20          android:layout_weight="4"
21          android:layout_width="match_parent"
22          android:layout_height="0dp"
23          android:gravity="center" >
24
25          <LinearLayout
26              android:orientation="vertical"
27              android:layout_width="0dp"
28              android:layout_weight="1"
29              android:layout_height="match_parent"
30              android:gravity="center" >
31              <Button
32                  android:id="@+id/start_stop"
33                  android:layout_width="150dp"
34                  android:layout_height="150dp"
35                  android:text="START"
36                  android:textSize="36sp"
```

15.5 把广告嵌入碎片中：Stopwatch应用程序，版本4

```xml
37                    android:background="@drawable/start_button"
38                    android:onClick="startStop" />
39           </LinearLayout>
40
41           <LinearLayout
42               android:orientation="vertical"
43               android:layout_width="0dp"
44               android:layout_weight="1"
45               android:layout_height="match_parent"
46               android:gravity="center" >
47               <Button
48                   android:id="@+id/reset"
49                   android:layout_height="150dp"
50                   android:layout_width="150dp"
51                   android:text="RESET"
52                   android:textSize="36sp"
53                   android:background="@drawable/reset_button"
54                   android:onClick="reset" />
55           </LinearLayout>
56
57       </LinearLayout>
58
59       <fragment
60           android:id="@+id/fragment_ad"
61           android:name="com.jblearning.stopwatchv4.AdFragment"
62           android:layout_width="match_parent"
63           android:layout_height="wrap_content"
64           android:layout_weight="1" />
65
66  </LinearLayout>
```

例15.16 Stopwatch应用程序中的activity_main.xml文件，版本4

例15.17显示了我们的fragment类，我们将其命名为AdFragment。在onCreateView方法中，我们在第15行展开fragment_ad.xml文件。在onActivityCreated方法中，我们使用其id（第21~22行）检索碎片中指定的AdView，我们构建AdRequest（第23~31行），并将其加载到AdView（第32~33行）。

```java
1   package com.jblearning.stopwatchv4;
2
3   import com.google.android.gms.ads.AdRequest;
4   import com.google.android.gms.ads.AdView;
5   import android.app.Fragment;
6   import android.os.Bundle;
7   import android.view.LayoutInflater;
8   import android.view.View;
9   import android.view.ViewGroup;
10
11  public class AdFragment extends Fragment {
12    @Override
13    public View onCreateView( LayoutInflater inflater, ViewGroup container,
14                              Bundle savedInstanceState ) {
15      return inflater.inflate( R.layout.fragment_ad, container, false );
16    }
17
```

```
18      @Override
19      public void onActivityCreated( Bundle bundle ) {
20        super.onActivityCreated( bundle   );
21        // 获取AdView
22        AdView adView = ( AdView ) getView( ).findViewById( R.id.ad_view );
23        // 构建ad的request对象
24        AdRequest.Builder adRequestBuilder = new AdRequest.Builder( );
25        // 为ad的request对象定义目标数据
26        adRequestBuilder.setGender( AdRequest.GENDER_UNKNOWN );
27        adRequestBuilder.addKeyword( "fitness" );
28        adRequestBuilder.addKeyword ( "workout" );
29        // request为模拟器测试（非实时）广告
30        adRequestBuilder.addTestDevice( AdRequest.DEVICE_ID_EMULATOR );
31        AdRequest adRequest = adRequestBuilder.build( );
32        // 将ad载入
33        adView.loadAd( adRequest );
34      }
35    }
```

例15.17 Stopwatch应用程序中的AdFragment类，版本4

由于所有横幅广告相关代码都在AdFragment类中，因此MainActivity类与版本2中的类相同。

> **常见错误**：在测试应用程序时，请注意使用测试广告而不是实时广告。在设备上测试应用时点击实际广告违反了Google的政策。当我们准备发布应用程序时，应该注释掉指定模拟器或用于测试应用程序的设备ID的代码。

15.6 AdView 生命周期的管理：Stopwatch 应用程序，版本 5

AdView类包含有生命周期方法，如**表15.7**所示，这样我们就可以避免在应用程序进入后台或退出时进行不必要的处理。在fragment类中，onPause()、onResume()和onDestroy()等生命周期方法会被自动作为父类活动调用进入后台、前端或退出。这样，我们可以从碎片的生命周期方法中调用AdView生命周期方法。

表15.7 AdView类的生命周期方法

方法	说明
public void pause( )	暂停与此AdView关联的任何额外处理
public void resume( )	在调用暂停后恢复与此AdView关联的处理
public void destroy( )	销毁此AdView

例15.18显示了我们应用程序版本5中更新后的AdFragment类。其他类和文件都保持相同。因为我们需要从onPause()（第38~42行）、onResume()（第44~48行）和onDestro()（第50~54行）访问AdView，将AdView设为实例变量（第12行），以便我们可以直接引用它。在这三种方法中，我们暂停、恢复或销毁AdView并调用super方法。需要注意的是，在onPause()和onDestroy()中，首先在调用super方法之前暂停或销毁AdView——我们希望在暂停或销毁碎片之前暂停处理

15.6 AdView生命周期的管理：Stopwatch 应用程序，版本5

AdView或销毁碎片内的AdView。在onResume()中，在使用实例变量adView.resume()之前调用super方法——我们希望在恢复处理AdView之前恢复对碎片的处理。

```java
package com.jblearning.stopwatchv5;

import android.app.Fragment;
import android.os.Bundle;
import android.view.LayoutInflater;
import android.view.View;
import android.view.ViewGroup;
import com.google.android.gms.ads.AdRequest;
import com.google.android.gms.ads.AdView;

public class AdFragment extends Fragment {
  private AdView adView;

  @Override
  public View onCreateView( LayoutInflater inflater, ViewGroup container,
                            Bundle savedInstanceState ) {
    return inflater.inflate( R.layout.fragment_ad, container, false );
  }

  @Override
  public void onActivityCreated( Bundle bundle ) {
    super.onActivityCreated( bundle );
    // 获取AdView
    adView = ( AdView ) getView( ).findViewById( R.id.ad_view );
    // 构建ad的request对象
    AdRequest.Builder adRequestBuilder = new AdRequest.Builder( );
    // 为ad的request对象定义目标数据（可选）
    adRequestBuilder.setGender( AdRequest.GENDER_UNKNOWN );
    adRequestBuilder.addKeyword( "fitness" );
    adRequestBuilder.addKeyword ( "workout" );
    // request为模拟器测试（非实时）广告
    adRequestBuilder.addTestDevice( AdRequest.DEVICE_ID_EMULATOR );
    AdRequest adRequest = adRequestBuilder.build( );
    // 将ad载入
    adView.loadAd( adRequest );
  }

  public void onPause( ) {
    if( adView != null )
      adView.pause( );
    super.onPause( );
  }

  public void onResume( ) {
    super.onResume( );
    if( adView != null )
      adView.resume( );
  }

  public void onDestroy( ) {
    if( adView != null )
      adView.destroy( );
    super.onDestroy( );
```

| 54 | `    }` |
| 55 | `}` |

例15.18　Stopwatch应用程序中的AdFragment类，版本5

需要注意的是，AdFragment类是不可重用的，因为这个广告请求的性别和关键字是特定于此应用程序的。我们可以让广告请求构建一个实例变量，并在AdFragment类中提供方法来设置这些参数。对此大家可以作为练习进行操作。

本章小结

- Chronometer类封装了一个秒表。
- elapsedRealtime()是SystemClock类的静态方法，以毫秒为单位返回自上次引导以来的时间量，包括休眠时间。
- com.google.android.gms.ads包提供了一组用于显示广告和管理广告的类。
- com.google.android.gms.ads包是Google Play服务的一部分。为了使用它，我们需要相应地编辑build.gradle文件。
- 从View继承的AdView类封装了可以显示广告横幅的视图。
- AdSize类封装了横幅广告的大小。它包括各种行业标准横幅尺寸的常量。
- AdRequest.Builder类提供了定义数据的方法，如性别、位置和关键字，使广告能够定向特定类型的用户。
- AdRequest.Builder类的build方法返回AdRequest引用。
- 我们可以使用以下广告单元ID进行测试：ca-应用程序-pub-3940256099942544/6300978111。
- 在AdView调用loadAd方法加载广告之前，我们必须设置AdView的尺寸和广告单元ID。
- 根据Google推荐，我们可以为横幅广告使用碎片。
- Google广告添加到AndroidManifest.xml文件中需要包含三个元素：
  - 互联网被用于任何显示Google广告的应用程序，因此需要INTERNET permission元素。
  - 还需要一个显示使用Google Play服务的meta-data元素。
  - 需要为AdActivity添加一个activity元素。

练习、问题和项目

多项选择练习

1. com.google.android.gms.ads 包是 Google Play 服务的一部分？
   - True
   - False

2. 不属于 com.google.android.gms.ads 包的是？
   - AdView
   - AdBuilder
   - AdSize
   - AdRequest

3. Builde 类是哪个类的内部静态类？
   - AdView
   - AdRequest
   - AdSize
   - AdListener

4. 可以使用下列哪种方法来确保在测试期间只接收测试广告，而不接收实时广告？
   - addTest
   - addDevice
   - addTestDevice
   - addEmulator

5. 如果我们不是 Android 开发者，就不能从 Google 获得广告单元 ID，我们就不能测试包括横幅广告的应用程序，说法对吗？
   - True
   - False: 我们可以使用 Google 默认的广告单元 ID

6. 哪种方法不能指定广告请求的目标？
   - setLocation
   - setBirthday
   - setGender
   - setKeyword

7. 当没有设置 AdView 的大小或广告单元 ID 时，loadAd 方法会抛出哪种异常？
   - IOException
   - IllegalStateException
   - LoadException

- AdViewException

8. 对于使用横幅广告的应用，我们需要在AndroidManifest.xml文件中添加哪些元素？
   - activity
   - uses-permission
   - meta-data
   - uses-storage

编写代码

9. 在"Activity"类中，创建一个AdView并设置其大小，使其符合IAB排行榜广告尺寸（您需要查看AdSize类）。

10. 在"Activity"类中，创建一个AdView，并将其广告单元ID设置为Google提供的默认字符串，以便进行测试。

11. 创建一个简单的AdRequest，以便我们使用测试广告，而不是实时广告。

12. 使用两个关键字game和video为男性创建AdRequest。

13. 使用1/1/2000的生日为女性创建AdRequest。

14. 考虑到我们将在模拟器中测试应用，创建AdRequest，只需要测试广告，而不是实时广告。

15. 假设已创建AdView myAdView，已设置其尺寸和广告单元ID，并且已构建AdRequest myRequest，请将广告加载到myAdView中。

16. 在AndroidManifest.xml中，为包含横幅广告的应用编写与permission相关的元素。

17. 在AndroidManifest.xml中，为包含横幅广告的应用程序编写额外的activity元素。

18. 在AndroidManifest.xml中，为包含横幅广告的应用程序编写与metadata相关的元素。

编写应用程序

19. 制作一个简单的手电筒应用程序，底部有横幅广告。除了横幅广告外，手电筒是一个黄色视图，占据整个屏幕。

20. 制作一个顶部有横幅广告的手电筒应用程序。手电筒是一个黄色的视图，占据除了横幅广告和SeekBar之外整个屏幕。黄色视图是可调光的，应该使用SeekBar实现它。包含模型。

21. 使用横幅广告制作您选择的应用程序（它应该具有一些功能），该横幅广告的显示由事件触发，例如用户单击按钮。

22. 使用横幅广告制作您选择的应用程序（它应该具有一些功能），该横幅广告用于显示用户运行应用程序的50%的时间。

23. 使用横幅广告制作您选择的应用程序（它应该具有一些功能）。该应用程序应包含某种形式的用户输入（EditText或可选列表）。您需要使用用户输入作为广告请求的关键字。

24. 修改Stopwatch应用程序版本5，使AdFragment类可完全重用（它不应设置特定的性别和关键字）。将广告的自定义限制为性别和关键字。

CHAPTER 16

安全和加密

本章目录

内容简介
- **16.1** 对称和非对称加密
- **16.2** 对称加密：模型（AES），Encryption 应用程序，版本0
- **16.3** 对称加密：添加视图，Encryption应用程序，版本1
- **16.4** 非对称加密：将RSA添加到模型，Encryption应用程序，版本2
- **16.5** 对称和非对称加密：修改视图，Encryption应用程序，版本3

本章小结
练习、问题和项目

内容简介

安全性对于每个计算机用户来说都是非常重要的问题，尤其是对于移动设备。有价值的数据（如信用卡号），如果没有得到适当保护，就有可能被盗。保护数据的一种方法就是加密数据。随着技术的发展和计算机变得越来越强大，曾经一度被认为是安全可靠的加密算法可能会变弱。在选择加密算法时，最好是在使用时检查它是否仍然安全。本章中，我们将学习各种加密算法，以及如何使用它们来加密数据。

16.1 对称和非对称加密

加密通常涉及使用特定算法和密钥来加密消息。密钥通常是一串字符。在密码学中，为了测试加密算法的强度，我们通常假设该算法是已知的，并且评估找到其相关密钥的难度。因此，除了要了解加密算法如何工作之外，了解如何为该算法生成密钥也很重要。

加密系统可以是一种或两种方式。一种方式意味着一旦我们加密了某些数据，就无法对其进行解密。单向加密系统可用于加密密码。用户名和加密密码通常存储在服务器的数据库中。用户远程连接到该服务器并登录。明文密码仅由各个用户知道，并且从不存储在服务器上。由于加密过程发生在服务器端而不是客户端，因此本章不讨论单向加密。

双向加密系统可以是对称的，也可以是非对称的。**对称加密**意味着用于加密明文消息的密钥与用于解密加密消息的密钥相同，即只有一个密钥。这意味着消息的发件人和收件人都需要拥有该密钥。反过来，这意味着至少有一个人将密钥交给了另一个人。由于该密钥是保密的，这个挑战就在于如何以安全的方式发送该密钥，使其他人无法访问。如果涉及到两个以上的人，挑战就更大了。人们可以在每次发送消息时使用不同的密钥，以降低第三方窃取密钥的风险。与往常一样，在实用性和安全性之间会有一个权衡。

非对称加密意味着用于加密明文消息的密钥与用于解密加密消息的密钥不同，即有两个密钥。就像**RSA**系统，它代表**Rivest**、**Shamir**和**Adleman**，它的三个发明者。在RSA系统中，每个人都有两个密钥，一个是公共密钥（已发布），另一个是私有密钥（保密）。例如，如果Alice和Bob是系统的两个用户，Alice可以向Bob发送消息，使用Bob的公钥加密消息，如下所示：

```
encryptedMessage1 = rsa(publicKeyBob, message1)
```

Alice知道Bob的公钥，因为它是公开的并且已经发布。由于该消息已使用Bob的公钥加密，因此只能使用Bob的私钥对其进行解密。由于Bob的私钥是私有且保密的，因此只有Bob知道。所以，只有Bob可以解密该消息。Bob按如下方式解密消息：

```
decryptedMessage1 = rsa(privateKeyBob, encryptedMessage1)
```

Bob可以回复Alice，使用Alice的公钥加密消息，如下所示：

```
encryptedMessage2 = rsa(publicKeyAlice, message2)
```

Bob知道Alice的公钥，因为它是公开的并且已经发布。由于该消息已使用Alice的公钥加密，因此只能使用Alice的私钥对其进行解密。由于Alice的私钥是私有且保密的，因此只有Alice知道。所以，只有Alice可以解密该消息。Alice按如下方式解密消息：

```
decryptedMessage2 = rsa(privateKeyAlice, encryptedMessage2)
```

RSA系统的依据：找到非常大的复合数的因子是非常困难的。复合数是两个素数的乘积。例如，143等于13乘以11是复合数。RSA的数学基础包括群论和模代数。

16.2 对称加密：模型（AES），Encryption 应用程序，版本 0

在版本0中，我们通过一个简单的应用程序来研究对称加密。我们还研究了密钥分发的问题。我们使用对称加密构建一个用于加密和解密文本的模型并对其进行测试。Android库中有许多对称加密算法，我们使用密码学中的**高级加密标准（Advanced Encryption Standard，AES）**。我们通过调用getProviders方法，经由Security类访问设备上可用的加密算法列表，然后遍历程序。这超出了本章的范围。

javax.crypto包中包含封装密码学概念的类和接口，例如Cipher、KeyGenerator和SecretKey。Cipher类提供对加密和解密算法实现的访问，它的所有方法都是最终版（我们不能覆盖它们）。**表16.1**显示了Cipher类的一些Selected方法。密码没有公共构造函数。我们使用它的getInstance静态方法来获取对Cipher对象的引用。getInstance方法的参数是表示加密算法名称的字符串，如AES。doFinal方法将字节数组加密或解密为另一个字节数组。在调用doFinal方法之前，我们需要调用init方法来指定三件事：

- 是否要加密或解密doFinal（操作模式）。
- 加密/解密密钥。
- 一个随机性要素。

表16.1　Cipher类的方法

方法	说明
public static Cipher getInstance (String transformation)	返回用于转换的密码，即加密算法的名称。抛出NoSuchAlgorithmException和NoSuchPaddingException
public byte [] doFinal (byte [] input)	加密输入和其他先前缓冲的字节，并返回生成的加密字节。抛出IllegalBlockSize-Exception、BadPaddingException和IllegalStateException
public void init (int opMode, Key key, SecureRandom random)	使用操作opMode、key和random作为随机源初始化此Cipher。抛出InvalidKeyException和IllegalParameterException

我们可以使用Cipher类的ENCRYPT_MODE和DECRYPT_MODE常量来指定模式、加密或解密。密钥是一个接口，无法实例化。Secret-Key类实现Key接口并封装用于对称加密算法的密钥。因此，我们可以将它用作init方法的第二个参数。

第三个参数的类型是SecureRandom类。SecureRandom类封装了生成加密安全伪随机数功能。我们可以使用SecureRandom类的默认构造函数来实例化SecureRandom对象，SecureRandom类是Random的子类，如**表16.2**所示。我们可以使用**表16.3**中所示的KeyGenerator类来创建SecretKey。KeyGenerator没有公共构造函数。我们使用getInstance静态方法来获取对KeyGenerator对象的引用。getInstance方法的参数是表示加密算法名称的字符串，如AES。generateKey方法返回

SecretKey类型的密钥。在调用generateKey之前，我们应该调用init方法以比特为单位指定密钥的大小。

表16.2　SecureRandom类的构造函数

方法	说明
public SecureRandom（）	使用默认算法构造SecureRandom对象。我们可以用它来生成伪随机数

表16.3　KeyGenerator类的方法

方法	说明
public static KeyGenerator getInstance（String algorithm）	返回一个KeyGenerator，它可以为名为algorithm的加密算法生成密钥。抛出NoSuchAlgorithmException和NullPointerException
public void init（int keySize）	用KeyGeize大小为keySize位的键初始化此KeyGenerator
public SecretKey generateKey（）	返回此KeyGenerator的SecretKey引用

我们首先要编写一个类，作为模型的一部分，以封装使用AES算法加密和解密字符串的功能。**例16.1**显示了AESEncryption类。我们可以使用它来生成密钥，也可以使用任何密钥执行加密和解密。它有一个默认构造函数，两个用于secretKey实例变量的访问函数，以及crypt方法，我们可以用它来加密或解密一个字符串。这需要一个SecretKey、一个Cipher和一个SecureRandom引用来加密或解密一个字符串。因此，我们声明了这些类型的三个实例变量（secretKey、cipher和rand）（第11~13行），可以在crypt方法中访问它们。在构造函数内部（第15~24行），在第17行实例化cipher，在第18行实例化rand。在第19行实例化AES算法的KeyGenerator对象，在第20行用256位的密钥大小进行初始化，在第21行实例化secretKey。在第22行捕获NoSuchAlgorithmException或NoSuchPaddingException异常。

```
1   package com.jblearning.encryptionv0;
2
3   import java.security.GeneralSecurityException;
4   import java.security.SecureRandom;
5   import javax.crypto.Cipher;
6   import javax.crypto.KeyGenerator;
7   import javax.crypto.SecretKey;
8
9   public class AESEncryption {
10    public static String ALGORITHM = "AES";
11    private SecretKey secretKey;
12    private Cipher cipher;
13    private SecureRandom rand;
14
15    public AESEncryption( ) {
16      try {
17        cipher = Cipher.getInstance( ALGORITHM );
18        rand = new SecureRandom( );
19        KeyGenerator keyGen = KeyGenerator.getInstance( ALGORITHM );
20        keyGen.init( 256 );
21        secretKey = keyGen.generateKey( );
22      } catch ( GeneralSecurityException gse ) {
```

```
23        }
24      }
25
26      public String crypt( int opMode, String message, SecretKey key ) {
27        try {
28          cipher.init( opMode, key, rand );
29          byte [ ] messageBytes = message.getBytes( "ISO-8859-1" );
30          byte [ ] encodedBytes = cipher.doFinal( messageBytes );
31          String encoded = new String( encodedBytes, "ISO-8859-1" );
32          return encoded;
33        } catch( Exception e ) {
34          return null;
35        }
36      }
37
38      public SecretKey getKey( ) {
39        return secretKey;
40      }
41
42      public byte [ ] getKeyBytes( ) {
43        return secretKey.getEncoded( );
44      }
45    }
```

例16.1　Encryption应用程序的AESEncryption类，版本0

我们为算法的密钥secretKey提供了两个访问函数。第一个，getSecretKey（第38~40行），返回secretKey。第二个，getKeyBytes（第42~44行），以字节数组的形式返回secretKey。通常，我们需要将密钥发送给远程用户。如果希望以电子方式发送密钥，可以通过安全连接向用户发送字节数组，使用getKeyBytes方法获取密钥的字节数组表示。也可以在发送密钥时加密密钥。在getKeyBytes()中，调用了SecretKey的getEncoded方法，继承自Key接口，如**表16.4**所示。

表16.4　Key接口的getEncoded方法	
方法	说明
byte [] getEncoded ( )	以字节数组的形式返回此Key的编码形式

我们可以使用crypt方法（第26~36行）以给定的密钥对字符串进行加密或解密。它的第一个参数指定我们是加密还是解密。如果想要加密，将传递Cipher.ENCRYPT_MODE作为第一个参数。如果想要解密，则传递Cipher.DECRYPT_MODE。第三个参数表示加密密钥。在此示例中，我们传递AESEncryption对象的密钥。我们使用opMode指定的模式，使用密钥参数key和rand初始化密码（第28行）。doFinal方法接受一个字节数组参数，所以我们将字符串参数转换为第29行的字节数组。使用ISO-8859-1编码标准将字节数组转换为字符串：ISO-8859-1是使用MIME类型通过HTTP协议传输文档的默认编码标准，它提供了字符串和字节数组之间的一对一映射。在第30行，我们调用doFinal将该字节数组转换为另一个字节数组，并将该字节数组转换为第31行的字符串。在第32行返回该字符串。在第33行捕获所有可能的异常并返回，如果发生异常，则在第34行返回空。

在MainActivity类中，如**例16.2**所示，我们使用AESEncryption类加密字符串，并将其加密版本解密为原始字符串。我们还测试是否可以将密钥转换为字节数组，从该字节数组重构密钥，以及重构的密钥是否与原始密钥匹配。当我们以电子方式发送密钥时，就会发生这种操作。在第20行，实例化aes，一个AESEncryption实例变量。在第25~26行，对字符串进行加密，并在第27行将加密后的字符串输出到Logcat。在第28~29行，对加密的字符串进行解密，并在第30行将结果输出到Logcat，如图16.1所示，这与我们开始使用的字符串相同。

```java
1   package com.jblearning.encryptionv0;
2
3   import android.os.Bundle;
4   import android.support.v7.app.AppCompatActivity;
5   import android.util.Log;
6   import java.util.Arrays;
7   import javax.crypto.Cipher;
8   import javax.crypto.SecretKey;
9   import javax.crypto.spec.SecretKeySpec;
10
11  public class MainActivity extends AppCompatActivity {
12    public static final String MA = "MainActivity";
13    private AESEncryption aes;
14
15    @Override
16    protected void onCreate( Bundle savedInstanceState ) {
17      super.onCreate( savedInstanceState );
18      setContentView( R.layout.activity_main );
19
20      aes = new AESEncryption( );
21
22      // 测试加密和解密
23      String original = "Encryption is fun";
24      Log.w( MA, "original: " + original );
25      String encrypted =
26        aes.crypt( Cipher.ENCRYPT_MODE, original, aes.getKey( ) );
27      Log.w( MA, "encrypted: " + encrypted );
28      String decrypted =
29        aes.crypt( Cipher.DECRYPT_MODE, encrypted, aes.getKey( ) );
30      Log.w( MA, "decrypted: " + decrypted );
31
32      // 测试密钥分发
33      byte [ ] keyBytes = aes.getKeyBytes( );
34      // 将keyBytes分发给用户
35      String keyString = Arrays.toString( keyBytes );
36      Log.w( MA, "original key: " + keyBytes + ": " + keyString );
37
38      // 接收到keyBytes，重新构建密钥
39      SecretKey reconstructedKey = new SecretKeySpec( keyBytes, "AES" );
40      // 检查确认重新构建的密钥是否和原始密钥相同
41      byte [ ] bytesFromReconstructedKey = reconstructedKey.getEncoded( );
42      String stringFromReconstructedKey =
43        Arrays.toString( bytesFromReconstructedKey );
44      Log.w( MA, "reconstructed key: "
45          + bytesFromReconstructedKey + ": " + stringFromReconstructedKey );
46    }
47  }
```

例16.2　Encryption应用程序的MainActivity类，版本0

```
original: Encryption is fun
encrypted: ±ÈÃ1Pb}°mnx°_Ô7zý;Gµ9,-åZ
decrypted: Encryption is fun
original key: [B@1edb46d: [-21, -86, -2, 7, -121, 112, 118, 76, 42, -66,
-31, 15, -95, 99, 72, -33, -60, -13, 101, 87, -31, -79, 41, 3, -89, -71, 75,
-79, 16, 88, 66, 88]
reconstructed key: [B@87d38a2: [-21, -86, -2, 7, -121, 112, 118, 76, 42,
-66, -31, 15, -95, 99, 72, -33, -60, -13, 101, 87, -31, -79, 41, 3, -89,
-71, 75, -79, 16, 88, 66, 88]
```

图16.1 Encryption应用程序的Logcat输出，版本0

在第32~45行，我们模拟发送密钥，并检查收到的密钥是否与发送的密钥匹配。我们从aes的密钥开始，并将其转换为第32~33行的字节数组。在第34~36行，将字节数组作为对象输出，并输出与该字节数组等值的字符串。然后，我们假设该字节数组被发送给用户，并在第38~39行用它重建密钥。在第40~41行，检索该重建密钥的等值字节数组。最后，在第42~45行，我们输出字节数组作为对象，并输出与该字节数组等值的字符串。

图16.1显示了Logcat中的输出。我们可以看到两件事：两个字节数组的内存地址不同，它们的值相同。因此，这个例子表明我们可以通过传输字节将密钥从一个用户传输到另一个用户。

16.3 对称加密：添加视图，Encryption 应用程序，版本 1

在版本1中，我们添加了一个用户界面，用户可以输入字符串。提供了一个按钮来加密该字符串和解密加密的字符串，从而检索原始的字符串。

例16.3显示了activity_main.xml文件。我们使用RelativeLayout来组织各种元素。我们还引用了styles.xml和strings.xml文件中定义的样式和字符串。styles.xml文件使用我们在colors.xml文件中定义的颜色。**例16.4**、**例16.5**和**例16.6**显示了这三个文件。activity_main.xml文件包含左侧的三个TextView，我们将其用作EditText的标签（第20~26行）和右侧的两个TextView（第37~42行和第53~58行）。我们将id赋予这三个元素（第21行、38行、54行），以便可以使用MainActivity类中的findViewById方法检索它们。当用户在EditText中输入内容并单击按钮时（第60~66行），执行encryptAndDecryptAES方法（第66行）。我们相应地更新右侧的两个TextView，显示加密的字符串和解密加密字符串的结果。

```
1   <?xml version="1.0" encoding="utf-8"?>
2   <RelativeLayout
3       xmlns:android="http://schemas.android.com/apk/res/android"
4       xmlns:tools="http://schemas.android.com/tools"
5       android:layout_width="match_parent"
6       android:layout_height="match_parent"
7       android:paddingBottom="@dimen/activity_vertical_margin"
8       android:paddingLeft="@dimen/activity_horizontal_margin"
9       android:paddingRight="@dimen/activity_horizontal_margin"
10      android:paddingTop="@dimen/activity_vertical_margin"
11      tools:context="com.jblearning.encryptionv1.MainActivity">
12
```

```xml
13      <TextView
14          android:id="@+id/label_original"
15          style="@style/LabelStyle"
16          android:layout_marginTop="50dp"
17          android:minWidth="120dp"
18          android:text="@string/label_original" />
19
20      <EditText
21          android:id="@+id/string_original"
22          style="@style/InputStyle"
23          android:layout_toRightOf="@+id/label_original"
24          android:layout_alignBottom="@+id/label_original"
25          android:layout_alignParentRight="true"
26          android:hint="@string/hint_original" />
27
28      <TextView
29          android:id="@+id/label_encrypted"
30          style="@style/LabelStyle"
31          android:layout_marginTop="30dp"
32          android:layout_below="@+id/label_original"
33          android:layout_alignLeft="@+id/label_original"
34          android:layout_alignRight="@+id/label_original"
35          android:text="@string/label_encrypted" />
36
37      <TextView
38          android:id="@+id/string_encrypted"
39          style="@style/CenteredTextStyle"
40          android:layout_toRightOf="@+id/label_encrypted"
41          android:layout_alignBottom="@+id/label_encrypted"
42          android:layout_alignRight="@id/string_original" />
43
44      <TextView
45          android:id="@+id/label_decrypted"
46          style="@style/LabelStyle"
47          android:layout_marginTop="30dp"
48          android:layout_below="@id/label_encrypted"
49          android:layout_alignLeft="@+id/label_original"
50          android:layout_alignRight="@+id/label_original"
51          android:text="@string/label_decrypted" />
52
53      <TextView
54          android:id="@+id/string_decrypted"
55          style="@style/CenteredTextStyle"
56          android:layout_toRightOf="@+id/label_decrypted"
57          android:layout_alignBottom="@+id/label_decrypted"
58          android:layout_alignRight="@id/string_original" />
59
60      <Button
61          style="@style/ButtonStyle"
62          android:layout_marginTop="30dp"
63          android:layout_centerHorizontal="true"
64          android:layout_below="@+id/string_decrypted"
65          android:text="@string/button_aes"
66          android:onClick="encryptAndDecryptAES" />
67
68  </RelativeLayout>
```

例16.3 Encryption应用程序的activity_main.xml文件,版本1

16.3 对称加密：添加视图，Encryption应用程序，版本1

```xml
1   <resources>
2     <string name="app_name">EncryptionV1</string>
3     <string name="label_original">Original</string>
4     <string name="hint_original">Type a String to encode</string>
5     <string name="label_encrypted">Encrypted</string>
6     <string name="label_decrypted">Decrypted</string>
7     <string name="button_aes">AES</string>
8   </resources>
```

例16.4 Encryption应用程序的strings.xml文件，版本1

```xml
1   <?xml version="1.0" encoding="utf-8"?>
2   <resources>
3     <color name="colorPrimary">#3F51B5</color>
4     <color name="colorPrimaryDark">#303F9F</color>
5     <color name="colorAccent">#FF4081</color>
6
7     <color name="lightGray">#DDDDDDDD</color>
8     <color name="lightGreen">#40F0</color>
9     <color name="darkBlue">#F00F</color>
10  </resources>
```

例16.5 Encryption应用程序的colors.xml文件，版本1

```xml
1   <resources>
2
3     <!-- Base application theme. -->
4     <style name="AppTheme" parent="Theme.AppCompat.Light.DarkActionBar">
5       <!-- Customize your theme here. -->
6       <item name="colorPrimary">@color/colorPrimary</item>
7       <item name="colorPrimaryDark">@color/colorPrimaryDark</item>
8       <item name="colorAccent">@color/colorAccent</item>
9     </style>
10
11    <style name="TextStyle" parent="@android:style/TextAppearance">
12      <item name="android:layout_width">wrap_content</item>
13      <item name="android:layout_height">wrap_content</item>
14      <item name="android:textSize">22sp</item>
15      <item name="android:padding">5dp</item>
16    </style>
17
18    <style name="LabelStyle" parent="TextStyle">
19      <item name="android:background">@color/lightGray</item>
20    </style>
21
22    <style name="CenteredTextStyle" parent="TextStyle">
23      <item name="android:gravity">center</item>
24    </style>
25
26    <style name="InputStyle" parent="CenteredTextStyle">
27      <item name="android:textColor">@color/darkBlue</item>
28    </style>
29
30    <style name="ButtonStyle" parent="TextStyle">
31      <item name="android:background">@color/lightGreen</item>
32    </style>
```

```
33
34    </resources>
```

例16.6　Encryption应用程序的styles.xml文件，版本1

例16.7显示了MainActivity类。在encrypt-AndDecryptAES方法（第21~34行）中，我们检索用户输入并更新屏幕右侧的两个TextView。我们在第22行、26~27行和29~30行获得对EditText和两个TextView的引用。在第23行，检索用户输入。在第24~25行，对其进行加密。我们将结果放在第28行屏幕中间右侧的TextView中。在31~32行，对加密的字符串进行解密，并将结果放在第33行的另一个TextView中。

图16.2显示了输入"Android is fun"并单击按钮后，在模拟器中运行的应用程序界面。

图16.2　在模拟器中运行的Encryption应用程序，版本1

```java
1   package com.jblearning.encryptionv1;
2
3   import android.os.Bundle;
4   import android.support.v7.app.AppCompatActivity;
5   import android.view.View;
6   import android.widget.EditText;
7   import android.widget.TextView;
8
9   import javax.crypto.Cipher;
10
11  public class MainActivity extends AppCompatActivity {
12    private AESEncryption aes;
13
14    @Override
15    protected void onCreate( Bundle savedInstanceState ) {
16      super.onCreate( savedInstanceState );
17      aes = new AESEncryption( );
18      setContentView( R.layout.activity_main );
19    }
20
21    public void encryptAndDecryptAES( View v ) {
22      EditText et = ( EditText ) findViewById( R.id.string_original );
23      String original = et.getText( ).toString( );
24      String encrypted =
25          aes.crypt( Cipher.ENCRYPT_MODE, original, aes.getKey( ) );
26      TextView tvEncrypted =
27          ( TextView ) findViewById( R.id.string_encrypted );
28      tvEncrypted.setText( encrypted );
29      TextView tvDecrypted =
30          ( TextView ) findViewById( R.id.string_decrypted );
```

```
31         String decrypted =
32             aes.crypt( Cipher.DECRYPT_MODE, encrypted, aes.getKey( ) );
33         tvDecrypted.setText( decrypted );
34     }
35  }
```

例16.7 Encryption应用程序的MainActivity类,版本1

16.4 非对称加密:将 RSA 添加到模型,Encryption 应用程序,版本 2

在版本2中,我们将RSA加密添加到模型中,并在MainActivity类中对其进行测试。我们可以使用RSAEncryption类,如**例16.8**所示,生成一组私钥和公钥,还可以使用任何密钥执行加密和解密。这个设计类似于AESEncryption类。在第11~13行,声明了三个实例变量:cipher、Cipher引用和两个Key——privateKey和publicKey。第15~25行,构造函数在第17行实例化密码,并在第18~22行生成两个密钥。

```
1   package com.jblearning.encryptionv2;
2
3   import java.security.GeneralSecurityException;
4   import java.security.Key;
5   import java.security.KeyPair;
6   import java.security.KeyPairGenerator;
7   import javax.crypto.Cipher;
8
9   public class RSAEncryption {
10    public static String ALGORITHM = "RSA";
11    private Cipher cipher;
12    private Key privateKey;
13    private Key publicKey;
14
15    public RSAEncryption( ) {
16      try {
17        cipher = Cipher.getInstance( ALGORITHM );
18        KeyPairGenerator generator = KeyPairGenerator.getInstance( ALGORITHM );
19        generator.initialize( 1024 );
20        KeyPair keyPair = generator.genKeyPair( );
21        privateKey = keyPair.getPrivate( );
22        publicKey = keyPair.getPublic( );
23      } catch( GeneralSecurityException gse ) {
24      }
25    }
26
27    public Key getPrivateKey( ) {
28      return privateKey;
29    }
30
31    public Key getPublicKey( ) {
32      return publicKey;
33    }
34
35    public byte [ ] getPrivateKeyBytes( ) {
```

```
36      return privateKey.getEncoded( );
37    }
38
39    public byte [ ] getPublicKeyBytes( ) {
40      return publicKey.getEncoded( );
41    }
42
43    public String crypt( int opMode, String message, Key key ) {
44      try {
45        cipher.init( opMode, key );
46        byte [ ] messageBytes = message.getBytes( "ISO-8859-1" );
47        byte [ ] encryptedBytes = cipher.doFinal( messageBytes );
48        String encrypted = new String( encryptedBytes, "ISO-8859-1" );
49        return encrypted;
50      } catch( Exception e ) {
51        return null;
52      }
53    }
54  }
```

例16.8 Encryption应用程序的RSAEncryption类，版本2

KeyPairGenerator类具有生成KeyPair的方法，KeyPair封装了一对密钥，一个私有密钥和一个公共密钥。**表16.5**显示了这两个类的方法。KeyPairGenerator类是抽象的，无法实例化。但是，我们可以使用它的getInstance静态方法来获取对KeyPairGenerator的引用（第18行）。getInstance方法接受String参数，该参数表示KeyPairGenerator将用于生成KeyPair的算法。genKeyPair方法（在第20行调用）返回一个KeyPair；我们可以使用KeyPair类的getPrivate和getPublic方法检索这两个键（第21行和22行）。getPrivate和getPublic方法分别返回PrivateKey和PublicKey。两者都是从Key接口继承的接口。我们可以将它们的返回值分配给privateKey和publicKey实例变量（第21行和22行）。在第27~29行和第31~33行提供两个密钥的访问函数。我们还为两个密钥的字节数组表示提供访问函数，以便它们可以通过电子方式传输。我们可以将公钥传输到中心位置，可能是在服务器上，以便其他用户可以检索它。如果我们提供生成密钥的客户端软件，则无需将私钥传输给每个用户，因此危害一个或多个私钥的风险要低得多。如果我们必须以安全的方式将私钥传输给特定用户，那么可以使用AES等算法对其进行加密。

表16.5 KeyPair和KeyPairGenerator类的方法

类	方法	说明
KeyPairGenerator	public static KeyPairGenerator getInstance (String algorithm)	返回使用指定算法的KeyPairGenerator
KeyPairGenerator	initialize (int keySize)	使用keySize（以位为单位）初始化此KeyPairGenerator
KeyPairGenerator	KeyPair genKeyPair ( )	生成并返回一个新的KeyPair
KeyPair	PrivateKey getPrivate ( )	返回此KeyPair的私钥
KeyPair	PublicKey getPublic ( )	返回此KeyPair的公钥

crypt方法（第43~53行）与AESEncryption类的crypt方法相同，只是它使用RSA的密码引用而不是AES。

16.4 非对称加密：将RSA添加到模型，Encryption应用程序，版本2

例16.9中所示的MainActivity类演示了如何使用RSAEncryption类。因为RSA加密算法是非对称的，所以我们执行两个测试。在第15行声明了一个RSAEncryption实例变量，并在第21行进行实例化。我们首先使用公钥加密并使用私钥解密（第24~32行），然后我们使用私钥加密并使用公钥解密（第34~42行）。图16.3显示在两种情况下，我们在连续加密和解密后最终得到原始字符串。两个加密的字符串表明加密不是对称的，如图所示，加密的字符串比显示的要长得多。

```java
1   package com.jblearning.encryptionv2;
2
3   import android.os.Bundle;
4   import android.support.v7.app.AppCompatActivity;
5   import android.util.Log;
6   import android.view.View;
7   import android.widget.EditText;
8   import android.widget.TextView;
9
10  import javax.crypto.Cipher;
11
12  public class MainActivity extends AppCompatActivity {
13    public static final String MA = "MainActivity";
14    private AESEncryption aes;
15    private RSAEncryption rsa;
16
17    @Override
18    protected void onCreate( Bundle savedInstanceState ) {
19      super.onCreate( savedInstanceState );
20      aes = new AESEncryption( );
21      rsa = new RSAEncryption( );
22      setContentView( R.layout.activity_main );
23
24      // 用公钥加密，用私钥解密
25      String original1 = "Hello";
26      Log.w( MA, "original1: " + original1 );
27      String encrypted1 =
28        rsa.crypt( Cipher.ENCRYPT_MODE, original1, rsa.getPublicKey( ) );
29      Log.w( MA, "encrypted1: " + encrypted1 );
30      String decrypted1 =
31        rsa.crypt( Cipher.DECRYPT_MODE, encrypted1, rsa.getPrivateKey( ) );
32      Log.w( MA, "decrypted1: " + decrypted1 );
33
34      // 用私钥加密，用公钥解密
35      String original2 = "Hello";
36      Log.w( MA, "original2: " + original2 );
37      String encrypted2 =
38        rsa.crypt( Cipher.ENCRYPT_MODE, original2, rsa.getPrivateKey( ) );
39      Log.w( MA, "encrypted2: " + encrypted2 );
40      String decrypted2 =
41        rsa.crypt( Cipher.DECRYPT_MODE, encrypted2, rsa.getPublicKey( ) );
42      Log.w( MA, "decrypted2: " + decrypted2 );
43    }
44
45    public void encryptAndDecryptAES( View v ) {
46      EditText et = ( EditText ) findViewById( R.id.string_original );
47      String original = et.getText( ).toString( );
48      String encrypted =
49        aes.crypt( Cipher.ENCRYPT_MODE, original, aes.getKey( ) );
```

```
50      TextView tvEncrypted =
51          ( TextView ) findViewById( R.id.string_encrypted );
52      tvEncrypted.setText( encrypted );
53      TextView tvDecrypted =
54          ( TextView ) findViewById( R.id.string_decrypted );
55      String decrypted =
56          aes.crypt( Cipher.DECRYPT_MODE, encrypted, aes.getKey( ) );
57      tvDecrypted.setText( decrypted );
58    }
59  }
```

例16.9 Encryption应用程序的MainActivity类，版本2

```
original1: Hello
encrypted1: µD2 â,‰.z¹{Ã;ûßÿösÎ... ( partial output )
decrypted1: Hello
original2: Hello
encrypted2: 9D*f•Ð/³7ö^™ddvÀ'tTg+*Ù‰3À... ( partial output )
decrypted2: Hello
```

图16.3 Encryption应用程序的Logcat输出，版本3

16.5 对称和非对称加密：修改视图，Encryption 应用程序，版本 3

在版本3中，我们向用户呈现三个按钮：第一个按钮像以前一样触发AES加密和解密，另外两个按钮通过可用的两种方案触发RSA加密和解密：

▶ 使用私钥加密并使用公钥解密。

▶ 另一个用公钥加密并用私钥解密。

我们修改activity_main.xml文件视图，并添加两个按钮。这两个按钮在**例16.10**的67~74行和76~83行编码。我们给AES按钮一个id（第60行），这样就可以相对于它定位两个新按钮。此外，由于我们现在有三个按钮，AES按钮不再居中。因为RSA加密导致字符串比AES加密大得多，所以我们在第一行和第二行组件之间指定比以前更大的空白（第30行）。

我们还在strings.xml中定义了button_rsa1和button_rsa2字符串。

```
1   <?xml version="1.0" encoding="utf-8"?>
2   <RelativeLayout
3       xmlns:android="http://schemas.android.com/apk/res/android"
4       xmlns:tools="http://schemas.android.com/tools"
5       android:layout_width="match_parent"
6       android:layout_height="match_parent"
7       android:paddingBottom="@dimen/activity_vertical_margin"
8       android:paddingLeft="@dimen/activity_horizontal_margin"
9       android:paddingRight="@dimen/activity_horizontal_margin"
10      android:paddingTop="@dimen/activity_vertical_margin"
11      tools:context="com.jblearning.encryptionv3.MainActivity" >
12
13      <TextView
14          android:id="@+id/label_original"
```

```xml
15            style="@style/LabelStyle"
16            android:minWidth="120dp"
17            android:text="@string/label_original"/>
18
19    <EditText
20            android:id="@+id/string_original"
21            style="@style/InputStyle"
22            android:layout_toRightOf="@+id/label_original"
23            android:layout_alignBottom="@+id/label_original"
24            android:layout_alignParentRight="true"
25            android:hint="@string/hint_original" />
26
27    <TextView
28            android:id="@+id/label_encrypted"
29            style="@style/LabelStyle"
30            android:layout_marginTop="200dp"
31            android:layout_below="@+id/label_original"
32            android:layout_alignLeft="@+id/label_original"
33            android:layout_alignRight="@+id/label_original"
34            android:text="@string/label_encrypted"/>
35
36    <TextView
37            android:id="@+id/string_encrypted"
38            style="@style/CenteredTextStyle"
39            android:layout_toRightOf="@+id/label_encrypted"
40            android:layout_alignBottom="@+id/label_encrypted"
41            android:layout_alignRight="@id/string_original" />
42
43    <TextView
44            android:id="@+id/label_decrypted"
45            style="@style/LabelStyle"
46            android:layout_marginTop="30dp"
47            android:layout_below="@id/label_encrypted"
48            android:layout_alignLeft="@+id/label_original"
49            android:layout_alignRight="@+id/label_original"
50            android:text="@string/label_decrypted" />
51
52    <TextView
53            android:id="@+id/string_decrypted"
54            style="@style/CenteredTextStyle"
55            android:layout_toRightOf="@+id/label_decrypted"
56            android:layout_alignBottom="@+id/label_decrypted"
57            android:layout_alignRight="@id/string_original" />
58
59    <Button
60            android:id="@+id/button_aes"
61            style="@style/ButtonStyle"
62            android:layout_marginTop="30dp"
63            android:layout_below="@+id/string_decrypted"
64            android:text="@string/button_aes"
65            android:onClick="encryptAndDecryptAES" />
66
67    <Button
68            android:id="@+id/button_rsa1"
69            style="@style/ButtonStyle"
70            android:layout_marginTop="30dp"
71            android:layout_below="@+id/string_decrypted"
```

```xml
72            android:layout_centerInParent="true"
73            android:text="@string/button_rsa1"
74            android:onClick="encryptAndDecryptRSA1" />
75
76      <Button
77            android:id="@+id/button_rsa2"
78            style="@style/ButtonStyle"
79            android:layout_marginTop="30dp"
80            android:layout_below="@+id/string_decrypted"
81            android:layout_alignParentRight="true"
82            android:text="@string/button_rsa2"
83            android:onClick="encryptAndDecryptRSA2" />
84
85  </RelativeLayout>
```

例16.10　Encryption应用程序的activity_main.xml文件，版本3

例16.11显示了更新后的MainActivity类。因为我们需要以三种不同的方法访问GUI组件，所以在第14~16行为它们添加了三个实例变量。在第24~26行，使用的findViewById方法实例化它们。请注意，在检索内容之前设置内容视图（第23行）非常重要。否则，它们将为空，应用程序最终将在运行时崩溃。encryptAndDecryptRSA1和encryptAndDecryptRSA2方法与encryptAndDecryptAES方法非常相似。encryptAndDecryptRSA1方法使用私钥进行加密（第46~47行）并使用公钥进行解密（第49~50行）。encryptAndDecryptRSA1方法使用公钥进行加密（第56~57行）并使用私钥进行解密（第59~60行）。

```java
1   package com.jblearning.encryptionv3;
2
3   import android.os.Bundle;
4   import android.support.v7.app.AppCompatActivity;
5   import android.view.View;
6   import android.widget.EditText;
7   import android.widget.TextView;
8
9   import javax.crypto.Cipher;
10
11  public class MainActivity extends AppCompatActivity {
12    private AESEncryption aes;
13    private RSAEncryption rsa;
14    private EditText etOriginal;
15    private TextView tvEncrypted;
16    private TextView tvDecrypted;
17
18    @Override
19    protected void onCreate( Bundle savedInstanceState ) {
20      super.onCreate( savedInstanceState );
21      aes = new AESEncryption( );
22      rsa = new RSAEncryption( );
23      setContentView( R.layout.activity_main );
24      etOriginal = ( EditText ) findViewById( R.id.string_original );
25      tvEncrypted = ( TextView ) findViewById( R.id.string_encrypted );
26      tvDecrypted = ( TextView ) findViewById( R.id.string_decrypted );
27    }
28
```

```
29    public void encryptAndDecryptAES( View v ) {
30      EditText et = ( EditText ) findViewById( R.id.string_original );
31      String original = et.getText( ).toString( );
32      String encrypted =
33          aes.crypt( Cipher.ENCRYPT_MODE, original, aes.getKey( ) );
34      TextView tvEncrypted =
35          ( TextView ) findViewById( R.id.string_encrypted );
36      tvEncrypted.setText( encrypted );
37      TextView tvDecrypted =
38          ( TextView ) findViewById( R.id.string_decrypted );
39      String decrypted =
40        aes.crypt( Cipher.DECRYPT_MODE, encrypted, aes.getKey( ) );
41      tvDecrypted.setText( decrypted );
42    }
43
44    public void encryptAndDecryptRSA1( View v ) {
45      String original = etOriginal.getText( ).toString( );
46      String encrypted =
47          rsa.crypt( Cipher.ENCRYPT_MODE, original, rsa.getPrivateKey( ) );
48      tvEncrypted.setText( encrypted );
49      String decrypted =
50          rsa.crypt( Cipher.DECRYPT_MODE, encrypted, rsa.getPublicKey( ) );
51      tvDecrypted.setText( decrypted );
52    }
53
54    public void encryptAndDecryptRSA2( View v ) {
55      String original = etOriginal.getText( ).toString( );
56      String encrypted =
57          rsa.crypt( Cipher.ENCRYPT_MODE, original, rsa.getPublicKey( ) );
58      tvEncrypted.setText( encrypted );
59      String decrypted =
60          rsa.crypt( Cipher.DECRYPT_MODE, encrypted, rsa.getPrivateKey( ) );
61      tvDecrypted.setText( decrypted );
62    }
63  }
```

例16.11　Encryption应用程序的MainActivity类，版本3

图16.4和图16.5显示用户进入"Android is fun"后，分别点击RSA 1按钮和RSA 2按钮的应用程序界面。

图16.4　单击RSA 1按钮后的Encryption应用程序界面，版本3

图16.5　单击RSA 2按钮后的Encryption应用程序界面，版本3

本章小结

- 加密算法可以是一种方式（加密的文件不能被解密），对称的（加密和解密的密钥相同），或非对称的（不同的密钥用于加密和解密）。
- javax.crypto包提供了封装各种密码学概念和功能的接口和类。
- 我们可以使用KeyGenerator类为对称加密算法生成密钥。
- 我们可以使用KeyPairGenerator类为非对称加密算法生成一对密钥。
- 封装密钥的类提供了将密钥对象转换为字节数组并从字节数组重建密钥的方法。通过这种方式，我们可以电子方式传输密钥。密钥发送是一个重要问题。
- 我们可以使用SecureRandom类生成加密安全的伪随机数。
- Cipher类提供对加密和解密算法实现的访问。
- Cipher类的doFinal方法将字节数组加密或解密为另一个字节数组。
- 我们可以使用ISO-8859-1编码标准将字节数组转换为String，反之亦然。它提供字符串和字节数组之间的一对一映射。
- 在调用doFinal方法进行加密或解密之前，我们调用init方法来指定（加密或解密）模式、密钥，并设置随机元素。

 练习、问题和项目

多项选择练习

1. 非对称加密算法使用相同的密钥进行加密和解密？
   - 真
   - 假
2. 在什么包中我们找到了封装密码学概念和函数的接口和类？
   - java.crypto
   - javax.crypto
   - android.crypto
   - android.algorithm
3. 可以使用哪个类来生成RSA算法的私钥及其对应的公钥？
   - Key
   - KeyGenerator
   - KeyPairGenerator
   - SecretKey

4. 提供各种加密和加密算法实现的类的名称是什么？
   - Crypt
   - Encrypt
   - RSA
   - Cipher

5. 问题4中的类的doFinal方法转换是什么？
   - 一个字节数组到一个字符串
   - 一个字符串到一个字节数组
   - 一个字符串到一个字符串
   - 一个字节数组到一个字节数组

6. 问题4中类的init方法的第一个参数是int。如果想要加密，可以使用以下哪种方法？
   - Cipher.ENCRYPT_MODE
   - Cipher.ENCRYPT
   - Cipher.DECRYPT
   - Cipher.DECRYPT_MODE

7. 问题4中类的init方法的第一个参数是int。如果想要解密，可以使用什么价值？
   - Cipher.ENCRYPT_MODE
   - Cipher.ENCRYPT
   - Cipher.DECRYPT
   - Cipher.DECRYPT_MODE

编写代码

8. 编写代码以声明和实例化AES算法的Cipher对象。
9. 编写代码以声明和实例化RSA算法的Cipher对象。
10. 编写代码以声明和实例化AES算法的KeyGenerator对象。
11. 编写代码以声明和实例化RSA算法的KeyPairGenerator对象。
12. 变量keyPair是KeyPairGenerator引用，并且已经为RSA算法实例化。编写代码以检索其私钥的字节数组。
13. 变量keyPair是KeyPairGenerator引用，并且已经为RSA算法实例化。编写代码以检索其公钥的字节数组。
14. 名为s的字符串已初始化。编写代码，使用ISO-8859-1编码标准将其转换为字节数组。
15. 已使用某些值初始化了一个字节数组。编写代码，使用ISO-8859-1编码标准将其转换为字符串。
16. 已声明并实例化名为myCipher的密码引用。密钥myKey也已被声明和实例化。编写代码来初始化myCipher，以便它可以使用myKey加密某些数据。
17. 已声明，实例化并初始化名为myCipher的密码引用，以便使用某些密钥进行加密。编写代码来加密字节数组myBytes。将结果分配给选择的变量。

编写应用程序

18. 编写类似于本章版本1的应用程序。选择与AES不同的加密算法。
19. 编写类似于本章版本1的应用程序。使用init方法，其第二个参数是Certificate。
20. 对发送电子邮件的应用进行编码。使用AES加密电子邮件正文。
21. 使用RSA对应用程序进行编码，要求用户输入句子。一个按钮用用户1的私钥和用户2的公钥加密句子，并在TextView中显示结果（用户2可以解密句子，知道它来自用户1）。另一个按钮将结果解密回原始句子并将其显示在另一个TextView中。
22. 制作一个使用凯撒密码对某些用户输入进行加密的应用程序（字母表中的每个字母都移动一个固定的数字，例如，如果移位为3，则a变为d，b变为e等）。
23. 从java.security包中查看Security类。创建一个使用该类的应用程序，以便检索Android设备支持的所有加密算法。

附录 A
动态检索状态栏和操作栏的高度

如果我们以编程方式定义View，通常需要检索内容视图的高度，即屏幕的总高度减去状态栏和操作栏的高度。

图A.1中展示了设备屏幕的各个部分。设备的状态栏以黄色显示，通常包含一些用于系统和应用程序通知的图标，包括时钟。红色是应用程序的操作栏，通常包括左上角的应用程序名称和右侧的菜单，但根据应用程序的不同，可能会有所不同。应用程序的内容视图以蓝色显示。这是应用程序的内容显示区域。可视显示框由应用程序的操作栏（红色）和应用程序内容视图（蓝色）组成。

在编写应用程序时，根据Google的设计指南，状态栏的高度为24dp，操作栏的高度为56dp。这些数字与像素的密度无关，因此为了计算实际的像素数，我们需要将这些数字乘以设备的逻辑像素密度。状态栏和操作栏的高度并非固定不变的，因此最好以编程方式检索其高度。

图A.1 屏幕的视图组件

以下代码序列展示了如何检索设备的逻辑像素密度。

```
Resources res = getResources();
DisplayMetrics metrics = res.getDisplayMetrics();
float pixelDensity = metrics.density;
```

我们首先调用通过Activity类继承自ContextWrapper类的getResources方法，来获取Resources引用。我们可以使用Resources类来访问应用程序的资源。使用Resources引用res，调用getDisplayMetrics方法，来获取设备的DisplayMetrics引用。DisplayMetrics类包含有关显示的信息，包括其大小、密度和字体缩放。DisplayMetrics类的density（密度）字段存储了设备的逻辑像素密度。表A.1中展示了ContextWrapper类的getResources方法、Resources类的getDisplayMetrics方法，以及DisplayMetrics类的density字段。

一旦我们获得了设备的像素密度，就可以为操作栏和状态栏设定默认的高度值，如下所示：

```
int actionBarHeight = ( int ) ( pixelDensity * 56 );
int statusBarHeight = ( int ) ( pixelDensity * 24 );
```

表A.1　DisplayMetrics的getResources、getDisplayMetrics方法和density字段

类	方法或字段	说明
ContextWrapper	Resources getResources()	返回此应用程序包的Resources引用
Resources	Display getDisplayMetrics()	返回此Resources对象的显示参数
DisplayMetrics	density	与密度无关的像素单位的缩放系数

现在我们为操作栏设定了默认的高度值，可以尝试使用以下代码序列动态检索其值。如果未能成功检索，则采用操作栏默认高度值。

```
// 为操作栏设置默认高度
int actionBarHeight = ( int ) ( pixelDensity * 56 );
TypedValue tv = new TypedValue( );
if( getTheme( ).resolveAttribute( android.R.attr.actionBarSize, tv,
true ) )
  actionBarHeight = TypedValue.complexToDimensionPixelSize( tv.data,
                    getResources( ).getDisplayMetrics( ) );
```

操作栏高度的设置是应用程序主题样式的一部分。**表A.2**中所示的getTheme方法继承自Activity的ContextThemeWrapper，返回与当前Context相关联的Theme。Theme是Resources类的内部类，存储特定主题的属性值。如**表A.3**所示，Theme类的resolveAttribute方法用于检查主题中是否存在属性。如果存在，则返回true并将属性值分配给其TypedValue参数，即第二个参数。操作栏高度的资源ID是android.R.attr.actionBarSize。我们声明并实例化一个TypedValue引用tv，目的是将它作为第二个参数传递给resolveAttribute方法。如果方法返回true，则将其值赋给actionBarHeight。我们使用TypedValue类的complexToDimensionPixelSize静态方法，如**表A.4**所示。将tv、tv.data中的数据转换为表示其像素数的整数。如果输出tv和tv.type的类型，我们可以看到它的值为5，正是TypedValue类的TYPE_DIMENSION常量的值。

表A.2　ContextThemeWrapper类的getTheme方法

Resources.Theme getTheme()	返回与当前Context相关联的Theme

表A.3　Resources.Theme类的resolveAttribute方法

boolean resolveAttribute（int resourceId，TypedValue outValue，boolean resolveRefs）	如果此Theme中存在属性resourceId，则返回true，此时将其值赋给outValue。resolveRefs用于确定属性的资源类型

表A.4　TypedValue类的资源

public int data	此TypedValue中的数据
public int type	此TypedValue中的数据类型
static int complexToDimensionPixelSize（int data, DisplayMetrics metrics）	使用metrics作为显示指标，返回与数据对应的像素数。数据类型必须为TYPE_DIMENSION（值为5）

为了动态检索状态栏的高度值，我们需要使用以下代码序列。如果未能成功检索，则采用默认的状态栏高度值。

```
// 设置 status bar（状态栏）高度的默认值
int statusBarHeight = ( int ) ( pixelDensity * 24);
// res 是一个 Resources 引用
int resourceId =
    res.getIdentifier( "status_bar_height", "dimen", "android" );
    // res.getIdentifier( "android:dimen/status_bar_height", "", "" );
if( resourceId != 0 )  // 找到 status bar（状态栏）高度的资源
  statusBarHeight = res.getDimensionPixelSize( resourceId );
```

我们可以通过调用**表A.5**中所示的Resources类的getIdentifier方法，获取给定资源的id，并给出其名称和资源类型。如果返回的值不是0，即表示已成功检索。之后我们可以通过调用Resources的getDimensionPixelSize方法获取其大小，并传递id值。表A.5也展示了该方法。

表A.5　Resources类的getIdentifier和getDimensionPixelSize方法

int getIdentifier (String name, String type, String package)	返回名为name的资源的ID。type指定资源的类型（颜色、尺寸等），package是资源所在的包。如果name中已包含这些内容（如"package:type/resourceName"），则type和package是可选参数。如果未检索到，则返回0
int getDimensionPixelSize (int id)	返回指定id的资源的像素数

例A.1中展示了一个简单应用程序的MainActivity类，该应用程序检索状态栏和操作栏高度。

```
1    package com.jblearning.statusandactionbars;
2
3    import android.content.res.Resources;
4    import android.os.Bundle;
5    import android.support.v7.app.AppCompatActivity;
6    import android.util.DisplayMetrics;
7    import android.util.Log;
8    import android.util.TypedValue;
9
10   public class MainActivity extends AppCompatActivity {
11     public static int STATUS_BAR_HEIGHT = 24; // 以dp为单位
12     public static int ACTION_BAR_HEIGHT = 56; // 以dp为单位
13
14     @Override
15     protected void onCreate( Bundle savedInstanceState ) {
16       super.onCreate( savedInstanceState );
17       setContentView( R.layout.activity_main );
18
19       Resources res = getResources( );
20       DisplayMetrics metrics = res.getDisplayMetrics( );
21       float pixelDensity = metrics.density;
22       Log.w( "MainActivity", "pixel density = " + pixelDensity );
23
24       TypedValue tv = new TypedValue( );
25       int actionBarHeight = ( int ) ( pixelDensity * ACTION_BAR_HEIGHT );
26       if( getTheme( ).resolveAttribute( android.R.attr.actionBarSize,
27           tv, true ) ) {
28         actionBarHeight = TypedValue.complexToDimensionPixelSize( tv.data,
29             res.getDisplayMetrics( ) );
30         Log.w( "MainActivity", "retrieved action bar height = "
31             + actionBarHeight );
32       }
```

```
33
34      int statusBarHeight = ( int ) ( pixelDensity * STATUS_BAR_HEIGHT );
35      int resourceId =
36          res.getIdentifier( "status_bar_height", "dimen", "android" );
37      Log.w( "MainActivity", "resource id for action bar height = "
38          + resourceId );
39      if( resourceId != 0 ) { // 找到status bar（状态栏）高度的资源
40        statusBarHeight = res.getDimensionPixelSize( resourceId );
41        Log.w( "MainActivity", "retrieved status bar height = "
42            + statusBarHeight );
43      }
44    }
45
46  }
```

例A.1 MainActivity类，展示如何检索当前设备的状态栏和操作栏高度

图A.2中展示了在Nexus 5仿真器中运行时示例A.1的输出结果。检索到的操作栏高度为168，等于3（像素密度）乘以56（Google给定的操作栏高度，以dp为单位）。检索到的状态栏高度为72，等于3（像素密度）乘以24（Google给定的状态栏的高度，以dp为单位）。

```
pixel density = 3.0
retrieved action bar height = 168
resource id for action bar height = 17104919
retrieved status bar height = 72
```

图A.2 Nexus 5仿真器的示例A.1的输出结果

图A.3展示了在Nexus 4仿真器中运行示例A.1时的输出结果。检索到的操作栏高度为112，等于2（像素密度）乘以56（Google给定的操作栏高度，以dp为单位）。检索到的状态栏高度为48，等于2（像素密度）乘以24（Google给定的状态栏高度，以dp为单位）。我们可以验证资源ID是否与Nexus 5仿真器相同。

```
pixel density = 2.0
retrieved action bar height = 112
resource id for action bar height = 17104919
retrieved status bar height = 48
```

图A.3 Nexus 4仿真器的示例A.1的输出结果

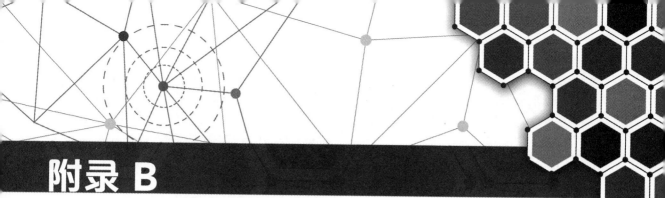

附录 B
动态设置TextView的字体大小

调整TextView中的字体大小是构建应用程序时经常遇到的问题。由于应用程序将在各种屏幕尺寸的设备上运行,因此如果使用统一的字体大小,在某些设备上看起来可能会很别扭。我们可以采用很多方法设置TextView中的字体大小,以使文本更好地适应设备屏幕。我们将探索如何设置使文本既适合行宽,同时字体最大化。我们假定TextView中没有颜色填充。

我们构建一个实用程序类DynamicSizing,其中包含一个静态方法,其工作方式如下:

▶ 设置TextView中字体的大小,使文本适合一行显示,在此基础上字体最大化显示。

这一功能的另一种可能实现方式是将TextView子类化,并将前面提到的方法定义为非静态方法。

计算最佳字体的一种策略是从非常大的字体(例如大小为200)开始,只要TextView中的文本占用两行或更多行,即将字体大小减小1,伪代码如下所示:

```
font size = 200
while( text needs 2 or more lines to fit inside TextView ) {
  decrease font size by 1
}
```

我们可以使用**表B.1**中所示的TextView类的getLineCount方法,来访问文本在TextView中占用的行数。动态调整View或View属性时会出现一个问题,即需要访问视图的属性,例如宽度、高度或文本占用的行数。如果尚未显示View,则getWidth、getHeight和getLineCount方法都返回0。我们可以调用View类的measure方法(参见**表B.1**)来访问TextView中的文本行的宽度、高度和数量。如果我们先调用measure,则对getLineCount的调用将返回文本在TextView中占用的实际行数。若要在调用measure之后获取宽度和高度信息,则应该调用getMeasuredWidth和getMeasuredHeight方法。measure方法接受两个int参数,指定父级View施加或不施加的大小约束的类型。**表B.2**中展示了MeasureSpec类的三个常量,我们可以使用这三个常量来指定这两个参数的值。

表B.1 View和TextView类的方法

类	方法	说明
View	int getWidth()	以像素为单位返回View的宽度,如果尚未显示,则返回0
View	int getHeight()	以像素为单位返回View的高度,如果尚未显示,则返回0
View	void measure(int widthMeasureSpec, int heightMeasureSpec)	如果要找出View的大小,则调用此方法;widthMeasureSpec和heightMeasureSpec表示父视图施加的水平和垂直约束
View	int getMeasuredWidth()	返回通过调用measure测量的View的宽度(以像素为单位)
View	int getMeasuredHeight()	返回通过调用measure测量的View的高度(以像素为单位)
View	ViewParent getParent()	返回此View的父视图
TextView	int getLineCount()	返回TextView内部的文本行数,如果尚未显示TextView,则返回0
TextView	void setTextSize(int unit, float size)	将TextView中文本的大小设置为size unit
TextView	void setWidth(int w)	将TextView的宽度设置为w像素
TextView	void setHeight(int h)	将TextView的高度设置为h像素

表B.2 MeasureSpec类的常量

常量	说明
UNSPECIFIED	父视图未对子视图施加任何约束
EXACTLY	父视图已完全确定子视图的确切大小
AT_MOST	父视图已确定子视图的最大尺寸

例B.1中展示了DynamicSizing实用程序类。在第8行声明MAX_FONT_SIZE常量,等于200。我们将其作为字体的起始大小,然后逐次减1,直到找到正确的值,使文本适合一行显示。我们还声明了另一个常量MIN_FONT_SIZE,其值设置为1(第9行),使用此值作为TextView的最小字体大小。

```
1   package com.jblearning.dynamicfontsizing;
2
3   import android.util.TypedValue;
4   import android.view.View.MeasureSpec;
5   import android.widget.TextView;
6
7   public class DynamicSizing {
8     public static final int MAX_FONT_SIZE = 200;
9     public static final int MIN_FONT_SIZE = 1;
10
11    /*
12     * Sets the maximum font size of tv so that the text inside tv
13     *        fits on one line
14     * @param  tv    the TextView whose font size is to be changed
15     * @return the resulting font size
16     */
17    public static int setFontSizeToFitInView( TextView tv ) {
18      int fontSize = MAX_FONT_SIZE;
19      tv.setTextSize( TypedValue.COMPLEX_UNIT_SP, fontSize );
20      tv.measure( MeasureSpec.UNSPECIFIED, MeasureSpec.UNSPECIFIED );
```

```
21       int lines = tv.getLineCount( );
22       if( lines > 0 ) {
23         while( lines != 1 && fontSize >= MIN_FONT_SIZE + 2 ) {
24           fontSize--;
25           tv.setTextSize( TypedValue.COMPLEX_UNIT_SP, fontSize );
26           tv.measure( MeasureSpec.UNSPECIFIED, MeasureSpec.UNSPECIFIED );
27           lines = tv.getLineCount( );
28         }
29         tv.setTextSize( TypedValue.COMPLEX_UNIT_SP, --fontSize );
30       }
31       return fontSize;
32     }
33   }
```

例B.1 DynamicSizing实用程序类

第11~32行的setFontSizeToFitInView方法接受TextView参数tv，并修改其字体大小。该方法返回修改后的字体大小。我们将MAX_FONT_SIZE的值分配给第18行的变量fontSize，并在第19行将tv的字体大小设置为fontSize。我们使用TypedValue类中的整数常量COMPLEX_UNIT_SP作为TextView类的setTextSize方法的第一个参数来指定单位。这意味着该单位是缩放像素。表B.3中展示了TypedValue类的几个常量。

在第21行调用getLineCount得到文本中的行数之前，我们在第20行调用measure，以使getLineCount不返回0。如果不返回0，则在第23~28行循环，直到存储在变量lines中的行数值等于1或者字体大小下降到2。如果由于某种原因，例如文本很长，字体大小降到2时，即退出循环。这种情况不大可能发生，但防范意外情况是编程的好习惯。如果我们进入循环并且字体大小大于2，则意味着行数大于1，因此需要减小字体大小。在第24行将fontSize减小1，重置tv的字体大小，在第26行调用measure方法以重置测量值，并在第27行更新lines。由于字体大小在循环内逐步减小，lines值最终将达到1或fontSize值最终达到2。

退出循环后，我们将第29行的tv字体大小重置为fontSize -1，以确保文本适合tv中的一行。在第31行返回fontSize。需要注意的是，我们未考虑TextView中的填充内容。

> **常见错误：** 如果尚未显示TextView，则getWidth、getHeight和getLineCount都将返回0。如果此时需要获取宽度、高度或行数信息，则应先调用measure，然后调用getMeasuredWidth、getMeasuredHeight和getLineCount。

现在我们构建一个简单的应用程序，并编辑activity_main.xml文件和MainActivity类来测试DynamicSizing类的setFontSizeToFitInView方法。**例B.2**中展示了activity_main.xml文件。我们在第15行为TextView给定一个id，这样就可以在MainActivity类中获得它的引用，以便修改文本的宽度和字体大小。在第16行将TextView的背景设置为黄色，这样即可将边界可视化。

```
1  <RelativeLayout xmlns:android="http://schemas.android.com/apk/res/android"
2    xmlns:tools="http://schemas.android.com/tools"
3    android:layout_width="match_parent"
4    android:layout_height="match_parent"
5    android:paddingLeft="@dimen/activity_horizontal_margin"
6    android:paddingRight="@dimen/activity_horizontal_margin"
```

```
7        android:paddingTop="@dimen/activity_vertical_margin"
8        android:paddingBottom="@dimen/activity_vertical_margin"
9        tools:context=".MainActivity">
10
11       <TextView
12         android:text="Hello World!"
13         android:layout_width="wrap_content"
14         android:layout_height="wrap_content"
15         android:id="@+id/tv"
16         android:background="#FFF0" />
17
18   </RelativeLayout>
```

例B.2　activity_main.xml文件

例**B.3**中展示了MainActivity类。在第13~14行，我们检索TextView。在第15~17行，我们设置其宽度和文本。在第18~19行，我们设置其字体大小，使文本适合于一行显示。我们不需要setFontSizeToFitInView的返回值，因此将setFontSizeToFit-InView作为独立语句调用。

图**B.1**中展示了在模拟器中运行的应用程序。尝试更改TextView的文本（如更改为PRO或PROGRAM）和/或宽度（如更改为300），并再次测试应用程序。字体大小将相应调整。

图B.1　在模拟器中运行的测试应用程序

```
1    package com.jblearning.dynamicfontsizing;
2
3    import android.os.Bundle;
4    import android.support.v7.app.AppCompatActivity;
5    import android.widget.TextView;
6
7    public class MainActivity extends AppCompatActivity {
8      @Override
9      protected void onCreate( Bundle savedInstanceState ) {
10       super.onCreate( savedInstanceState );
11       setContentView( R.layout.activity_main );
12
13       // 获取TextView
14       TextView tv = ( TextView ) findViewById( R.id.tv );
15       // 设置TextView的width（宽度）和text（文本）
16       tv.setWidth( 600 );
17       tv.setText( "PROGRAMMING" );
18       // 设置最佳字体大小
19       DynamicSizing.setFontSizeToFitInView( tv );
20     }
21   }
```

例B.3　MainActivity类

附录 C

下载、安装Google Play服务和使用地图

 并非开发所需的所有软件包和类都在Android标准开发工具包（Android SDK）中。例如，其中不包含地图和与广告相关的类。但是，我们可以使用Android SDK Manager下载并安装这些软件包和类。**表C.1**展示了所需的操作步骤。

 步骤1和步骤2与开发环境有关，我们只需要执行一次。步骤3、步骤4和步骤5与项目相关，我们需要为每个项目执行一次。

表C.1 使用Google Play服务的步骤	
步骤	说明
1	下载并安装Google Play服务（如果尚未安装）
2	下载并安装Google API（如果尚未安装）
3	更新build.gradle（Module:app）文件（如果尚未完成——这取决于我们使用的Android模板）
4	对于使用Google地图的应用程序，请从Google获取密钥（如果尚未完成）
5	将相应的元素添加到AndroidManifest.xml文件中（如果尚未完成——这取决于我们使用的Android模板）

第1步（执行一次，如有需要则定期执行）：安装Google Play服务

 选择Tools，选择Android，选择SDK Manager（或单击SDK Manager图标），切换至SDK Tools选项卡。寻找Google Play服务。如果显示Not installed（尚未安装），则勾选其复选框并单击Install x Packages（安装x包）（x可能大于1，并且可能因我们当前版本的开发环境而异）。接受许可条款，然后单击Install（安装）按钮。根据下载和安装的文件数量，这可能需要几秒钟或几分钟。在**图C.1**中，我们可以看到已安装Google Play服务。

第2步（执行一次，如有需要则定期执行）：根据需要安装Google API

 我们需要的库有可能已经在步骤1中安装了一部分。例如，Google Maps Android API Version 2是Google Play Services SDK的一部分，有可能已经作为步骤1的一部分安装完成（默认情况下

已经与Google Play服务一起安装）。如果没有，则还需要进行安装，以便于我们使用地图。重新打开SDK Manager（选择Tools，选择Android，选择SDK Manager）。选择Android SDK，然后切换至SDK Platforms选项卡。选择最新的Android目录（作者在撰写本文时，选择的是Android 6.0 API 23），然后单击面板右下角的Show Package Details（显示软件包细节）按钮。在**图C.2**中，我们可以看到已经安装了Google API，但有可用的更新。如果Google API显示为未安装，则需要选中，然后单击安装包。如果有可用的更新，我们应该及时更新。也可以通过选择Help（帮助）菜单中Check for Update（检查更新）命令，按照提示进行更新操作。这可能需要耗时几分钟。

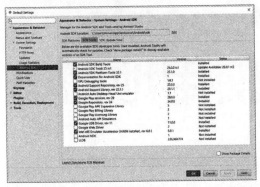

图C.1 Google Play服务尚未安装时的Android SKD管理器

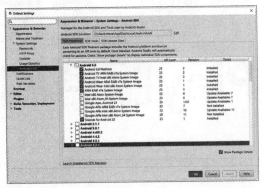

图C.2 Android SDK管理器：已安装Google API，并且有可用的更新

第3步（为每个项目执行一次）：为应用程序制作Google Play服务库

为此，我们需要修改build.gradle文件（有两个这样的文件，我们需要为模块编辑其中一个文件）。**例C.1**中展示了编辑后的文件。唯一需要添加的内容位于第27行，即我们需要添加适当版本的Google Play服务库，此例中显示版本9.4.0。当我们修改gradle文件时，应该同步项目。我们可以通过单击sync（同步）图标来完成同步。**图C.3**中展示了sync图标。完成此步骤后，项目即正确编译。

```
1   apply plugin: 'com.android.application'
2
3   android {
4       compileSdkVersion 23
5       buildToolsVersion "23.0.2"
6
7       defaultConfig {
8           applicationId "com.jblearning.maptest"
9           minSdkVersion 15
10          targetSdkVersion 23
11          versionCode 1
12          versionName "1.0"
13      }
14      buildTypes {
15          release {
16              minifyEnabled false
17              proguardFiles getDefaultProguardFile('proguard-android.txt'),
18                      'proguard-rules.pro'
19          }
20      }
```

```
21      }
22
23      dependencies {
24          compile fileTree( dir: 'libs', include: ['*.jar'])
25          testCompile 'junit:junit:4.12'
26          compile 'com.android.support:appcompat-v7:23.4.0'
27          compile 'com.google.android.gms:play-services:9.4.0'
28      }
```

例C.1　编辑后的build.gradle（Module:app）文件

图C.3　sync图标

需要注意的是，如果我们在创建新项目时使用现有的Android模板（例如Google Maps Activity模板），则build.gradle文件已添加在第27行。

第4步（仅执行一次）：若要使用Google地图，需要从Google获取密钥

从Google获取可用于开发的密钥，需要执行以下操作：

1. 获取调试指纹证书凭证。
2. 在Google API控制台中注册项目，并为项目添加Maps API服务。
3. 请求并获取密钥。

当我们将应用程序发布到Google Play时，需要获取发布指纹证书凭证而不是调试指纹证书凭证，操作过程类似。但是，要想发布应用程序，还需要成为Google Play的注册开发者。

要想获取调试指纹证书凭证，需要在命令行执行以下操作：

对于Linux或Unix系统：

```
keytool -list -v -keystore ~/.android/debug.keystore -alias
androiddebugkey -storepass android -keypass android
```

对于Windows系统：

```
keytool -list -v -keystore "C:\Users\your_user_name\.android\debug.
keystore" -alias androiddebugkey -storepass android -keypass android
```

对于作者的计算机：

```
keytool -list -v -keystore "C:\Users\Herve\.android\debug.keystore"
-alias androiddebugkey -storepass android -keypass android
```

如果系统无法识别keytool命令，我们可以将路径所在的目录添加到路径中，也可以在目录中运行keytool命令。keytool的可执行文件keytool.exe位于Java jdk目录的bin目录中。在作者的计算机上，keytool.exe位于C:\Program Files\Java\jdk1.8.0_60\bin目录中。

在Windows中，我们可以看到类似于**图C.4**中所示的输出结果（需要注意的是，作者已将指纹证书凭证和密钥标识符替换为随机值）。指纹是SHA1之后显示的由冒号分隔的20个两位十六

进制数字的序列。

```
C:\Users\Herve>keytool -list -v -keystore "C:\Users\Herve\.android\debug.
keystore" -alias androiddebugkey -storepass android -keypass android
Alias name: androiddebugkey
Creation date: Sep 15, 2015
Entry type: PrivateKeyEntry
Certificate chain length: 1
Certificate[1]:
Owner: CN=Android Debug, O=Android, C=US
Issuer: CN=Android Debug, O=Android, C=US
Serial number: 64c2e50f
Valid from: Tue Sep 15 19:16:08 EDT 2015 until: Thu Sep 07 19:16:08 EDT 2045
Certificate fingerprints:
        MD5:  40:A1:7F:2C:18:2C:DD:45:67:A4:4D:C3:C6:F3:12:34
        SHA1: A4:C4:23:B6:C5:D4:25:67:89:CC:3C:84:8A:21:89:34:36:E5:2E:F5
        SHA256: 56:56:89:01:0F:DE:E4:E5:C4:A3:34:45:56:78:4D:E3:23:34:7E:D3:B3:
C6:F7:A4:B6:C5:23:56:67:72:88:D4
        Signature algorithm name: SHA256withRSA
        Version: 3

Extensions:

#1: ObjectId: 2.5.29.14 Criticality=false
SubjectKeyIdentifier [
KeyIdentifier [
0000: 76 C4 D4 B4 66 D4 A7 F4  44 23 78 82 DC 90 A3 66  P^.=.:...l.c..e^.
0010: AA 23 56 B4                                       .As.
]
]
```

图C.4 运行keytool时可能的输出结果

指纹证书凭证具有唯一性，并提供识别应用程序的方法。这样Google可以在Google Play中跟踪应用程序，以及应用程序对地图资源的使用情况。

现在，我们需要使用Google API控制台注册项目。截至作者写稿之时，网址为：

https://console.developers.google.com/

如果我们已经注册了项目，则该项目将显示在网页上。否则，单击Create project（创建项目），输入项目名称；然后单击Create（创建）；再选择Used Google APIs（使用Google API）。

在可用服务列表中，找到Google Maps Android API，如图C.5所示，然后单击。接下来，单击Enable API（启用API），如图C.6所示。如果之前未注册过，此时将要求我们输入凭证。

图C.5 在Google Play服务中找到Google Maps Android API

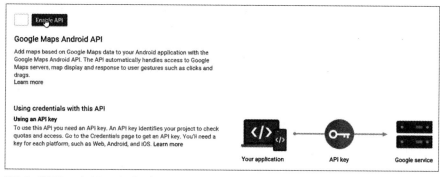

图C.6 启用Google Maps Android API

接下来,我们需要获得密钥。在左上角单击Google Developers Console(Google开发者控制台)旁边的三条小水平线,选择菜单中的API Manager(API管理器,参见图C.7);然后选择Credentials(凭证),在New Credentials(新建凭证)菜单中选择API key(API密钥,参见图C.8);然后选择Android key(Android密钥)。此时,输入应用程序的包名称和图C.4中所示的SHA-1指纹,如图C.9所示。需要注意的是,我们在图中隐藏了作者的指纹。然后单击Create(创建)即显示密钥。

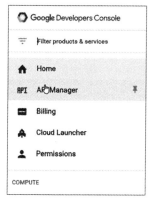

图C.7 选择API Manager

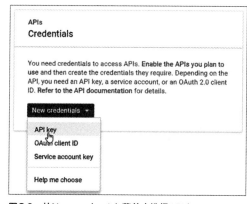

图C.8 从New credentials菜单中选择API key

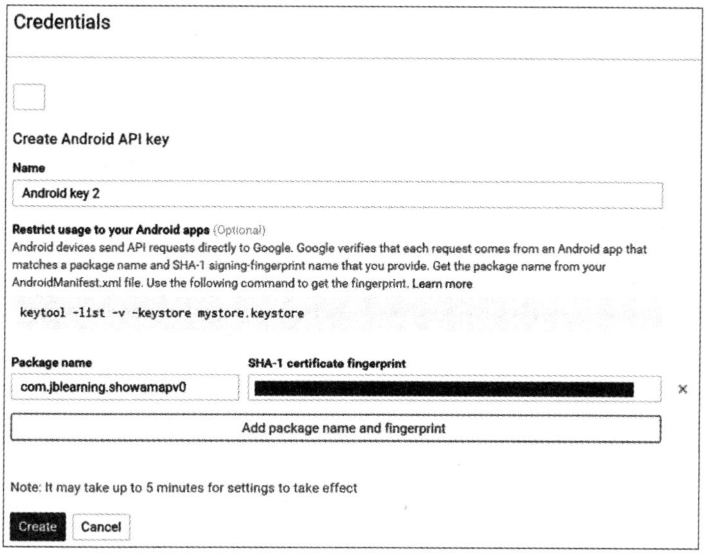

图C.9 输入程序包名称和SHA-1指纹

密钥是由指纹证书和应用程序包决定的，因此我们建议您为每个应用程序获取不同的密钥，当然，这只是建议，不是必须的操作。

步骤5（为每个项目执行一次）：为AndroidManifest.xml文件添加适当的权限

根据应用程序的不同，我们需要编辑AndroidManifest.xml文件，如下所示：

- 使用权限元素列出权限。
- 使用uses-permission元素列出使用权限。
- 使用uses-feature元素列出应用功能。
- 如果应用程序使用了Google地图，则使用meta-data（元数据）元素指定密钥的名称和值，以访问地图数据。
- 如果应用程序使用了Google地图，则使用uses-library元素列出Google地图库。

如果我们使用了Google Maps Activity模板，其中一些元素可能会自动添加到AndroidManifest.xml中。

附录 D

AsyncTask类

　　Thread（线程）是在现有进程内执行的一系列代码。现有进程通常称为主线程，对于Android应用程序也称为用户界面线程。可以在同一进程内执行多个线程，并且线程可以共享资源，例如内存。

　　当我们启动应用程序时，代码在主线程中执行。有时我们需要再启动另一个线程，例如我们可能需要从其他位置检索数据。此外，我们可能需要先完成其他线程，之后将其他线程的数据导入GUI组件中。通过来自android.os包的AsyncTask类，我们可以执行后台操作，然后访问主线程以传递其结果。这种方法旨在执行持续几秒或更短时间的短任务，不应该用于启动长时间运行的线程。AsyncTask是抽象的类，因此我们必须对其进行子类化并实例化子类的对象，这样才能使用它。

　　AsyncTask类采用三种泛型类型，在进行扩展时必须先指定类型。子类头的语法如下：

AccessModifier ClassName **extends** AsyncTask<Params, Progress, Result>

Params、Progress和Result是实际类名的占位符，具有以下含义：

- Params是数组的数据类型，调用它时，会传递给AsyncTask的execute方法。
- Progress是任务在后台执行时用作进度单位的数据类型。如果我们选择报告进度，则该数据类型通常为Integer或Long。
- Result是执行任务时返回的值的数据类型。

我们可能对使用其中一些类型不感兴趣。如果我们不想使用这些类型，则可以使用Void。例如，假设类的名称是TestTask，并且传递一个Integers数组作为execute方法的参数。进一步假设我们不需要报告进度，并且任务返回一个String。这样的话，我们可以使用以下类头：

public TestTask **extends** AsyncTask<Integer, Void, String>

为了使用AsyncTask类启动任务，需要执行以下操作：

- 创建AsyncTask的子类。
- 声明并实例化该子类的对象。
- 使用该对象，调用execute方法以启动任务。

　　execute方法是公共的，且不可更改。AsyncTask包含一些可被子类覆盖的受保护方法。**表D.1**中列出了AsyncTask类的一些方法。如前所述，Params、Progress和Result是实际类名的占位符。

表D.1 AsyncTask类的方法

方法	说明
AsyncTask execute（Params...params）	公共的且不可更改。params表示Params类型的值数组，这是一种泛型类型。返回AsyncTask这个实例
void onPreExecute（）	受保护。在调用execute之后和doInBackground启动之前自动调用该方法
Result doInBackground（Params...params）	受保护。需要覆盖的抽象方法。Params是在调用时传递的参数
void publishProgress（Progress...values）	受保护且不可更改。调用该方法会触发对onProgressUpdate的调用
void onProgressUpdate（Progress...values）	受保护。如果调用publishProgress，则该方法自动调用
void onPostExecute（Result result）	受保护。doInBackground完成后自动调用该方法。result是doInBackground返回的值

参数列表中数据类型后面的三点语法，表示该方法接受可变数量的参数，也称为**varargs**。Varargs必须位于参数列表中的最终参数位置。使用可变数量参数的方法头语法如下：

```
AccessModifyer returnType methodName( someParameterList, DataType...
    variableNames )
```

需要注意的是，数据类型和三个点之间没有空格。Execute、doInBackground、publishProgress和onProgressUpdate方法接受可变数量的参数。

例如，假设我们已经定义了一个名为Item的类，我们可以使用以下方法头覆盖doInBackground方法：

```
protected ArrayList<Item> doInBackground( Integer... numbers )
```

当调用接受可变数量参数的方法时，我们可以不传递参数，或传递单个参数、多个参数、参数数组。例如，使用名为task的AsyncTask引用，调用具有上面定义的方法头的doInBackground方法时，我们可以通过以下四种方式实现：

```
// #1：不传递任何参数
task.execute( );
// #2：只传递1个参数
task.execute( 7 );
// #3：传递几个参数
task.execute( 6,8,15 );
// #4：传递一个参数数组
int [] values = {10,20,30,40,50};
task.execute( values );
```

当我们调用execute方法时，AsyncTask类的方法按以下顺序执行：onPreExecute、doInBackground和onPostExecute。

在任务执行之前，如果想要执行一些初始化操作，我们可以将该代码放在onPreExecute方法中。将要执行的任务代码放在doInBackground方法中。该方法是抽象的，必须被覆盖。自动传递给doInBackground方法的参数与调用execute方法时传递给execute方法的参数是相同的。在doInBackground中，如果需要向主线程报告任务进度，则可以调用publishProgress方法。这反过来会触发对onProgressUpdate方法的调用，我们可以覆盖它。例如，我们可以更新用户界面线程中的进度条。当doInBackground方法执行完成时，会自动调用onPostExecute方法。我们可以覆盖该方法，用刚刚完成的任务的结果更新用户界面。自动传递给onPostExecute方法的参数正是doInBackground方法返回的值。

其中的数据流总结如下：传递给execute的参数会自动传递给doInBackground，doInBackground的返回值会自动作为onPostExecute的参数传递。

在onPostExecute方法中，我们很可能需要更新用户界面线程的activity。基本上有两种方法可以实现这一目的：

- 我们可以将AsyncTask的子类编码为执行任务的活动类的私有内部类。在这种情况下，我们可以从onPostExecute方法中调用activity类的方法。
- 我们可以将AsyncTask的子类编码为单独的公共类。在这种情况下，我们需要对执行任务的活动类的引用，以便从onPostExecute方法内部调用该活动类中的方法。

我们用示例展示第二个解决方案（例如，编写一个单独的AsyncTask公共子类），以说明如何将Activity引用从一个类传递到另一个类。我们执行以下操作步骤：

- 创建TestTask，它是AsyncTask的子类。
- 覆盖doInBackground方法，以便执行需要的任务。
- 在TestTask中，添加一个实例变量，它是对启动任务的Activity的引用，这样我们能够从TestTask中调用Activity类的方法。
- 覆盖onPostExecute方法并调用Activity类的一个或多个方法，用刚刚完成的任务的结果更新activity。
- 在Activity类中，创建并实例化TestTask对象。
- 将对此Activity的引用传递给TestTask对象。
- 调用AsyncTask的execute方法，传递输入的数据（例如，如果要从远程网站检索数据，则为URL），以开启执行任务。

我们现在构建了一个非常简单的应用程序，用来说明如何使用AsyncTask类。我们使用了Empty Activity模板。例D.1中展示了TestTask类。在类头（第6行）中，我们将Params数据类型指定为Integer，将Progress数据类型指定为Void（我们不需要报告此处的进度信息），并将Result数据类型指定为String。

```
1   package com.jblearning.asynctasktest;
2
3   import android.os.AsyncTask;
4   import android.util.Log;
5
6   public class TestTask extends AsyncTask<Integer, Void, String> {
7     private MainActivity activity;
8
9     public TestTask( MainActivity fromActivity ) {
10      Log.w( "MainActivity", "Inside TestTask constructor" );
11      activity = fromActivity;
12    }
13
```

```
14    protected String doInBackground( Integer... numbers ) {
15      Log.w( "MainActivity", "Inside doInBackground" );
16      return "Changed using AsyncTask";
17    }
18
19    protected void onPostExecute( String message ) {
20      Log.w( "MainActivity", "Inside onPostExecute" );
21      activity.updateView( message );
22    }
23  }
```

例D.1 TestTask类

在第7行，我们声明了activity实例变量，即对MainActivity的引用。构造函数（第9~12行）接受MainActivity参数并将其分配给activity。从MainActivity类调用TestTask构造函数时，将其作为参数传递。

在第14~17行中覆盖doInBackground方法。方法头指定该方法返回一个String（Result数据类型），并且接受Integers（Params数据类型）作为参数。这个参数不会在这个简单的示例中使用，因此无关紧要。

在第19~22行中覆盖onPostExecute方法。在doInBackground方法完成执行后自动调用onPostExecute方法时，其message参数的值是doInBackground返回的String。在第21行使用activity实例变量调用MainActivity类的updateView方法传递message参数。需要添加到MainActivity类的updateView方法，可以根据参数值更新View。

我们为所有方法添加一个输出语句（第10行、15行、20行），以便跟踪所有方法的调用顺序。

例D.2中展示了MainActivity类。在第16行，我们声明并实例化一个TestTask对象，并在第18行调用execute方法，传递数值1。在这个简单的示例中，我们传递的参数不会使用到，因此无关紧要。但是，其数据类型必须与TestTask类的doInBackground方法的参数的数据类型匹配。由于execute方法接受可变数量的参数，因此我们可以传递零个、一个或更多参数。我们可以传递只包含一个元素1的整数数组，如下所示：

```
task.execute( new Integer[ ] { 1 } );
```

```
1   package com.jblearning.asynctasktest;
2
3   import android.os.Bundle;
4   import android.support.v7.app.AppCompatActivity;
5   import android.util.Log;
6   import android.widget.TextView;
7
8   public class MainActivity extends AppCompatActivity {
9
10    @Override
11    protected void onCreate( Bundle savedInstanceState ) {
12      super.onCreate( savedInstanceState );
13      setContentView( R.layout.activity_main );
14
15      Log.w( "MainActivity", "Instantiating TestTask object" );
16      TestTask task = new TestTask( this );
```

```
17      Log.w( "MainActivity", "Starting TestTask" );
18      task.execute( 1 );
19      Log.w( "MainActivity", "Started TestTask" );
20    }
21
22    public void updateView( String s ) {
23      Log.w( "MainActivity", "Inside updateView" );
24      TextView tv = ( TextView ) findViewById( R.id.tv );
25      tv.setText( s );
26    }
27  }
```

例D.2　MainActivity类

在第22~26行，我们编写了updateView方法。它向Logcat输出一些反馈，并在第25行更新TextView中的文本。

需要注意的是，当我们使用AsyncTask时，代码排序很重要。在第18行调用execute之后，如果第18行之后还有语句，则将在onCreate方法内继续执行。在这种情况下，这些语句与TestTask类中正在执行的语句之间将存在交叉执行。在此示例中，如果调用execute之后立即尝试检索任务生成的值（即使该值[s]是由TestTask类的任务中生成的，也可以轻松将其写为另一个类的公共静态数据，并可以从MainActivity类读取该公共静态数据），则在onCreate方法中该值或那些数值很可能为null。处理生成的值的正确方法是在onPostExecute方法中执行此操作。

例D.3中展示了activity_main.xml文件。我们在第16行为TextView添加一个id，并在第17行将字体大小设置为32，这样在屏幕上的显示效果更好。

```
1   <?xml version="1.0" encoding="utf-8"?>
2   <RelativeLayout xmlns:android="http://schemas.android.com/apk/res/android"
3     xmlns:tools="http://schemas.android.com/tools"
4     android:layout_width="match_parent"
5     android:layout_height="match_parent"
6     android:paddingLeft="@dimen/activity_horizontal_margin"
7     android:paddingRight="@dimen/activity_horizontal_margin"
8     android:paddingTop="@dimen/activity_vertical_margin"
9     android:paddingBottom="@dimen/activity_vertical_margin"
10    tools:context=".MainActivity">
11
12    <TextView
13      android:text="Hello World!"
14      android:layout_width="wrap_content"
15      android:layout_height="wrap_content"
16      android:id="@+id/tv"
17      android:textSize="32sp" />
18
19  </RelativeLayout>
```

例D.3　activity_main.xml文件

■ **常见错误：** 在调用execute方法后，不要立即处理AsyncTask的结果。该任务可能尚未执行完成准备好结果。我们可以在onPostExecute方法内处理结果。

图D.1中展示了运行程序时的Logcat输出,特别注意输出的执行顺序信息,其中显示MainActivity类的第19行的Logcat输出语句在TestTask类的doInBackground方法执行之前执行。这个非常简单的模拟示例说明了处理任务生成的值的正确方法是在onPostExecute方法中执行的。图D.2中展示了TextView中的文本已从"Hello World!"更改为使用AsyncTask进行更改。

```
Instantiating TestTask object
Inside TestTask constructor
Starting TestTask
Started TestTask
Inside doInBackground
Inside onPostExecute
Inside updateView
```

图D.1　例D.2的Logcat输出

图D.2　在模拟器中运行的应用程序